학교보건

SCHOOL HEALTH

학교보건

SCHOOL HEALTH

2017년 7월 20일 1판 1쇄 인쇄
2017년 7월 31일 1판 1쇄 발행

지은이 | 안옥희 정운숙 강말순 최희정 최혜정 차남현 정미자

펴낸이 | 김진환
펴낸곳 | 정담미디어 · (주) 학지사
04031 서울특별시 마포구 양화로 15길 20 마인드월드빌딩
대표전화_ 02-330-5188 팩스_ 02-326-0338
등 록 | 2010년 2월 8일 제313-2010-36호
메 일 | jdmpub@jdmpub.com
홈페이지 | http://www.jdmpub.com

ISBN 978-89-6069-632-7 93510

가 격 | 27,000원

※ 정담미디어는 학지사의 자매회사입니다.

학교보건

안옥희 정운숙 강말순 최희정 최혜정 차남현 정미자 공저

SCHOOL HEALTH

정담미디어

저자 소개

안옥희 우석대학교

강말순 진주보건대학교

정운숙 경동대학교

최희정 목포가톨릭대학교

최혜정 한중대학교

차남현 안동대학교

정미자 광양보건대학교

머리말

건강은 신체적 뿐만 아니라 정신적 · 사회적으로 균형발달을 유지하여야 하며, 건강권은 인간다운 삶을 영위하기 위한 가장 기본적인 국민의 권리이다. 이를 향상시키고 유지하기 위해서는 어릴 때부터의 건강자질관리가 무엇보다 중요하다.

특히 청소년기는 급격한 성장으로 많은 변화가 나타나는 시기이므로, 이때 올바른 건강습관이 정착되어 다양한 건강위험요인과 사회 · 문화적 유해 환경에 능동적으로 대처하는 것이 필요하다. 그러므로 이 시기에는 바람직한 건강행위와 태도를 갖추고 건강을 유지하고 증진하는 데 필요한 지식, 태도, 실천 능력을 함양해야 한다.

아동과 청소년의 건강관리는 아무리 강조해도 지나치지 않는다. 다양한 만성질환의 조기발병, 약물 오 · 남용, 흡연, 음주, 성 문제, 스트레스 및 안전사고 등의 위험요인에 대한 적극적 건강투자가 요구된다. 아동과 청소년기 건강관리의 목표가 건강결정요인과 건강형평성에 영향을 주는 요인에 대한 조기관리라는 것은 학교보건의 중요성을 더욱 강조하고 있다.

즉, 학교보건은 건강의 가치를 이해하고, 올바른 건강지식과 자원에 체계적으로 접근하며, 일상생활에서 건강생활실천과 건강관리능력을 증진시켜 개인과 공동체의 건강 및 삶의 질을 향상시키는 데 기여해야 한다.

이에 본 교재는 학생건강증진정책이 적극적으로 추진되는 흐름에 맞추어 학교보건정책, 보건교사 현황, 학교보건관리, 건강검사, 학교감염병관리, 학교안전관리, 교육환경평가, 보건교육과 건강증진 및 학교간호과정 사례 등 학교보건사업의 질적 향상을 위한 자료를 보강하였다.

그러나 원하는 바를 충실히 반영했는지는 교재를 활용하는 시각에 따라 다를 것이다. 향후 보다 좋은 교재로 거듭날 것을 약속드리며 아낌없는 조언을 기대한다. 전문성을 반영하기 위해 열정적으로 집필해 주신 교수님과 본 교재가 출간될 수 있도록 수고해 주신 정담미디어 김진환 사장님, 임직원 여러분께 진심으로 감사드린다.

2017년 7월

저자 일동

차례

chapter

1

학교보건

학습목표

1. 학교보건의 기본 철학을 이해할 수 있다.
2. 학교보건의 역사를 설명할 수 있다.
3. 학교보건의 중요성을 설명할 수 있다.
4. 학교보건의 기능과 책임을 설명할 수 있다.
5. 학교보건 인력의 종류와 역할을 비교할 수 있다.
6. 학교보건 관련 법규를 설명할 수 있다.
7. 학교보건정책의 현황을 설명할 수 있다.

학습개요

건강이 가장 중요하다는 기본 철학이 학생 자신은 물론 교사나 학부모에게도 확립되어야 하므로 학교 이외에 가정, 직장, 다양한 사회단체 등 지역사회 전반에서 평생을 두고 건강관리가 이루어진다. 특히 학교교육이 학생의 건강이 전제된 다음 이루어진다는 것은 절대적으로 중요한 사실이다. 그러나 학업을 보다 강조하고 건강을 소외시하는 실상은 학생의 건강잠재력 향상과 건강자질 형성에 큰 저해요인이 되고 있다.

본 장에서는 우리나라와 외국의 학교보건 발달과정과 내용을 살펴본다. 우리나라의 학교보건은 조선시대 이전부터 현재까지의 발달과정을 이해하기 쉽게 설명과 도표로 제시했으며, 외국의 학교보건은 모성과 아동의 건강추구와 증진을 위한 모자보건으로부터 학교보건을 독립된 사업, 학문적으로 발전시켜 온 과정으로 설명하였다.

학교보건의 중요성은 학생으로 하여금 건강에 대한 지식과 기술을 습득하여 장래 성인이 되었을 때 건강에 대해 긍정적인 태도와 행동을 유지하도록 하는 데 있다. 학교는 학부모와 교직원 및 지역사회의 건강증진에도 영향을 주기 때문에 학교보건사업은 점차적으로 학생과 지역사회의 건강증진을 위한 핵심 사업으로 인식되고 있다.

이러한 관점에서 학교보건사업의 변화되는 사회환경적 요구가 학교보건정책에 반영되어야 하며, 일선학교에서 관련 업무가 효율적으로 수행되어야 한다. 이를 위해서는 특히 전문지식과 기술을 갖춘 학교보건 인력이 확보되어야 하나 학교별 · 지역별로 심한 불균형 분포를 보이는 것이 학교보건사업을 균형 있게 발전시키는 데 커다란 저해요인임을 제시하였다. 또한 모든 학교보건사업 수행에 있어 기본방침이 되는 「학교보건법」과 동 시행령, 동 시행규칙 및 「교육법」 등의 내용과 관련하여 설명하였다.

1 절

학교보건의 개념

1. 학교보건의 기본 철학

학교보건(school health)의 개념을 크게 두 가지로 구분하면 하나는 보건사업의 틀에서 이루어지는 학교보건사업이며, 다른 하나는 교육과정으로서의 학교보건사업이다.

미국과 같이 신체검사 위주로 학교보건사업을 전개하여 왔던 국가도 보건교육과정을 통한 학교보건사업이 자기건강관리(self-care) 능력을 향상시키는 데 가장 효과적이라는 것을 확인하면서 학교보건사업은 지속적으로 발전하고 활발하게 이루어지고 있다.

교육은 사회문화를 유지하고 존속시키는 측면과 아울러 이를 전달하여 사회를 발전 · 혁신시키는 중요한 기능이 있기 때문에 교육과 사회는 분리해서 생각할 수 없다. 그렇기 때문에 아동, 학생은 우선 그 지역사회의 존속과 유지에 필요한 지역사회 성인의 기대, 고장의 전통과 문화에 대한 인식과 이해를 학습함이 필요하다.

우리나라 교육과정의 핵심역량 성취를 위한 기본적 요건은 학생 건강권 보장이라 할 수 있다. 학교보건이란 학생 및 교직원의 건강을 유지 · 증진하고 보건에 관한 지식을 제공하고 건강한 습성을 길러 스스로 건강을 관리할 수 있게 하는 것이다. 또한 쾌적하고 안전한 학교환경을 조성하여 학습능률을 향상시키는 것을 목적으로 하는 보건활동을 말한다. 학교보건사업의 중요성은 사업대상자인 초등학생부터 대학생까지의 인구가 총 인구의 약 25% 이상을 차지하며, 보건교육을 통해 가장 효과적인 결과를 얻을 수 있고, 이 시기에 학습한 내용이 전 생애의 삶의 질을 좌우하며 그 파급효과가 크기 때문이다.

교육부는 2015년 국가교육과정 개정안에서 교육과정이 추구하는 인간상 구현과 학교교육 전 과정을 통해 중점적으로 기르고자 하는 핵심역량을 다음과 같이 제시하고 있다.

- 자아정체성과 자신감을 가지고 자신의 삶과 진로에 필요한 기초 능력과 자질을 갖추어 자기주도적으로 살아갈 수 있는 **자기관리 역량**
- 문제를 합리적으로 해결하기 위하여 다양한 영역의 지식과 정보를 처리하고 활용할 수 있는 **지식정보처리 역량**
- 폭넓은 기초 지식을 바탕으로 다양한 전문 분야의 지식, 기술, 경험을 융합적으로 활용하여 새로운 것을 창출하는 **창의적 사고 역량**
- 인간에 대한 공감적 이해와 문화적 감수성을 바탕으로 삶의 의미와 가치를 발견하고 향유하는 **심미적 감성 역량**
- 다양한 상황에서 자신의 생각과 감정을 효과적으로 표현하고 다른 사람의 의견을 경청하며 존중하는 **의사소통 역량**
- 지역 · 국가 · 세계 공동체의 구성원에게 요구되는 가치와 태도를 가지고 공동체 발전에 적극적으로 참여하는 **공동체 역량**

학교에서 학생의 건강이 전제된 후 교육이 이루어져야 함이 사실이지만 건강을 경시하거나 소홀히 여기는 실상은 학교보건에서도 그대로 나타난다. 건강이 가장 중요하다는 기본철학이 학생은 물론 교사나 학부모에게도 확립되어야 한다. 그러나 시설이 상당히 잘 갖추어져 있어도 보건실이 제 기능을 발휘하지 못하고 있는가 하면, 보건실의 위치조차 쉽게 발견할 수 없는 학교도 있다. 이 같은 경우는 학교보건에 대한 철학의 빈곤 또는 부재를 여실히 보여주는 것이라 할 수 있다.

학교보건의 중요 철학적 배경을 살펴보면 다음과 같다.

- 모든 학생은 한 개인으로서 최대의 능력을 발휘할 수 있고, 시민으로서의 책임을 다할 수 있도록 교육기회를 부여받는다.
- 모든 학생은 교육기회를 최대로 활용할 수 있는 건강상태를 유지하여야 한다.
- 모든 학생이 건강측면과 교육측면을 잘 준비하기 위해서는 학교보건에 대한 팀 접근이 필요하다.
- 모든 학교는 학생의 건강보호와 건강증진을 위한 학교보건프로그램을 제공해야 하는 법적 · 도덕적 의무를 갖는다.

- 학교보건프로그램은 학교의 철학과 목적에 일치하여 제공되어야 한다.
- 학교보건프로그램은 학교보건봉사, 보건교육, 환경관리를 통해 학생, 가족 그리고 지역사회의 건강보호와 증진을 위한 지식과 사업을 제공한다.
- 학교보건프로그램의 활동은 가정과 지역사회 간의 밀접한 관계를 형성하는 데 기본적인 역할을 한다.
- 학교보건프로그램은 학생과 가족을 위한 건강관리를 조정하고 지역사회나 국가차원의 포괄적인 건강기획도 고려하여야 한다.
- 부모는 학생 건강에 대한 기본적인 책임을 지니고 있으므로, 학교보건프로그램 활동은 부모가 그 책임을 완수할 수 있도록 돕는다.
- 학교보건프로그램은 부모와 학생이 가능한 한 지역사회보건사업을 효과적으로 활용할 수 있도록 돕는다.

2. 학교보건의 역사

학교보건사업이 초기에는 감염병관리를 주요 사업으로 발전하였으나 시대의 흐름에 따른 보건의료제도의 성격과 시대적 요구에 의해 점차적으로 변화되어 왔다.

건강한 사회나 국가발전을 위해서는 아동과 청소년의 건강이 무엇보다도 우선적으로 다루어져야 할 것이다. 스펜서(Spencer, 1820~1903)가 "건전한 신체에 건전한 정신이 깃든다."라고 한 것은 건강하며 유능한 사회인, 즉 올바른 민주시민을 육성하기 위해서는 어릴적부터 건강에 관한 습관, 태도, 이해를 길러 신체적 · 정신적 · 사회적으로 명랑하고 쾌활하며 원만한 성격과 생활이 이루어져야 함을 강조한 것이라 하겠다. 따라서 서양 각국에서는 일찍이 학교인구에 대한 건강관리의 중요성을 인식하여 모성과 아동의 건강추구 · 증진을 위한 모자보건으로부터 학교보건을 독립된 사업 또는 학문으로 발전시켜 왔던 것이다. 즉, 의학의 발달에 따라 19세기 중반 본격적인 발전을 가져오게 된 공중보건학의 중요한 부분이었던 모자보건으로부터 독립된 학교보건은 19세기말부터 점차 그 영역이 확대되고 철학적 기반이 다져졌다. 즉, 건전한 학교교육의 이상적인 목표달성을 위해 학교인구에 대한 건강관리의 중요성을 교육관계자는 물론 지역사회에서도 점차 인식하게 된 것이다.

1) 우리나라 학교보건의 발달

(1) 조선시대 이전

역사적으로 우리나라의 교육기관은 관학과 사학이 있었으나 오늘날에 와서 이러한 교육기관에서의 학교보건과 관계된 내용을 찾기는 매우 어렵다. 신분에 따라 교육과정이 달랐으며 교육내용은 관리 등용에 연결되는 유학 또는 기술과목에 한정되어 있어서 생활인으로서의 보건을 위한 위생이나 체육 등이 교과에 편성될 여지가 없었다.

교육내용에서 뿐만 아니라 조선시대의 교육관계 법규의 내용에도 보건에 관심을 기울인 흔적을 찾아보기 어렵다. 다만 성균관의 '학령'에 의복세탁을 위해 학생에게 월 2회(8일과 23일)의 귀가를 허용한다는 규정을 두고 있는 정도이다. 서당교육을 포함해서 아동교육 일반에 대해 상세하게 구체적으로 서술한 이덕무(1741~1793)의 '사소절(士小節)'에 실린 '아규(兒規)'를 보면 69개조의 교훈 가운데 위생과 안전 등 보건에 관련된 약 20가지의 행동지침이 제시되어 있다. 즉, 동자의 흡연과 밤에 과식하거나 식후에 눕고, 손가락으로 국물을 찍어먹거나 짠 음식을 만진 손으로 몸을 만지는 등의 건강에 해로운 행동과 화약장전과 미친개 놀리기, 불장난 등 안전상 위험한 행동을 금하고, 얼음이나 눈덩이를 먹으며 콧수염을 코에 대는 행위는 해롭다고 한 것이다. 그러나 이러한 지침은 학교교육을 뒷받침하기 위해 적극적으로 도입된 학교보건의 내용이라기보다는 오히려 가정교육을 위한 지침이거나 서당에서 학동의 위험한 행동을 금지시키는 학칙에 더 가깝다고 하겠다.

(2) 근대개화기

우리나라는 1876년 한일수호조약 이후부터 1882년 한미수호조약 체결에 이르면서 서양 각국에도 문호를 개방하게 되었고 이러한 추세 속에 관리를 뽑는 과거제를 중심으로 구교육으로부터 신교육으로의 이행이 시작되었다.

1895년 2월의 새로운 교육조서는 지난날의 경전 중심 교육을 지양하고 세계 정세에 눈을 뜨게 하는 새로운 교육의 중요성을 강조하면서, 덕 · 체 · 지양의 교육강령을 제시하였다. 그중 체양에 관해서는 "동작을 떳떳이 하여 부지런히 힘쓰기를 주로 하며 게으름과 편안함을 탐내지 말고 괴롭고 어려운 것을 피하지 말며, 근육을 굳게 하고 있으면 뼈대를 튼튼히 하여 건강하고 병 없는 낙을 누려 받으라."고 하였다. 교육조서에 나타난 교육이상은 학부령 제1호(1895.7.23)로 공포된 한성사범 학교규칙에서부터 구체적인 모습을 보이고 있다. 즉, 교육요지의 하나로서 "신체의 건강은 성업의 기본이므로 평소 위생에 유의하고 체조에 힘써 건강을 증진시킴을 요한다."고 하였고, 위생은 동·식물의 생리와 함께 박물(博物)과목의 교육내용으로 하였으며 체조과목에서는 보통 체조와 군대식 체조를 가르치도록 하였다. 그 후 우리나라의 국민교육제도를 성문화한 소학령에서도 체조를 원칙적인 필수교과목으로 하였다.

이렇게 볼 때 우리나라에서는 신교육과 함께 보건(위생)과 체육(체조)의 교육이 시작되었으며, 학교보건의 모든 측면에서 보건교육뿐만 아니라 보건서비스와 학교환경관리 등의 새로운 출발이었다고 생각한다.

1908년 학부훈령 3호로 공포된 서당에 관한 훈령을 보면 지방관의 서당 감독기준으로 제시한 6개항 가운데 학교보건에 관련된 2개항이 포함되어 있다. 즉, 교수시간도 학동의 신체와 피력에 비추어 적당히 감축할 것을 제시하였고, 교실의 규모가 협소한 서당에서는 학동으로 하여금 교체 출입하게 하며, 창호를 개방하여 채광과 통풍을 만족히 하고 내외를 말끔히 청소하여 청결히 하고 정돈을 하도록 하라는 환경관리에 관한 지침이 있다.

(3) 일제시대

겨우 싹이 튼 학교보건도 근대학교와 함께 우리의 필요와 능력에 의한 자주적 발전을 해 보지 못하고 일제시대로 접어들고 말았다. 일제의 교육은 1911년과 1922년 및 1938년 조선교육령을 기본법으로 실시되었던 이른바 '충량한 국민'의 양성에 교육목적을 두었다.

학교보건 측면에서 본다면 초·중등학교 교육과목으로 체조와 함께 박물(博物) 또는 이과(理科)를 두어 생리와 위생교육을 하였으며 학교의사와 보건교사가 활동한 기록도 보인다. 그러나 이 시대의 모든 일들이 일제강점기 하에 추진된 것이었으므로 정상적인 발전이라고는 볼 수 없다.

결국 1945년 해방까지 일제치하에서 비인간적, 비문명적 취급을 받아왔으며 전쟁상황서 도구적 취급을 받아 보건문제에 관심을 가질 여유가 없었다고 하겠다. 즉, 학교위생 중심의 학교보건은 최소화되었다고 볼 수 있다.

(4) 해방 이후

우리나라의 교육적 발전은 해방과 함께 새롭게 시작되었다. 민주적인 단선형 학제로 개편하면서 민주정신에 입각한 초 · 중등학교 교육과정을 제정하여 군정하인 1946년 9월 1일에 새 교육제도가 전면적으로 실시되었다.

1948년의 정부수립은 학교보건이 문교정책 가운데 그 자리를 잡고 발전할 수 있는 계기였으나, 1950년 6 · 25 전쟁으로 인해 학교교육과 함께 학교보건도 혼란에 빠질 수밖에 없었다. 학교보건과 복리후생에 관한 파행성이 더욱 심해졌으며 1950년대 중반에 와서야 겨우 새로운 출발을 하게 되었고 경제와 사회의 발전과 함께 비로소 학교교육이 발전하는 계기를 맞이하게 된 것이다.

1951년에는 학교보건 차원에서 최초로 신체검사규정을 제정하고 신체검사와 예방접종 위주의 학교보건사업을 실시하였다. 1955년 학생신체검사 및 결핵검진사업, 1956년 문교부장관에 의한 양호교사 자격증 최초 발행, 1957년 기생구충사업, 1959년 양호실 설치, 1961년 양호교사의 발령, 배치로서 건강진단사업이 시작되었다. 1962년 서울시에서는 상임 전속 교의와 치과교의를 학교보건소(현 학교보건진흥원의 전신)에 순회전임교의로 채용하여 각 학교를 1주일에 2회 정도 순회진료하였으며, 투베르쿨린 반응검사와 BCG예방접종, 결핵검진 등 체계화된 결핵관리사업이 시작되었다. 1967년 「학교보건법」이 제정될 때까지만 해도 아동의 주요 건강문제는 감염병, 기생충질환, 영양결핍에 의한 건강장애 등이었으므로 보건교육은 건강관리에 중점을 두었고 이러한 질병에 걸리지 않도록 지도하는 데 주력하였다. 그러나 점차 감염병관리뿐만 아니라 학교에서 발생하는 사고에 대한 예방과 응급처치 및 학교생활을 하는 데 불편을 겪는 장애아동을 관리하는 등의 학교보건사업이 다양화되고 확대되기에 이르렀다. 1969년 7월에는 1951년에 제정되었던 '신체검사규정'이 '학생신체검사규칙'으로 변경되어 학생신체검사사업이 본격적으로 진행되었고, 1970년 건강기록부 운영지침에 따라 학생건강기록부가 작성되기 시작하였다. 또한 「학교보건법 시행규칙」이 제정되었다.

1971년 학교방역사업 및 혈액검사, 1975년 학교환경개선을 위한 학교환경위생정화사업, 1977년 결핵관리사업의 확대, 학교급수의 위생관리, 1979년 구강검진사업, 1980년 조명 · 소음 · 진동 및 방음관리사업, 소아성인병의 예방과 선천성 이상의 조기발견을 위한 요검사를 실시하였고, 1988년 근시예방사업 강화, 1993년 척추측만증 스크리닝 시범실시하였고, 「학교보건법 시행령」을 개정하여 양호교사의 직무를 삽입하였으며, 1996년 「교육법」 제29조의 양호교사를 양호교사 1급 · 2급으로 변경하였다. 이에 따라 1996년 전국적으로 양호교사 1급 연수가 시작되었다. 1996년 청소년 약물반응검사, 1997년 고등학교 신입생을 대상으로 각종 만성퇴행성질환의 예방 및 관리를 위해 종합

신체검사사업을 실시하였다.

1998년 「학교보건법」이 개정되어 양호실이 보건실로 명칭이 변경되었으며, 학생의 안전관리조항이 신설되고, 신체검사는 체격검사 · 체질검사 · 체력검사로 구분되었다. 의학과 보건학이 항생제의 발견과 예방접종의 개발에 기여하면서 점차적으로 공중보건사업이 활발하게 진행되었다. 이에 따라 학교보건사업 중 감염병관리는 그 중요성이 감소되었다. 이와 더불어 1999년 비효율성과 안전성 문제로 학교의 단체예방접종이 중지되었다. 이후 학교보건사업은 학생건강관리를 보다 더 적극적으로 실시하는 차원에서 신체검사가 요구되었다.

이러한 발전과정에서 한편으로는 보건교육의 중요성이 대두되기 시작하였으며, 신체검사 중심의 학교보건사업은 현재까지도 계속되고 있다. 그러나 부정확한 신체검사 결과에 대한 문제가 제기되면서 학교보건사업은 신체검사 위주에서 학생의 포괄적인, 즉 신체적 · 정신적 · 정서적 · 사회적 건강관리로 전환하기 시작하였고 이를 보건교사에 의해 제공하도록 하였다. 보건교사는 학생의 건강상태를 사정하고, 의뢰하며 보건교육을 실시할 뿐만 아니라 학교현장에서 건강문제를 해결하는 새로운 일차보건의료의 접근을 시도하고 있다. 1998년부터 적용된 제7차 교육과정에는 성교육, 안전교육, 보건교육을 초 · 중학교 재량활동에, 공중보건을 고등학교 선택과목에 편성하도록 하였다. 또한 1998년에 「초 · 중등교육법 시행령」 제33조에 의거하여 보건교사도 부장교사로 임용될 수 있는 근거가 마련되었다.

2000년에는 초등학교와 고등학교 보건교과서가 서울특별시 교육청의 인정교과서로 승인되었고, 2002년에는 중학교 보건교과서가 인정교과서로 승인되었다. 또한 2002년에는 양호교사의 명칭이 '보건교사'로 개정되었고, 보건교사의 역할은 기존의 학교에서 발생하는 학생의 간단한 질병치료 및 응급진료에서 학교에서 발생하기 쉬운 질병 예방, 치료 및 재활, 보건교육 등으로 확대되었다. 이와 동시에 보건실 현대화사업이 추진되었다. 2003년에는 전국 최초로 부산광역시 교육청에 보건교사 출신 교육전문직(장학사)이 정식으로 배치되었다.

2007년에는 중앙기관인 교육부 학생건강안전과에 보건교사 출신 교육연구사가 선발, 배치되었다. 2007년 학생건강증진을 위해 교육부에서 학생비만예방과 약물남용예방 표준프로그램을 개발하여 전국적으로 보급하였으며, 학생 우울증과 자살예방, 주의력결핍과잉행동장애(attention deficit hyperactivity disoder, ADHD)와 같은 정신건강문제에 대한 학생건강관리 강화를 위해 전국 96개교에서 정신건강실태조사가 실시되었고, 2008년부터 학생 정서 · 행동발달 선별검사 및 관리가 확대되었다. 2017년 현재까지 전국 각 교육청에 보건교사 출신인 보건교육전문직 및 파견교사가 보건교육 장학과 학생건강증진 업무 지도를 담당하고 있다.

환경위생관리사업은 1967년 「학교보건법」의 제정과 함께 학교환경위생정화구역을 설정하였으며, 1977년에는 학교급수위생관리, 1980년에는 수인성감염병을 예방하기 위한 정화수 소독 및 검사지침의 시달, 교실의 온도 및 환기관리, 학교의 소음 및 진동관리, 학교 내의 일반폐기물 처리관리 등과 같이 학교보건사업의 종류가 확대화, 다양화되는 양상을 보여 왔다.

최근에는 비만과 생활습관병, 인터넷 중독, VDT 증후군, 학교폭력과 성문제의 증가, 희귀난치성 환자의 문제, 감염성 눈병과 홍역의 유행, 집단급식으로 인한 식중독의 발생 및 학교 주변 교육환경영향 등 다양한 보건문제가 학교보건사업의 대상으로 부각되고 있다. 2009년에는 신종인플루엔자가 대유행하여 학교에서 학생건강관리와 보건교육의 중요성이 더욱 강조되고, 보건교사 배치 확대 및 보건 보조인력 배치가 시작되는 계기가 되었다. 2010년에는 보건교사의 수업에 따른 직무능력 향상을 위해 전국적으로 보건교과교육 120시간 연수가 시작되었고 중 · 고등학교 보건 검정교과서가 개발되었다. 또한 WHO의 건강증진학교 한국형 모형이 2010년에 개발되어 16개 시도에서 각각 1개교씩 건강증진 시범학교(초 · 중등학교 각 8개교) 운영이 시작되었다. 2011년 학교보건교육 학생건강증진 계획에는 매년 빈번히 일어나는 학교 내 · 외 성폭력 사건 발생으로 사회문제가 야기되고 잘못된 성지식 및 사회의 성개방 등 청소년의 성경험 저연령화 추세로 인해 성교육, 성폭력 · 성매매예방교육을 강화하도록 하고 있다. 2015년 건강증진학교 일반화 연구학교로 14개교를 운영하였고, 2016년 교육과정과 연계한 건강증진학교 연구학교로 17개교를 운영하였다. '교원자격검정령'이 2015년 12월 교육대학, 사범대학 등에서 교원양성과정을 이수한 사람이 무시험검정을 통해 교원자격을 받으려면 위기상황 시 학생 구조 능력을 갖출 수 있도록 해당 교원양성과정을 이수하는 동안 응급처치 및 심폐소생술 실습을 2회 이상 받도록 개정되어 2016년부터 적용하고 있다.

19세기 말부터 20세기 말까지 100년간의 우리나라 학교보건의 발달과정을 연도별로 요약해보면 **표 1.1**과 같다. 교육부 조직도는 **그림 1.1**을 참조한다.

2) 외국 학교보건의 발달

외국 학교보건의 역사는 예방의학, 그중에서도 아동보건의 발달을 통해 알 수 있다. 15세기 이후 전쟁으로 인한 높은 영아사망률과 이와 관련된 영양실조와 감염병 발생으로 아동의 보건에 관심을 갖게 되었다.

아동의 신체보건에 관한 활동이 개시된 것은 18세기 말부터 19세기 초에 이르러서이다. 존 피터 프랭크(John Peter Frank, 1745~1821)는 학교위생에 관해 기록한 바 있고, 학교보건의 시조인 루돌프 비르호(Rudolf Virchow, 1820~1902)는 아동보건의 증진을 위한 활동으로써 학생에 대한 신체검사의 필요성을 강조하였다. 유럽에서 최초로 체계적인 학교보건사업이 시작된 지역을 보면 브뤼셀(1874), 스웨덴 전역(1878), 리온(1880) 등이다.

표 1.1 우리나라 학교보건의 발달

연대		내용
~1910	1833	근대학교의 효시: 영어학교 설립 우리나라 최초의 현대적 학교법규인 한성사범학교관제를 칙령으로 공포
	1895	교육목표의 하나: 신체의 건강은 성업의 기본이므로 평소 위생에 유의하고 체조에 힘써 건강을 증진시킴
	1907	학생의 신체검사 및 교의설정에 관한 칙령 공포
	1908	학부훈령 제3호: 서당에 관한 훈련을 보면 지방관의 서당감독 기준으로 제시한 6개항 가운데 학교보건에 관련된 2개항이 포함되어 있음
1910~1945	1911	일제의 교육은 조선교육령을 기본법으로 실시되었으며 학교보건에 관해서 본다면, 초·중등교육 과목으로 체조와 함께 생리와 위생교육을 실시, 학교의와 양호교사를 운영한 적이 있음
	1919	학교의 소독, 학교의 법칙, 학교감염병 및 소독방법, 근시 예방의 건 제정
	1921	아동 신체검사 수정
	1925	학교 간호부 배치에 관한 건 제정
	1930	이화학당에 간호사가 배치되어 학생의 건강관리를 했다는 기록
1946~1960	1946	민주정신에 입각한 초중등교육의 교과과정을 제정, 새 교육제도의 실시 학교보건사업: 우유분을 이용한 결식 아동급식
	1949	교육법 제89조: 각급 학교에서의 학교보건사업의 실시와 양호시설의 설비에 대한 규정
	1951	문교부령 제51호: 학교신체검사 규정
	1953	교육공무원법 제4조: 양호교사를 처음으로 제도화(교사의 자격규정)

표 1.1 우리나라 학교보건의 발달(계속)

연대		내용
1946~1960	1954	서울사범학교를 학교위생과 학생의 건강문제를 연구하는 학교로 지정하여 5개년 운영계획을 수립하였으나 서울시에서 보조예산이 할당되지 않아 활발하지 못함 문교부령 제35호 교과과정시간 배정 기준령은 건강교육을 국민학교에서는 보건과로 중등학교에서는 체육보건과로 함(학교보건교육 실시)
	1955	1954년도까지 거의 대부분의 학교에서 신체검사를 실시하지 못한 상태였으므로 이때부터 서울특별시교육위원회가 그 필요성을 강조하여 각급학교가 신체검사를 실시하도록 강력히 지도하고 결과를 보고 받도록 하였음
	1956	문교부장관에 의한 양호교사 자격증 발행
1961~2000	1961	학교간호사가 고용직에서 교사직인 양호교사로 발령
	1962	순회전임교의제도: 서울시의 경우 상임전속교의와 치과교의를 학교보건소에 채용 배치: 각 학교를 1주일에 2회 정도씩 순회진료
	1963	국민학교의 보건과목과 중등학교의 체육보건과목을 체육과라는 교과명으로 통일
	1966	기생충예방법 제정
1961~2000	1967	학교보건법 제정, 감염병예방법, 결핵예방법 제정
	1969	학교보건법 시행령 공포(1968년 12월 18일)
	1973	문교부에서 체육국을 설치하고 국민체육과, 학교체육과, 학교급식과를 둠
	1979	문교부 직제에 처음으로 학교보건과가 생김. 보건과 체육의 구분, 학교보건업무가 문교부의 사무관급에서 전담
	1981	학교급식법 공포
	1982	교육법 개정(25차), 체육부 창설
	1986	전국양호교사회 창설
	1993	학교보건법 시행령 개정
	1995	교육법 개정, 양호교사 1급, 2급 변경
	1998	양호교사가 초·중등교육법 시행령 제33조에 의해 보직교사로 임용될 수 있게 됨
	2000	초·중등 보건인정도서 승인, 초·중등교육법 개정
2001~2010	2001	청소년 금연운동 시범학교 100개교 보건교사 참여 및 교재 개발
	2002	초등 및 중학교 보건 인정도서 승인 양호교사 명칭이 보건교사로 개칭(초·중등교육법 제21조 2항의 개정)
	2003	보건교사로 명칭 변경, 보건교육 전문직(보건장학사) 임용(부산) 보건과 교육실습(학교보건실습지침서), 교과교육론, 교재연구 및 지도법 등 교직과정 이수를 위한 교재개발

표 1.1 우리나라 학교보건의 발달(계속)

연대		내용
2001~2010	2008	보건실의 내부를 처치실, 안정실, 건강상담실, 보건업무실, 기타 공간으로 구분 · 설치하고 보건실 옆(부근)에 보건교육실 설치 권장
	2010	건강증진시범학교(16개교) 운영
2011~2020	2011	보건교사의 학생 생활지도 및 건강관리를 위한 실무능력 신장 및 보건교사의 의료인 면허신고제 보수교육 인정 직무연수 과정 개설
	2012	건강증진모델학교사업(창의경영학교 지원 사업의 일환)(2012년 98개교, 2013년 85개교, 2014년 85개교)
	2015	건강증진학교 일반화 연구학교(2015년 14개교)
	2016	교육과정과 연계한 건강증진학교 연구학교(17개교) 교원양성기관의 장 '응급처치 및 심폐소생술 실습 2회 이상 실시' 의무사항 신설
	2017	모든 학교 교직원 응급처치 및 심폐소생술 교육 의무화, 교육통계조사, 2015 개정 교육과정 적용(초 1, 2학년)
	2018	2015 개정 교육과정 적용(초3, 4, 중1, 고1)
	2019	2015 개정 교육과정 적용(초5, 6, 중2, 고2)
	2020	2015 개정 교육과정 전면적용

(1) 프랑스의 학교보건

최초의 아동보건사업은 18세기 프랑스로 거슬러 올라간다. 프랑스에서는 1793년 국민협의회에 의해 학교에 대한 보건감시제도가 채택되었으나 실제 시행은 19세기에 이루어졌다. 그러나 이 법률은 많은 사람이 반대했으며 파리의 공립학교는 1842년 보건감시를 받게 되었고 오늘날의 학교보건 감시제도는 1879년부터 시작되었다.

(2) 독일의 학교보건

독일은 프랑스 다음으로 학교보건 관리제도를 발전시킨 국가이다. 독일은 특히 학교위생에 관심을 두었으며(Frank, 1745~1821), 결식아동에게 무료 급식을 실시하였고(Vavaria, 1790), 학교보건의 시조인 병리학자 비르호(Virchow, 1820~1902)는 아동보건의 증진을 위해 신체검사의 중요성을 역설하였으며, 1833년 학교의사제도를 채택하였다.

조직			정원
실	국·관	과(담당관)	
3	3·11	49	578명

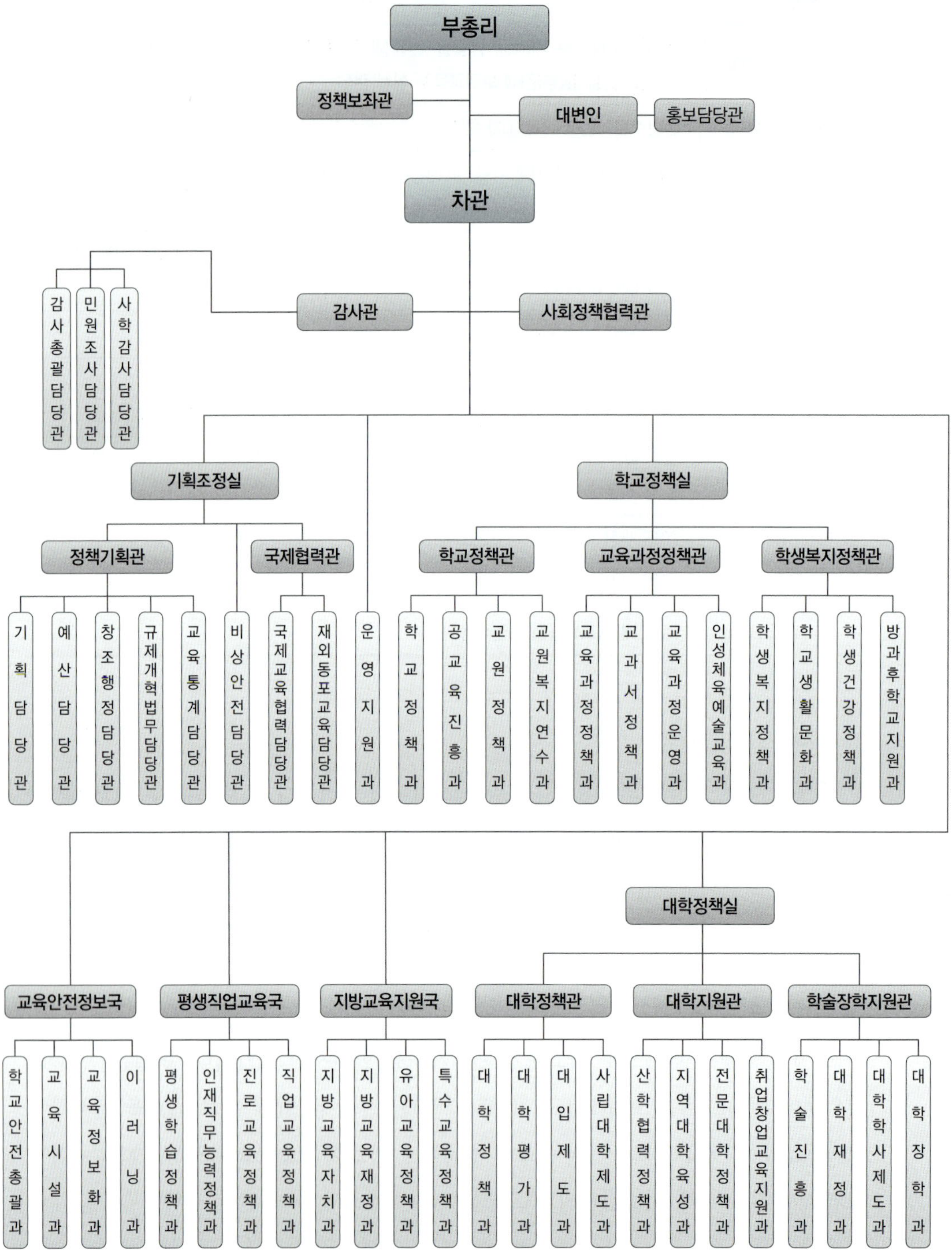

그림 1.1 교육부 조직도(2017년 3월 기준)

19세기 말부터 근대의학, 특히 실험위생학이 발달되어 이를 기초로 한 학교위생이 촉진되었고, 이때부터 의학적 판단과 학생에 대한 위생적 보호를 주임무로 하는 학교 중심의 학교보건사업이 이루어졌다. 1866년 촌(Cohn, 1838~1906)은 브레슬라우에서 7,568명의 학생을 대상으로 시력검사를 실시하였으며 그 후 지속적으로 학교보건에 관한 연구를 추진한 결과 여러 국가에서 의사가 학교보건에 관심을 갖게 되었다. 그들은 우선 학생의 감염병 예방과 학교시설의 위생 감시에 관심을 기울였다.

(3) 영국의 학교보건

영국에서는 지방 정부에 의해 학교보건이 시작되었는데 영국의 왕립공장 위생상태 위원이었던 차드위크(E. Chadwick, 1832)는 구민법에 아동의 고용조건에 건강상태를 고려하도록 주장하였다. 또한 학교위생의 실천을 장려하였으나 공장주들의 반발로 해고되었다가, 1847년 콜레라의 발생으로 다시 다른 위원회에 임명되었다. 1853년 공중보건사업으로 아동에 대한 개별적인 예방접종이 시도되었다. 그러나 이러한 시기의 가정방문활동과 학교보건사업은 아픈 아동의 고통을 인도적으로 고려했다기보다는 건강한 군인을 징병하기 위해 앞으로 신병이 될 대상자들에 대한 건강조치로 이루어진 면이 있다.

영국에서 전국적으로 학교보건사업이 시작된 것은 학교관계법이 제정된 1907년 이후였다. 1918년 제정된 「교육법」에 의해 지방정부는 학교보건 감시를 실시하며 학생의 질병을 치료해 줄 시설의 설치를 책임지게 되었다. 구강치료도 의무화되었으며 검진은 취학 중 최소한 3회에 걸쳐 실시하도록 하였으며 대개 입학 시, 8~12세 사이에 실시하고 졸업 시에 한 번 더 실시하게 하였다.

1944년 법 개정으로 이와 같은 학교보건사업은 18세까지 확대되었다. 잉글랜드 및 웨일즈에서는 1910년 학교보건의가 995명이었으나 1935년에는 1,412명으로 늘어났으며, 학교치과의는 27명에서 852명으로 증가했고, 학교보건간호사는 436명에서 3,429명으로 증가하였다.

건강검사로 발견된 경증 환자를 학교 진료소에서 치료해주기 시작하였으며, 1918년에는 이러한 경증 환자를 치료하기 위한 진료소가 30개소였으나 1935년에는 2,037개소로 증가되었다. 각종 심신장애아를 위한 특수시설도 발달되고 학생의 영양문제에도 관심을 갖기 시작하였다. 전쟁 중 많은 청소년이 징병신체검사에서 불합격되어 군복무가 거부되었는데, 이러한 신체검사 불합격의 가장 큰 요인으로 어린시절의 영양실조가 지적되어 큰 관심을 불러일으켰다.

1934년 정부 보조금에 의해 학교급식에 우유가 추가되었다. 1938년에는 18만 명의 초등학생에게 학교급식이 제공되고 그중 11만 명은 정부가 비용을 부담하였다. 또한 250만 명의 학생이 우유를 지급받았으며 그중 56만 명이 무료였다. 제2차 세계대전으로 이와 같은 급식사업은 더욱 확대되어 1944년의 교육법과 우유 및 급식법에 의해 희망하는 모든 학생에게 학교급식이 제공되었다. 1946년 이후 18세 이하의 모든 학생에게 정부 부담으로 우유가 제공되었는데 1942년의 Beverage 보고서에 의해 1948년부터 더욱 개선되었다. 그 결과 영국 아동의 건강상태는 과거 반세기에 걸쳐 두드러지게 개선되었다.

영국에서는 초등학교 입학시기인 4~5세경에 학교간호사가 부모의 동의하에 학생의 건강검사와 건강사정을 실시하여 이상이 있는 경우 주치의 또는 소아과 전문의에게 의뢰하고 있다. 의사에 의한 정기적 진단은 초등학교 입학 때인 만 5세, 만 8세, 만 13세에 실시하고 있다. 당뇨병성 망막증은 12세 이상의 모든 당뇨병 환자에 대해 주치의나 안과 전문의를 통해 매년 실시하고 있다. 클라미디아 검사는 영국에서 가장 흔한 성병 중 하나이므로 17~25세 미만을 대상으로 주치의가 매년 무료로 시행하고 있다.

(4) 미국의 학교보건

미국은 1829년 아콧(Acott)의 '교사 건축에 관한 보고서'에서 학교의와 학교보건의 중요성을 강조한 바 있고, 1838년 호더스맨(Horacemann) 역시 메사추세츠 주 교육위원회에서 학교보건의 중요성을 강조하여 주로 교육적 측면으로 학교보건이 발달해 왔으며, 1870년대부터 산발적으로 학교보건 감시가 시작되어 1894년 본격적으로 보건감시제도가 수립되었다. 이 사업은 보스톤에서 시작되었는데 디프테리아가 유행하자 이의 확대를 저지시키고자 50명의 의사를 학교에 파견하여 학교의로 임명하였으며, 아동의 검진과 위생감시를 담당하도록 하였다.

필라델피아시와 시카고시에서는 1895년 이와 유사한 제도를 시작했으며, 뉴욕시에서는 2년 후인 1897년 3월에 150명의 보건감시원을 임명하여 감염병에 감염되었다고 의심되는 학생을 검진하게 하였다. 이러한 변화는 의미는 있었으나 충분하지는 못하였다. 검진을 통해 디프테리아, 홍역, 성홍열 외에도 많은 감염병의 경증 환자가 조기에 발견되었으나 대도시의 빈민 지역에서는 피부병, 눈병과 영양실조 등에 걸린 아동이 많아 보건교육만이 이러한 상황을 극복하는 데 도움이 된다는 사실을 알게 되었다.

뉴욕시에서는 1850년 이후로 아동의 요구를 중요시하는 교육방법의 발달로 신체적 요구가 검토되었다. 1860년 뉴욕시에 홍역이 발생했을 때 보건위원회(Board of Health)는 홍역 예방접종을 학교에서 실시하였고, 1870년에는 학생이 홍역 예방접종을 받아야만 학교에 갈 수 있도록 하였다.

19세기말 학교에서 의학적 검진이 이루어졌으며, 보스톤시, 시카고시, 뉴욕시(1890년) 등에서 학교의를 지정하였다. 1902년 보건위원회의 요청에 의해 실험적으로 유능한 간호사를 보건상태가 특히 나쁜 학교에 파견하였다. 당시 학교간호사의 업무는 질병에 걸린 아동에게 의료적 지원을 하여 장기출석률을 낮추고 감염병과 관련된 건강관리가 필요한 학생과 가족을 돕는 것이였다. 학교에 학교간호사가 배치됨으로써 학교의와 함께 신체검사를 실시하는 프로그램을 운영하고 학생의 가정관리, 위생관리, 예방접종, 물소독, 건강검사를 함으로써 계획적이고 차원 높은 학교보건사업이 시작되었다.

수개월 경증 감염병에 효과적으로 대항해서 예방할 수 있는 교육법이 고안된 후 많은 간호사가 채용되어 학교보건 향상에 획기적인 성과를 거두게 되었다.

그후 벤저민 톰슨(Begamin Tompson, 1865)이 무료급식의 필요성을 역설하였고 1908년에는 영양실조인 아동의 영양보충과 가난한 아동에게 점심식사를 제공해 주기 위해 뉴욕시로부터 학교급식 운동이 시작되었다. 대부분의 학교급식 계획은 1930년 연방 잉여 농산물 처리기관이 개편된 후 이 기관의 소관 업무가 되었다. 1938년에는 45개 주와 콜롬비아 지구까지 이 계획에 참여하게 되었으며 1946년에는 학교급식을 실시하는 주에 연방 보조금을 지급하는 「학교급식법」이 제정되었다.

1912년에는 학생만의 무료진료소가 세워져 지방보건부의 책임 하에 운영되었으며 안과, 피부과, 내과 및 이비인후과 등의 검진이 포함되었다.

1903년 바몬트 주는 모든 학생들로 하여금 매년 안과검진을 받도록 의무화시켰다. 3년 후 메사추세츠 주에서는 모든 학생들이 매년 신체검사를 받도록 하는 법률이 공포되었다. 이 법률의 목적은 감염병의 조기발견과 조기치료 및 신체장애의 발견과 교정에 있었다. 메사추세츠 주에 도입된 이 법률에 의해 학생의 보건관리는 교육기관의 책임사항으로 확정되었고 결과적으로 보다 나은 학교보건관리를 위해 도움이 되었다. 레뮤얼 셰터크(Lemeul Shattuck, 1850)가 강조하는 학교보건 환경관리의 중요성은 다음과 같다.

① 모든 시민은 지역사회 내 건강을 증진시키고 생명을 보존할 책임이 있으므로, 일상생활 현장에서 적용할 지식과 기회를 가져야 한다. 학생은 학교환경에서

많은 시간을 보내므로 학교에서 건강습관을 형성하도록 돕는 것은 합당하고 유용하다.

② 학생은 감염병에 민감하고 학교환경에 항상 노출되어 있으므로, 환경조사를 철저히 함으로써 감염병의 전파를 예방할 수 있다. 또한 질병의 증상이나 징후의 관찰을 위해 학생, 학부모, 교직원 등에 대한 교육이 필요하다.

③ 보건교육은 장래 사회에 나가 효과적인 기능을 하도록 돕고 개인의 간호요구를 충족시킬 수 있는 기술을 제공하는 적절한 기능을 갖는다.

④ 위생위원회(sanitary committee, or health council)를 설치하여 학교보건프로그램의 효율성을 감시해야 한다.

1990년대 초 미국의 학교보건은 후천성면역결핍증(AIDS) 환자의 증가로 청소년도 감염위험이 증가되는 추세였으며, 청소년의 자살 증가, 마약사용, 임산부 증가 등의 문제로 위험한 환경에 노출되는 청소년을 학교보건사업으로 선도해야 하는 중요한 과제를 안고 있었다. 학령기 아동 및 청소년 대상 건강검진의 항목 및 주기에 대한 다양한 권고기준들을 제시하고 있고, 초등학교 입학시 건강검진 결과를 제출하고 3년 주기로 정기적인 건강검진 수행의 지침에 근거하여 각 주정부에서 자율적으로 실시하고 있다. 미국에서는 최근 몇 십 년 동안의 청소년 사망률과 이환율의 급격한 증가로 인한 건강위기를 막기 위해 1994년 미국 의사협회가 개발한 청소년 예방서비스가이드라인(Guidelines for Adolescent Preventive Services, GAPS)에 의한 건강증진과 예방적 건강검진 단계에 대한 보건서비스를 시행하고 있다.

캐나다에서도 학생의 건강증진을 위한 8개 영역(1~12학년까지 순차적인 교육, 학교에 기반을 둔 보건서비스, 학교환경, 급식, 체육, 상담, 학교직원의 건강증진 및 학교와 지역사회의 건강증진 노력의 통합)을 포함한 포괄적인 학교보건모델(comprehensive school health model)을 개발하여 지식, 태도, 기술 행위 습득을 위한 보건교육 실시와 학생과 직원에 대한 건강서비스 제공 및 학생의 건강습관 형성을 위한 사회적 지원과 건강한 학교 환경을 위한 물리적 환경의 조성 등을 포함하였다(Allensworth & Kolbe, 1987).

각 국가는 자국의 보건의료체계와 필요성에 따라 학교보건사업을 전개해왔는데 미국과 일본의 경우 학생의 신체검사를, 영국에서는 보건교육 위주의 학교보건사업을 전개하였다.

우리나라는 미국과 유사한 보건의료전달체계를 운용하고 있어 1951년 신체검사규칙을 제정하고 신체검사와 감염병 예방 위주의 학교보건사업을 실시해 오다가 1967년 「학교보건법」과 「학교보건법 시행령」이 제정되면서 학교보건의 개념이 학교주변의 교육환경과 학교급식을 포함하는 범위까지 확대되었다. 그러나 시대상황의 변화에 따라 예상치 못한 새로운 형태의 학교보건문제 또한 지속적으로 발생되고 있어 이에 대한 학교보건사업에도 많은 변화가 요구되고 있다.

3) 학교보건의 발달단계

국내 · 외의 학교보건 발달과정을 살펴보면 다음의 4단계로 요약할 수 있다.

(1) 감염병관리기

학교보건사업은 국가의 감염병관리를 위한 보건의료사업의 한 부분으로 출발하였다. 당시의 건강은 감염병이 없는 상태를 의미하였으며 주된 학교보건활동은 예방접종을 위한 감염병 치료였다. 이러한 흐름에 맞추어 당시의 학교보건은 학생의 신체구조와 생리기능이 인간의 본질적 상태에서 벗어나지 않도록 감염병을 관리하고 감염병에 감염된 환자를 본래의 상태로 회복시키는 치료를 받도록 조치하는 것이었다.

우리나라에서도 학교보건을 통한 감염병관리는 매우 성공적으로 평가되는데 그것은 아동이 감염병에 대한 저항력이 약한 집단이어서 손쉽게 집단면역력(herd immunity)을 증가시킬 수 있다는 점과 단체 생활을 하고 있어 대상자 모집에 비용대비 효율적이라는 점 등이다.

결과적으로 학교 예방접종은 학생의 감염병 예방은 물론 우리나라 전체의 감염병 확산 예방이라는 외부효과(external effect)를 얻을 수 있었다.

(2) 신체검사기

학교보건사업은 학생의 건강평가를 위한 신체검사와 각종 검사를 주요 업무로 이루어졌다. 건강의 개념도 인간의 신체나 생리기능이 외부의 균이나 환경에 잘 적응하는 능력으로 인지되었다. 그러므로 이 시기의 학교보건사업은 학생의 건강을 신체적 · 정신적 · 사회적으로 평가하여 해부구조나 생리기능의 비정상적 상태를 조기발견하고 이에 대한 대응한 조치를 취하며, 비정상적인 상태를 유발하는 환경을 제거하거나 조정하여 학생들의 환경적응력을 강화시키는 삶을 영위하도록 이끄는 것이었다.

(3) 포괄적 건강관리기

학교보건사업을 자가관리능력 향상이라는 하위의 건강개념을 통해 궁극적으로 학교라는 공동체를 신체적 · 정신적 · 사회적 · 심리적 · 영적으로 안녕 상태에 도달하게 한다는 관점을 갖는다. 그러나 신체검사 중심의 학교보건사업은 학생과 교직원의 건강관리를 포괄적으로 실시하는 데는 미흡하여 학교의 건강관리능력을 향상시키기 위해 포괄적 건강관리를 하는 방향으로 나아가게 되었다. 즉 학교보건사업의 내용에 학생 및 교직원의 건강관리, 환경위생관리 및 보건교육 등을 포함하였다.

(4) 학교보건의 교육과정기

학교보건사업의 내용을 체계화시키기 위해서는 교과과정을 개발하여 학생과 교직원의 건강관리, 보건교육, 건강한 생활양식의 실천화이다. 이는 학교보건의 궁극적 목적이 학교의 건강관리능력개발임을 시사해 주는 것이며, 학교보건이 학생의 보건사업과 교육사업을 하나로 통합하여 학교보건 교육과정으로 재구성되어야 함을 의미한다.

많은 국가에서 학생과 교직원의 능동적 참여로 자기건강관리 능력향상에 초점을 맞추어 보건교육중심의 학교보건사업으로 전환하고자 노력하고 있다.

3. 학교보건의 중요성

앞으로 나라를 이끌어나갈 주역인 학생의 건강은 학습에 영향을 미치는 것은 물론 자신과 국가의 발전과도 직결된다. 학생은 아직 독립적인 사회인이 아닌 피보호자로서 하루 대부분의 시간을 가정보다는 학교에서 보내므로 학생을 위한 종합적인 건강관리방안을 추진할 수 있는 가장 적합한 장은 학교일 것이다.

또한 학교는 1, 2차 예방프로그램을 개발하기 위한 이상적인 장소이다. 학교라는 시스템 안에서 다양한 건강관련 프로그램을 실시하면 건강문제의 조기발견과 더불어 건강문제의 심각성을 줄일 수 있으므로 학교보건사업은 매우 중요하다.

유아 시절의 학습이 중요하다는 것은 우리나라의 속담 "세살 버릇이 여든까지 간다."에 잘 나타나 있다. 건강의 관점에서 보더라도 학령기의 건강상태는 당시의 학습에 영향을 미칠 뿐만 아니라 생애 전 과정의 질적 생활을 좌우할 만큼 중요하다. 따라서 학령기의 생활을 건강하며 행복하고 생산적으로 영위하여 가능한 최대한의 학습 경험을 할 수 있도록 하기 위해, 학생의 건강은 보호되고 유지되어야 한다.

우리나라 「교육기본법」 제2조(2007.12.21) 교육이념에 "교육은 홍익인간(弘益人間)의 이념 아래 모든 국민으로 하여금 인격을 도야(陶冶)하고 자주적 생활능력과 민주시민으로서 필요한 자질을 갖추게 함으로써 인간다운 삶을 영위하게 하고 민주국가의 발전과 인류공영(人類共榮)의 이상을 실현하는 데에 이바지하게 함을 목적으로 한다."고 했다. 이러한 목적을 달성하기 위해 7개항의 교육방침 중 하나로 "신체의 건전한 발육과 유지에 필요한 지식과 습성을 기른다."는 것이 명시되어 있어 학교보건의 중요성이 매우 높음을 알 수 있다. 뿐만 아니라 「교육기본법」 제27조에는 학교보건사업을 하도록 명시되어 있으며, 「학교보건법」에는 학생 및 교직원의 건강을 증진시키도록 규정하고 있다.

학교보건사업은 「학교보건법」 및 「학교급식법」, 「학교시설사업 촉진법」 등을 근거로 각급 학교장의 책임 하에 실시되고 있다. 학생의 건강을 보호 · 유지 · 증진하는 것이 학교보건의 일차적인 목적이지만 학교보건이란 학생과 교직원과 그 가족 및 지역사회를 대상으로 학생, 가족, 교직원 및 보건의료전문가가 참여하여 보건서비스와 환경관리 및 보건교육을 제공함으로써 각자의 건강문제를 해결할 수 있는 신체적 · 정신적 · 사회적 기능 수준을 향상시켜 안녕 상태에 이르도록 하는 포괄적인 보건사업이다.

건강한 학생이 불건강한 학생에 비해 학업성취도가 높은 것은 당연한 결과로, 학교는 학부모와 교직원 및 지역사회의 건강증진에도 영향을 주기 때문에 학교는 학생과 지역사회의 건강증진을 위한 핵심환경으로 인식되고 있다.

학교보건사업은 일반 보건사업과는 달리 국민건강증진을 위한 가장 확실하고 효과적인 투자의 하나이다. 건강한 생활습관을 형성시키는 것은 성장발달이 가장 왕성하게 진행되는 학령기 아동과 청소년을 대상으로 하는 것이 효과를 극대화할 수 있다. 또한 학생으로 하여금 학교보건사업을 통해 스스로 각종 질병을 예방할 수 있는 능력을 길러 건강한 생활을 하게 하고, 학교에서 배운 올바른 지식과 바람직한 태도를 가정에 전달하며, 가정은 다시 지역사회에 영향을 미치는 순환과정의 파급효과는 크다고 할 수 있다.

학교보건사업의 대상자가 전체인구의 25%에 달한다는 것은 학교보건이 어느 보건사업보다도 우선순위를 두어야 하는 중요한 이유가 된다.

나아가 최근 건강관리의 초점이 질병관리에서 건강증진으로 옮겨가면서 학교보건의 중요성이 더욱 대두되었다. 미국인의 주요 사망원인과 관련된 요인을 분석한 결과, 흡연, 음주 및 물질 오 · 남용, 바르지 못한 식습관, 운동부족, 사고관련 행위, 안전하지 못한 성행위 등이었다. 사망률 감소를 위해서는 이런 행위의 변화를 가져와야 하는데, 성인을 대상으로 한 건강행위 변화는 매우 어려웠다. 그러므로 건강행위를 형성하는 시기인 학령기 때부터 바람직한 건강행위 형성에 대한 집중사업이 필수적으로 요구되었다. 학령기를 대상으로 한 건강증진사업이야말로 미국인을 위한 효율적인 건강증진전략임이 밝혀졌다.

학교보건이 중요한 이유는 다음과 같다.

- 학교는 지역사회 중심체로서의 역할을 한다.
- 학교는 다양한 보건사업을 추진하는 데 유리하다.
- 학교인구는 총 인구의 1/4 정도 되는 많은 인구 수를 가지고 있다.
- 학생은 발육이 왕성한 시기이기 때문에 이 시기의 건강유지 및 증진은 성인기 건강의 밑거름이 되어 인구 자질 향상에 기여한다.
- 학생은 배우려는 의욕이 강하기 때문에 보건교육의 효과가 빨리 나타나고 보건에 관한 지식의 생활화가 용이하다.
- 학생을 대상으로 한 학교보건사업의 효과는 가족까지 파급될 수 있으므로, 학생뿐만 아니라 그 가족, 나아가서는 전체 지역사회의 건강에까지도 영향을 줄 수 있다.

4. 학교보건의 기능과 책임

학교보건의 더욱 적극적인 견해를 보면 보건서비스, 보건교육, 보건상담과 지역사회보건을 모두 망라한 여러 학문의 실제라고 정의하기도 한다.

나다르(Nardar)는 기존의 학교보건과 일차보건의료와의 통합으로서 학교보건을 정의하여 통상의 논의로부터 한 걸음 더 나아가고 있다.

1977년 미국학교보건협회(American School Health Association)가 제시한, 학교보건은 재학생뿐만 아니라 교직원 및 나아가서 이웃과 지역사회를 대상으로 학생, 가족, 교직원 및 보건의료 전문가가 참여하여 보건서비스와 환경기능 수준을 향상시켜 안녕상태에 이르도록 하는 포괄적인 건강사업이라 하였다. 건강하지 못한 학생은 그들에게 제공되는 교육기회를 충분히 활용하지 못한다. 그러므로 학교보건프로그램을 통해 질병예방과 건강증진을 할 수 있도록 협력해야 한다. 학교보건프로그램의 책임은 학교보건관리자인 보건교사나 행정가, 교사 및 교장 등이 공동으로 가져야 한다.

학교보건프로그램의 4가지 기능은 다음과 같다.

- **학생과 교직원의 건강 요구도에 따른 학교보건봉사**

  학교보건봉사에는 건강평가와 예방사업이 있다. 건강평가란 신체검사, 구강검진, 신체계측, 위생상태 점검, 학생 및 교직원의 건강에 대한 사업을 말하며, 예방사업은 각종 검사, 감염병 예방사업, 응급처치, 구강보건, 학교급식에 관한 사업이 포함된다.

- **지속적이고 효과적인 학교보건교육**

  학교보건교육은 정규적인 또는 계획적인 보건교육과 관련 교과목과의 연계된 보건교육, 실제 학교의 행사 또는 개인의 경험, 교실 생활과 관련한 보건교육 그리고 학생활동과 지역사회 활동을 통해 교육의 기회를 갖게 된다.

- **안전하고 건강한 학교환경**

  학교환경관리는 교내 · 외 환경오염, 교지 선정, 교실환경 및 면적 확보, 안전한 환경 등을 규정하고 있다.

- **지역사회 건강증진**

  지역사회와의 긴밀한 관계 속에서 자원활용이 필요하다. 세계보건기구는 'Health 2020'의 핵심요소로 전 사회적인 접근(whole of society approaches)을 중시하였으며, 하프론(Hafron, 2014) 등은 인구집단의 건강수준 향상을 목표로 하는 지역사회 통합 보건체계(community-integrated health system)의 주요 특성의 하나로 공중보건기관과 지역사회 조직 사이의 보건사업 네트워크를 강조하였다. 건강증진 사업 · 연구 · 정책을 기획하고 수행하는 데는 참여와 협력이 필수 조건이자 지향점이라고 하였다. 1997년의 자카르타 선언에서는 21세기의 건강증진을 위한 5가지 우선순위 중의 하나로서 파트너십을 포함하였는데, 건강증진을 위해서는 통치차원과 사회차원의 모든 수준에서 다양한 분야 간의 파트너십이 이루어져야 하고, 기존 파트너십을 더욱 강화할 뿐만 아니라 새로운 파트너십을 강구해야 한다고 하였다. 학교의 건강증진사업은 학교 내에서도 다양한 형태의 참여와 협력이 필요하지만, 지역사회와의 연계도 중요하다. 학교보건사업 협력 네트워크를 분석한 배상수(2016)는 보건소와 학교보건 및 지역사회의 협력의 관계를 잘 설명해 주고 있다. 보건소 직원과 연구진과의 면담을 통해 바른 생활습관 관리, 자살예방, 스트레스관리, 인터넷이나 스마트폰 중독 관리, 구강건강, 안전교육, 결핵검진과 치료, 성교육 및 에이즈 교육 등을 학교보건사업의 세부사업으로 결정하였다. 또한 지역 내 학교들이 공공기관과 협력하는 비율이 민간기관과의 협력보다 많은 것으로 조사되었다. 이러한 학교보건사업의 효율적 수행과 질적인 성취를 위해서는 지역사회 자원을 활용하고 협력하는 과정이 필수적임을 설명하고 있다.

이상의 기능을 수행하기 위해 학교보건프로그램은 다음과 같은 여섯 가지 책임을 갖는다.

- 감염병이 발생한 학생이나 교사를 신속히 확인하여 처리하고, 빠른 시일 내로 학교로 돌아오도록 적절한 조치를 취한다.
- 학생과 교직원을 위한 예방접종 등 학교의 규칙과 정책을 강화하여 학교에서의 감염병 발생과 전파를 예방하도록 한다.
- 청력장애, 시력장애, 척추측만증(scoliosis)과 같은 만성적인 건강문제를 조기발견하고 빠른 치료 및 교정을 하여 불구를 최소화한다.
- 교육-학습분위기를 해칠 수 있는 환경을 최소화하도록 학교환경을 안전하고 건강하게 유지하도록 한다.
- 사고나 질병이 발생할 경우 응급처치를 제공할 수 있는 실제적이고도 적절한 학교보건프로그램을 개발한다.
- 학생 스스로의 건강을 위한 책임을 질 수 있도록 준비시키기 위한 포괄적인 보건교육과정을 개발, 수행 및 평가한다.

2절

학교보건 인력

1. 학교보건 인력의 배치현황

학교보건사업이 그 목적을 달성하려면 변화되는 사회적 · 환경적 요구가 학교보건정책에 반영되어야 하며, 일선학교에서 업무가 효율적으로 수행되어야 한다. 또한 이를 수행할 수 있는 전문지식과 기술을 갖춘 학교보건 인력이 확보되어야 한다. 우리나라의 「학교보건법」에서 지정한 학교보건 인력은 학교의사, 학교약사 그리고 보건교사이다. 학교의사에는 치과의사와 한의사가 포함된다.

그러나 실제로 학교보건 인력에 간호사, 의사, 약사, 학교행정가, 학부모 및 학생을 포함하면서 학교현장에서는 학교장의 책임 하에 학교에 상근하는 보건의료 전문인력인 보건교사가 대부분의 역할을 담당하고 있는 실정이다. 간호사 면허를 가지고 보건실에 근무하는 보건교사는 교내의 응급상황 발생이 필수적인 인력뿐만 아니라 학생 및 교직원의 건강관리, 건강상담 및 학교보건계획의 수립이나 시행에 주도적인 역할을 하고 있다. 또한 구성원 중 누구보다도 보건의학적인 지식을 가장 많이 가지고 있는 전문가이기 때문이다. 궁극적으로 바람직한 것은 학교장은 물론이고 재단과 학교 교직원, 행정가 및 학생과 학부모가 나름대로 각각의 학교보건 활동에 참여하는 것이다. 학교보건 인력은 상담자, 교육자, 간호제공자, 사회사업가, 학교보건행정가, 학교건강문제 및 환경평가자, 학교보건 문제해결자, 학교보건사업 관리자로서의 다양한 역할을 담당할 것으로 기대한다.

표 1.2 국공립사립학교 초 · 중 · 고등학교의 보건교사 배치현황

단위: 개, 명

구분	학교수			보건교사수					
	초등	중등	고등	초등		중등		고등	
총 계	6,001	3,209	2,353	4,126	(300)	1,663	(198)	1614	(98)
국립	17	9	19	16		6	(1)	13	(1)
공립	5,909	2,560	1,385	4,064	(293)	1,390	(180)	989	(71)
사립	75	640	949	46	(7)	267	(17)	612	(26)
시 도 별									
서 울	601	384	318	538	(57)	326	(48)	275	(19)
국립	2	2	3	1		1		2	
공립	560	273	115	503	(51)	230	(42)	104	(10)
사립	39	109	200	34	(6)	95	(6)	169	(9)
부 산	308	172	145	266	(21)	116	(11)	94	(4)
국립	1	–	4	1		–		3	
공립	301	135	63	265	(21)	103	(10)	49	(3)
사립	6	37	78	–		13	(1)	42	(1)
대 구	225	125	92	174	(18)	100	(11)	72	(7)
국립	2	1	1	2		1		1	
공립	219	90	42	171	(18)	75	(10)	37	(2)
사립	4	34	49	1		24	(1)	34	(5)
인 천	247	134	125	180	(15)	86	(13)	85	(6)
국립	1	–	1	1		–		–	
공립	241	123	91	179	(15)	84	(13)	67	(4)
사립	5	11	33	–		2		18	(2)
광 주	153	90	67	133	(14)	53	(7)	47	(1)
국립	1	1	1	1		1	(1)	1	
공립	149	64	24	131	(14)	38	(5)	20	(1)
사립	3	25	42	1		14	(1)	26	
대 전	146	88	62	115	(13)	42	(7)	36	(3)
국립	–	–	–	–		–		–	
공립	144	72	34	114	(13)	41	(7)	26	(3)
사립	2	16	28	1		1		10	
울 산	117	63	56	81	(6)	34	(4)	45	(4)
국립	–	–	–	–		–		–	
공립	117	59	43	81	(6)	32	(4)	37	(3)
사립	–	4	13	–		2		8	(1)

표 1.2 국공립사립학교 초·중·고등학교의 보건교사 배치현황(계속)

단위: 개, 명

구분	학교수			보건교사수					
	초등	중등	고등	초등		중등		고등	
세 종	37	18	13	14		6	(1)	9	
국립	–	–	–	–		–		–	
공립	37	18	12	14		6	(1)	8	
사립	–	–	1	–		–		1	
경 기	1,22	619	470	816	(74)	374	(47)	358	(26)
국립	–	–	–	–		–		–	
공립	1,224	532	334	814	(73)	329	(46)	242	(22)
사립	3	87	136	2	(1)	45	(1)	116	(4)
강 원	351	162	117	196	(11)	58	(4)	76	(7)
국립	1	–	1	1		–		1	
공립	347	147	95	195	(11)	56	(4)	59	(7)
사립	3	15	21	–		2		16	
충 북	260	128	83	174	(5)	52	(7)	46	(1)
국립	2	2	2	2		1		–	
공립	257	107	60	172	(5)	42	(5)	35	
사립	1	19	21	–		9	(2)	11	(1)
충 남	405	186	116	234	(13)	67	(5)	74	(6)
국립	1	1	1	1		1		–	
공립	403	141	79	233	(13)	66	(5)	70	(6)
사립	1	44	36	–		–		4	
전 북	416	209	133	250	(13)	58	(8)	87	(1)
국립	2	–	2	2		–		2	
공립	414	160	63	248	(13)	41	(8)	41	(1)
사립	–	49	68	–		17		44	
전 남	427	250	143	267	(9)	74	(7)	82	(6)
국립	1	–	–	1		–		–	
공립	423	215	98	263	(9)	65	(6)	59	(6)
사립	3	35	45	3		9	(1)	23	
경 북	469	271	192	320	(7)	97	(7)	111	(1)
국립	1	–	1	1		–		2	
공립	465	198	100	316	(7)	80	(5)	67	
사립	3	73	91	3		17	(2)	42	(1)

표 1.2 국공립사립학교 초·중·고등학교의 보건교사 배치현황(계속) 단위: 개, 명

구분	학교수			보건교사수					
	초등	중등	고등	초등		중등		고등	
경 남	500	265	191	335	(23)	85	(8)	93	(3)
국립	1	1	1	1		–		–	
공립	497	188	112	333	(23)	72	(6)	53	(3)
사립	2	76	78	1		13	(2)	40	
제 주	112	45	30	33	(1)	35	(3)	24	(3)
국립	1	1	1	1		1		1	(1)
공립	111	38	20	32	(1)	30	(3)	15	
사립	–	6	9	–		4		8	(2)

주: 1) ( )는 휴직교원수이며 전체수에 포함됨 2) 강사수는 전체수에 미포함
출처: 한국교육개발원 교육통계연구센터. 교육통계연보(2016).

지난 40년간 보건교사의 수는 1968년 729명, 1998년 5,932명, 2008년 7,192명, 2010년 7,231명으로 양적으로 크게 증가하였다. 보건교사 배치율은 2008년 65.2%, 2012년 65.5%, 2013년 64.9%로 2015년 기준 전국 평균 65.4%였다. 그러나 학교별, 지역별로 심한 불균형 분포를 보이는 것이 전체 학교보건사업을 균형 있게 발전시키는 데 커다란 저해 요인이 되고 있다. 보건교사의 수는 2016년을 기준으로 전체 정규교원 177,421명 중 보건교사 4,126명(2.3%)이다. 중학교의 경우는 전체 정규교원 93,784명 중 보건교사 1,663명(1.8%), 고등학교의 경우는 전체 정규교원 115,732명 중 보건교사 1,614명(1.4%)인 것으로 나타났다.

2. 학교보건 인력의 역할

1) 학교보건 인력의 직무

「학교보건법」 제15조에 학교보건 인력 및 각 인력의 직무 규정이 제시되어 있다. 보건교사는 학교보건 인력 가운데 유일하게 학교에서 상근하는 교사이므로 보건교사의 업무는 학교보건사업에 가장 중요한 부분을 차지한다.

교사의 주된 임무는 지적 능력개발을 위한 학습지도와 전인적 인간 육성을 위한 생활지도라 할 수 있으며, 보건교사도 학습보건지도와 학생건강관리라는 이름으로 건강생활지도를 하고 있다.

■ 학교보건 인력의 직무(「학교보건법 시행령」 제23조)

(1) 보건교사의 직무

가. 학교보건계획의 수립

나. 학교 환경위생의 유지 · 관리 및 개선에 관한 사항

다. 학생과 교직원에 대한 건강진단 준비와 실시에 관한 협조

라. 각종 질병의 예방처치 및 보건지도

마. 학생 및 교직원의 건강관찰과 학교의사의 건강상담, 건강평가 등의 실시에 관한 협조

바. 신체허약 학생에 대한 보건지도

사. 보건지도를 위한 학생가정 방문

아. 교사의 보건교육 협조와 필요시의 보건교육

자. 보건실의 시설 · 설비 및 약품 등의 관리

차. 보건교육자료의 수집 · 관리

카. 학생건강기록부의 관리

타. 다음의 의료행위(간호사 면허를 가진 사람만 해당된다)

① 외상 등 흔히 볼 수 있는 환자의 치료

② 응급을 요하는 자에 대한 응급처치

③ 부상과 질병의 악화를 방지하기 위한 처치

④ 건강진단결과 발견된 질병자의 요양지도 및 관리

⑤ ①~④까지의 의료행위에 따르는 의약품 투여

파. 그 밖에 학교의 보건관리

■ 미국학교간호사연맹 이사회에서 정의한 보건교사의 직무

가. 학생과 직원에게 직접적인 건강관리 제공

나. 공공의료 제공을 위한 지도력 발휘

다. 개괄적 건강검사(screening test) 실시

라. 건강한 학교환경 조성

마. 건강증진 활성화

바. 건강관련 정책과 프로그램을 위한 지도자 역할

사. 학교구성원, 가족, 지역사회 및 건강관리 서비스 공급자 사이에서 연결고리 역할

(2) 학교의사의 직무

가. 학교보건계획의 수립에 관한 자문

나. 학교 환경위생의 유지 · 관리 및 개선에 관한 자문

다. 학생과 교직원의 건강진단과 건강평가

라. 각종 질병의 예방처치 및 보건지도

마. 학생과 교직원의 건강상담

바. 그 밖에 학교보건관리에 관한 지도

(3) 학교약사의 직무

가. 학교보건계획의 수립에 관한 자문

나. 학교환경위생의 유지관리 및 개선에 관한 자문

다. 학교에서 사용하는 의약품과 독극물의 관리에 관한 자문

라. 학교에서 사용하는 의약품 및 독극물의 실험 · 검사

마. 그 밖에 학교보건관리에 관한 지도

3. 학교보건 관련 단체장의 업무

학교보건 관련 단체의 책임자 역할 및 학교장의 학교보건 관련 업무는 다음과 같다.

1) 교육부

(1) 장관

① 학교보건위원회 위원을 임명 또는 위촉(「학교보건법」 제17조 및 동 시행령 제24조), 심폐소생술 등 응급처치에 관한 교육을 포함한 보건교육을 체계적으로 실시(「학교보건법」 제9조)

② 교육부장관은 초 · 중등교육 정책의 효율적인 추진과 초 · 중등교육 연구에 필요한 학생 · 교원 · 직원 · 학교 · 교육행정기관 등에 대한 기초자료 수집을 위하여 교육통계조사를 매년 실시하고 그 결과를 공개하여야 한다(「초 · 중등교육법」 제11조 2017.3.21).

③ 교육부장관은 다음 각 호의 사항에 대하여 다음 각 호의 기준일을 기준으로 3년마다(매 3년이 되는 해의 기준일과 같은 날 전까지를 말한다) 그 타당성을 검토하여 개선 등의 조치를 하여야 한다(「학교보건법 시행령」 제33조 규제의 재검토).

가. 제2조에 따른 보건실의 설치기준과 보건실에 갖추어야 하는 시설 및 기구의 기준: 2016년 1월 1일

나. 제9조에 따른 학교용지 선정자의 교육환경 평가서 작성: 2016년 1월 1일

다. 제10조에 따른 학교용지 선정자의 교육환경 평가서 제출 및 심의 절차: 2016년 1월 1일

라. 제11조제3항에 따른 교육환경 평가의 부적합 통보에 대한 학교용지 선정자의 대안 또는 조건을 반영한 결과의 제출: 2016년 1월 1일

마. 제12조에 따른 학교용지 선정자의 교육환경 평가서 재검토: 2016년 1월 1일

바. 제23조에 따른 학교의사, 학교약사 및 보건교사의 배치기준, 자격 및 직무: 2014년 1월 1일

④ 교육부장관은 「학교보건법 시행령」 제6조에 따른 학교정화구역 내 금지행위 및 시설 등에 대하여 2015년 1월 1일을 기준으로 2년마다(매 2년이 되는 해의 1월 1일 전까지를 말한다) 그 타당성을 검토하여 개선 등의 조치를 하여야 한다.

⑤ 감염병 정보의 공유(「학교보건법 시행규칙」 제10조)

가. 교육부장관과 보건복지부장관은 법 제14조의3제4항에 따라 영 제22조의2제2항에 따른 감염병 정보를 지체 없이 구두, 전화(문자메시지 등을 포함한다), 팩스, 서면(전자문서를 포함한다) 등의 방법 중 가장 신속하고 적합한 방법으로 공유하여야 한다.

나. 교육부장관은 학교에서 감염병을 예방하기 위하여 법 제14조의3제4항에 따라 보건복지부장관과 공유한 정보를 교육감 및 학교의 장에게 제공할 수 있다.

⑥ 교육부장관은 법 제14조의3제6항에 따라 감염병 정보를 공개할 때에는 「정보통신망 이용촉진 및 정보보호 등에 관한 법률」 제2조제1항제1호에 따른 정보통신

망에 게재하거나 보도자료를 배포하는 등의 방법으로 하여야 한다.

(2) 차관

학교보건위원회의 위원장(「학교보건법 시행령」 제25조, 제26조)

① **학교보건위원회 업무**(「학교보건법 시행령」 제24조)

가. 학생과 교직원의 건강증진에 관한 시 · 도의 중 · 장기 기본계획

나. 학교보건과 관련되는 시 · 도의 조례 또는 교육규칙의 제정 · 개정안

다. 교육감이 회의에 부치는 학교보건정책 등에 관한 사항

2) 행정자치부

(1) 예방접종(「감염병의 예방 및 관리에 관한 법률」 제24조)

- **정기예방접종**: 특별자치도지사 또는 시장, 군수, 구청장은 다음 각 호의 질병에 대하여 관할 보건소를 통하여 정기예방접종을 실시하여야 한다(제24조, 정기예방접종).

  ① 디프테리아 ② 폴리오
  ③ 백일해 ④ 홍역
  ⑤ 파상풍 ⑥ 결핵
  ⑦ B형간염 ⑧ 유행성이하선염
  ⑨ 풍진 ⑩ 수두
  ⑪ 일본뇌염 ⑫ b형헤모필루스인플루엔자
  ⑬ 폐렴구균 ⑭ 인플루엔자
  ⑮ 그 밖에 보건복지부장관이 감염병의 예방을 위하여 필요하다고 인정하여 지정하는 감염병

- **임시예방접종**: 예방접종에 관하여 보건복지부장관의 명령이 있거나 특별자치도지사 또는 시장, 군수, 구청장이 감염병예방상 필요하다고 인정하는 경우 당해 특별자치도지사 또는 시장, 군수, 구청장은 임시로 예방접종을 시행하여야 한다(제25조, 임시예방접종).

3) 해당 학교

(1) 설립, 경영자

보건실 설치 및 학교보건에 필요한 시설 및 기구 구비(「학교보건법」 제3조)

(2) 교장

① 학교의 장은 「환경분야 시험 · 검사 등에 관한 법률」 제16조에 따른 측정대행업자에게 위탁하거나 교육감에게 전문인력 등의 지원을 요청하여 수행(「학교보건법」 제4조 3항)

② 학생 및 교직원 건강검사, 건강검진계획수립 · 수행, 건강검사 기록(「학교보건법」 제7조 2, 3항)

③ 제7조에 따른 건강검사의 결과나 의사의 진단 결과 감염병에 감염되었거나 감염된 것으로 의심되거나 감염될 우려가 있는 학생 및 교직원에 대하여 대통령령으로 정하는 바에 따라 등교 중지(「학교보건법」 제8조)

④ 학생의 신체발달 및 체력증진, 질병의 치료와 예방, 음주, 흡연과 약물 오용(誤用) · 남용(濫用)의 예방, 성교육, 정신건강 증진 등을 위한 보건교육(「학교보건법」 제9조)

⑤ 예방접종 여부검사 및 완료지도, 질병치료 및 예방조치, 필요조치에 대한 보건소장에게 협조요청(「학교보건법」 제10~11조)

⑥ 학생의 안전관리(「학교보건법」 제12조)

⑦ 교직원의 보건관리(「학교보건법」 제13조)

⑧ 감염병발생 시 휴업 등교중지 교육청 보고 및 보건소 신고

⑨ 교직원을 대상으로 심폐소생술 등 응급처치에 관한 교육(「학교보건법 시행규칙」 제10조)

학교장은 감염병에 걸렸거나 걸린 것으로 의심이 되는 학생 및 교직원이 있는 경우 법 제14조의3제5항에 따라 해당 학교의 장이 교육감을 경유하여 교육부장관에게 보고하여야 할 사항은 다음 각 호와 같다(「학교보건법 시행규칙」 제10조).

가. 해당 학생 및 교직원의 감염병명 및 감염병의 발병일 · 진단일

나. 해당 학생 및 교직원의 소속

다. 해당 학생 및 교직원에 대한 조치 사항

보고는 서면(전자문서를 포함한다)으로 하되, 「초 · 중등교육법」 제2조에 따른 학교의 경우에는 같은 법 제30조의4에 따른 교육정보시스템을 통하여 할 수 있다.

⑨ 학교의 장은 환경위생 및 식품위생에 대한 점검 결과 및 보완 조치 내용을 학교의 홈페이지 또는 교육부장관이 운영하는 공시 관련 홈페이지를 통하여 공개하여야 한다(「학교보건법 시행규칙」 제3조).

⑩ 학교의 장은 전 교직원을 대상으로 응급처치교육을 실시한 후 해당 학년도의 교육 결과를 다음 학년도가 시작되기 30일 전까지 교육감에게 제출하여야 한다(「학교보건법 시행규칙」 제10조).

3절

학교보건 관련 법규

국가는 학교의 보건관리와 환경위생정화에 필요한 사항을 규정하여 학생 및 교직원의 건강보호와 증진을 목적으로 학교보건 관련 법규를 제정하고 있다. 주요 학교보건 관련 법규에는 「학교보건법」, 동 시행령, 동 시행규칙 및 「교육법」 등이 있으며, 학교보건관리의 지침으로 학교보건 기본방향이 제시되고 있다.

1. 초 · 중등교육법, 고등교육법

'학교'란 「유아교육법」 제2조제2호, 「초 · 중등교육법」 제2조 및 「고등교육법」 제2조에 따른 각 학교를 말한다. 보건교사는 「초 · 중등교육법」에 규정된 자격기준에 의거하며, 간호사의 면허를 가진 자로서 대통령령이 정하는 바에 따라 교육부장관이 검정, 수여하는 자격증을 받은 자이어야 한다(「초 · 중등교육법」 제21조).

2. 학교보건법

보건교사를 포함한 학교보건인력의 배치기준은 「학교보건법 시행령」에 기준한다.

■ 「학교보건법 시행령」에 의한 보건교사 배치기준

제23조 1항

법 제15조에 따라 학교에 다음과 같이 학교의사(치과의사, 한의사를 포함한다), 학교약사, 보건교사를 둔다.

① 18학급 이상의 초등학교에는 학교의사 1명, 학교약사 1명, 보건교사 1명을 두고, 18학급 미만의 초등학교에는 학교의사 또는 학교약사 중 1명을 두고, 보건교사 1명을 둘 수 있다.

② 9학급 이상인 중학교와 고등학교에는 학교의사 1명, 학교약사 1명, 보건교사 1명을 두고, 9학급 미만의 중학교와 고등학교에는 학교의사 또는 학교약사 중 1명을 두고, 보건교사 1명을 둘 수 있다.

③ 대학(3개 이상의 단과대학을 두는 대학에서는 단과대학), 사범대학, 교육대학, 전문대학에는 학교의사 1명 및 학교 약사 1명을 둔다.

④ 고등기술학교, 공민학교, 고등공민학교, 특수학교, 유치원 및 각종 학교에는 제1호부터 제3호까지에 규정된 해당 학교에 준하여 학교의사, 학교약사 및 보건교사를 둔다.

학교의사, 학교약사는 해당 면허가 있는 사람 중에서 학교장이 위촉한다.

4절 학교보건정책

1. 학교보건정책의 현황

학교보건정책은 1995년 「국민건강증진법」이 제정되고 1998년 보건소 중심의 건강증진 시범사업이 시작되면서 학교가 건강증진사업의 대상이 되면서 활성화되었다. WHO(1996)에서는 건강증진학교란 생활하고, 배우고, 일하는 건강한 장(場)으로 끊임없이 역량을 강화하는 학교라고 정의하였다. 학교보건정책과 사업의 범위는 학교보건서비스, 학교보건교육, 건전한 학교환경 조성, 교직원을 위한 건강증진사업, 학교와 지역사회의 공동사업 및 교외활동, 영양과 식품위생, 체육교육과 레크리에이션, 정신건강, 상담 및 사회적 지원 사업 등으로 규정하고 있다. 우리나라에서는 건강증진학교 사업 추진을 위해 2006년 이후부터 학교보건사업으로 교육환경개선 ESCO사업(2006년), 깨끗한 학교만들기사업(2007년), 친환경그린스쿨조성사업(2009년), 학교안전통합시스템사업(2009년) 등을 추진하였다. 2009년부터는 건강증진학교 모형개발 추진하기 위해 16개 시 · 도교육청별 1개교씩 16개교를 시범적용하였다. 이 후에도 학교안전강화사업(2010년), 건강증진시범학교(2009~2010년), 건강증진연구학교(2010~2011년), 건강증진모델학교(2012) 등 혁신적인 학교보건정책과 사업이 시행되고 있다.

교육부는 2017년 학생건강증진 정책 추진의 효과를 높이기 위해, 보건교육 및 건강검사 등의 기본적인 학생건강관리 정책과 더불어, 교사(校舍) 내 환경위생 및 학교 주변 유해업소 관리, 학교급식 안전관리 및 학생 영양관리 정책 등이 조화롭게 추진되도록 정책을 펼치고 있다. 또한, 학생건강증진 관련 정책 추진의 궁극적인 목표를 학생, 교직원 및 학부모 등 학교 구성원이 학생건강증진 정책 추진의 중요성을 인지할 수 있도록 하고, 학교 내 관리수준을 향상시키기 위한 노력을 하고 있다. 이에 따라 교육부는 학생건강증진에 대한 학교 구성원의 의식을 향상시키고, 관련 정책 추진의 완성도를 높이기 위해 학생건강증진 관련 주요 정책 추진방향을 설정하여 안내하고 있으며, 각 시 · 도교육청에서는 교육부의 기본방향을 토대로 지역 실정 등을 고려하여 학생들이 보다 쾌적하고 안전한 교육환경에서 학습하고 자라날 수 있도록 별도의 세부 추진계획을 수립 · 추진하도록 하고 있다. 학생건강증진 정책은 건강관리, 환경관리, 급식관리의 3가지 분야로 추진하고 있다.

최근 우리나라에서는 우울증, 행동장애, 섭식장애, 음주, 흡연, 학교폭력, 중독 등과 같은 청소년 정신문제와 학교부적응, 자살 문제 등 다양한 이슈로 인해 청소년상담센터, 정신보건센터, WEE 센터 등과의 연계가 중요시되고 있으며 학교 안전문제와 관련하여 경찰서, 소방서 등과 협력하여 다양한 정책을 시행하고 있다. 여러 부분 간의 협력과 지속적인 금연정책은 흡연율을 감소에 기여하고 있다(**그림 1.2**).

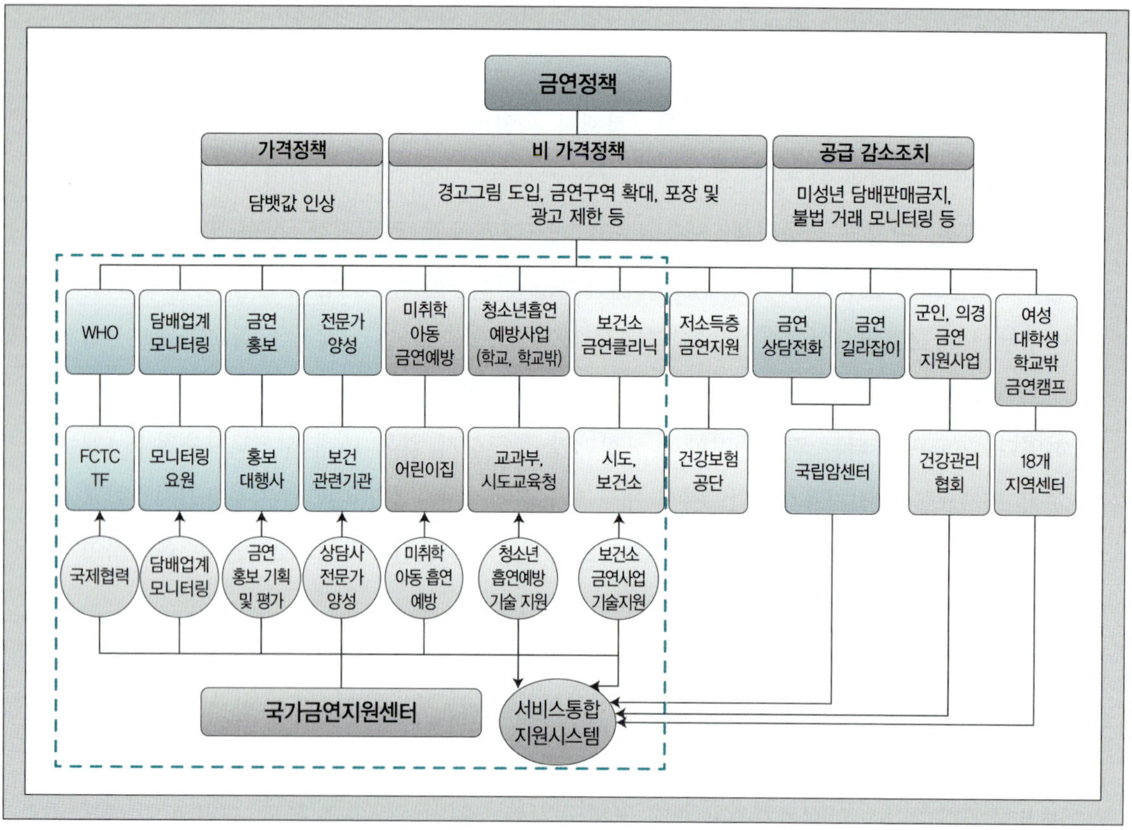

그림 1.2 **우리나라 금연정책 현황.** 출처: 한국학교보건학회 학술대회자료(2015).

새학교증후군 등의 학교 환경문제와 시설물 안전문제는 학교 자체적으로 해결하기에는 전문적인 기술이 필요하므로 산업안전공단과 연계하여 도움을 받는 정책도 필요하다. 교육부는 입시위주의 학교교육에 의한 학습 부담, 컴퓨터 게임 등에 의한 학생의 운동부족으로 인해 비만 학생이 증가하고 체력이 약한 학생이 늘어나게 되어 사회적 문제가 되고 있다. 또한 정책적인 뒷받침이 이루어지더라도 학교보건 관계자 및 학생과 지역사회의 의식의 변화가 절실한 시점이기에 2015 개정 교육과정에서는 핵심역량으로 자율적 관리를 하는 인재양성에 초점을 둔 정책을 시도하고 있다.

정부가 학교정책적 노력을 기울이고 있음에도 청소년의 건강에 대한 우려의 목소리가 더욱 높아지는 것은 학교 현장에서 학생 건강에 대한 중요성을 인식하고는 있으나 업적주의에 매몰된 교육정서로 인해 학생 건강의 중요성이 간과됨으로써 그 실천이 제대로 이루어지지 않기 때문이라고 볼 수 있다. 학교보건진흥원은 2017년 학교보건사업의 비전을 모두가 행복한 혁신미래교육이라고 제시하고 있다(**그림 1.3**).

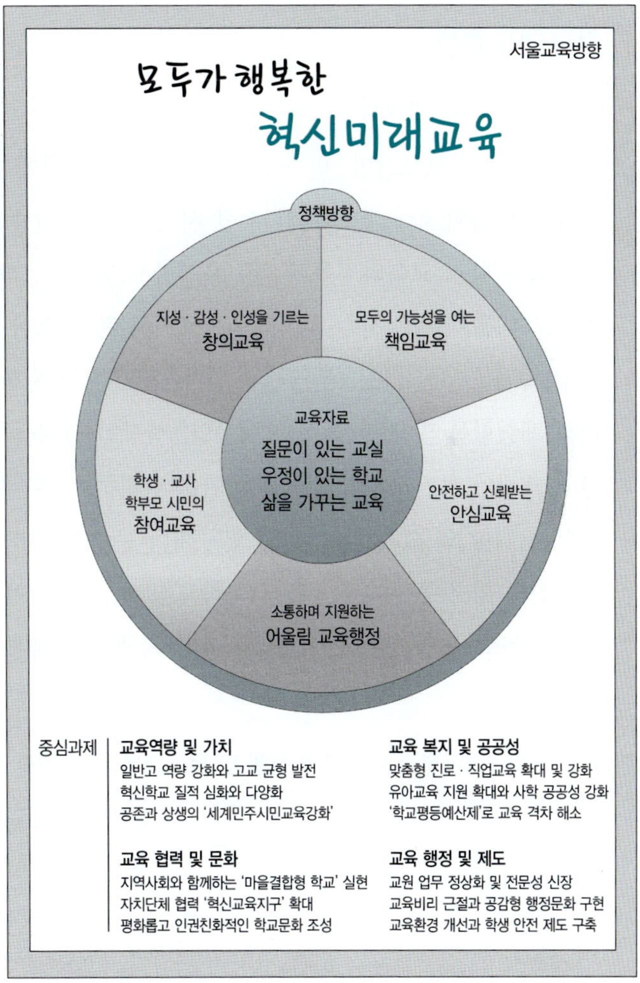

그림 1.3 2017년 학교보건기본방향

출처: 서울특별시 학교보건진흥원. www.bogun.seoul.kr

2017년은 학교보건정책에 있어서 법률적인 변화로 「학교보건법」 개정이 있었으며, 응급처치에 대한 교육이 강화되었다. 체계적이고 실효적인 학교교육환경의 보호를 위하여 학교와 관련한 교육환경영향평가 및 교육환경보호구역에서의 금지 행위 등에 관한 사항을 규정하는 「교육환경 보호에 관한 법률」이 마련되고, 이와 중복되는 교육환경영향평가 및 학교환경위생정화구역 관련 내용을 삭제하는 등의 내용으로 「학교보건법」이 개정(법률 제14839호, 2017. 7. 26. 공포, 2017. 7. 26. 시행)됨에 따라, 법률에서 삭제된 내용을 반영하여 관련 규정을 정비하는 작업을 하였다. 이 모든 사업은 국가의 학교보건정책의 하나이다. 국가 수준에서 청소년 건강증진에 대한 정책적 노력은 주로 교육부에 의해 전개되어 왔다고 할 수 있다. 교육부는 학생체력검사제도를 중심으로 청소년의 건강증진을 위한 국내 학교정책적 노력을 진행해왔고 2007년에 이르러 보건과 급식을 포함한 청소년 건강과 관련된 증진을 통합적인 정책을 수립하게 되었으며 지속적으로 청소년 건강증진을 위해 노력하고 있다.

1) 건강관리 정책

(1) 보건교육의 체계화

학교는 「학교보건법」 및 초 · 중등학교 교육과정에 따른 체계적인 보건교육 실시 근거에 의거하여 학교 운영계획 수립 시 반영하여 연중 체계적이고 지속적인 교육이 가능하도록 학교 교육과정을 편성 · 운영하고 있다. 형식적으로 운영되지 않도록 실질적인 교육내용, 방법, 시수, 대상 등을 고려하고, 최소한 1개 학년 이상은 연간 17차시 이상 지속적 · 체계적으로 운영하고 있다(**표 1.3**). 교육청 및 학교는 교육과정 편성 시 창의적 체험활동 및 보건 과목 선택운영, 성장기 학생들의 자기 건강관리 능력 배양을 위한 체계적인 보건교육의 내실화 방안을 수립하여 추진하고 있으며, 학교 보건교육의 체계화를 위한 연구(시범)학교 및 연구대회 운영, 교사연수, 보건교육실 설치, 보건교사 보조인력 배치 등 지원활동을 강화하고 있다. 보건교육 체계화 정책의 효율적인 추진을 위해 「학교보건법」 제15조제2항에 따라 학생들의 체계적인 보건교육 및 건강관리를 위

표 1.3 중 · 고등학교 보건과목 선택 및 보건교육 실시 현황

단위: 개, %

구분	전체 중 · 고등학교 수	보건과목 선택 학교 수	창의적 체험활동 시간 중 보건교육 학교 수
2015년	5,548	777(14.0%)	2,557(46.1%)
2016년	5,562	775(13.9%)	2,635(47.4%)

※ 초 · 중 · 고등학교 창체시간 활용 연평균 보건교육 현황: ('15) 8.2시간 → ('16) 8.3시간

출처: 교육부. 학생건강증진 기본방향(2017).

해 보건교사가 배치될 수 있도록 적극 조치하고 있다. 정책적으로 보건교사 미배치 학교는 관련교과 교사를 연수시켜 보건겸직교사로 지정 · 보건업무 담당, 인근 학교 보건교사로 겸임하도록 하는 경우에는 반드시 겸임교사 발령에 대한 수당 등 행정적 · 재정적인 지원방안을 조치하도록 하고 있다.

(2) 성교육의 내실화

학교 성교육의 내실화는 국가 수준의 '학교 성교육 표준안' 적용을 통한 학교교육과정에서의 체계적이고 포괄적인 성교육으로 학생들의 올바른 성가치관과 성의식, 성태도 확립을 위해 추진하고 있다(**표 1.4**). 학교 성교육 담당교사 전문성 제고를 위한 연수과정을 개설하여 운영하고 있다. 교육부는 관련 법령 및 초 · 중등학교 교육과정에 따라 2013학년도부터 모든 학교에서 관련교과 및 창의적 체험활동 시간을 활용하여 학년별

표 1.4 학교 성교육 표준안에 따른 운영 모형

구분	표준형(교과통합형)	전담형	초빙형	융합형(혼합형)
특징	• 관련교과 담당교사와 보건교사가 함께 참여하여 성교육 실시 • 교과관련 내용에 맞춰 시간 확보 • 교과관련성이 없는 시간은 창체시간을 활용하여 확보하고 보건 또는 관련 전문교사가 지도	• 보건교사가 중심이 되어 성교육 실시 • 11학급 이하의 학교 규모에서만 활용이 가능함 • 학교 교육과정 계획에 성교육을 위한 시수를 배정하여 체계적인 운영계획 수립	• 보건교사와 외부강사가 실시	• 학교에서 활용 가능한 모든 인적자원을 동원하여 운영 • 학교의 특성을 반영하여 표준형, 전담형, 초빙형을 학년단위로 선택적으로 구성
지도 교사	• 관련교과 담당교사 〈관련교과〉 – 초등(저): 통합, 국어 – 초등(중): 도덕, 국어, 체육 – 초등(고): 도덕, 국어, 체육, 실과, 과학 – 중학교: 도덕, 사회, 과학, 체육, 기술가정, 보건 – 고등학교: 생활과 윤리, 기술가정, 보건	• 보건교사가 성교육을 전담하여 중심적인 활동을 하고 담임교사의 보조적 역할	• 보건교사와 외부강사 초빙 – 외부의 강사를 초빙하여 학교에서 성교육 실시 • 보건교사와 기간제 교사 – 12학급 이상의 규모에서 기간제 교사를 채용하여(2개월 이상) 운영하는 방법 – 학교의 규모와 예산 상황 등에 따라 기간제 교사를 연장채용 가능	• 관련교과 담당교사, 보건교사, 외부강사, 기간제 교사 등 활용 가능한 모든 인적자원

표 1.4 학교 성교육 표준안에 따른 운영 모형(계속)

구분	표준형(교과통합형)	전담형	초빙형	융합형(혼합형)
담당 시간 수	〈학교급별 교과별 담당시수〉 – 초등(저): 통합(18), 국어(7) – 초등(중): 도덕(13), 국어(7), 체육(2) – 초등(고): 체육(5), 과학(1), 실과(7), 도덕(4), 국어(1) – 중학교: 기술가정(7), 도덕(3), 사회(2), 과학(3), 체육(2), 보건(8), 기타(5) – 고등학교: 보건(10), 생활과 윤리(13), 기술가정(7)	– 보건교사 1명이 담당 가능한 수업시간: 주당 5.5시간×30주 = 165시간 – 연간 배정된 15시간을 기준으로 할 경우 11학급까지 담당이 가능함	– 기간제교사 2개월 채용시: 주당 15시간×8주=120시간이므로 연간 15시간 확보를 기준으로 8학급까지 기간제 교사가 담당 가능 – 정규 보건교사 담당 시간: 11학급까지 가능 – 이 유형을 활용할 경우 기간제 교사 한 명 채용시 총 19학급까지 운영이 가능함	• 학년단위로 가능한 시수 구성하여 운영 • 교과 담당교사, 보건교사, 외부강사, 기간제 교사 등 필요에 따라 운영 가능한 시수를 배정
장점	• 전 교직원이 성교육에 동참하게 되어 성교육에 대한 인식이 확산되고 교사들의 성교육에 대한 참여와 관심이 증대됨 • 보건교사의 수업부담을 감소시켜 건강관리 업무에 충실할 수 있음	• 성교육에 대한 전문성을 확보할 수 있음 • 성교육에 대한 계열성이 확보되어 체계적인 성교육이 가능함	• 성교육에 대한 전문성 확보가 가능함 • 체계적인 성교육 가능 • 보건교사의 수업부담이 감소되어 학생들의 건강관리 업무에 충실할 수 있음	• 성교육을 위한 모든 구성원의 동참으로 성교육에 대한 긍정적인 인식 확산에 도움 • 성교육에 대한 지역 인사의 참여로 지역사회의 자원 활용과 연계교육이 활성화 될 수 있음
단점	• 성교육에 대한 전문성이 부족한 교사들의 참여 문제 발생 • 교과별 지도시기의 차이로 성교육에 대한 계열성이 무너질 수 있음	• 보건교사에게 배당되는 수업이 가중되어 학생들의 건강관리 업무에 지장을 초래할 수 있음	• 기간제 교사 채용을 위한 예산 확보가 어려움 • 학교 규모가 큰 대규모 학교의 경우 막대한 예산이 필요함	• 성교육에 대한 다양한 가치 도입으로 학생들에게 혼란을 야기할 가능성 있음 • 성교육에 대한 주인의식의 결여

출처: 교육부. 학생건강증진 기본방향(2017).

15차시(2012년까지 10차시) 이상 성교육 의무실시 정책을 추진하고 있다. 이에 2015년부터 국가 수준의 학교 성교육 표준안 및 운영모형을 개발·보급하였다.

(3) 건강검사의 강화

초·중·고등학교에서는 2006년부터 개정된「학교보건법」및「학교건강검사규칙」에 따라 재학생에 대한 건강검사를 강화하고 있다. 건강검사에 소요되는 예산을 확보·지원하고 별도검사 항목별 대상학년을 선정하며 건강조사에 필요한 구조화된 설문지 제공 등 학교에서 건강검사가 원활히 추진될 수 있도록 지원한다. 또한 학교의 장이 학생 건강검사(신체의 발달상황, 건강검사, 건강검진) 결과를 분석하여 당해 학교의 학교보건계획을 수립하고 시행하도록 지도를 강화한다. 필요한 경우 학생 및 학부모 등을 대상으로 검진의 문제점 발견 등을 위한 만족도 조사를 실시하여 질 관리도 추진한다.

(4) 정신건강 관리 강화

교육부는 「교육기본법」 제27조, 「학교보건법」, 「학교폭력예방 및 대책에 관한 법률」 등에 근거하여 학생들의 주의력결핍과잉행동장애, 우울, 자살, 불안 등 정서 · 행동 문제에 대한 사전예방, 조기발견 및 치료지원 등 관리 체계 구축 · 지원 정책을 추진하고 있다. 이에 교육(지원)청 중심의 지역사회(가정 포함) 전문기관 연계 및 지원체계 구축 · 운영을 통한 학교의 역량을 제고하기를 권고하고 있다. 구체적인 추진정책으로 초 1 · 4학년, 중 · 고 1학년을 대상으로 학생정서 · 행동특성검사를 통한 정서 · 행동문제 조기발견사업을 실시하고 있다. 기타 학년 학생은 이전 검사결과에 따라 상담, 생활지도 등 추후관리를 지속하고 있다. 학교 내 검사는 2017학년도부터 새로운 도구(초등 CPSQ-II, 중등 AMPQ-Ⅲ)와 기존의 정서 · 행동특성 이외에 긍정적인 성격특성 조사 문항을 추가하여 학생들의 건강한 성장지원과 학급 공동체 친밀성 강화에 도움이 되도록 개편하여 사용하고 있다. 학교 내 · 외 학생정신건강 관리 체계의 내실화를 위해 학교 내 총괄 책임자 지정(부장교사 이상) 의무화, 협의체(담임교사, 보건교사, 전문상담교사, 생활지도담당교사, 지역사회 전문가 등) 구성 · 운영 등 단위학교 학생관리 역량을 강화하고 있다.

(5) 감염병 예방관리의 강화

교육부는 감염병 예방대책 마련, 감염병 대응 매뉴얼의 작성 및 배포, 감염병 발생 보고 및 정보공유 등 교육기관의 감염병 예방관리 체계 강화를 위한 법적 근거(「학교보건법」 제14조의3(2017. 7. 26. 시행)에 따른 정책을 추진하고 있다. 교육부는 「학생감염병 예방 종합대책(2016~2020년)」을 마련하여 각 시 · 도 교육청별로 지역실정을 고려한 세부대책을 마련하여 추진하도록 하고 있다. 감염병 발생 예방교육 및 관계자 연수 등 강화 정책은 학생의 눈높이에 맞게 개발한 예방교육 자료를 활용하여 개인위생수칙 외에 학생 빈발 감염병에 대한 예방수칙, 유의사항 등에 대한 교육을 실시하고 있다.

2017년부터는 학생 빈발 감염병 5종(인플루엔자, 수두, 볼거리, 수족구, 유행성눈병)을 선정하여 원아 및 초 · 중 · 고등학생용 교육자료(3차시, 워크북과 지도서 활용)를 개발 및 보급하였다. 학교관리자 및 교사, 교육청 담당자의 대응역량 강화를 위한 교육 및 연수를 실시하고 원격연수 프로그램을 개발하여 보급하였다. 또한 학부모용 홍보자료를 활용하여 가정과 연계한 감염병 예방관리 강화정책을 추진하기 위해 학생 빈발 감염병 발생시 가정에서의 협조 및 유의사항 등을 포함한 홍보용 리플릿을 가정통신 등을 통해 적극 홍보하여 시너지 효과를 창출하고 있다. 다문화 가정을 위해 '영어, 베트남어, 일본어, 중국어, 필리핀어' 번역본도 제공하고 있다. 기숙사 운영학교는 입소생이 기숙사 입소시 또는 연 1회 결핵검진을 받을 수 있도록 안내하고 있다. 고등학교는 학생건강검진 및 별도검사에 따른 결핵검사를 3~4월 중 실시할 수 있도록 계획 수립 · 추진하고 있으며, 지자체에서 기숙사 입소학생을 대상으로 무료 결핵검진 사업을 실시하는 경우 지자체 사업을 이용 가능할 수 있게 지자체와 협력하고 있다. 교육부는 또한 학교 · 보건소(의료기관) 관계자 및 소아감염병 전문가 등으로 구성된 시 · 도교육청 협의체를 구성하여 운영하여 지역 내의 감염병 발생 정보 공유 및 확산 징후 발견 시 조기차단 대책을 수립하고 있다.

(6) 약물 오 · 남용 예방의 강화(흡연, 음주)

중 · 고등학생 등 청소년건강행태조사(교육부 · 보건복지부 공동조사, 2016년 제12차) 결과 현재 흡연율은 2011년 12.1%에서 2014년 9.2%, 2015년 7.8%, 2016년 6.3%, 음주율은 2011년 20.6%에서 2014년 16.7%, 2015년 16.7%, 2016년 15.0%로 지속적인 감소 추세를 보이고 있다(**그림 1.4**, **그림 1.5**). 인터넷 · 스마트폰 보급 확대, 저렴한 가격의 신종 마약류 증가, 해외유학에 따른 마약류 노출 증가 등으로 청소년 마약류사범[19세 이하 청소년 마약사범 수(2011년 41명→2012년 38명→2013년 58명→2014년 102명→2015년 128명, 출처: 대검찰청]이 증가하고 있다. 이에 대한 예방 및 관리 정책으로 모든 학생을 대상으로 의무적 교육으로 학교에서 체계적인 약물 오 · 남용 예방교육 실시하고 있다. 교육계획 수립 시 7대 안전교육 내용 체계안을 적극 반영하고, 중 · 고등학교의 음주 예방교육 실시 여부를 집중 점검하고, 교내 주류 반입금지(술을 연상시키는 무알콜 음료 포함) 등에 대한 내용이 포함될 수 있도록 추진하고 있다. 교육(지원)청은 흡연 · 음주 예방교육 미실시 학교에 대해 행정지도 등을 실시하여 모든 학교에서 예방교육이 실시될 수 있도록 조치하고 유치원 및 초 · 중 · 고등학교 운동장을 포함한 학교 전체에 대한 금연구역 지정 · 운영(「국민건강증진법」 제9조제4항)하고 있다.

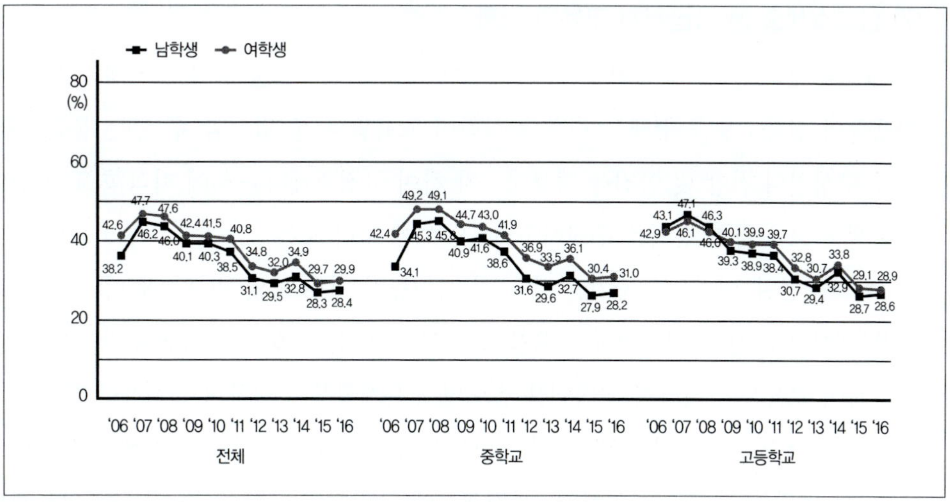

그림 1.4 최근 10년간 중 · 고등학생의 흡연율 변화

출처: 교육부. 학생건강증진 기본방향(2017).

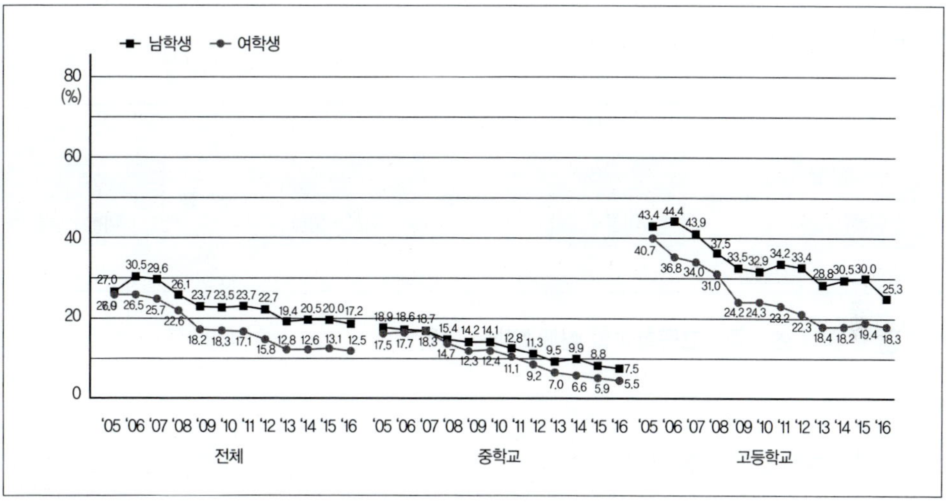

그림 1.5 최근 10년간 중 · 고등학교생의 음주율 변화

출처: 교육부. 학생건강증진 기본방향(2017).

약물 오 · 남용 예방교육자료 및 프로그램을 개발 시 학생건강정보센터(www.school-health.kr)를 통해 공유하여 탑재된 약물남용 교육자료로 적극 활용하도록 하고 있으며, 보건실 구비 의약품에 대한 관리를 철저히 하고 불필요한 의약품 투여에 의한 오 · 남용 예방을 위한 정책을 추진하고 있다. 또한, 교직원을 대상으로 연수를 실시하고 있다.

(7) 심폐소생술 등 응급처치 교육의 강화

교육부는 학생 및 교직원을 대상으로 한 학교 심폐소생술 등 응급처치 교육을 통해 학생들의 심폐소생술 수행 능력을 강화하여 교육활동 중 발생할 수 있는 응급상황 시 학교 구성원의 건강 및 안전을 확보하고자 하여 국정과제(49-3)에 따라 학교에서의 심폐소생술 교육 강화 정책을 추진하고 있다. 이에 따라 모든 초 · 중 · 고등학교의 학교장은 「학교보건법」 제9조의2제2항, 같은 법 시행규칙 제10조 및 별표 9에 따라 모든 교직원을 대상으로 한 심폐소생술 교육을 실시해야 한다. 학생은 보건교육 등 교육과정에 포함하여 교육을 실시하며 교직원은 별도의 교육계획을 수립하여 실시해야 한다.

심폐소생술 교육을 실시할 때에는 반드시 실습교육을 병행하여 학생들의 심폐소생술 수행 능력을 강화하도록 하며, 보건교육에 포함하여 교육할 수 있도록 교육계획을 수립하며, 반드시 최소 1개 학년 이상의 모든 학생을 대상으로 실습을 포함한 심폐소생술 교육을 실시해야 한다. 중학교는 자유학기제와 연계한 심폐소생술 교육을 실시하고 있다(**그림 1.6**). 또한 학생 심폐소생술 경연대회를 통해 심폐소생술 교육을 활성화하고 있다.

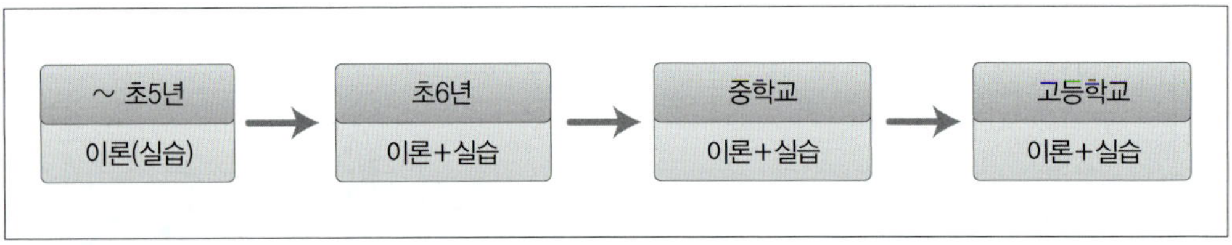

그림 1.6 **초 · 중 · 고등학교의 심폐소생술 교육**

(8) 건강증진학교의 활성화

교육부는 학교 스스로 학교의 총체적인 건강수준을 진단하고 학교 구성원 · 학부모 · 지역사회가 협력하여 학교의 건강문제를 스스로 해결해 나갈 수 있는 학교 역량 강화를 목적으로 교육과정에 기반한 학생 건강증진활동 운영을 통해 학교주도의 현장중심 · 상향식 학교 경영시스템을 갖춘 건강증진학교의 운영 활성화 정책을 추진하고 있다. 2009년에 건강증진학교 제도를 시행하고, 2012~2014년까지 건강증진학교 운영을 확대(건강증진모델학교 85개교 운영)하여 2017년 건강증진학교 일반화를 위한 시도지정 연구학교를 운영하고 있다.

각급 학교는 학교의 건강증진프로그램(사업)에 지자체(보건소, 공공기관 등 포함), 민간단체 등의 참여를 유도하여 학교–지역사회 네트워크를 구축하고 있다. 각 시 · 도 교육청은 단위학교에서 지역사회 네트워크를 활용하여 특색에 맞는 다양한 건강증진 프로그램을 전개할 수 있도록 지원방안을 마련하고 있다. 교육부는 이와 더불어 건강증진학교 운영에 관한 매뉴얼 및 참고자료 보급 및 건강증진정책 추진을 돕기 위해 '학생건강정보센터(www.schoolhealth.kr)'를 운영하고 관련자료를 지속적으로 안내하고 보급하고 있다.

2) 환경관리 정책

(1) 교육환경보호제도 운영관리의 내실화

교육부는 건강하고 쾌적한 학교주변 교육환경 조성으로 자라나는 학생들의 건전한 심신발달을 도모하기 위해 교육환경보호구역 내 금지행위 및 시설을 적법하게 관리하는 등 관련 교육환경보호제도를 실효성 있게 운영하고 있다. 교육부장관은 2017년 3월 교육환경보호를 위한 기본계획[「교육환경 보호에 관한 법률」 부칙 제2조(기본계획 수립에 관한 특례)]을 수립하고 시행 및 추진하고 있다. 시 · 도교육청 또는 교육지원청별로 관리되던 교육환경보호구역 안내 시스템 통합구축(현재, 한국교육개발원 통합관리)하고 있다. 교육환경평가서의 객관적 · 전문적 검토를 위한 교육환경평가지원시스템을 구축 · 운영하고 시 · 도교육청–외부기관과의 협약체결을 추진하고 있다. 학교 주변 교육환경 보호 강화를 위해 교육부, 국민안전처, 행정자치부, 여성가족부, 경찰청 합동으로 학교 주변 유해업소 등에 대한 합동 단속 실시 및 적발업소에 대한 관리카드를 작성하고 정보를 공유하고 있다. 그러나 학교주변 교육환경의 근본적 보호를 위한 교육환경평가 및 학습환경보호위원회 운영 · 학습환경조사 제도 운영이 미흡하기에 향후 보완 정책이 제시되어야 한다.

(2) 학교 석면관리의 강화

교육부는 학생 및 교직원이 쾌적하고 안전한 환경에서 생활할 수 있도록 학교석면 건축물에 대한 효율적 관리 등을 시행하고 있다. 이에 따라 시 · 도교육청별 효율적 석면관리를 위한 석면 해체 · 제거 예산의 안정적 확보 및 중장기 관리계획을 수립하고 있으며, 「석면안전관리법」에 따른 후속조치로 관련 전문기관을 통한 학교석면건축물에 대해 전수조사를 실시하고 있다.

(3) 학교 먹는 물 위생관리의 대책

교육부는 학생 및 교직원에게 공급하는 먹는 물은 「먹는물관리법」 제5조의 규정에 의한 수질기준에 적합한 물을 제공하는 정책을 추진하고 있다. 학교 먹는 물의 안전성을 확보하고 위생적인 물의 공급을 통해 학생 및 교직원의 건강보호 및 유지 · 증진에 기여하고 있다.

(4) 교사(校舍) 내 공기 질 등 환경위생의 개선

학교생활의 대부분을 교실에서 보내고 있는 성장기 학생들에게 실내 공기 질 관리는 매우 중요하여 학교 신축 시부터 건축자재로부터의 오염 가능성을 배제하고, 정기적인 확인 및 관리를 통해 학생 및 교직원에게 쾌적한 실내 환경을 제공하고 있다. 학교장은 환경위생의 총괄책임자로서 소속 교직원 중에서 지역적 특성, 업무의 영역, 전문성 및 당해 학교의 업무형편에 따라 교사(校舍) 내의 환경위생관리자를 지정(소속 교직원 1인이 전담하지 않도록 가급적 복수지정)하여 환경위생관리자가 환경위생업무처리와 관련하여 요구하는 경우 관련 교직원은 적극 협조하도록 안내 조치를 해야 한다. 또한 교육감은 학교장이 지정한 환경위생관리자의 전문성 신장을 위한 전문교육을 실시해야 한다.

2. 학교보건정책의 개선 방향

학령기 인구 및 청소년의 건강문제를 해결하기 위해서는 포괄적이고 전인적인 접근이 필요하며 이를 위해서는 학교, 가정, 사회, 국가 차원의 참여와 협조가 필수적이기에 국가가 정책적으로 비전을 제시하고 리더십을 발휘해야 한다. 학교 내에서의 보건사업은 학교 자체의 자원과 역량만으로는 한계가 있기 때문에 지역사회 자원과 연계하는 것이 매우 중요하기에 학교와 직접적으로 관련이 있는 교육지원청과 보건소뿐만 아니라 여러 공공기관과 민간기관의 참여 및 연계를 통해 기술적 지원과 상호협력 관계를 유지하는 것이 필요하다. 지역 특성에 맞는 학교보건사업 정책은 교육청 차원에서 수립하는 것이 바람직하며, 나아가 중앙정부의 각종 시책과 매우 밀접한 관련성을 갖는다. 학교보건정책과 가장 직접적인 관련성이 있는 부처인 교육부, 보건복지부, 질병관리본부, 식품의약품안전처, 여성가족부 외에도 다양한 부처가 직 · 간접적으로 학생건강과 관련성이 있으며, 특히 최근에 학교폭력종합대책이 발표되면서 다양한 기관 간의 연계와 협조를 강조하고 있다. 정부와 지방자치단체가 학교와의 협력을 강화하는 다양한 사례가 있다. 예를 들면, 저소득 소외계층의 건강체력 증진 활동비 지원, 지역사회 연계 건강체력 증진 무료교실 운영, 웹기반 맞춤형 건강체력 검사 시스템 구축지원, 지역보건소와 연계한 건강증진학교 네트워크 구축을 통한 건강한 학교 만들기 지원 사업, 웹기반 맞춤형 학생건강체력검사 시스템 구축 지원사업, 교육부, 시 · 도교육청, 보건복지부, 지자체, 대학, 병원이 연계한 학생체력증진 협력체계 구축 등 다양하다.

미래의 학교보건방향은 학교보건사업을 지속적으로 확대해야 하며 가족과 지역사회와 연계한 사업으로 추진해야 그 실효성을 거둘 수 있다고 본다. 또한 정확한 학생건강실태 및 요구도 조사에 근거하여 학교보건정책을 입안하고, 보건교육강화, 재량활동의 활용 등 다양한 방안으로 추진해야 한다. 건강증진학교 네트워크 구축, on · off-line의 네트워크를 구축하여 학교보건서비스에 대한 접근율을 높이는 정책적 접근도 중요하다. 교육 요구도에 부응한 새로운 보건교육자료 개발 및 DB화, 보건지식 제고를 위한 체계적인 DB개발 추진, 학생건강관리 체계 개발, 학교보건인력과 업무체계화로 효율적 수행, 학생건강위해 행태 감소, 흡연, 음주, 비운동 등 건강위해 행태율 감소 및 안전의식 고취와 함께 학생영양 개선 및 증진, 영양교육 및 식습관 개선사업, 학교급식체계 개선, 학교보건관리를 위한 교사역량 강화, 학교보건관리를 위한 교사역량 강화 등 지속적인 질 관리가 필요하다고 할 수 있다.

3. 학교보건사업의 정책 사례

1) 국외의 학교보건사업 정책 사례

(1) 호주

호주의 학교 건강증진 정책은 흡연, 음주, 성교육, 신체활동 등에 대한 보건교육 전략을 이용했으나 교육 효과가 장기간 지속되지 않았으며, 사회적 영향까지 고려한 전략의 경우에도 결과는 만족스럽지 않았다. 호주의 건강증진프로젝트는 총체적 학교(whole school) 변화 프로그램으로 접근한 연구사례가 있다. 안정된 정서적 유대 관계가 심리적 · 사회적 발달의 기반이 된다는 애착이론에 근거하여 개인의 애착감을 지지하는 사회적 맥락의 3가지 요소인 가족, 학교, 친구와의 안정된 관계, 의사소통, 참여에 초점을 맞추어 진행한 사례로 중학생의 정서 및 건강행태를 증진시키기 위한 일차예방프로그램의 예이다.

첫 단계, 설문지를 통해 학생들로부터 사회적 상호작용의 3가지 영역인 안정된 관계, 의사소통, 참여의 개념적 틀에 따라 학교의 사회적 여건을 조사하였다. 이를 통해 우선순위와 전략을 정하고 추후 반복조사를 통해 개선 여부를 파악하였다.

두 번째 단계, 각 학교에 적합한 전략을 수행하기 위해 학교기반의 활동팀을 만들거나 기존의 팀을 수정하였다. 활동팀의 목적은 하나의 특정 보건 및 사회문제와 관련한 개별적 접근법에서 통합된 사회발달 프로그램으로 바꾸는 것으로, 보건교육 과정의 도입 및 통합부터 학교 구조 변화와 학생들의 지역사회 참여 기회 확대까지 다양한 역할을 하고, 프로그램 운영직원의 공식적 · 비공식적 지원을 받도록 하였다.

세 번째 단계, 학교의 사회 · 학습환경 증진을 위해 총체적 학교 전략, 긍정적인 학급 풍토 조성, 사회적 · 정서적 기술을 증진하는 교육과정을 도입했다. 즉, 총체적 학교 전략은 학생들이 교사로부터 긍정적인 관심 및 학교 내 존중을 목표로 멘토링 프로그램의 도입, 학생들의 학교 내 의사결정과정 참여 제고를 위한 동료 지지 및 동료 리더십 전략을 활성화하는 등 학교마다 다양한 전략을 수립하도록 하였다. 학교 소속감 인식에 중요한 영향을 미치는 긍정적인 학급 풍토 조성에는 다른 사람을 무시하지 않기, 상대방의 입장에서 경청하기, 다른 사람의 물건을 조심스럽게 다루기, 소규모 학습, 학급토론, 교사의 융통적인 교육태도 등의 전략이 있다.

마지막으로 사회적 · 정서적 기술 증진을 위한 교육 과정에서는 일상생활에 대한 적용 가능성, 정규교육 과정과의 통합, 교사의 전문성 개발, 다른 학년으로의 확대 등을 고려하도록 하였다. 정서적 불안 경험과 대처 방안에 대한 10주간의 보건 · 인간관계 중재 프로그램을 실시하고 정신건강상태(자가보고식 불안/우울증상), 건강위험행태(흡연, 음주, 마리화나 이용 등), 사회관계(친밀/갈등), 학교관계(교우관계, 괴롭힘 등)에 대해 2년마다 3회에 걸쳐 평가하였다. 그 결과 대조군에 비해 중재군에서 정신건강상태, 사회관계, 학교관계에서는 유의한 결과를 보이지 않았으나 흡연 감소에서는 유의한 결과를 보였다.

(2) 미국

미국의 약물남용저항교육(Drug Abuse Resistance Education, DARE) 활동과 교육 프로젝트(Play and Learning Under Supervision, PLUS Project)는 1983~1997년까지 LA 경찰서와 LA 통합교육구 간의 협력에 의해 경찰관이 초등학교 5~6학년생 3,300만

명 이상에 대해 교육을 실시한 사업이다. 이 프로그램은 시행 당시에는 학교와 경찰 간 긍정적인 협력의 대표적인 사례로 널리 알려졌지만, 결과 평가에서 흡연 관련 지식, 태도, 행태 변화의 단기 효과만 있었으며 그 효과 또한 크지 않아 부정적인 여론이 형성되었다. 이를 개선하기 위해 성공적인 타 프로그램과 동일하게 중 · 고등학생을 대상으로 한 교육과정(D.A.R.E. 교육과정)을 만들었다. 또한 D.A.R.E. 프로그램의 성공적인 요소와 포괄적이고 최신의 예방전략 교육내용을 보완해서 학급, 학교, 가정, 지역사회에서의 청소년들의 역할모형, 규범, 기회, 지지의 변화를 통해 사회적 환경을 변화시켜 최종적으로 약물사용과 폭력행위를 줄이는 것을 목표로 하는 DARE PLUS Project를 시작하였다. D.A.R.E. 교육과정, 학급 기반 부모 참여 프로그램, 동료들이 만든 방과 후 활동, 이웃 · 지역사회 활동팀의 4가지 구성요소로 이루어져 있다. D.A.R.E.교육과정은 약물 사용과 폭력 상황에 영향을 줄 수 있는 사람을 인지하고 저항하는 기술에 대한 10가지 내용과 인격 형성 및 시민의식에 대해 실시하였다. 학급 기반 부모 참여프로그램은 각 과정마다 동료가 주도하는 학급활동 2개를 4주간, 4개 과정으로 실시하였다. 동료, 사회집단 대중매체, 역할모형의 영향력과 기술에 초점을 맞춘 10대를 위한 잡지를 학급활동에 활용하였다. 2개의 학급활동 중 하나는 각 반마다 또래지도자 5~6명을 선출하여 서로 경험을 공유하고 자신들의 사회적, 인간관계 기술을 평가하는 학급활동이고, 다른 하나는 동일 주제에 대해 부모들과 함께 하는 '가족팀' 접근법으로 각 주제에 대해 부모에게 소개하고 부모 자녀 간 상호 교류하는 방법이었다. 학생을 위한 방과 후 활동은 방과 후 혹은 주말에 학교 내에서 주로 이루어졌고, 학생을 위한 사회, 교육, 직업 등에 관한 내용으로 구성되었다. 이웃 · 지역사회 활동팀은 지역사회 기반의 관리자가 주도하여 약물과 폭력에 의한 이웃과 학교 관련 문제를 해결하기 위해 학교마다 구성하였다.

DARE PLUS의 평가는 음주, 흡연, 마리화나 이용, 폭력 행동에 관한 프로그램 전 · 후 효과에 대해 24개 학교의 7학년 학생 및 지역사회 지도자의 평가를 통해 이루어졌다. 그 결과 중재군이 대조군에 비해 최근 1년간 마리화나 이용 경험, 최근 한 달간 음주 및 폭력행동, 평생 흡연 여부 및 최근 1년간 음주 경험이 더 적은 것으로 확인되었다.

2) 우리나라의 학교보건정책 사례

우리나라에서 학교보건사업의 부문 간 협력을 통해 추진한 보건정책 사례는 학교 결핵관리사업이라고 할 수 있다. WEE 프로젝트나 학교폭력 대책을 위한 체계 구축 등과 같은 경우는 최근 청소년의 학교 부적응과 학교 폭력문제가 사회적으로 큰 문제가 됨에 따라 시작되었다. 정부에서는 학교 내 결핵 환자 감소 및 관리를 목표로 학교 결핵관리지침서를 발행하여 **그림 1.7**과 같이 관련 기관 및 부서의 종류와 각 기관의 역할 및 조치사항에 대해 명시하고 있으며, 「결핵예방법」 관련 시행령 및 시행규칙 등에서 법적으로 규정하고 있다. 교육부 학생건강지원과는 학교 결핵관리사업 종합계획, 현황 분석 및 대책수립, 각 학교 결핵관리사업의 지도 · 감독 및 교육지원 등을 하며, 보건복지부 질병정책과는 국가 전체 차원에서의 결핵사업 계획 수립, 관련 규정 제정 등의 업무를 한다. 질병관리본부 에이즈 · 결핵관리과는 교육부의 결핵관리사업을 지원하기 위해 결핵관리 지침을 수립하고, 학교 결핵 현황을 분석하며, 중앙결핵역학조사팀(KTEIS)을 운영하여 해당지역 역학조사반의

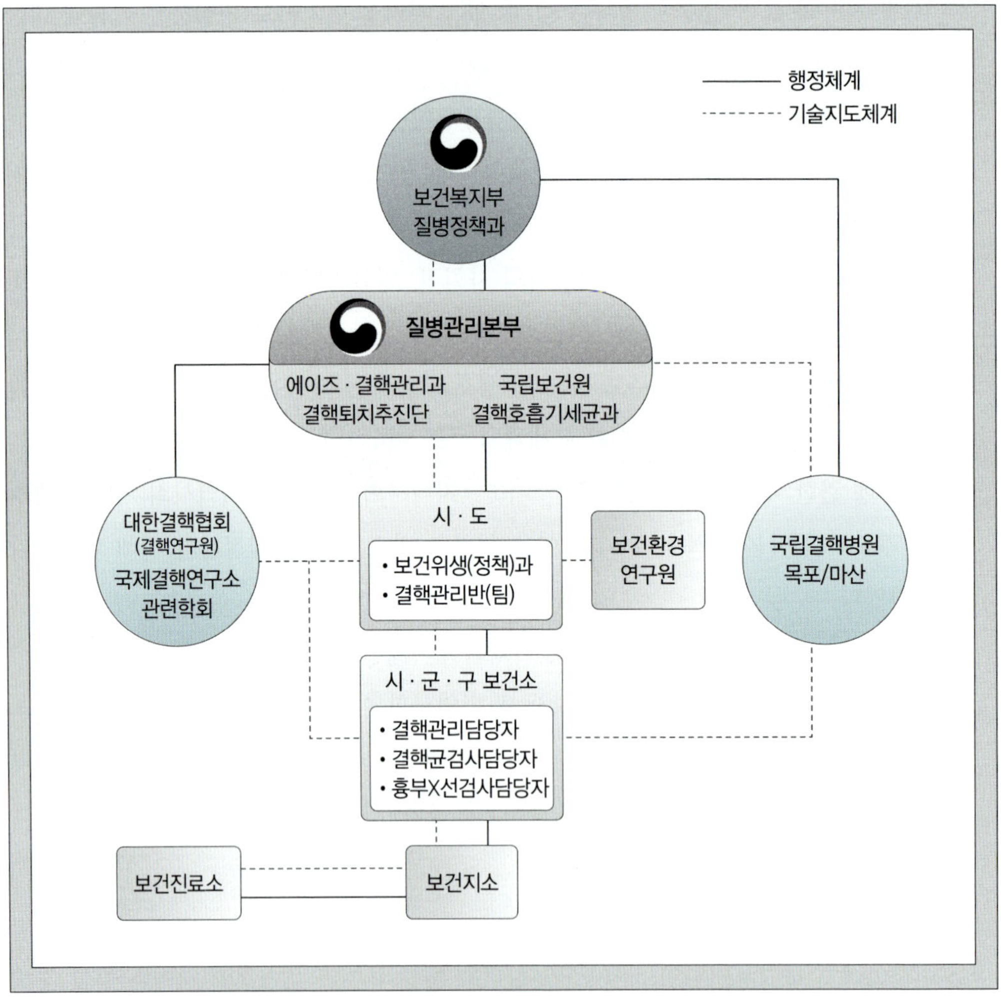

그림 1.7 학교 결핵관리 조절 시스템. 출처: 교육부. 학생건강증진 기본방향(2017).

교육 · 기술 지원, 지도감독 및 결과 평가 및 환류 등의 업무를 한다.

교육(지원)청에서는 관할 학교의 결핵관리사업 운영계획, 심사분석, 역학조사반 구성 및 관리에 관한 사항과 각 학교 보건교사의 관리 및 활동사항 등을 지도 · 감독하며, 시 · 도의 보건위생과, 보건정책과 등에서는 교육청 및 학교 결핵관리사업을 지원한다. 보건소에서는 교육(지원)청 및 학교의 결핵관리사업을 지원하기 위해 결핵 환자 및 잠복결핵 감염자의 진단과 치료, 학교의 결핵역학조사 업무, 보건교육 및 홍보 등을 수행한다. 학교에서 학교장은 해당 학교 결핵관리사업 전반에 대한 계획수립 추진상황 점검 및 심사분석에 관한 책임과 해당 학교 결핵 환자 치료 및 결핵 소집단 발생에 관한 관리의 총괄을 맡는다. 보건교사는 결핵 환자 발견 및 등록에 관한 사항, 결핵 소집단 발생에 관한 역학조사 협조, 결핵 환자 및 잠복결핵 감염자의 추구관리에 관한 협조, 관련 기록, 통계 및 보고 등에 관한 사항, 보건교육 및 홍보 등의 업무를 맡고 있다. 학교 내 결핵 환자 발생 및 유행시 학교는 결핵 환자 신고의 의무를 지니고, 지속적인 보건 교육 및 상담을 실시하고, 역학조사에 적극 협조해야 한다.

대한결핵협회(지부)에서는 이동 흉부 X선 검사 등 결핵검진을 지원하고, 결핵연구원에서는 결핵 역학조사를 지원하고 결핵관리 인력에 대한 교육 및 기술 지도를 한다. 이와 같이 학교 내 결핵관리사업의 경우 1962년에 국가 결핵관리체계가 구축되고 1968년 결핵예방법이 시행된 이래 수많은 시행착오와 4차례의 일부개정 및 1차례의 전면 개정을 거쳐 다부문 간 인력, 장비, 기술의 협력 노하우를 축적한 성공적인 사례로, 최근에는 학교와 유사하게 집단 생활을 하는 군 결핵관리 사업에도 접목되어 부문 간 협력을 활발히 하고 있다.

보건복지부, 식품의약품안전처, 여성가족부 등을 비롯한 여러 부처의 건강 관련 사업은 학교보건과 밀접한 관련성이 있으며 이들 사업은 반드시 사전에 교육부와 업무 조율을 하고 협력 체제를 바탕으로 추진해야 할 것이다. 제3차 국민건강증진종합계획에 의하면 교육부 내에 학교건강지원기구를 설치하는 것이 목표인데, 이러한 목표 실천을 통해 학교보건에 관한 정책 및 제도 개발, 업무 조율 등 다양한 역할을 부여할 수 있을 것이다. 또한 관련 학 · 협회 등 민간단체를 활용하고 정책 및 사업의 데이터베이스화 및 공개를 통해 관련 이해당사자 의견 수렴 및 합의 도출 기전을 마련하고, 학교보건 및 건강증진사업 연구, 개발, 지원 실행을 위한 별도 예산 확보와 청소년 건강지표 향상시 시 · 도 교육청에 대한 인센티브 제공 등을 중앙정부 차원에서 할 수 있다.

시 · 도 차원에서는 「학교보건법」 제17조에 의한 기존의 시 · 도학교보건위원회의 활성화 및 기능 강화를 통해 학교보건 정책의 합의 및 조율 역할을 하도록 하며 시 · 도 보건위생과 등 타 관련 부서 담당자 및 교육청 내 관련 부서 담당자의 적극적 참여를 유도하고, 다부문 연계를 통한 학교보건 사업에 대한 인센티브 제공 및 학교장의 관심과 참여를 유도한다. 그리고 교육부의 학교건강지원기구 설치와 마찬가지로 각 시 · 도 교육청에서도 학교건강지원기구 설립을 통해 활용한다면 시 · 도 내 학교보건 사업을 계획하고 추진하는데 도움이 될 것이다.

지역사회 및 학교 차원에서는 기존의 학교운영위원회에 보건 부문 기능을 강화하고, 학교보건사업에 건강증진학교와 같은 건강증진 개념과 방법론을 도입할 필요가 있다. 이를 통해 보건부문과 일반 교과목의 접목 및 연계를 달성하여 전인적 교육의 일환으로 학교건강증진 사업을 실시함으로써 학생뿐만 아니라 교직원의 건강증진을 도모하고 학부모까지 포함한 학교 구성원 전체의 참여를 유도할 수 있을 것이다.

우리나라 학교보건사업의 영역은 매우 다양하지만, 이러한 영역에 대한 학교자원만을 이용한 기존의 접근법으로는 성과의 한계점이 있기에 민간과 기관의 부문 간 협력을 통한 학교보건사업을 통해 효과적인 정책을 수행할 수 있다. 흡연, 음주, 약물 오 · 남용, 성 문제, 정신보건 등 많은 영역에서 다양한 부문 간 협력을 통한 학교보건정책을 추진하여, 성공적인 파트너십을 위한 가이드라인을 제시해야 한다.

chapter

2

학교간호

학습목표

1. 학교간호를 정의할 수 있다.
2. 학교간호의 대상을 설명할 수 있다.
3. 학교간호의 역사를 설명할 수 있다.
4. 보건교사의 직무를 파악할 수 있다.
5. 보건교사의 배치현황과 전망을 설명할 수 있다.

학습개요

학교간호는 학교라는 지역사회를 대상으로 보건교육, 건강서비스 및 건강관리 등의 학교간호활동을 통해 학교건강문제를 대상자 스스로 해결하는 능력을 향상시키는 것이다. 학교간호는 교육과정에 투입된 고도의 전문화된 건강서비스로서 사회적 · 경제적 · 과학적으로 바람직한 서비스를 제공한다.

나아가 학교간호 대상자인 학생과 교직원의 건강보호와 증진을 위해서는 그들의 정상적인 성장 · 발달단계와 발달과업을 이해하고 그의 건강관련 특성에 따른 건강문제와 관리가 이루어져야 한다. 또한 학교간호가 우리나라와 외국에서 어떻게 발달되었는지를 확인하며, 보건교사의 자격과 업무의 변천과정을 파악하여, 학교간호의 학문적인 발전과정과 앞으로의 전망을 알 수 있어야 한다.

그리고 학교간호의 유일한 전문인력으로서 실제적인 보건봉사와 환경관리 및 보건교육을 제공하여 학교간호의 다양한 역할을 수행하는 보건교사의 역할과 직무를 파악할 수 있어야 한다. 보건교과의 강화와 더불어 지속적으로 보건교사의 충원이 요구되는 상황에서, 효과적인 보건교육과 학교 건강요구의 충족을 위해 보건교과의 필수과목 선정과 보건교사의 전문적 능력 발휘 또한 절대적으로 요구되고 있다.

즉, 보건교사는 학교에 상근하는 핵심적인 보건의료전문인으로 건강서비스제공자이며 보건교육자로, 학교보건의 최일선 관리자로서 학생 및 교직원의 건강관리, 건강상담 및 학교보건계획의 수립과 수행에 주도적인 역할을 수행하고 있다.

따라서 보건교사의 역할은 사회환경적 요구가 반영된 정책과 학교간호 대상자의 기대에 맞게 변화되어야 한다. 우리 사회 미래의 주인공인 학생이 보다 높은 수준의 건강관리를 받아 효율적인 학교생활을 할 수 있도록 보건교사의 역할을 극대화시켜야 할 것이다.

1절

학교간호의 개념

1. 학교간호의 정의

학교간호는 학교라는 지역사회를 대상으로 구성원인 학생과 교직원 나아가서는 학부모, 지역주민까지 학교간호 대상자의 건강을 보호 · 유지 · 증진하기 위한 활동을 의미한다. 학교간호의 목표는 간호과정의 적용을 통해 학교보건 대상자 스스로가 그들의 건강을 관리할 수 있는 능력을 갖추도록 하는 데 있다. 즉, 학교간호의 대상은 학교이며 간호대상자에게 간호제공과 보건교육, 관리활동이라는 학교간호 활동을 통해 학교가 그 건강문제를 스스로 해결하는 능력을 향상시키도록 하는 데에 있다.

학교간호는 학교간호사인 보건교사의 간호활동으로 이루어지며, 간호과정을 통해 학생과 교직원이 자신의 건강을 스스로 관리할 수 있는 능력을 갖추도록 하는 데 있다.

학교간호를 미국간호협회(1996)는 '학교에서 교육이 이루어지는 데에 제공되는 특정사업'이라고 정의하였다. 또한 미국학교보건협회(1974)는 "학교간호는 학교간호사에 의한 전문직의 실천으로 학교간호의 근본적 초점은 학생이 그들 스스로 현재의 신체적 · 정서적 · 사회적 건강에 가치 있는 결정을 내릴 수 있도록 하며, 그들의 지적 잠재력을 활용하는 능력을 향상하도록 하는 데 있다."고 하였다.

즉, 학교간호는 지역사회간호의 원리와 방법을 적용하여 학교간호 대상자인 학생과 교직원이 스스로 건강문제를 해결해나가는 능력을 개발할 수 있도록 학교간호과정을 통해 간호를 제공하고 보건교육을 실시하며 관리하는 학문이라고 할 수 있다.

학교간호의 중요성을 살펴보면 다음과 같다.

- 학교간호의 대상인구의 건강관리는 국민의 건강수준 향상에 기여한다.
- 학생은 학습효과가 높은 시기이므로 보건교육의 대상자로 효과적이다.
- 학생의 건강관리를 통한 질병의 조기발견 등 예방효과가 높다.
- 학교는 지역사회의 중심적 장소로서 지역주민 건강관리의 효율성이 높다.
- 학교는 건강증진사업의 효율적인 장소이다.

2. 학교간호의 대상

학교간호사업은 건강을 보호 · 증진하여 안전한 학교생활을 하는 것으로 치료사업 중심의 2차 예방사업이 아닌 1차 예방중심의 보건사업이다. 따라서 학교간호사업의 대상자인 학생과 교직원이 건강을 보호 · 증진하기 위해서는 그들의 정상적인 성장과 발달단계 그리고 발달과업을 이해하는 것이 우선이라 하겠다.

이 장에서는 학령기 아동과 청소년 및 교직원의 성장발달과 건강관련 특성에 따른 건강문제와 그 관리에 대해 간단히 기술하고자 한다.

1) 학생의 건강특성

(1) 학령기 아동의 성장발달

① 신체적 성장과 발달

학령기 아동의 신체적 변화는 지방질 분포의 변화로 성인과 같은 모습을 닮게 되며 팔, 다리의 길이가 길어지고, 체중은 2.5~3kg/년, 신장은 5.5~6cm/년의 증가를 보인다.

여학생의 경우는 10세 전후, 남학생의 경우는 12세 전후에 신체적으로 많이 성장하며, 이 시기에 대부분의 신체기관 기능이 완성되나 개인차가 심하다.

림프조직은 사춘기가 되기 전에 최대 크기로 빠르게 성장하여 성인의 2배에 달하며, 자란 후 성호르몬의 영향으로 작아지기 시작한다. 시각발달은 3세 정도에 75% 정도 완성되며, 눈의 후분절(posterior segment)은 15세까지 서서히 꾸준한 속도로 진행된다.

수정체는 전 생애 동안 성장이 지속되며 시력에 중요한 의미를 갖는다. 어린 아동의 정상적인 원시는 안구의 후분절(posterior segment) 성장으로 인해 서서히 감소하나 안축이 평균보다 더 길게 성장하면 근시가 된다.

학령기의 신경근육발달(nerve muscle development)은 기술이 정교화(refinement)되고 확대되며, 전체 운동발달(gross motor skills)에서 8세 아동은 계속적으로 움직이며 집단활동에 참여하고, 9세 아동은 운동기술과 내구력을 보이는 활동과 경쟁적인 팀놀이에서 개인차를 보인다.

10~12세에는 모든 운동영역에서 근육조절과 기술이 확립되고 산발적이지만 신체적으로 매우 활동적이다. 미세운동발달(fine motor skills)은 9세 아동까지는 크고 작은 운동과제에 대해 양손을 동시에 잘 사용하며, 학령전기나 초기학령기가 되면 오른손이나 왼손 중 한쪽을 더 선호하게 된다.

② 사회 · 정서적 발달

학령기 아동은 음악에 대한 호기심이 강하고, 변덕스러운 정서변화를 보인다. 또한 개인성의 보장을 원하며 남을 돕는 것을 즐기며, 과제를 완수하려고 하고, 옳고 그른 것에 대한 확고함이 발달된다. 연령에 따른 집단놀이를 하고 또래관계가 매우 중요하다. 그리고 자신의 몸에 대한 수줍음이 증가하고 성을 의식하며 자위행위가 증가한다. 따라서 이 시기에는 성(양성평등, 생명)교육이 중요하다.

학령기에는 어둠, 지하실, 다락방, 도둑, 보이지 않는 창밖이나 침대 밑에 있을 것으로 상상되는 사람, 사랑받지 못함, 설명될 수 없거나 실제로 존재하지 않는 것에 대한 공포, 학교성적이나 체육활동에서의 낮은 성취도, 이성으로부터의 거절, 질병과 엄마의 상실 등 여러 가지 요인에 의해 공포가 발생되나, 점차 공포와 근심이 줄어든다.

에릭슨(Erikson)에 의하면, 이 시기는 자신의 풍부한 상상력을 구체적이고 실제적인 일과 사물을 배우는 일에 전념하며, 스스로 무엇을 만들어 내거나 생산하는 것을 배워가면서 자신의 능력을 인정받기를 바란다. 그리고 그 자체의 성취와 실패를 통해 새로운 문화를 형성해 가는 분위기 속에서 근면성과 협동의식을 개발한다. 반면, 아동이 자신의 능력과 재능을 발휘하지 못하거나 자신의 도구와 기술에 절망하고 자신감을 가지지 못하게 되면, 또래와 동반자 속에서 스스로 '어설프고 서투른 사람' 혹은 '부적절한 사람'으로 낙인찍히게 되고, 부적절함과 열등감을 느끼게 된다. 이 시기에 아동은 자신을 한계 짓고 자신의 영역을 제한하게 되며, 이것이 심각할 경우 지나친 자기중심적인 생각이나 자기숭배의식이 고착되어 폐쇄적인 인격으로 발전할 가능성이 있다.

③ 인지발달

피아제(Piaget)에 의하면, 인간의 인지발달은 15세 정도에 이르면 대체로 완성된다고 하며 인지발달단계를 감각운동기, 전조작기, 구체적 조작기, 형식적 조작기의 네 단계로 구분하고 있다. 각 단계는 상호관계를 가지며 상위단계는 하위단계보다 더욱 발달적 특징을 나타내고, 각 개인마다 동일한 순서의 단계를 거쳐야 하는 연속적 관계를 가진다. 학령기에는 구체적 조작단계로서 사고가 구체적인 대상들, 상황의 표현들에 관한 정신적 작용을 수행하며 원인과 결과 사이의 합리적 관계를 파악할 수 있게 된다.

그러므로 처음에 경험하였던 것을 그 이후에 모든 전체가 바뀌어도 본래의 것을 기억할 수 있는 보전(conservation)과 전체를 구성하고 있는 부분들을 동시에 기억할 수 있는 전환능력(reversibility)을 가진다. 또한, 이 시기의 아동은 또래에 관심을 가지고 대화하기를 즐기며 속어, 은어, 음란한 말을 많이 사용하고 자주 다른 사람의 행동을 그대로 따라하기도 한다.

(2) 청소년기의 성장발달

① 신체적 성장과 발달

청소년기의 신체적 변화는 호르몬 작용에 의해 일어나며, 이 시기에는 몇 년 사이에 체중과 신장이 급성장하는 변화를 보인다. 이 시기에는 체중이 7~25kg 정도 증가하고, 신장이 10~30cm가량 성장하며, 다른 부분보다 팔, 다리와 목의 성장이 먼저 일어나는 특징을 보인다. 여학생은 9~10세 전후에, 남학생은 10~11세 전후에 시작하여 12~16세 정도에 성적 발달과 생식기의 성숙이 이루어지고 사춘기가 끝나게 되나 초경 시작연령, 성장의 기간 등은 개인차가 심하다.

그리고 후두점막이 비대해져 후두와 성대의 증대되면서 목소리를 변화시키는데, 여성은 목소리가 약간 더 굵어지고 풍부해지나 남성은 변성이 두드러지게 나타나 저음에서 고음으로 걷잡을 수 없이 변화한다.

청소년기의 두드러진 2차성징으로는 여학생은 유방이 나오고 골반이 발달하며 음모와 체모가 자란다. 질 분비물의 변화와 함께 평균 12세 정도에 초경을 시작하며, 피부가 두꺼워지고 거칠어지며, 피지선과 땀샘의 왕성한 활동과 체지방의 분포가 성인과 같아지면서 성인의 체형으로 변화한다. 남학생은 성기가 커지고 가슴이 넓어지며 치부,

액와, 얼굴, 가슴에 체모가 나기 시작하며 정자를 생산하기 시작한다. 이 시기는 빠르게 성장 · 발달하는 시기이므로 많은 열량과 여러 가지 영양소가 필요하며 균형 잡힌 식이가 필수적이다.

② 사회 · 정서적 발달

청소년기는 자신의 신체적 변화에 순응하면서 발달하는 정신능력을 활용하는 방법을 배우고 자존감(self-esteem)을 형성하는 시기이다. 논리적으로 설명하고 사정하고 평가하는 능력과 미래에 대해 생각하기 시작하며, 새로운 개념에 맞추기 위해 생각을 달리하는 능력이 발달한다. 그러나 옳은 판단을 하기 위한 사고능력과 실행능력 사이에 한계가 있고, 문제를 해결하기 위한 시각을 가지기에는 지식과 경험이 미약한 시기이다. 그러므로 감정의 기복이 심하며, 신체나 감정변화에 관한 불안과 걱정이 정서적인 스트레스를 일으키고, 중요하지 않은 문제에 속상해 하며, 이성에 대해 관심이 높아진다.

에릭슨은 청소년 시기의 발달위기는 자아정체감(ego identity)을 형성시킨다고 하였다. 이 시기에 청소년은 자신을 다른 모든 사람들과 구별되고 유일한 개인으로 자신을 보게 되며, 가족으로부터 자율성을 획득하길 희망하며 개인정체감(identity)을 발달시킨다. 그러나 자아정체감이 제대로 형성되지 못하면 역할혼동(role confusion)을 일으키며 가족이나 동료, 타인과의 갈등과 이것을 해결하기 위해 음주, 흡연, 마약 및 약물중독, 자살, 10대 임신 등의 문제를 야기시킬 수 있다.

③ 인지발달

이 시기는 피아제의 인지발달 단계의 마지막 단계인 형식적 조작기로 자신의 지각이나 경험보다는 과학적 추리와 형식적 논리에 근거한 사고를 한다. 또한, 타인이 자신에 관한 어떤 견해를 갖는지에 관심을 가지며, 타인과 자신의 사고를 구분할 줄 알게 되고 자신과 세계를 객관적으로 볼 수 있게 된다.

그리고 청소년기에는 타인의 역할을 쉽게 받아들이고 타인의 상호 권리에 기초한 의무와 책임을 이해하며 잘못된 행동을 수정하고 정의의 개념을 이해한다. 그러나 기성세대의 규칙을 받아들이면서도 지키지 않는 것을 보고 확립된 도덕성에 진지한 의문을 제기하기도 한다.

2) 교직원의 건강특성

(1) 성인기의 특성

① 신체적 특성

성인기는 20~39세인 청 · 장년기와 40~64세인 중년기로 나눌 수 있으며, 이 시기는 신체적 · 심리적으로 성숙된 시기로 신체 · 정서 · 인지발달에 많은 변화를 보인다. 또한, 일생에서 가장 활력이 넘치고 활동적 시기이다. 청 · 장년기 시기는 균형 잡힌 체형을 갖추고 있으며 정력적이며 활기에 넘친다. 그러나 30대 후반부터는 신체기능의 정교성과 민첩성이 떨어지기 시작하며 근육조직이 감소하고 지방조직이 증가하여 체중이 증가는 경향을 보인다. 또한, 감각기능은 청 · 장년기 때 최적상태에서 시각과 청각의 기능이 원활하고 오감의 기능은 50세 전 · 후까지 계속된다. 또한 40세가 넘으면 수정체의 조절력 감퇴로 노안이 오며, 정밀한 일을 할 때 머리가 아프거나 메스꺼워지는 증상이 있을 수 있다. 청력장애는 시력장애보다 좀 늦게 온다. 중년기에 들어서면서 여성은 호르몬의 감소로 생식기가 위축되며 배란과 생리가 정지된다. 남성의 경우 성욕감소 외는 별다른 갱년기 증상이 없으나, 여성의 경우 생식력을 잃는 데 대한 심리적 변화가 클 수 있다.

② 사회 · 정서적 특성

성인기에 이르면 인간은 외적으로는 자신의 가족, 직업 및 사회적 역할을 결정하고 내적으로는 주어진 역할에 대한 개인적 의미, 즉 개인의 가치관, 목표 및 자아상에 자신의 역할이 잘 맞는 것인지를 확인하려고 한다. 다시 말하면 개인적 · 가정적 · 사회적 · 경제적으로 안정된 지위와 주체를 추구하는 것이다. 그리고 자력에 의해 인생목표를 성취하려고 부단히 노력한다.

청 · 장년기는 자율성과 자립으로 자신의 일을 가지고 배우자를 선택하여 가정을 이루며, 자녀를 양육하는 발달과업을 이루면서 직장에서 동료와 원만한 인간관계를 맺고 만족스럽게 일을 수행하면서 자신을 관리해야 한다.

이러한 중년기는 시민으로서 사회적 책임을 다하고 자녀의 성장발달을 돕고 적극적으로 자녀의 독립을 도와야 하며, 노부모에 대한 책임과 지원을 다해야 한다. 그러나 이러한 발달과업을 이루지 못할 때에는 무력감과 가정에 대한 무책임, 배우자 학대, 알코올중독, 이혼, 불안정된 직업 등 사회적 부적응을 초래하며, 자신을 부정적으로 생각하고 정신적 허약감을 갖게 된다.

③ 인지적 특성

성인기는 높은 수준의 추상적 사고와 새로운 문제해결방법을 통해 사회적 · 직업적으로 공헌할 수 있는 정신력을 갖는다. 성인은 생산적이고 재치 있는 대화를 좋아하며, 평생교육을 충분히 받으면서 자신의 잠재력을 발휘하고 싶어한다. 지능에 있어서 일반적으로 50세까지는 유지되나 50세 이후부터는 쇠퇴가 뚜렷하게 나타난다. 획득한 지식이나 경험, 학습과 관계없는 정신능력은 감소하나, 교육이나 훈련을 통해 획득된 지식과 능력은 연령이 증가함에 따라 증가한다. 그러나 속도검사와 능력검사에서는 연령이 증가함에 따라 능력의 쇠퇴를 보인다. 또한 기억한 자료를 인출해 내는 회상검사에서도 기억감소가 나타난다.

2절 학교간호의 발달

1. 우리나라 학교간호의 발달

1) 보건교사

보건교사의 전 명칭인 양호교사가 제도적으로 학교간호 업무를 관장한 시기는 1949년 「교육법」에 근거하여 양호교사가 법제화된 1953년이다. 그러나 실제 우리나라에서 학교에 간호사가 배치된 것은 1925년 학교간호부 설치에 관한 건이 학무국장통첩으로 발표된 것과 1930년대 이화학당에 간호사가 배치되어 학생건강관리를 했다는 기록으로 봤을 때 일제시대부터라고 볼 수 있다. 그러나 이 시기의 간호는 전쟁준비를 위한 인적 · 물적 수탈의 일환이었을 뿐 현실적으로 궁핍한 교육환경과 영양 부족상태로 인해 매우 열악한 실정이었다.

해방 이후 1949년 「교육법」에 학교보건기준이 제시되었고, 1953년 「교육공무원법」의 제정으로 학교의 보건사업과 학생과 교직원의 건강관리를 전담하는 양호교사가 최초로 법적인 지위를 획득하게 되었으며, 자격증 발급은 1956년, 교사직 정식 임용은 1961년부터 시작되었다. 「교육공무원법」(법률 제285호, 1953. 4. 18)에 의해 각급 학교에서 학교보건 전문인력으로 활용하도록 규정한 양호교사는 학교환경 정화유지, 보건교육, 응급환자 발생 시 사고자의 응급간호, 신체검진, 각종 질병예방 및 처치 등 교내 · 외에서 일어나는 건강장해요인을 파악하고 그 문제를 해결하는 학교보건사업의 중추적인 역할을 담당하게 하였다. 이 시기의 학교간호 활동은 주로 급식사업, 신체검사, 결핵 및 기생충사업 위주로 실시되었고, 1954년부터 8년간 초 · 중등학교에서 교과목명을 '보건과'로 설정하여 독립적인 보건과목으로 교육하면서 학교인구의 건강계몽과 위생적인 생활에 비중을 두어 아동의 성장부진을 예방하고 결핵과 같은 감염성 질환의 예방과 확산방지에 집중하는 데 공헌하였다. 그러나 경제부흥 일변도의 여건하에서 정책에 대한 관심만큼이나 건강교육으로 이행되는 것에는 한계가 있었다.

학교에서 학교보건사업의 중심역할을 담당하는 양호실은 1959년 4월 1일 문교부령 제58조에 근거하여 설치되었으며, 1998년 '양호실'에서 '보건실'로 명칭이 변경되었다. 「교육법」 제89조(학교보건봉사 및 보건시설), 「학교보건법」 제3조(보건시설), 학교시설 · 설비기준령 제5조(학교보건시설), 학교교구 설비기준 제3조(문교부고시 제88-3호), 문교부장관 지시(학교보건 관리기준)에 근거하고 있다. 보건실운영의 기본방침은 학생과 교직원의 건강을 유지 · 증진시키며, 학생들로 하여금 건강에 대한 올바른 지식과 생활습관을 길러주어 명랑하고 건전한 학교생활을 영위하도록 할 뿐만 아니라 학습능률을 도모하고 보건교육을 통해 개개인의 일생 동안 건강한 생활을 할 수 있는 능력을 길러주는 데 있다.

보건실은 학생과 교직원의 건강증진을 위한 보건교육, 건강관리, 건강상담 등 학교간호의 구심적 기능을 수행하는 곳으로서, 처치실, 안정실, 건강상담실, 보건업무실 및 기타 공간으로 구분 설치하고 최근에는 보건실 옆에 보건교육실의 설치를 권장하고 있다.

1967년 「학교보건법」이 제정되면서 학교보건사업은 제도적 정비를 맞게 되지만, 학교간호사의 영역은 제도적으로 축소되게 된다. 특히 이러한 경향은 1953년 「교육공무원법」, 즉 교사의 자격을 정교사(1급, 2급), 준교사, 특기교사, 양호교사로 규정한 법에 의해 양호교사는 정교사가 보건교육을 수행하는 데 있어서 참여자 또는 조력자 정도로 인정받게 된다.

학교보건서비스에서 학생의 건강관찰 및 상담, 신체 및 체력검사, 체질 및 병리검사, 학교예방접종, 학교급식이 명문화되었고, 건강관찰은 교실에서 담임교사가 담당하고, '건강기록부 운영지침'에 의해 학생의 감염병예방접종, 병력기록, 구강검사, 기생충검사, 결핵검사, 체격 및 체질검사, 체력검사 및 가정통신문 등을 기록하여 학생 · 교사 · 학부모 사이의 긴밀한 건강상담 · 질병의 조기발견 및 조기치료를 하게 하였다. 건강상담은 학교 내의 보건실에서 보건교사가 정기적 또는 비정기적으로 건강상담을 실시하고 이의 결과에 따라 필요한 조치를 취하도록 하였다. 또한 2006년부터는 체격 및 체질검사, 체격검사를 '학교 건강검사'라는 새로운 명칭으로 변경하여 신체발달 상황 및 능력, 건강조사, 건강검진으로 구분하여 실시하고 있다.

보건교육은 1963년부터 보건교과가 폐지되고 보건이 체육과목으로 통합되어 보건에 관한 교육은 체육교과의 일부로 삽입되었다. 보건교육사업은 1979년까지 '안전교육'이라는 제목으로 이루어지다가 1980년부터 '보건교육'으로 표기되었으며 '학교보건관리지침'에서 보건교육에 대한 시간, 방법 등이 구체적으로 제시되어 교과목으로 공식화되었으나, 초·중·고에 각각 체육시간의 5%, 10%, 25%를 보건교육을 하도록 하고 체육교과서에서 체육교사에 의해 수행되는 교과목의 일부분이었을 뿐이었다. 1990년대 들어서면서 건강문제 양상의 변화와 인구사회학적 변화에 따라 국민의 건강권 보장측면에서 더욱 학교보건교육의 중요성이 대두되었다. 보건교육은 환경교육, 보건안전교육, 성교육 등 국가수준의 교육과정에서 요구하는 과제를 관련교과와 특별활동 영역에 반영하도록 편성하였으며, 약물 오·남용 예방과 성교육 강화를 체육교과에서 강조하였고, 이러한 보건학습 내용의 지도에 양호교사가 참여할 수 있도록 하였다.

이전까지 「교육법」의 규정에 묶여 양호교사는 승진이 불가능했던 제도적 불합리성을 타결하고자 노력하여 1995년 12월 「교육법」 개정을 이룩하였고, 이를 통해 양호교사직을 1, 2급으로 구분하도록 규정하였다. 또한 전 간호계와 학교보건 관련인의 꾸준한 노력으로 2002년 양호교사를 보건교사(1, 2급)로 바꿀 수 있었다. 그러나 학교보건 분야의 전문성을 고려하여 학생들의 건강을 증진시킬 수 있는 보건교사는 보건교과 수업에 대한 적절한 배정을 받지 못해 계속해서 증가하고 있는 학생들의 약물, 흡연, 비만문제 등의 건강문제를 효과적으로 예방할 수 있는 방법이 없었다.

초등학교와 중학교의 경우 제7차 교육과정(1998년 이후)에 이르러서야 재량활동시간에 보건교육을 실시하도록 하였고, 고등학교의 경우 공중보건이 선택과목으로 언급되어 독립된 보건교육의 기틀을 마련하였다. 그러나 이러한 선택은 교장의 재량에 따라 좌우되기 때문에 교장이 보건교육을 중시하지 않으면 실시되지 않을 우려가 있으므로 보건교육의 목표 달성에는 미흡한 실정이었다. 최근 증가하고 있는 전문적 보건교육에 대한 사회적 요구와 간호계의 노력으로 교육부는 2008년 8월 11일자로 보건교사의 보건교과안을 고시하였다. 이 안에 따르면 초등학교에서는 2009년 3월부터 5, 6학년의 경우 학년별로 재량활동시간을 통해 연간 17시간 이상 보건교육을 실시, 중학교는 2009학년도에 1개 학년에서 재량활동시간을 활용해 연간 17시간 이상 보건교육을 실시, 2010학년도부터는 교과 재량활동시간에 선택과목으로 '보건'을 신설, 고등학교는 2009학년도에는 1학년에서 재량활동시간에 17시간 이상 보건교육을 실시, 2010학년도부터는 교양 선택과목으로 '보건'을 신설하도록 하였다. 이러한 결과는 보건교사의 보건교과가 정규과목으로 편성되었다는 데는 큰 의의가 있으나, 선택과목으로 편성함으로써 선택하지 않을 수 있는 학생들의 보건교육 기회를 보장하지 못했다는 아쉬운 점도 있다.

2) 보건교사의 자격

1953년 「교육공무원법」의 제정으로 학교의 보건사업과 학생 및 교직원의 건강관리를 전담하는 양호교사가 최초로 법적인 지위를 획득하였다. 그러나 법적으로 양호교사의 지위를 인정받게 된 1953년 이전까지는 본격적인 학교간호를 위한 준비기간이었다. 외국의 학교간호사와 유사하게 우리나라에서도 학교보건을 위한 간호사의 배치와 이들의 역할수행이 먼저 이루어졌고 이를 위한 법제적 정비가 뒤따르는 형국이었다고 볼 수 있다. 처음 양호교사의 자격기준은 간호고등학교 졸업자로서 재학 시 소정의 교직과목 이수자와 중앙위원 자격검정위원회에서 초등학교 양호교사 자격검정을 받은 자로 규정하였다.

1964년 「교육공무원법」 개정으로 대학의 간호학과 졸업자와 간호대학(초급대학) 졸업자로서 재학 중 소정의 교직학점 이수자 그리고 간호사 면허소지자로서 양호교사 자격검정에 합격한 자에게 양호교사 자격을 부여하여 양호교사의 자격을 강화하기 시작하였고, 1981년 「교육법」에서는 대학의 간호학과 졸업자로 간호사 면허증을 소지한 자와 전문대학 간호과 졸업자는 재학 중 교직학점을 취득하고 간호사 면허증을 소지한 자로 양호교사의 자격을 간호사 면허 소지자 이상으로 규정하였다.

2002년 양호교사를 보건교사(1, 2급)로 변경 후 2004년 초 · 중 · 고등교육법에서는 보건교사 1급의 자격을 보건교사 2급 자격증을 가진 자로, 3년 이상의 보건교사 경력을 가지고 자격연수를 받은 자로 규정하였고, 보건교사 2급의 자격을 대학 · 산업대학의 간호학과 졸업자로서 재학 중 소정의 교직학점을 취득하고 간호사 면허증 소지자와 전문대학의 간호과 졸업자로서 재학 중 소정의 교직학점을 취득하고 간호사 면허증을 소지한 자로 규정하였다. 현재 초 · 중 · 고등교육법이 인정하고 있는 교사의 종별을 보면 교장, 교감, 수석교사, 보직교사, 일반교사, 특수교사, 전문상담교사, 사서교사, 영양교사인 바, 보건교사는 교사의 지위가 부여된 유일한 학교보건 전문인력이다. 이로써 보건교사는 학교보건을 책임지는 전문 건강교사로서 학교현장에서 학교간호사의 지위가 타 교사들과 형평성을 갖게 되었으며 건강전문직으로서의 지도력을 발휘할 수 있는 시대가 되었다.

한편, 보건교사의 질적인 지식 및 업무능력 향상을 위해 보수교육을 계속 실시하고 있다. 정부는 1960년 국립보건원의 발족으로 훈련부 산하에 학교보건학 교실을 두고 양호교사의 단기보수교육을 실시하였고, 1966년부터는 국립보건원의 보건간호과에서 양호교사

보수교육을 16주 과정으로 실시하였고, 1983년부터는 국립보건원 보건간호학 담당관실 양호교사반에서 4주 과정으로 1년에 2회 실시되었다. 그 이후에는 국립보건중앙교육연수원에서 실시하다가 지방의 교육연수원으로 이관되었다.

1979년 각 시 · 도 교육위원회에 보건계가 설치된 이후, 매년 보건교사 보수교육을 실시해왔고, 최근에는 교육청, 학교보건학회, 대한간호협회, 보건교사회, 보건간호사회 등에서 보건교사를 위한 단기교육을 실시하고 있다.

2. 외국 학교간호의 발달

1) 영국

아동건강에 대한 관심이 실제적으로 국가정책으로 반영된 것은 16세기 영국의 인클로져 운동과 장기간의 흉작으로 인한 부랑자와 빈민의 폭발적인 증가에 의해 사회문제가 발생하면서 빈민을 노동능력이 있는 빈민과 노동능력이 없는 빈민 그리고 아동이라는 세 가지 빈민에 대한 처우를 마련한 1601년 엘리자베스 구빈법에서 시작되었다. 이후 산업혁명은 농촌에서 도시로의 인구이동과 밀입국 등을 더욱 심화시켰고, 도시 내에 질병이 일어날 수 있는 가능성을 상승시켰다. 결국 값싼 노동력을 지닌 부녀자와 아동의 노동현장 투입, 부적절한 음식 섭취, 위험한 주거 및 근로환경은 특히 아동에게 많은 질병과 사망의 결과로 나타나게 되었다. 그러나 이 시기에 나타난 1834년 신구빈법은 주된 의도가 이러한 아동에게 사회적 지지체계를 만들어주기보다는 빈민으로 인해 증가하는 중앙정부의 구빈비용 감소에 목적이 있었다.

실질적으로 학동기 아동에 대한 학교간호가 시작된 시기는 1892년 런던에서 학교간호사를 채용하면서부터이며 이들은 학생의 위생과 영양을 관장하면서 학생의 영양상태를 연구하였고, 사립교육위원회 부위원장인 고스트(Gorst)가 1902년 학교급식을 강력히 주장하는 배경이 되었다.

2) 미국

학교간호사를 처음 채용한 국가는 영국이었으나 실제 학교간호사라는 제도를 정착시켜 학교간호를 활발히 시행한 국가는 미국이다. 미국은 건국 초기부터 존재해 온 개척정신과 창의적 사고방식 및 풍부한 자원을 이용하여 놀라울 정도로 과학과 산업에서 많은 발전을 이룩하였는데, 특히 새로운 대륙에서 여성은 귀한 존재였고, 그들의 공고한 지위와 미국민의 실용주의적 사고는 유럽에서는 생각하지도 못했던 기술교육 등이 고등교육기관에서 교육될 수 있도록 하였다. 이러한 미국의 실용주의적 풍조는 간호교육에서 새로운 시도를 가능하게 하였고, 여성의 사회진출과 연관성이 깊은 학교간호를 발달하게 할 수 있는 배경이 되었다.

1891년 뉴욕간호학교를 졸업하고 빈민가 방문간호 사업체로서 Henry Street Settlement Project in New York City를 설립한 릴리안 왈드(Lillian Wald)는 빈민가뿐만 아니라 산업체에도 방문간호사를 파견하였다. 그 당시 뉴욕시에는 학교 중심의 학교보건 검진이 이루어지고 있었는데, 빈민지역에 디프테리아, 홍역, 성홍열과 같은 감염병과 피부병, 트라코마와 같은 눈병 그리고 영양실조에 걸린 아동이 많았고, 이로 인해 하루 평균 15~20명의 학생이 질병으로 결석하는 문제가 발생하였다. 결국 현실적으로 방대한 규모의 재정이 필요한 검진사업보다는 이들의 부모와 아동에 대한 보건교육만이 이러한 현실을 극복하는 데 도움이 된다는 사실이 받아들여졌으며, 뉴욕시에서는 1902년에 보건위원회를 통해 릴리안 왈드에게 보건상태가 특히 나쁜 학교에 유능한 간호사를 실험적으로 일하게끔 파견을 요청하였고, 학생의 결석문제를 해결하는 성과를 통해 뉴욕시에서 릴리안 왈드의 학교간호 프로그램을 흡수하여 더욱 많은 간호사를 학교에 고용하여 활동하게 하는 계기가 되었다.

릴리안 왈드는 계속해서 이러한 학교간호 프로그램을 발전시켰는데, 학교간호사의 활동을 통해 감염병으로 인한 장기결석을 일주일만에 50%나 감소시킬 수 있음을 보여주었고 신체장애 아동을 위한 학급 분리를 추진하였다. 학교간호사는 비교적 상태가 양호한 학생은 학교에서 치료해 주고 자가간호를 지도하였으며, 질병이나 감염이 심각한 경우에는 학교를 쉬게 하고 가정을 방문하여 학생의 상태에 대해 학부모를 교육하고 의료와 재정에 대한 정보를 제공하였으며, 필요한 경우 의사에게 의뢰해 주어 가능한 빠르게 학교로 복귀할 수 있도록 지지하여 1913년 뉴욕시에서만 학교간호사가 176명이 근무하는 결과가 나타났다. 이러한 학교간호사는 미국의 다른 주와 캐나다까지 확산되어 1904년 로스엔젤레스에서도 학교간호사를 처음으로 고용하게 되었다.

초기 미국의 학교간호는 감염성질환을 예방하고 학교생활과 관련된 질병을 치료하는 데 역점을 두었으나, 1930년대에는 사례발견을 포함하여 질병예방과 건강증진 활동으로 변환되었고 계속된 실무적 · 학문적 성과를 통해 학교 교과과정에 건강개념을 통합하였으며, 건강한 학교환경을 유지하는 방향으로 변화되었다.

그러나 최근 미국의 학교간호는 제대로 그 목표에 도달했다고 보기는 어렵다. 그중 가장 큰 문제는 학교간호를 관장하는 정부기관이 주마다 다르고 보건부가 관장하는 경우도 있거니와 교육위원회가 관장하는 경우가 많아 통일성이 결여되어 있다는 점이다. 주마다, 교육청마다, 교육구청 심지어 학교건물이 여러 곳인 학교는 건물마다 학교간호사의 역할이나 업무조건이 다르고, 준간호사(LPN)에서부터 박사학위를 갖고 있는 학교간호사에 이르기까지 업무와 자격에서도 통일성이 결여되어 있다. 두 번째 문제로는 학교간호활동과 지역사회와의 연계성 및 일관성 부족이 심화되어 있다는 점이다. 학교에서 검진을 통해 학생의 건강문제를 파악해도 적절한 치료활동이 뒤따르지 않고 있으며, 학생의 가정의와 학교 간의 협의가 제대로 이루어지지 않고 있다. 세 번째 문제로는 구강치료가 필요하거나 안경을 새로 맞추어야 할 경우에 학생은 이를 위해 각기 다른 특수 진료소를 찾아야 하는 불편을 겪어야 한다는 점이다. 다시 말하면 학교보건관리가 산발적이고 단편적이란 사실이다. 이러한 문제점과 아동의 건강관리가 각종 시설이나 많은 사람들에 의해 부적절하게 분산되어 제공되고 있는 한 학교보건사업의 종합적인 성과는 기대하기 어렵다고 하겠다.

아직도 미국의 일부 주에서는 학교간호사가 주정부 보건당국 소속일 만큼 지역보건사업에서의 전통이 남아 있는 가운데, 아동 5명 중 1명이 의료보험이 없다. 최근 장애아동이나 만성질환을 앓는 아이들도 차별 없이 학교를 다닐 수 있도록 해야 한다는 법이 강화되면서 학교에서 유일한 보건의료인력인 학교간호사의 역할이 다시 부각되고 있다. 이를 계기로 학교간호계의 지도자들은 미국 간호계의 전반적인 전문간호사화 추세에 발맞추어 학교전문간호사(School Nurse Practitioner)의 길을 열어두고 그 우월성을 정립하고자 하는 실정이다. 학교간호사가 되기 위한 기본 자격조건을 학사학위로 정하고, 일정한 경력을 갖추고 교육과정을 이수하면 자격증을 주는 제도를 강화하자는 것이 미국학교간호사협회의 방침이다. 미국의 학교전문간호사는 간호대학교 졸업 후 건강상태의 사정, 보건의료의 제공, 보건교육의 조장, 관련보건의료의 통합을 할 수 있는 능력에 대해 4개월 이상의 정규교육 과정을 받도록 하고 있으며, 이러한 학교전문간호사가 기존의 학교간호사와 다른 점은 학동의 건강을 위해 더욱 직접적이고 책임 있는 역할이 주어진다는 점이다.

3) 일본

일본에서는 1888년 처음으로 건강검사라는 체력검사를 시작하면서 학교보건활동이 시작되었으나 당시 학교보건활동의 중심이 간호활동이라고 규정하기는 어려운 점이 있다. 그러나 1912년~1925년 동안 교육부에 학교보건 부서가 설치되고 학교보건의 중요성이 강화되면서 보건교사는 학생의 눈 위생활동에 중요한 역할을 하도록 강조되었다. 1945년~1960년에는 미국의 영향으로1954년 학교급식사업법, 1958년 학교보건법, 1959년 학교안전사회법이 제정되어 현재의 학교간호활동의 기초적 틀을 만들었다. 1973년 학교에서 건강검사가 시작되었고, 실제적으로 학교에서 교육적 관점에서 보건교육이 시작된 시기는 초등학교는 1980년, 중학교는 1981년, 고등학교는 1982년이었다.

WHO(2001)는 UNAIDS, UNESCO, UNICEF와 협력하고 미국질병통제예방센터(Center for Disease Control and Prevention, CDC)의 기술적 도움을 받아 국제학교건강감시체계(Global School Health Surveillance System, GSH)를 창시하였다. 조사를 통해 학생으로부터 건강행위와 보호적 요인에 대한 정확한 정보를 입수하며 각 국가가 우선순위를 정하고 프로그램을 설정하여 학교건강과 청소년 건강프로그램 및 정책 형성을 위한 지원을 주장하고 있다. 또한 국제기구나 국가 간 건강행위나 보호적 요인을 비교하고 학교건강과 청소년 건강증진 평가에 사용하기 위해 각 국가에서 나타난 건강행위 및 보호적 요인을 설정한다. 아동 및 성인의 질병과 사망을 일으키는 요인에 대한 항목으로는 알코올과 약물사용, 식이행위, 위생, 정신건강, 신체활동, 보호적 요인, 인구학적 특성, 성적 특성, 흡연, 폭력과 비의도적 상해 등이 있다.

3절

보건교사의 직무 · 역할

1. 보건교사의 직무

보건교사는 교사의 지위가 부여된 유일한 학교보건 전문인력으로서 교사직을 가지고 보건서비스, 환경관리, 보건교육을 제공하는 학교보건의 다양한 역할을 수행하면서, 학교의사와 학교약사의 위촉업무를 통한 학교보건에 필요한 지원을 받는다.

지식기반사회에서 조직의 우선과제는 조직 내 · 외부 환경의 변화에 탄력적으로 대처하고 조직의 성과창출의 기본이 되는 우수한 인적자원을 개발하는 것이다.

학교조직 역시 교육의 역할과 내용의 변화, 교육 수요의 다원화와 같은 급속한 환경의 변화에 대응하고 우리나라 교육의 국정과제인 자율화 · 다양화된 교육체제 구축, 창의 · 인성교육 강화, 교원능력 제고를 위한 인프라 구축, 융합과 창조의 선진연구개발 체계구축 등을 위해서도 학교조직 구성원인 교사의 인적자원개발에 대한 관심이 높아지고 있다.

1990년 「학교보건법 시행령」의 전면개정 이전까지 보건교사의 직무는 주로 보건서비스, 환경관리 및 보건교육을 수행하면서 체육교사가 수행하는 학교보건관리계획의 수립과 학교보건관계직원 간의 조정을 보조하는 보건교육 협력자로 규정되어 있었다. 그러나 1990년 「학교보건법 시행령」을 통해 학교보건계획 수립에 있어서 보건교사의 독립적인 기능은 물론, 보건교육자로서의 역할이 강화되었고, 외상, 응급, 상병 등에 대한 의료행위의 직접 서비스가 강조되기에 이르러 학교라는 지역사회에서 일차보건의료제공자로서의 역할이 강화되었다.

2014년 국정감사를 통해 확인한 보건실 방문자 현황은 서울특별시의 경우 초등학교 약

30명, 중학교 약 29.7명, 고등학교 약 24명으로 2001년 김화중 의원의 국정감사자료에서의 약 18명에 비해 약 70% 이상 증가하였다[국회의원 박혜자 의원실, (사)보건교육포럼, 2014].

「학교보건법 시행령」에 의한 보건교사의 직무는 다음과 같다.

- 학교보건계획의 수립
- 학교 환경위생의 유지 · 관리 및 개선에 관한 사항
- 학생과 교직원에 대한 건강진단의 준비와 실시에 관한 협조
- 각종 질병의 예방처치와 보건지도
- 학생과 교직원의 건강관찰과 학교의사의 건강상담, 건강평가 등의 실시에 관한 협조
- 신체가 허약한 학생에 대한 보건지도
- 보건지도를 위한 학생가정 방문
- 교사의 보건교육 협조와 필요시의 보건교육
- 보건실의 시설 · 설비 및 약품 등의 관리
- 보건교육자료의 수집 · 관리
- 학생건강기록부의 관리
- 다음의 의료행위(간호사 면허를 가진 사람만 해당한다)
  - 외상 등 흔히 볼 수 있는 환자의 치료
  - 응급을 요하는 자에 대한 응급처치
  - 부상과 질병의 악화를 방지하기 위한 처치
  - 건강진단결과 발견된 질병자의 요양지도 및 관리
  - 이상의 의료행위에 따르는 의약품 투여
- 그 밖에 학교의 보건관리

미국학교간호사협회(National Association of School Nurse)에서는 학교간호사의 직무에 대해 급성 · 만성질환의 학생에게 신체적 돌봄을 제공하고 잠재적 또는 실제적 건강장애를 사정하여 투약을 관리하고 가족과 직원을 상담 및 지역사회 건강자원을 연계하는 일이라고 언급하고 있다. 이렇게 미국의 학교간호사는 직접 간호서비스 제공의 비중은 적지만, 우리나라와 비교했을 때 실제 학교보건업무에 대한 주도적인 비중에 있어서 차이가 있다고 보여진다.

2. 보건교사의 역할

브라이언(Bryan, 1973)은 학교간호를 "학교간호사가 수행하는 것에 따라 다양하다. 즉, 학교간호사의 개인적인 창의력과 혁신적인 태도에 따라 다르고, 학교지역사회의 요구 차이에 따라 다르다."고 정의하였다. 학교간호는 보건교사의 지식과 기술로 이루어지는 간호를 학교에 제공함으로써 학교가 그들의 건강을 스스로 관리하는 능력을 향상시키는 것이다.

미국학교간호사협회에서는 보건교사의 역할을 다음과 같이 제시하였다.

- 학생의 특수 건강요구 및 간호과정에 따른 학생건강관리의 제공자
- 표준화된 의사소통을 사용하는 의사소통자
- 학생건강관리의 계획자 및 조정자
- 표준화된 연구를 적용하는 연구자
- 표준화된 보건교육을 하는 교육자
- 표준화된 전문직 발전방향을 가진 간호학의 역할수행자

보건교사의 역할을 논의하기 위해서는 「학교보건법 시행령」 제23조 제3항에 제시된 내용을 참고하면 학교보건봉사, 건전한 학교환경, 학교보건교육 등으로 구분할 수 있다. 반면, 김화중 · 윤순녕 · 전경자(2004)는 보건교사의 학교보건사업의 영역을 보건봉사 · 건강관리, 보건교육 · 상담, 환경관리, 지역사회자원 · 연계 등 네 가지로 구분하였으며 그 내용은 다음과 같다.

1) 보건봉사 · 건강관리

보건봉사 · 건강관리 영역에서 보건교사는 건강평가, 예방사업, 치료사업 및 건강증진을 주 업무로 하며 대부분 건강한 학생에 대한 학교보건봉사는 손상된 건강을 회복시키는 치료적 보건봉사보다는 건강을 유지 · 증진시키는 예방적 보건봉사에 중점을 두게 된다.

2) 보건교육 · 상담

학교보건교육은 학생 스스로 자기건강관리(self-care) 능력을 배양함으로써 자신의 건

강을 유지 · 증진시킴은 물론, 가정과 지역사회로 확대되어 전 국민의 건강증진에 기여하기 위해 실시하는 것이라 할 수 있다. 보건교육은 지식이나 정보의 전달로 끝나는 것이 아니라, 건강을 지키려는 태도와 행동으로 이어져 실천적 행태개선으로 생활습관의 변화를 일으키는 것이다. 우리나라는 1990년 보건교사의 직무가 개정되기 전까지는 보건교사가 비정기적이며 비공식적인 보건교육을 실시하였으나, 1990년 이후부터는 보다 정규적이고 계획적인 보건교육자로서 역할을 수행하고 있다.

3) 환경관리

환경관리 영역에서 보건교사는 학생이 학교에서 1년에 200일 이상 하루 8시간 내외를 생활하고 있는 동안 깨끗한 환경에서 학습하고 생활을 할 수 있도록 건강한 학교환경을 준비하고 제공해야 한다.

이를 위해 학교환경은 학생 및 교직원의 적극적인 참여에 의해 관리되어야만 한다. 학교 환경관리 요소는 음료수, 화장실, 하수도, 쓰레기, 건물, 교실, 책상, 의자, 칠판, 난방, 환기, 조명, 안전 등과 같은 물리적인 것과 학생과 교사, 학생 간의 사회적인 요인 모두를 포괄한다.

4) 지역사회자원연계

지역사회자원연계 영역에서 보건교사는 학교와 지역사회보건 · 사회 관련 자원과 긴밀한 유대관계를 맺고 유지하면서 학부모와 지역사회, 지역사회 지도자의 인적 · 물적자원 활용에 대한 노력이 지속적으로 필요하다.

이러한 이유는 앞으로 보건교사가 단지 학생에 대한 보건지식의 전달자로서의 역할로 제한된 것이 아닌 학생 자신의 건강에 대한 의사결정 능력 및 건강문제를 해결하는 데 있어서 지식의 실천적인 적용능력과 미래의 보건의료소비자로서 보건의료서비스에 대한 접근 및 이용에 대한 능력을 개발하는 것이 필수적이기 때문이다. 또한 이러한 능력을 개발하기 위해서는 지역사회자원을 활용하여 연계하는 보건교사의 역할이 중요하기 때문이다.

4절

보건교사의 현황

1. 보건교사의 임용

최근 「학교보건법」의 보건교과에 대한 강화와 더불어 지속적으로 보건교사에 대한 충원이 증가하고 있다. 전국 보건교사 현황에서는 경기도와 서울지역의 보건교사가 가장 많은 것으로 나타났다. 그러나 이를 단순 양적인 숫자가 아닌 학교 수와 관련시켜 본다면 2016년 기준으로 전국의 초등학교 6,001개교, 중학교 3,209개교, 고등학교 2,353개교, 기타(고등공민, 방송통신, 고등기술, 특수학교 등) 285개교 총 11,848개교 중 7,403명만 배치된 것이며, 교육단계별로 봤을 때 초등학교의 보건교사 배치율은 68.8%, 중학교 51.8%, 고등학교 68.6%이다.

표 2.1의 지역규모별 보건교사 배치현황을 보면, 초등학교와 중학교의 경우 대도시가 보건교사의 배치인원이 가장 많았으나 고등학교의 경우는 대도시보다 중소도시에 보건교사가 더 많이 배치되어 있다. 그러나 의료자원이 비교적 적은 도서벽지의 보건교사 배치율

표 2.1 지역규모별 보건교사 배치현황

단위: 명

지역규모	초등학교	중학교	고등학교	계
대도시	1,446	735	630	2,811
중소도시	1,512	685	662	2,859
읍 · 면지역	1,093	232	304	1,629
도서벽지	75	11	18	104
계	4,126	1,663	1,614	7,403

출처: 한국교육개발원 교육통계연구센터(2016).

은 전체 배치율에 비해 1.82%, 0.66%, 1.12%로 매우 낮게 나타나고 있어 「학교보건법」에 명시되어 있는 보건교사 배치기준에 의한 배치기준을 강화할 필요가 있다. 지역별 보건교사 배치율 현황은 초 · 중 · 고등학교 모두 서울이 89.5%, 84.9%, 86.5%로 보건교사 배치율이 가장 높았으며, 그 다음 순위는 초등학교 66.5%, 중학교 60.4%, 고등학교 76.2%의 경기도이었다. 세종시는 가장 저조한 상태를 보여주었으며 울산, 제주의 경우도 보건교사의 배치율이 낮았다. 이러한 결과를 통해 실제 이들 지역의 보건교사의 배치가 시급하고, 보건교사가 가장 부족함을 알 수 있다.

보건교사의 비율을 시 · 도별로 살펴보면 **표 2.2**와 같다. 보건교사는 초등학교 4,126명, 중학교 1,663명, 고등학교 1,614명인 것으로 나타났다. 이를 연도별로 살펴보면, 초등학교

표 2.2 시 · 도별 보건교사 교원 수

단위: 명

구분		초등학교	중학교	고등학교
시 · 도별	서울	538	326	275
	부산	266	116	94
	대구	174	100	72
	인천	180	86	85
	광주	133	53	47
	대전	115	42	36
	울산	81	34	45
	세종시	14	6	9
	경기도	816	374	358
	강원도	196	58	76
	충북	174	52	46
	충남	234	67	74
	전북	250	58	87
	전남	267	74	82
	경북	320	97	111
	경남	335	85	93
	제주	33	35	24

출처: 교육통계 분석 자료집(2016).

의 경우 2000~2008년까지 보건교사의 수는 증가함을 확인할 수 있으나 2008~2010년까지 30명 정도의 보건교사가 감소와 증가를 반복하였다. 특히 이후 2016년까지 보건교사의 수는 계속 감소하고 있는 것으로 나타났다. 중학교와 고등학교의 경우 보건교사의 수는 꾸준히 증가하는 모습을 보이고 있다. 이는 보건수업의 강화와 더불어 지속적으로 보건교사 수의 증가가 요구되고 있는 상황이기 때문이다(**표 2.3**). 더 나아가 학교규모에 따라 2인 이상의 보건교사 배치가 필요하다는 의견도 제시되고 있다.

표 2.3 연도별 보건교사 배치현황

단위: 명

연도	초등학교	중학교	고등학교(일반)	전체
2000	3,897	1,150	1,012	6,059
2005	4,195	1,383	1,287	6,865
2006	4,256	1,448	1,305	7,009
2007	4,242	1,454	1,354	7,050
2008	4,241	1,523	1,428	7,192
2009	4,217	1,549	1,444	7,210
2010	4,247	1,566	1,418	7,231
2011	4,225	1,619	1,525	7,369
2012	4,219	1,623	1,568	7,410
2013	4,185	1,622	1,557	7,364
2014	4,174	1,637	1,583	7,394
2015	4,133	1,625	1,563	7,321
2016	4,126	1,663	1,614	7,403

출처: 한국교육개발원 교육통계연구센터(2016).

2. 임용현황에 따른 과제

우리나라의 학교보건 전문인력은 보건교사이다. 보건교사는 1930년 우리나라에서 최초로 이화학당에 간호사가 배치되어 학생의 건강관리를 담당해 온 이래 학교보건관리와 학교보건사업의 주역으로 활동해 왔다. 1953년에 공포된 「교육공무원법」에 의해 법적인 지위를 얻게 되었으며, 양호교사 자격증의 발행은 1956년에 시작되어, 학교의 고용직으로서 근무하였으며 1961년에 들어서야 교직원인 양호교사로 발령되었다.

2003년부터 보건교사가 장학사로 부산과 전북에 배치되었으며, 보건교사가 보건전문직으로서 각 교육청(서울, 대구, 인천, 광주, 대전, 경기, 강원, 경북, 경남)에 배치되어 학교보건교육, 보건실운영, 연구학교지도, 보건평가, 자료개발, 약물남용, 성교육, 감염병관리 등에 대한 사무를 담당하고 있다.

우리나라의 학교간호는 중앙기구인 교육부가 매년 제시하는 '학교보건에 관한 관리지침'이 근거가 된다. 이 중 보건교육에 관한 지침은 시대적 요구에 따라 보건교육의 중요성, 시간, 방법 및 교육 내용이 제시되었으며, 1990년대부터 국민건강권의 보장 측면에서 학교보건교육의 중요성이 대두되었다. 하지만 제2차 교육과정(1963년) 이후 보건교과가 폐지되면서 체육과목으로 통합되었고 보건교육이 체육교과의 일부로 삽입된 보건관련내용은 체육, 생물, 가정 등에서 교육되어 왔다. 제7차 교육과정(1998년)에서는 초등학교의 경우 재량활동시간에 범교과학습 중 보건교육, 성교육, 안전교육을 하도록 하였고, 중학교의 경우 재량활동시간에 성교육, 환경교육, 안전교육을 그리고 고등학교는 교장 재량과목에 보건교육 등이 독립교과로 언급되었으나 교장이 보건교육을 중시하지 않으면 실시되지 않을 우려가 있었다.

2008년 8월 11일자로 교육부는 보건교사의 보건교과안 고시를 통해 초등학교에서는 2009년 3월부터 5, 6학년의 경우 학년별로 재량활동시간을 통해 연간 17시간 이상 보건교육을 실시하고, 중 · 고등학교는 2010학년도부터는 교과 재량활동시간에 선택과목으로 '보건' 교과목을 신설하도록 하였다. 그러나 이는 보건교과가 선택과목으로 편성됨으로써 선택하지 않을 수 있는 학생들의 보건교육 기회가 보장되지 않았다는 문제점이 있다. 실제로 비만, 약물중독, 흡연, 음주, 성폭력 등의 문제를 모든 학교의 모든 학생들이 다 배우지 못한다면 보건교과를 정규 교과과정에 포함한 의미가 축소된다고 볼 수 있다. 또한 적절한 교수학습방법 선정과 관련 교과목의 학습내용 조정을 통해 필수과목 지정으로 인한 학생들의 학습부담을 조절할 수 있을 것이다. 향후 학생들의 효과적인 보건교육과 학교 건강요구의 충족을 위해서는 보건교과의 필수과목 지정이 절대적으로 요구된다.

현재 보건교육인력은 보건교사, 가정교사, 체육교사 및 생물교사 등의 인력이 있다. 간호사 면허증을 가지고 보건실에 근무하는 보건교사는 교내의 응급상황 발생에서 필수적인 인력일 뿐만 아니라 학생 및 교직원의 건강관리, 건강상담 및 학교보건계획의 수립이나 시행에 주도적인 역할을 하고 있다. 또한 학내 구성원 중 누구보다도 보건의학적인 지식을 가장 많이 가지고 있는 전문가라고 할 수 있다. 그러나 이전까지 보건이 체육교과의 일부로 편성되어 체육교사가 보건교육을 담당하거나 교련과목에서 공중보건 및 응급처치에 대한 교육을 하거나, 생물과목이나 가정과목에서 일부 보건관련 내용을 교육하여 왔기 때문에 실제로 보건교육이 독립된 과목으로 시행되는 현 시점에서 이를 누가 교육할 것인지에 대해 상당한 갈등이 있으며, 교육담당자의 선정에 많은 문제점을 안고 있다. 하지만 학교보건사업의 하나로 독립된 보건교육은 교직과목을 이수한 보건교사가 담당하는 것이 당연하다고 하겠다.

건강한 학교생활을 위한 기본방향으로 외부전문인력을 활용한 청소용역사업 추진 등 지역사회와 연계한 학교환경위생관리가 강화되어 학생들이 깨끗하고 안전한 환경에서 학습하고 생활할 수 있도록 해야 한다. 또한 별도의 보건교육실을 마련하여 체계적이고 효율적인 보건교육이 요구된다.

보건교사는 학교에 상근하는 유일한 보건의료전문가로서 학교라는 지역사회에 간호라는 전문기술의 제공자이며, 동시에 학교의 보건책임자인 학교장을 보좌하는 학교보건의 제일선관리자이다. 따라서 보건교사의 역할을 학생의 기대에 맞게 정비하여 미래의 주인공인 학생들이 질적으로 높은 수준의 학교생활을 할 수 있도록 그들의 건강관리에 보다 적극적이고 능동적인 역할을 담당할 수 있도록 해야 한다.

3. 보건교사의 전망

보건교사는 2003년 1월 부산에서 첫 보건장학사가 탄생하였으며 교감, 교장 승진이 가능하다. 2017년 1월에는 모든 초 · 중 · 고등학교에 보건교사배치를 의무화하는 「학교보건법」 일부 개정 법률안이 발의되었다. 현행 「학교보건법」은 학생의 질병치료와 예방, 자살과 왕따 같은 정신건강문제 등을 담당하는 보건교사를 학교 규모에 따라 배치하도록 하고 있다.

2016년 기준으로 보건교사 배치율이 서울의 경우 초 · 중 · 고 및 특수학교의 평균 87.4%에 달하지만 세종시의 경우 42.6%로 50%에도 못 미치는 등 편차가 심하다. 이밖에 강원, 전북, 전남, 경남 등에서는 보건교사가 없는 학교가 아직도 많을 뿐더러 보건수업이 이루어지지 않는 학교도 상당히 많은 실정이다. 특히 지난 메르스사태는 안전사고의 사각지대에 놓인 학교의 학생건강관리, 감염병 예방교육과 같은 보건교육과 보건교사 역할의 중요성을 새삼 일깨워주는 계기가 되었다. 학교에 보건교사가 배치되지 않을 경우, 학교의 응급상황 대처능력은 고스란히 학부모에게 전가된다. 이에 「학교보건법」을 개정하여 보건교사의 배치를 의무화는 것이 중요하며 보건교사의 밝은 전망으로 이어진다. 교육공무원으로서 다양한 기회와 혜택이 부여되는 보건교사 임용고시의 1차 시험은 교육학, 간호학, 2차 시험은 교사로서의 적성에 대한 심층면접으로 이루어진다. 이렇듯 보건교사는 정식교원으로서 학생과 교직원의 건강유지 및 증진을 위해 당연 필요한 인적자원이라 할 수 있다.

chapter

3

학교간호과정

학습목표

1. 학교간호사정을 수행할 수 있다.
2. 학교간호진단을 명명할 수 있다.
3. 학교간호계획을 수립할 수 있다.
4. 학교간호수행을 실시할 수 있다.
5. 학교간호평가를 활용할 수 있다.
6. 학교간호과정을 적용할 수 있다.

학습개요

학교라는 공동체를 중심으로 이루어지는 학교간호과정은 과학적 문제해결을 위한 순차적, 역동적, 일련의 방향성을 나타내며 이를 통해 이루어지는 체계적이고 연속적인 과정이다. 개인, 가족, 집단 및 지역사회를 대상으로 하는 간호과정의 적용과 마찬가지이나 개인이나 가족을 단위로 하는 간호과정보다는 지역사회와 같이 공동체를 중심으로 이루어지는 간호과정과 더 유사한 맥락이다. 그러나 학생은 집단이나 공동체를 단위로 하는 간호과정의 적용에서 질병 중심의 케이스 스터디라는 고정관념으로 임하기에 자료수집과 분석의 대상과 단위를 혼동함으로써 어려움을 겪게 된다.

일반적으로 간호현장실습의 컨퍼런스는 간호과정이라는 형식을 통해 간호이론과 지식을 어떻게 적용하고 활용하는지를 학습하고 있다. 즉 컨퍼런스는 이론과 실무의 접목과정이다. 이 과정에서 실습하는 학생은 컨퍼런스를 통해 학습목표에 도달하기 위한 지도(map)를 들고 한걸음, 한걸음 앞으로 나가는 과학적 과정의 연습과 훈련을 거치는 것이다. 그러므로 단편적인 사고보다는 도달해야 하는 목표 또는 결론을 미리 생각해 보는 통합적인 사고과정을 훈련하는 것이 중요하다.

간호과정에서는 대상자 또는 지역사회가 가지는 문제해결을 위해 자료(정보)수집이나 분석을 잘하는 것도 중요하지만 전체적으로 볼 수 있는 능력과 기존의 문제해결방법을 한 차원 높이는 통찰력을 키워야 할 것이다. 효과적인 문제해결을 위해서는 적절한 타이밍에 의사결정하는 것 또한 중요하다.

학교간호과정은 학교간호사업을 보다 효율적으로 수행하기 위해 사정단계(자료수집과 분석), 진단단계, 계획단계, 수행단계 및 평가단계의 5단계로 구분하며 학교간호에 해당하는 학교와 대상자의 건강문제를 스스로 해결하고 예방과 증진이라는 목적을 달성하기 위한 과학적 사고의 전개과정이다.

1절

학교간호의 사정단계

1. 자료수집방법

1) 기존 자료수집과 분석

학교간호의 문제를 명확히 하기 위해 기존의 자료, 즉 이차자료를 활용하는 것이 가장 기본이다. 학생건강평가, 학생건강기록부, 학생출석부, 교직원 출근 상황부, 보건일지, 공문서 및 교직원 건강검진 결과, 각종 보고서 등 학교 내의 다양한 데이터를 수집하여 체계적으로 분류하고 분석한다. 그러나 효율적인 학교보건 업무 수행을 위해 간호과정을 적용하기 위한 자료(정보)의 수집을 자료 모으기 자체에 초점을 두게 되면 나중에 이 자료(정보)를 어디에 활용해야 할지 모르게 되며 노력이 헛수고가 된다. 자료(정보)의 홍수 속에서 허덕이게 되면 간호진단의 초점이 흐려지고 나아가 정확성이 떨어지게 되면 업무의 효율성과 성공률을 높이고 결과의 질을 향상시키기 위해 수행하는 간호과정은 엉뚱한 방향으로 전개되어 실패를 경험하게 된다. 그러므로 효율적 학교간호과정을 위해 학교라는 공동체를 이해하고 학교의 건강문제를 피부로 느끼고 대상자의 건강행위실천을 유도하기 위한 내용으로 무엇이 다루어져야 하는지를 생각하면서 자료(정보)를 수집해야 할 것이다.

2) 새로운 자료수집과 분석

기존 자료의 수집 다음으로 현재의 상황에 대한 자료가 중요하다. 즉 관찰, 집단토의, 면담, 질문지법, 체크리스트 등으로 수집되는 일차자료를 기존의 이차자료와 비교하면 문제를 명확히 하고 문제해결방법을 제시하는 등의 근거가 되기 때문이다. 간호과정에서 자료(정보)는 수집이나 분석이 아주 중요하다. 그러나 올바른 간호진단을 위해 자료를 수집하는 것만이 아니라 자료(정보)의 가치를 올바르게 읽고 활용하는 것이 필요하다. 다른 측면으로 힘들게 수집된 자료(정보)라도 필요하지 않을 경우 과감하게 버리는 것이 중요하다. 자료(정보)가 지나치게 많으면 체계적 분석에 영향을 미치고 간호진단과 우선순위 결정에도 장애요인이 된다.

학교장이나 교감 등 학교관리자와 면담하거나 보건실, 교실과 교내에서의 보건교사 업무를 면밀히 관찰하고 기록하고 분석하여 학교의 건강문제가 무엇인지 자료수집하여 체계적으로 분류하고 분석한다. 때로는 학교구성원인 학생과 교직원 그리고 학부모를 대상으로 건강문제가 무엇인지를 찾기 위한 설문지, 가정방문, 학부모설명회, 전화, 공지사항, 문자나 SMS를 이용한 정보수집, 그리고 인터넷을 이용한 e-메일 등을 활용하여 시간과 공간을 활용한 다양한 방법으로 학교간호의 건강문제를 찾도록 한다.

2. 자료수집내용

자료수집은 학교보건사업을 중심으로 학생, 교직원 및 학부모 특성, 학교보건조직 및 인력, 학교보건교육 및 학교보건서비스 실태, 학교환경관리 및 안전관리, 학교보건행정, 학교간호사업의 진행 실태 등을 대상으로 각종 통계자료를 조사한다(**표 3.1**).

1) 통계자료

- 연간 유병률 $= \dfrac{\text{연간 현존하는 환자 수}}{\text{해당 연도 7월 1일 대상자 수}} \times 1{,}000$(또는 100)

- 연간 질병발생률 $= \dfrac{\text{1년 동안 새로 발생한 환자 수}}{\text{해당 연도 7월 1일 대상자 수}} \times 1{,}000$(또는 100)

- 연간 사고발생률 = $\dfrac{\text{연간 사고발생자 수}}{\text{해당 연도 7월 1일 대상자 수}}$ × 1,000(또는 100)

- 기타: 건강평가, 학생교직원 건강검진 등의 통계 자료

2) 학생, 교직원 및 학부모 특성

① 학생, 교직원 및 학부모의 인구사회학적 특성을 파악한다

학생의 성별, 학년별 학생 수, 생활환경, 특별한 환경의 학생 수(결석이 잦은 학생, 보건실을 자주 찾는 학생, 특정 질환을 앓는 학생 등), 전학을 온 학생 또한 교직원의 경우에도 건강과 관련된 문제가 있는 경우이거나 건강습관이나 행위가 건강문제 발생을 촉진할 가능성이 있는 경우에는 주의하여 관찰하며 상담하도록 한다. 더 나아가 학부모도 학교간호사정의 자료수집 대상의 필요성이 인정되는 경우 등 폭넓게 접근할 수 있다. 교직원의 가족구성원도 마찬가지이다.

② 학생과 교직원의 건강상태를 파악한다

학교간호 대상자의 건강상태와 관련된 정보를 수집하여 분석한다. 교직원의 건강진단 결과, 학생의 건강평가 및 특정 검사결과, 보건실의 이용상태와 주 증상, 사고발생상태, 결석률과 결석원인, 특수 아동관리 현황, 질병 유병상태, 질병 발생상태 등이다.

③ 학생과 교직원의 건강행태를 파악한다

영양상태, 식습관, 여가활용, 운동실시, 취미생활, 휴식 관련 사항, 흡연, 물질 오·남용 등 건강행태개선의 이유가 될 수 있는 요소에 대해 다양하게 조사하여 분석한다.

④ 학생과 교직원의 건강행위실천 정도를 파악한다

학생과 교직원의 건강행태의 향상과 건강행위실천 정도를 파악하여 건강증진프로그램 운영 후 건강증진의 양적·질적 효과를 측정할 수 있도록 해야 한다.

3) 자원

① 인적 자원

보건교사, 학교의사, 학교한의사, 학교치과의사, 학교약사, 교직원, 학부모 등 학교간호와 관계되는 모든 인적 자원을 파악한다.

② 학교 내 자원

학교 시설물, 특히 보건실의 다양한 자원(학교간호와 관계된 약품, 의료기구, 건강관리 도구, 보건교육자료, 기록부, 보고서 등), 학교기구, 도구, 교육자료, 학교재정(특히 학교간호에 투입되는 예산), 보건교육 시간 등

③ 학교 외 자원

학교간호가 원활하게 이루어질 수 있도록 지역사회 자원으로 응급의료기관, 보건기관 또는 전문의원 등을 명확히 알아두어야 하며 아동학대예방센터, 청소년상담실 및 성폭력 전문상담기관 등의 지역사회 자원을 파악하는 것이 중요하다.

4) 환경

(1) 교내환경

- **물리적 환경:** 환기, 채광, 조명, 온·습도, 식품위생, 정수기, 화장실, 쓰레기 처리, 교지, 교사, 교실, 책·걸상, 체육시설, 학습시설과 용구 등을 조사하여 보건위생적 측면의 자료로 활용한다.
- **사회심리적 환경:** 학교적응장애, 스트레스 요인, 상담실 운영 등을 파악한다.
- **안전관리:** 학교안전사고, 성폭력, 신체적 학대 징후 등의 자료를 활용한다.

(2) 교외환경

- 학교 주변환경은 「학교보건법」 제5조, 「학교보건법 시행령」 제3조에 의해 정화구역이 설정되어 있으므로 기준에 맞게 관리하도록 한다.
- 학교환경에 위해요인이 되는 환경요소를 점검한다.
- 증가하는 교통사고와 관련하여 통학로, 교통수단, 교통시간 등도 파악하여 관리한다.
- 학교환경에 대한 구체적인 내용은 5장을 참고한다.

표 3.1 학교간호의 자료수집과 관련된 지표

영역		세부내용	지표
학교 특성		학교 연혁, 조직, 학교보건조직, 비전과 목표 등	
학생 및 교직원(인구 특성)		학생 현황, 연령, 성별, 이동상태(결석 및 결근, 전출입 등), 교직원 현황	평균 연령, 성비
학교보건교육		성교육, 흡연, 음주, 약물오남용예방교육, 구강보건교육, 학생안전교육, 신체발달, 비만예방교육, 개인위생교육, 감염병 예방교육, 성희롱, 성폭력 예방교육, 매체/방송교육	평균 시간/빈도, 보건교육 횟수, 학습목표 도달 유무, 보건교육 참여율
환경	교내	실내공기오염, 환기, 채광, 조명, 온도, 습도, 조명, 소음, 분진, 창문 면적, 칠판, 책상, 의자, 음료수, 교지 면적, 운동장, 교사(校舍)의 위치, 화장실, 세면장 관리, 상하수도시설, 쓰레기 관리 등 물리적 환경과 학교의 분위기, 안전관리, 정신적 환경	허용 기준 초과율, 시설 설비 기준 미충족률, 관리 횟수
	교외	학교환경위생정화구역 내 환경, 도로, 교통안전, 유해 업소, 보건관련 기관, 소음, 먼지, 유흥업소 등 학교주변 환경	
자원	인적 자원	보건교사 1인, 학교의사 1인, 학교약사 1인, 영양사 1인, 체육교사 2인, 학부모회 운영	학교보건조직 유무, 회의 횟수, 자원 목록, 자원 의뢰 건수, 자원 활용 실적
	물적 자원	보건실 시설과 각종 기구, 약품, 보건교육자료 등	
	재정적 자원	학교보건 예산	
	사회적 자원	주변 의료기관, 응급의료기관, 보건기관, 학교보건조직, 전문가 등 활용 가능한 자원	
학교보건 서비스	건강평가	신체발달상황 및 능력, 건강조사, 건강검진, 구강검사, 시력검사, 병리검사, 결핵검사	이상 학생 비율 각종 검사 참여율
	건강문제 관리	성장발달 수준(체중, 신장, 시력, 청력, 치아상태, 영양상태), 건강행위(식습관, 운동, 식습관, 운동, 약물사용, 사고위험 행위), 각종 질병 유병률 및 발생률, 장애율 및 장애유형, 보건실 이용자의 흔한 건강문제, 결석률, 결석이유, 시력, 청력, 구강보건상태, 정신건강상태, 감염병관리, 비만, 통상 증상, 선천성질병, 만성질병, 행동장애, 적응장애	평균/표준편차(체중/신장), BMI, 건강문제별 유병률, 발생률, 건강행위별 실천율, 보건실 이용자 현황 분석
	건강증진	비만관리 프로그램, 구강보건 프로그램, 사고예방 프로그램, 약물남용예방 프로그램, 정신건강증진 프로그램	건강증진 프로그램 참여율, 탈락률, 치아우식증 발생률, 사고발생률, 약물남용 행위율
	보건실운영	비품/의약품, 예산, 학교보건정보시스템, 보건교육자료, 보건실 이용률, 의뢰 건수, 의뢰에 걸리는 시간, 각종 보고서 작성, 보고, 응급처치, 건강이상학생 관리	비품 미충족률, 연평균 예산 및 확보율, 예산집행평가

3. 기준 및 지침 확인

학교간호의 기준과 지침을 확인하는 것은 학교간호문제를 효율적으로 해결하기 위한 과정 중 기본적인 단계이다. 특히 「학교보건법」과 교육부, 특별시, 광역시, 시 · 도 교육청의 학교보건의 업무방향, 지침, 학교교육 목표 및 학교 내규 등을 확인하여 학교간호문제를 진단할 때 반영해야 한다.

학교의 건강문제를 해결하기 위해 활용할 수 있는 근거자료는 「교육법」, 「학교보건법」, 학교보건관리 기준 및 지침을 들 수 있으며 학교간호문제의 해결할 수 있는 주체(기관, 부서, 담당자)에 따라 분류하는 방법도 있다. 즉, 보건교사가 해결하는 문제, 다른 보건인력에게 의뢰해야 할 문제, 학교행정에 의뢰해야 할 문제, 이관해야 할 문제, 건의해야 할 문제 등으로 구분하여 학교간호의 지준과 지침의 적용을 생각해 볼 수 있다.

(1) 보건교사가 직접 해결할 수 있는 문제

- 응급처치
- 보건교육
- 학교 내 · 외 안전교육
- 보건실 방문학생의 증상에 대한 학부모 공지

(2) 보건교사가 학교의나 학교약사 등의 다른 보건인력이나 교직원, 학부모의 의뢰조치가 필요한 문제

- 교직원: 교실 내 · 외 위생관리, 교실 내 안전관리, 학생지도 등
- 학부모: 가정통신문, 안전교육, 감염성 질환 발생 시 흡연, 약물 등

(3) 보건교사가 보건행정 담당자(교장, 교감, 부장교사, 행정실장 등)에게 건의 및 조치가 필요한 문제

- 보건실 현대화 사업을 위한 예산
- 감염병 예방 조치
- 신호등, 표지판 설치 건의
- 학교 앞 횡단보도 부족, 주차 공간 부족

(4) 그 외 학교보건문제

- 안전과 관계된 학교 앞 주차 공간 문제

- 정수기 관리
- 안전사고 위험성: 학교주변 환경관리 문제(횡단보도, 신호등, 표지판 등)

4. 자료분석과 건강문제의 명료화

기존 또는 새로운 자료를 수집하여 주제별 · 분야별 · 영역별로 나누어 체계적으로 분류한다. 학교간호의 건강문제는 대상자 개인일 수도 있고, 집단이나 학교 공동체 단위일 수도 있다. 보건교사는 수집된 자료의 정확성과 자료 간의 일치성을 확인해야 한다.

이 과정에서 자료수집이 더 필요하다고 확인되면 추가로 자료수집을 수행해야 하며 양적 · 질적 자료가 충분한지 확인한 후에 건강문제를 도출하고 명료화시켜야 한다. 수집된 모든 자료를 분류하고 체계적 분석이 이루어져야만 간호문제가 무엇인지 키워드로 간호진단을 명명할 수 있다.

학교간호과정을 적용한다는 것은 학교간호의 건강문제를 효율적으로 해결하기 위한 일련의 순환적 · 과학적 과정이기 때문이며, 이때에 수집된 자료분석에 비판적 사고를 적용하여 해결해야 할 건강문제에 초점을 맞출 수 있어야 한다. 수집된 자료(정보)의 허와 실을 분석하여 자료의 수집단계에서도 보건교사가 해결해야 할 건강문제는 무엇이며 그 문제의 해결방안은 무엇인가에 대한 논리적 전개가 가능해야 한다.

업무를 수행할 때 목표를 명확히 알고 바람직한 성과를 얻기 위해 초점을 맞추어 수행한다면 훨씬 시간을 단축시킬 수 있으며 효율적으로 활용할 수 있을 것이다. 또한 문제를 해결해야 할 기간의 중간지점에서 대략적으로 전체적인 결론을 내려보는 것이 효과적이다. 문제해결의 남은 기간을 검증과 확인 그리고 대상자와의 의사소통으로 활용한다면 주도하는 입장이나 변화되어야 하는 입장이 서로 만족한 결과를 가져올 것이 분명하다. 우리는 확신을 가지지 못하거나 납득되지 못하는 일을 수행할 경우 효율성이 떨어지는 경험을 많이 하게 된다. 그러므로 초기 단계에서부터 머릿속에서 시뮬레이션을 돌려 본 뒤에 설명하고, 수행한다면 정확도가 높아진다면 보다 바람직한 결론에 도달할 것이다.

따라서 새로운 이론과 지식의 습득에 실험과 실습은 상당히 좋은 교수학습방법이 되는 것이다. 백문불여일견(百聞不如一見)이다. 특히 현장실습은 학습목표를 달성하는 더욱 효과적인 방법이므로 현장실습 전에 먼저 효과적인 계획을 수립하는 것이 필수적이다.

2절

학교간호의 진단단계

1. 간호진단의 명명

간호진단은 다양한 원인된 요소를 설명할 수 있는 의미 있는 단어로 명명되어야 한다. 그러므로 간호진단에 속한 특성과 요소는 체계적으로 분류되어 차원(dimension)별로 설명이 가능해야 한다. 즉, 명명된 간호진단은 충분히 수집된 자료에 근거하여 객관적으로 문제성을 인정할 수 있는 타당성이 있어야 한다.

학교간호과정 중 학교간호진단은 학교보건의 관점에서 학교의 현실적 문제, 즉 학교간호문제를 찾아내어 합리적인 간호계획을 수립하고 수행할 수 있게 하는 기본이 되기 때문에 상당히 중요하다. 그러므로 간호진단을 내리는 특성에 대한 일차자료의 정확한 수집과 함께 반복적으로 검증작업이 이루어져야 한다. 그러나 아직은 학교간호문제를 구조화된 틀에 따라 간호진단을 명명할 수 있는 공식적인 도구가 개발되어 있지 못하다.

일반적으로 대상자의 간호문제에 따른 간호진단을 명명할 때는 NANDA(1973)를 사용하지만 지역사회간호진단의 경우 OMAHA, HHCC 분류틀을 활용한다.

특히 국제간호협의회에서는 1996년 세계적으로 통용될 수 있는 국제간호실무체계(International Classification for Nursing Practice, ICNP)를 개발하여 개인이나 지역사회를 대상으로 간호현상을 규명하도록 권장하였다. 이에 김영임 외(2002)는 ICNP를 학교현장에 적용하여 우리나라 학교간호이론과 실습에서 다루어지는 학교간호현상이 무엇인지 정리하여 학교라는 공동체를 대상으로 간호현상과 특성을 구분하여 개념을 추출하였으며 학교간호현상과 특성에 대한 적합성 여부를 분석하여 최종적으로 학교간호에 활용될 수 있는 간호현상과 특성을 **표 3.2**와 **표 3.3**에 정리하였다.

도출된 학교간호진단 영역은 인간행위, 인간기능, 환경 등 3개의 영역으로 나뉘어지며 인간행위에는 척추질환 위험성, 부적절한 식습관, 부적절한 체중관리, 흡연 및 약물남용, 부적절한 스트레스관리, 성에 대한 부적절한 대처, 부적절한 응급관리 등 7개의 학교현상과 31개의 학교특성이 나타났다. 인간기능의 영역에는 부적절한 시력관리, 호흡기질환 위험성, 구강건강관리, 감염병 관리 미비, 소화기질환 위험성, 성정체감 부족 등의 6개 학교

표 3.2 학교 · 급별 학교간호현상(간호진단) 비교

영역	학교간호현상 (간호진단)	초등학교(N=82)		중학교(N=16)		고등학교(N=12)			
		M	S.D	M	S.D	M	S.D	F	p
인간 행위	척추질환의 위험성	2.76	0.78	2.29	0.99	2.63	0.73	1.59	0.196
	부적절한 식습관	$3.13^{a,b}$	0.74	3.41^{a}	0.66	3.58^{a}	0.79	2.62	0.078^{+}
	부적절한 체중관리	$3.19^{a,b}$	0.78	3.63^{b}	0.92	2.98^{a}	0.63	2.72	0.071^{+}
	흡연 및 약물남용	1.71^{a}	0.68	$2.14^{a,b}$	0.83	2.44^{b}	1.13	6.21	0.003^{*}
	부적절한 스트레스관리	3.21	0.82	3.33	0.78	3.34	0.89	0.25	0.780
	성에 대한 부적절한 대처	2.10^{a}	0.76	2.37^{a}	0.94	2.63^{a}	0.96	2.78	0.066^{+}
	부적절한 응급관리	2.59	0.88	2.78	0.91	2.58	0.82	0.32	0.729
인간 기능	부적절한 시력관리	2.82	0.70	2.83	0.86	2.70	0.73	0.32	0.808
	호흡기질환 위험성	2.73	0.92	2.70	0.83	2.97	0.91	0.43	0.652
	구강건강관리	3.04	0.90	3.51	0.78	3.09	1.08	1.79	0.172
	감염병 관리 미비	2.03	0.87	2.39	0.90	2.42	0.92	1.87	0.159
	소화기질환 위험성	2.79	0.84	3.01	0.77	3.19	0.98	1.44	0.242
	성정체감 부족	2.47	0.91	2.64	1.02	2.69	0.81	0.49	0.612
환경	교실 내 사고위험성	$2.67^{a,b}$	0.85	2.41^{a}	0.89	3.05^{b}	0.97	1.79	0.172
	교실 외 사고위험성	2.48	0.97	2.29	0.64	2.28	0.81	0.45	0.637
	학교주변 사고위험성	2.57	1.08	3.03	1.24	2.67	1.35	1.02	0.363
	유해환경 노출위험성	1.84	0.79	1.73	1.02	1.81	0.70	0.12	0.892
	부적절한 쓰레기 관리	$1.77^{a,b}$	0.71	1.51^{a}	0.59	2.10^{b}	0.75	2.35	0.100^{+}
	부적절한 학습환경	1.80	0.88	2.20	1.19	1.63	0.80	1.53	0.221
	학교적응장애	2.71	0.95	2.33	1.08	2.33	1.19	1.47	0.234

출처: 김영임 외(2004), 한국학교보건학회지, 17(1), 1~12.

※ +p < 01 *p < .05
a,b: Duncan 사후비교 결과이며, 동일한 문자는 집단 간 차이가 없음을 나타냄

현상과 28개의 학교특성으로 정리되었다. 또한 환경의 물리적 환경영역에는 교실 내 사고위험성, 교실 외 사고위험성, 학교주변 사고위험성, 유해환경 노출위험성, 부적절한 쓰레기 관리, 부적절한 학습환경의 6개 학교현상, 사회 · 심리적 환경 영역에는 학교적응장애 1개의 학교현상으로 정리되어 7개의 학교현상과 26개의 학교특성으로 전체적으로 20개의 학교간호현상과 85개의 학교간호 특성이 학교대상 간호현상과 간호특성을 나타내는 확정용어로 채택되었다고 발표하였다.

이 연구는 학교지역사회의 현상을 분류하는 첫 단계의 연구로 학교별 차이를 고려하지 않고 전체 학교를 대상으로 학교 내 현상과 특성을 반영하는 데 초점을 둔 후향적 연구방법을 사용하였다.

김영임 등(2004)은 2002년의 후속연구로서 우리나라 학교간호현상으로 타당한 것으로 규명된 20개의 간호현상과 85개의 특성을 토대로 실제 학교현장에서 나타나는 학교간호현상과 그 특성의 정도를 파악하고, 초 · 중 · 고등학교에 따라 학교간호현상이 어떻게 다르게 나타나는지를 분석하고자 수행한 결과 학교급별로 학교간호현상에 유의한 차이가 있는 것으로 보고하였다(**표 3.3**). 학교간호현상 중에 공통적으로 높은 점수를 보인 것은 부적절한 식습관, 부적절한 체중관리, 부적절한 스트레스관리, 구강건강관리 등이었고, 초등학교의 경우 부적절한 스트레스관리, 부적절한 체중 관리, 부적절한 식습관, 구강건강관리 순이었고, 중학교의 경우 부적절한 체중관리가 가장 높고 다음은 구강건강관리, 부적절한 식습관, 부적절한 스트레스관리, 학교주변 사고위험성, 소화기질환 위험성 순으로 나타났다. 고등학교의 경우는 부적절한 식습관이 가장 높은 점수를 보였고, 부적절한 스트레스 관리, 소화기질환 위험성, 구강건강관리, 교실 내 사고 위험성 순이었다. 초등학교보다 고등학교에서 문제 정도가 더 큰 것은 '흡연 및 약물남용'으로 나타났다.

2. 우선순위의 결정

간호진단을 명명한 후에는 통합적 그리고 다차원적으로 검토하여 즉시 또는 시차를 두고 해결해야 하는 간호문제의 우선순위를 결정해야 한다.

학교간호문제의 우선순위를 결정하는 요인은 다음과 같다.

첫 번째, 「학교보건법」(시행령, 시행규칙)과 교육부 및 시 · 도 · 교육청의 학생건강증진 기본방향, 해당 학교 교육계획에 의한 건강문제의 기준과 지침을 확인해야 한다.

두 번째, 「학교보건법」 및 학생건강증진 기본방향과 연관지어 법적 · 정책적으로 의무의 정도를 고려해야 한다.

세 번째, 얼마나 많은 대상 집단(개인)이 그 문제를 가졌느냐에 해당하는 유병률과 간호문제의 크기를 고려해야 한다.

네 번째, 얼마나 중요하게 생각하는 문제인지 문제의 관심도나 심각성을 고려해야 한다.

다섯 번째, 해결가능한 자원과 자원동원 가능성은 어느 정도인지를 고려해야 한다(동원 및 연계가능 인력, 시간, 자원, 시설 등).

여섯 번째, 사업 또는 문제가 얼마나 신속하게 해결되어야 하는지 고려해야 한다.

일곱 번째, 해결의 과정과 결과는 얼마나 비용효과적인지 고려해야 한다.

마지막으로 해결방안은 대상자에게 수용가능한 방법인지 등을 고려해야 한다.

우선순위 결정에도 일반적 원칙이 적용되는데 학생과 교직원의 건강문제나 환경문제가 그리고 상급생보다는 취약한 하급생이 우선시된다. 또한 보건교사 혼자하는 것보다 학교장, 학교보건위원회, 학교와 관련된 지역사회의 기관 및 기타 전문가의 의견을 참고하는 것이 바람직하다.

표 3.3 학교 간호현상(간호진단) 및 특성

영역	학교 간호현상(간호진단)	특성
인간행위	척추질환 위험성	• 구부정한 자세로 다니는 학생이 많다. • 자신의 체격에 맞지 않는 책 · 걸상을 이용하고 있다. • 무거운 책가방을 메고 다닌다. • 컴퓨터 사용, TV시청 시 자세가 부적절하다.
	부적절한 식습관	• 인스턴트 식품을 자주 섭취한다. • 아침식사를 거르는 학생이 많다. • 음식을 골고루 섭취하지 않는다. • 식사시간이 불규칙하다. • 급식소 공간부족으로 인한 식사시간의 제약이 있다.
	부적절한 체중관리	• 운동량이 부족하다. • 다이어트 방법이 부적절하다. • 비만 아동의 인식이 부족하다. • 부모의 소아비만에 대한 인식이 부족하다. • 체계적인 비만관리가 이루어지지 않는다. • 자신의 체중에 대해 정확히 인식하고 있지 못하다.

표 3.3 학교 간호현상(간호진단) 및 특성(계속)

영역	학교 간호현상(간호진단)	특성
인간행위	흡연 및 약물남용	• 흡연하는 학생이 많다. • 동료 학생이 흡연을 강요한다. • 흡연의 유해성에 대한 인식이 부족하다. • 약물남용의 유해성에 대한 인식이 부족하다.
	부적절한 스트레스 관리	• 스트레스가 과다하다. • 적절한 스트레스 해소 방법을 갖고 있지 않다. • 스트레스를 상담할 인적자원을 갖고 있지 않다. • 여가를 보낼 수 있는 장소가 부족하다. • 여가를 보낼 수 있는 시간이 부족하다. • 스트레스로 인한 두통을 빈번히 호소한다. • 스트레스로 인한 소화장애를 호소한다.
	성에 대한 부적절한 대처	• 성희롱, 성폭력에 대한 대처의식이 부족하다. • 건전한 이성교제를 하지 못한다. • 성관계를 해본 경험이 있다.
	부적절한 응급관리	• 응급조치법을 잘 모른다. • 연계된 의료기관의 협조가 부족하다.
인간기능	부적절한 시력관리	• 학습 조명이 어둡다. • 안경착용 학생이 많다. • 시력에 상관없이 좌석배치가 되어 있다. • TV시청, 컴퓨터 사용 시 거리가 너무 가깝다. • 정기적인 시력측정이 이루어지지 않고 있다. • 하루 3시간 이상 TV를 시청하거나 컴퓨터를 사용한다.
	호흡기질환 위험성	• 교실 내 환기가 제대로 이루어지지 않는다. • 질병 시 적절한 관리법을 알지 못한다. • 환절기 기온의 차이에 대처하지 못한다. • 대기오염이 심하다.
	구강건강관리	• 이 닦는 횟수가 부적절하다. • 이 닦는 시기가 부적절하다. • 양치질 방법이 부정확하다. • 단음식을 자주 먹는다. • 구강검진 후 추후 관리가 미흡하다. • 구강관리에 대한 부모의 인식이 부족하다. • 구강관리에 대한 학생의 인식이 부족하다. • 정기적인 치과방문이 이루어지지 않고 있다.

표 3.3 학교 간호현상(간호진단) 및 특성(계속)

영역		학교 간호현상(간호진단)	특성
인간기능		감염병관리 미비	• 식수관리가 부적절하다. • 개인 위생관리가 부적절하다. • 화장실 및 쓰레기장의 정기적이 소독이 이루어지지 않는다.
		소화기질환 위험성	• 시험에 대한 스트레스가 높다. • 불규칙적인 식습관을 가지고 있다. • 학교 주변에 불량식품 판매소가 있다. • 신학기 학교생활적응 스트레스가 높다.
		성 정체감 부족	• 남아선호사상(남자아이들의 권위주의)이 있다. • 성 역할에 대한 고정관념이 있다. • 남녀 간의 평등의식이 부족하다.
환경	물리적 환경	교실 내 사고 위험성	• 학생의 안전의식이 부족하다. • 창문에 안전대가 부착되어 있지 않다. • 화장실이나 세면대 주변이 미끄럽다. • 교실공간의 협소로 인한 접촉사고의 위험성이 있다. • 교실 바닥 재질(대리석, 마루바닥에)에 따른 위험성이 있다.
		교실 외 사고 위험성	• 운동장 모래 상태가 부적절하다. • 교내에 방치되거나 위험한 시설이 있다. • 학생의 안전의식이 부족하다. • 실외에 방치되거나 위험한 시설이 있다. • 주차공간 부족으로 인한 사고 위험성이 있다.
		학교주변 사고위험성	• 학생들의 교통안전 의식이 부족하다. • 학교주변에 교통안전 관리가 미흡하다.
		유해환경 노출위험성	• 상대정화구역 내 유해시설이 있다. • 절대정화구역 내 유해시설이 있다. • 학교주변에 불량학생이 돌아다닌다.
		부적절한 쓰레기관리	• 쓰레기장 주변이 비위생적이다. • 파리, 모기 등 해충이 많다. • 쓰레기 분리수거가 이루어지지 않는다. • 지정된 장소에 쓰레기를 버리지 않는다.
		부적절한 학습환경	• 학교 내 공사로 인한 소음이 크다. • 교통으로 인한 소음이 크다. • 실내 온도가 부적절하다. • 교실 내 조명이 부적절하다. • 학교 내 공사로 인한 분진이 많다.
	사회 심리적 환경	학교적응장애	• 무관심한 부모가 많다. • 또래집단과 어울리지 못하는 학생이 많다.

출처: 김영임 외(2002), 지역사회간호학회지, 13(4). 602–603.

3절 학교간호의 계획단계

1. 간호목표의 설정

학교간호계획의 목표는 학교간호에서 해결되어야 하는 문제와 요구에 초점이 맞추어져야 하며 가능한 대상자의 요구를 많이 해결할 수 있도록 설정되어야 한다. 간호진단과 우선순위가 결정된 후에는 장 · 단기 목표를 설정하고 각 목표에 따른 구체적인 간호수행 전략을 계획해야 한다. 특히 계획된 목표의 달성 정도를 평가하기 위한 기준이 학교간호의 계획단계에서 제시되어야 한다.

1) 목표의 설정기준

목표는 개괄적인 목적을 달성하기 위해 일반적이며 구체적인 방향을 제시하는 진술 목록이다. 일반적 목표는 범위가 넓고 포괄적이며 간호수행에 대한 방향을 제시한다. 그리고 구체적 목표는 시간계획을 포함하여 목표달성 정도를 예측할 수 있도록 세밀하게 제시되어야 한다. 명확하게 실현 가능한 목표를 설정한다는 것은 수행계획의 지침이 될 뿐만 아니라 목표달성 정도의 평가기준이 되므로 매우 중요하다. 즉 목표를 설정하는 기준으로는 관련성(간호문제, 간호진단, 간호대상자, 집단 등), 실현 가능성, 수행 가능성, 관찰 가능성 및 측정 가능성 등이 있다.

2) 목표의 구성요소

목표는 달성 가능하도록 서술되어야 한다. 그리고 목표하는 바가 무엇인지를 누구라도 논리적 · 객관적으로 이해되도록 표현되어야 한다. 그러므로 사업이나 사건이 의도하고 발전하고자하는 방향이나 범위가 정확하게 제시되어야 한다. 그렇지 않으면 다음 단계인 사업의 수행에 어려움을 겪게 되고 결과적으로 평가가 좋지 않게 된다. 아무리 사업을 잘 수행했더라도 평가가 좋지 않으면 결과적으로 나쁜 영향을 받게 된다. 목표를 바르게 설정하기 위해 기본적으로 다음의 다섯 가지 요소가 목표에 나타나도록 서술되어야 한다.

- 언제: 목표가 이루어져야 하는 시점(종점)의 기간이 표시되어야 한다.
- 어디서: 목표를 달성하기 위한 장소가 제시되어야 한다.
- 누가: 변화되어야 하는 대상이 제시되어야 한다.
- 무엇: 변화되어야 하는 내용, 상태 및 조건 등이 제시되어야 한다.
- 범위: 변화되어 달성하고자 하는 목표의 상태, 조건 등으로 측정가능하게 제시되어야 한다.

학교간호 목표의 예

- 2017년 3월 1일부터 2017년 12월 31일까지 전교생의 비만발생률을 26%에서 22%로 감소시킨다.
- 2017년 3월 1일부터 2017년 12월 31일까지 전교생의 충치발생률을 35%에서 30%로 감소시킨다.

2. 간호방법과 수단의 선택

학교의 간호문제가 선정되면 어떠한 방법과 수단을 통해 설정된 목표에 도달할 것인지를 생각해야 한다. 그러므로 간호방법과 수단은 간호업무의 수행이라고 할 수 있다. 학교간호에서 활용될 수 있는 간호방법으로는 다양한 상황에 적합한 직(간)접 간호서비스 제공, 보건교육, 관리(행정)업무 등이 있다. 또한 간호수단으로 개인과 집단상담(지도, 교육), 보건실활동, 방문활동, 의뢰활동, 자원과 매체 활용, 학교보건조직 및 다양한 조직의 활용 등이 있다.

간호방법과 수단을 결정하는 절차는 무엇보다 중요하며 다음과 같다.

- 설정된 목표를 달성하기 위해 가능한 다양한 방법과 수단을 찾는다.
- 방법과 수단의 적용 전에 기술적 · 법적 · 사회적 타당성을 검토한다.
- 검토된 방법과 수단 중 가장 최적의 방법과 수단을 기술한다.
- 선택된 방법과 수단에 다양한 자원의 연계와 활용가능성을 고려해야 한다.

목표달성을 위한 적절한 간호수단을 찾아낸 후 기술적 · 법적 · 경제적 · 사회적으로 타당성에 따라 적절한 방법을 선택한다.

- **기술적 타당성:** 간호방법 및 수단이 기술적으로 가능하고 효과가 있는지
- **법적 타당성:** 법적으로 받아들여질 수 있는지
- **경제적 타당성:** 그 효과가 경제적 측면에서 유용한지 또는 경제적으로 시행 가능한지
- **사회적 타당성:** 학생, 교직원 및 그 외의 대상자가 수단 및 방법을 수용할 수 있는지

3. 수행계획의 수립

간호문제가 선정되고 목표가 설정되었으며 목표달성을 위한 방법과 수단이 선택되면 이제는 계획단계에서는 수행(집행)계획을 수립해야 한다. 계획이 체계적이고 구체적일수록 목표달성의 정확도를 높일 수 있다. 그러므로 수행계획은 가능한 자세하게 기술하는 것이 바람직하다.

수행계획은 누가, 언제, 어디서, 무엇을 가지고 학교간호를 수행할 것인지에 대해 계획을 세우는 것이다. 간호문제를 해결하는 과정은 언제나 상호작용으로 이루어진다. 그러므로 학교간호에서도 학생, 보건교사, 교직원 등 학교 공동체를 구성하는 모든 조직과 자원의 상호작용이 이루어질 수 있도록 계획이 이루어져야 한다.

가장 먼저 누가 수행할 것인지가 중요한데, 즉 보건교사인지 아니면 자원을 활용한 지역사회 연계 부서에 의뢰하여 수행할 것인지의 여부이다.

다음으로 언제 수행할 것인지이다. 기간에 따른 계획과 연계하여 언제 시작하고 언제 끝마칠 것인지는 매우 중요하다. 학교는 시험기간과 방학이라는 특성이 있기 때문

이다.

또한 학교간호사업이 이루어지는 장소(어디서)도 매우 중요하다. 마지막으로 무엇을 활용하여 수행할 것인지를 계획차원에서 고려해야 한다. 활용되는 도구와 매체에 따라 필요한 인적, 물적 자원이 확보되어야 한다. 사업에 투입되는 인적 자원에 해당되는 사람의 수는 인건비와 관련하여 예산의 중요한 부분이며 필요한 시설과 장비 등의 물적 자원도 예산과 직결되기 때문이다. 즉, 계획을 잘 세웠느냐 하는 것은 사업의 성과와 많은 영향을 미친다는 것을 알 수 있다. 특히 계획 중에서도 예산과 관계된 부분이 중요하다.

기간별 계획의 종류는 다음과 같다.

- **일일계획**: 하루 동안 수행하는 내용을 오전과 오후로 나누어 정리한다.
- **주간계획**: 일일 수행한 내용을 요일별로 시작일과 마감일을 나누어 정리한다.
- **월간계획**: 일일계획과 주간계획이 모여 월간계획을 이룬다. 매월 수행해야 하는 업무가 뚜렷하게 구분되어 있으므로 월별 수행 사업의 특성이 잘 반영될 수 있도록 계획한다.
- **연간계획**: 유치원(어린이집), 초등, 중등 및 고등학교는 각각 재학기간과 학생의 발달과정 특성이 각기 다르므로 공동체의 특성에 맞게 그리고 필수적으로 수행해야 할 사업이 누락되지 않도록 계획하는 것이 중요하다(**표 3.4**). 학교보건업무의 연간계획은 4장의 표 4.1을 참고하기 바란다. 또한 학교보건업무의 연간월별 세부 추진계획은 **표 3.4**와 같다.

학교간호 수행계획의 예

- 수행계획: 2017년 3월부터 12월까지 전교생에게 비만예방과 적정체중 유지 및 관리를 위한 보건교육을 4회 실시한다.
- 수행일시: 매주 화요일, 목요일(정기적 시간표 편성)
- 수행방법: 교실교육, 체중측정하기, 상담하기, 개인카드 관리하기 등
- 교육내용: 적정량 식사하기, 올바른 영양소 균형 이해하기 등
- 교육장소: 해당 학년(반) 교실
- 평가방법: 신장, 체중, 비만도 측정(우수달성자에게 줄넘기 선물)
  가정통신문으로 부모 이해 및 참여 함께하기

표 3.4 학교보건업무의 월별 세부 추진계획

월	업무내용	비고
3월	1. 학교보건 기본계획 및 당해 년도에 필요한 계획서 기안 및 결재 2. 보건실 정비(보건실 환경정리 및 비품 확인) 3. 약품구입 및 수업자료 구입 4. 전교생 건강상태 파악을 위한 실태조사 5. 요보호자 선정 및 상담 실시와 관리(담임교사, 보건교사) 6. 반별 건강기록부 확인 및 점검 7. 교직원연수–응급상황 발생 시 대처 등 8. 교육과정에 의한 보건교육 실시 9. 가정통신문, 보건소식지(보건실이용 안내 등)	• 가정통신문으로 학생의 건강상태를 파악하고 건강이상자를 선정해 교직원에게 홍보함
4월	1. 교육과정에 의한 보건교육 실시 2. 요보호 학생 건강상담 3. 학생 건강검진 관련 준비–학생건강검진 실시 계획서 기안 및 결재 4. 가정통신문, 보건소식지 5. 교직원연수–성희롱예방 6. 학교환경 점검 및 지도조언	• 보건의 날 행사(4월 7일) • 지역사회의료단체 홍보 (응급상황 시 이용 가능)
5월	1. 교육과정에 의한 보건교육 실시 2. 학생 건강검진 실시계획에 따른 시행준비 완료 3. 별도검사 실시 및 추후관리 4. 건강증진계획에 의한 질병 고위험군 파악 및 선정 5. 교직원 연수–심폐소생술 6. 교직원 건강검진 협조	• 세계금연의 날 행사 (5월 31일) • 별도검사결과 대상자 가정통신문 배부
6월	1. 교육과정에 의한 보건교육 실시 2. 건강검진 실시 및 표본학교 건강검사 실시 3. 건강검진 미검자 지도 및 병원의뢰 4. 강검사 결과 배부 및 재검자 추후 검사 가정통신 발송 5. 요보호 학생 건강상담 6. 교직원연수–성폭력예방(외부강사)	• 구강보건의 날 홍보 • 마약퇴치의 날 홍보 (6월 26일) • 일본뇌염예방 홍보 및 예방접종안내
7 · 8월	1. 교육과정에 의한 보건교육 실시 2. 학생 건강검진 결과 추후관리자 대상 중간 현황 조사 3. 생활습관병 등 질병고위험군 대상자 교육 4. 보건실 약품, 비품정리	• 여름방학 준비 • 2학기 개학 준비(가정통신)
9월	1. 교육과정에 의한 보건교육 실시 2. 요보호 학생 상담 및 생활습관병 등 질병고위험군 대상자 교육 3. 보건실 약품, 비품 및 수업자료 구입	• 귀의 날 홍보(9월 9일)

표 3.4 학교보건업무의 월별 세부 추진계획(계속)

월	업무내용	비고
10월	1. 교육과정에 의한 보건교육 실시 2. 가을철 유행 감염병예방 교육 3. 생활습관병 등 질병고위험군 상담, 교육 및 관리 4. 학교환경 점검 및 지도조언 5. 교직원연수–성인병 예방	• 약의 날 홍보(10월 10일) • 독감예방 홍보 및 접종안내
11월	1. 교육과정에 의한 보건교육 실시 2. 성희롱, 성폭행 예방 가정통신 3. 요보호 학생 상담 및 교육 4. 생활습관병 등 질병고위험군 상담, 교육 및 관리	• 눈의 날 홍보(11월 11일)
12월	1. 교육과정에 의한 보건교육 실시 2. 생활습관병 등 질병고위험군 상담, 교육 및 관리 3. 건강기록부 기록 최종 점검 및 통계 생성(교무업무시스템 운영) 4. 차년도 예산 수립	• 겨울방학 준비(가정통신) • 에이즈의 날 홍보(12월 1일)
2월	1. 보건수업 및 보건업무 종합평가 2. 기본계획 및 보건교과 교육과정 수립 3. 졸업생 건강기록부 배부 4. 보건실 비품, 약품정리 및 공문서 이관	• 신입생 관리 준비 • 1학기 개학 준비

출처: 전라북도 OO여자고등학교 보건사업 추진계획(2016).

4. 평가계획의 수립

평가단계는 학교간호사업의 제일 마지막 과정이다. 그러나 마지막에 이루어지는 부분을 성공적으로 수행하기 위해 평가를 어떻게 어떠한 척도로 수행할 것인지를 정하는 것은 사업의 효율적 수행을 위해 대단히 중요하다. 좋지 않은 평가를 받기 위해 사업을 수행하는 사람은 아무도 없을 것이다. 결과적으로 계획과 평가는 불가분의 관계이다. 올바른 평가를 받기 위해서는 사업의 목표가 분명해야 하고, 평가에 필요한 자료가 수집되어 있어야 한다. 즉 평가계획표, 평가지표 및 어떻게 평가할 지에 대한 모니터링 시스템이 구축되어야 한다. 평가지표는 사업의 성패를 판단하는 신뢰성이 중요하다. 간호활동의 결과로 변화된 것인지 아닌지가 구분될 수 있어야 한다. 어떻게 무엇을 평가할 것인지가 계획단계부터 고려되어야 신뢰성 있는 평가지표가 개발되고 결국 올바른 평가로 이어질 것이다(**표 3.5**).

계획단계에서 이루어지는 평가계획의 내용은 다음과 같다.

- **평가자**: 보건교사, 학생, 교사, 학부모 그리고 학교간호와 관련된 전문인이나 기관 등이다.
- **평가시기**: 일일, 주별, 월별, 학기별 및 1년 단위 등이다.
- **평가방법**: 설문지, 관찰, 보고서 및 다양한 자료에 제시된 통계자료 등이다.
- **평가내용**: 간호사업 목표에 기술된 내용 등이다.
- **평가범주**: 간호사업의 목표달성 정도, 투입된 노력, 간호사업의 진행 정도 및 효율성 등이다.

표 3.5 학교보건사업 추진결과 평가항목

평가지표	문항	예	아니오
학교보건 기본계획	학교보건 기본계획을 수립하였는가?		
	학교보건 기본계획에 따라 보건실을 운영하는가?		
	보건실 이용에 대한 안내를 하고 있는가?		
학생건강검사	학생건강검사를 계획에 따라 실시하고 있는가?		
	학생건강검사 결과를 가정에 알리고 그에 따른 추후관리를 하고 있는가?		
질병예방관리	건강과 관련된 각종 정보를 학생에게 제공(유인물, 홈페이지 운영)하는가?		
	여러 가지 질병을 예방하기 위해 노력하는가?		
응급환자관리	응급환자 관리대책을 수립 및 홍보하는가?		
	응급환자 발생 시 수립된 대책에 따라 시행하는가?		
	학생이 응급한 상황일 때 신속하고 정확하게 처리하는가?		
일반건강 및 의료상담	보건실 방문 학생 관리 및 상담이 시행되고 있는가?		
	처치 학생에 대한 기록을 하고 있는가?		
	학부모 및 학생에게 건강관련 정보 제공하는가?		
	학생이 보건실을 찾았을 때 필요한 처치와 이용에 불편이 없도록 노력하는가?		

표 3.5 학교보건사업 추진결과 평가항목(계속)

평가지표	문항	예	아니오
요양호 학생관리	요양호 학생을 파악하여 관리하고 있는가?		
	요양호 학생을 전체 교사에게 안내하였는가?		
	건강문제나 질환이 있는 학생에게 지속적인 관심을 가지고 대하는가?		
보건교육 계획	건강에 관한 태도와 흥미를 반영하여 수업계획을 수립하는가?		
	보건교과의 특성을 고려하여 적합한 수업을 설계하는가?		
	보건수업과 관련된 교재 및 교과내용 연구를 충실히 하는가?		
보건교육 평가	학교교육과정에 의한 보건교육을 실시하고 있는가?		
	학습내용에 적합한 다양한 교수 · 학습 자료를 마련하여 보건교육에 활용하고 있는가?		
	수업 시 교사의 목소리와 말의 빠르기는 학습내용을 학생이 이해하기에 적합한가?		
	수업 시 학생의 행동을 적절하게 조절하고 즐겁게 학습에 참여할 수 있도록 유도하는가?		
	교육 내용에 대한 학생의 이해 정도를 확인하는가?		
	학생의 교육 결과를 파악할 수 있는 평가를 실시하는가?		

출처: 서울특별시교육청. 학교보건 학생건강증진 계획(2016).

4절 학교간호의 수행단계

1. 간호수행의 방법

간호과정은 각 단계마다 특성이 있으며 근거가 기반이 되어야 하며 과학성을 확인하는 분류이자 단계적인 과정이다. 간호과정의 각 단계는 독립적인 것이 아니라 상호보완적이어야 한다. 간호수행단계는 설정된 간호목표를 달성하기 위해 계획된 대로 실천하는 단계이다. 그러므로 수행단계에서도 사정과 계획의 단계가 보충되고 수정될 수 있다. 그러나 가능한 한 원안대로 간호사업이 수행될 수 있도록 체계적으로 작성되고 작성된 대로 수행하는 것이 가장 바람직하다. 학교라는 공동체가 건강집단으로 유지되고 건강자질 향상에 기여하기 위한 학교간호사업의 수행단계에서 고려해야 할 전략을 수립해야 한다.

학교간호활동의 종류를 열거하면 다음과 같다.

- 보건교사가 직접 문제해결을 위해 행하는 직접간호수행은 학생 및 교직원의 건강문제 예방 및 관리를 위한 보건실활동, 보건교육활동, 상담, 통상질환 관리활동, 환경관리활동, 안전관리활동 등이 있다.
- 간접간호수행은 학생 및 교직원의 건강문제 예방 및 관리를 위한 예산의 계획과 집행, 시설비품 준비와 관리, 문서관리, 학교보건조직 운영과 관리, 직접간호를 위한 인프라 구축 등이 있다.

2. 간호수행의 내용

설정된 간호사업 목표를 달성하기 위해 적합한 간호수행 방법을 선택해야 한다. 보건교사는 필요에 따라 학생이나 교직원의 가정이나 관련 기관을 방문하기도 한다. 그러나 보편적으로 보건실활동, 교육, 상담 및 집단지도, 의뢰활동, 매체활동 등을 사용한다.

3. 간호수행의 전략 개발

학교간호를 수행하기 위한 전략을 개발할 경우 문제해결을 위해 고려해야 할 사항은 다음과 같다.

- 적극적이며 주도적인 자세가 중요하다.
- 전문적인 지식과 정보를 갖추어야 한다.
- 기준과 지침을 이해해야 한다.
- 최신 연구를 이해해야 한다.
- 리더역할을 수행해야 한다.
- 지역사회 자원연계망을 구축해야 한다.
- 근거중심 간호방법과 수단을 선택해야 한다.

5절 학교간호의 평가단계

1. 평가의 목적

학교간호의 평가단계는 간호사업의 수행결과를 계획된 목표에 맞추어 달성되었는지를 확인하는 과정으로, 목표달성 정도와 효율성에 따라 지속적으로 수행되어야 하는 간호사업인지 다음에 또는 다른 사업에 어느 정도 반영해야 하는지를 알 수 있다.

평가는 사업의 목표에 관한 의사결정을 지원하기 위해 체계적으로 정보를 수집하고, 분석하며 보고하는 과정이다. 그러므로 평가의 결과로 보다 효과적으로 행동할 수 있거나 합리적인 의사결정을 할 수 있어야 한다. 평가단계는 학교간호과정의 마지막 단계이며, 또 다른 간호사업의 지표가 되기 때문에 중요하다.

학교간호평가의 목적은 다음과 같다.

- 간호사업의 목적과 목표를 달성했는지 알기 위함이다.
- 간호사업이 효과적이었는지 판정하기 위함이다.
- 간호사업의 개선방안을 찾기 위함이다.
- 간호사업의 정책결정에 근거를 찾기 위함이다.
- 간호사업의 책임을 명확히 하기 위함이다.
- 간호사업의 새로운 근거와 지식을 찾기 위함이다.

2. 평가의 내용

학교간호사업에서 평가되어야 할 영역과 내용을 살펴보면 학교보건교육의 현황, 학교보건서비스현황, 학교환경과 안전관리 상태, 학교보건조직 및 인력 상태, 학교보건행정 등이 포함될 수 있다.

학교간호평가의 내용은 다음과 같다.

- 간호사업의 진행과정에 무엇을 수행하였는지 평가해야 한다.
- 간호사업이 계획대로 수행되었는지 평가해야 한다.
- 간호사업에서 무엇을 수행하여 무엇이 산출(output)되었는지 평가해야 한다.
- 간호사업의 결과에 따른 성공과 실패의 원인을 분석하기 위한 평가여야 한다.
- 간호사업의 평가결과를 활용할 수 있도록 평가해야 한다.

3. 평가의 지표

평가지표는 간호사업의 목표가 달성된 정도를 측정하기 위한 객관적인 기준이 된다. 그러므로 측정가능하게 계량화된 평가지표를 만드는 것이 중요하다.

학교간호의 평가지표는 다음과 같다.

- 간호사업의 주요영역을 포함하는 균형된 평가가 이루어져야 한다.
- 중점사업의 경우 가중치를 주어 사업의 중요도를 구분할 수 있어야 한다.
- 평가지표는 근거가 명확하며 신뢰성이 있어야 한다.
- 평가지표는 주기적으로 수행된 내용에 대해서도 측정 가능해야 한다.
- 평가 모니터링 시스템이 구축되는 것이 바람직하다.

4. 평가시기와 평가자

1) 평가시기

- 어떤 평가를 실시하는지 평가의 목적을 명확히 인지한다.
- 평가목적에 맞게 평가시기를 결정한다.
- 평가목적에 맞게 객관적인 평가자를 결정한다.
- 평가목적에 따라 평가위원회를 구성할 수도 있다.
- 평가는 보건교사가 자체적으로 실시하기도 한다.
- 평가 후에는 반드시 평가결과를 정리한다.
- 평가결과는 내용에 따라 자체 보관 · 상부기관 또는 상부관리자에게 보고한다.

(1) 진단평가

프로그램 개발 이전 대상자를 변화시키는 기술을 개발하는 데 있어서 가장 우선적으로 요구되는 것이 무엇인가를 파악하는 데 이용한다.

(2) 형성평가

프로그램을 실시하면서 중간에 조정할 사항이 있는지를 확인할 목적으로 실시한다.

(3) 최종평가

프로그램을 완전히 마친 후 그대로 시행할 것인지 또는 수정하여 시행할 것인지 결정하는 것이다.

2) 평가자

학교간호사업의 평가는 보건교사가 자체적으로 실시하여 보고할 수도 있으며 간호사업의 유형에 따라 학교보건위원회에 의뢰하거나 새롭게 평가위원회를 구성하여 객관적인 평가를 수행하기도 한다. 평가자는 간호계획 수립 시 평가계획에 이미 계획되어져 있어야 하고, 가능한 한 계획대로 수행해야 한다.

5. 평가범주

1) 사업과정에 따른 평가내용에 초점을 둔 평가범주

- 구조평가
  - 일정, 인력, 예산 등이 단계별로 구체적으로 제시되었는지 확인
  - 대상, 범위, 규모가 적절하였는지 평가
  - 사업 전개의 준비(조직구조, 담당인력, 물적 자원)가 적절하였는지 평가
  - 구체적이며 측정 가능한지 확인
- 과정평가
  - 참여율, 만족도, 준비자료의 적절성을 평가
  - 사업의 모든 측면이 모니터링되어 사업 속에 환류되어 반영되는지 확인
- 결과평가
  - 사업의 단기적 효과: 대상자의 변화를 측정(지식, 행위)
  - 사업의 장기적 효과: 이환율, 사망률, 유병률 등의 감소로 측정
  - 사업평가: 대상자 만족도, 사업담당자의 만족도 등을 평가

2) 체계모형에 따른 평가범주

- **투입된 노력에 대한 평가**: 사업초기에 계획된 것과 실제로 투입된 실적이 어떠한가를 파악하고 그 차이를 분석한다.
- **사업의 진행에 대한 평가**: 당초 계획되었던 일정과 진도를 맞추어 수행, 집행계획에 차질이 생긴 경우 그 원인이 어디에 있는지 분석하고 계획 변경 여부를 평가한다.
- **사업의 목표달성 정도에 대한 평가**: 성과 혹은 결과평가는 목표달성 정도를 평가한다. 초기설정목표가 일정기간 내에 얼마나 달성되었는지 확인하고, 목표수준에 도달하지 못했다면 그 원인을 규명한다.
- **사업의 효율에 대한 평가**: 학교간호 사업을 수행하는 데 투입된 노력, 인적 · 물적 자원 등을 비용으로 환산하여 비교함으로써 측정하며 전년도 또는 다른 학교의 효율과 비교하여 평가한다.

6. 평가자료

평가에 활용되는 자료로는 설문조사, 면접조사, 포커스 집단, 참여관찰, 역할극, 일지, 문서, 그림, 포스터, 사진, 영상, 녹음자료, 사업인력 · 자원봉사자, 서비스이용자, 대상자 · 대상집단, 자원연계기관 등이 있다.

7. 재계획

재계획은 평가의 결과를 반영한다는 의미에서 중요시되어야 한다. 평가의 결과를 기반으로 다음 기간의 간호사업을 수정하여 재계획해야 하는지 아니면 종료해야 하는지를 결정한다. 이러한 의미에서 간호과정의 전 과정은 순환적으로 이루어진다고 볼 수 있다.

6절

학교간호과정의 적용 사례

학교간호과정은 학교건강관리를 효율적으로 수행하기 위한 근거틀이다. 여기서는 학교간호과정의 적용 사례를 통해 사정, 진단, 계획, 수행 및 평가의 과정을 진행하면서 학교의 건강문제를 확인하고 해결하며 요약 정리하는 학교간호과정을 학습하고자 한다.

1. 사정

1) 학교의 특성

(1) 학교의 위치와 연혁

- 위치: ○○도 ○○시 ○○동 ○○번지
- 연혁
  - 2006. 03.01: ○○초등학교 설립인가(26개 학급)
  - 2008. 03~ 2010. 02: ○○도 교육청 지정 교원능력개발평가 선도학교 운영
  - 2013. 03. 01: 특수학급 증설
  - 2014. 03. 01: 제4대 강○○ 교장 부임
  - 2017. 03. 01: 32개 학급 편성
  - 2017. 03. 01: 1학년 입학(140명)

(2) 인구학적 특성(학생 및 교직원)

표 3.6 학생학급편제

구분 \ 학년	1	2	3	4	5	6	특수	계
학급	5	5	5	7	5	4	1	32
남	65	62	65	97	56	59		404
여	73	57	65	82	75	60		412
계	138	119	130	179	131	119		816

표 3.7 교직원 수

구분	교원						일반직							계						합계
	교장	교감	부장	교사	보건	소계	행정실장	주무관	시설관리	영양사	조리사	조리원	소계	교무실무사	특수교육지도사	스포츠강사	방과후보조인력	배움터지킴이	소계	
남	1		1	7		9	1		1				2			1		1	2	13
여		1	9	20	1	31		3		1	1	6	11	2	1		1		4	46
계	1	1	10	27	1	40	1	3	1	1	1	6	13	2	1	1	1	1	6	59

2) 학교보건교육 실시 현황

(1) 학교보건교육 실시 계획 및 실적

표 3.8 학교보건교육 실시 계획 및 실적

<table>
<tr><th>대상</th><th colspan="2">평균 수업 현황(학년단위 학급 당 연평균 시수)</th></tr>
<tr><td rowspan="2">학생</td><td>성교육 및 안전교육: 각 학년별로 보건시간에 1시간씩 교육</td><td rowspan="4">수시 보건교육
– 가정통신문과 학교 홈페이지를 통한 보건교육
– 위생 및 유행성 질환</td></tr>
<tr><td>각 학년별 17차시 보건시간을 통한 교육</td></tr>
<tr><td>학부모</td><td>성교육과 학생비만 예방을 위해 각 1시간씩 강사를 초빙하여 교육 실시</td></tr>
<tr><td>교직원</td><td>직장 내 성희롱예방교육 및 응급처치 교육 실시</td></tr>
</table>

※ 보건교육 시수: 학교 교육과정 중 보건수업시간 이용하여 매년 2016학년도 학교보건연간운영계획에 의거하여 보건교육 실시
※ 보건교육 실시 보고: 계획(2016년 2월 29일), 실적(2016년 12월 30일)

(2) 정규 보건교육 계획

표 3.9 정규 보건교육 내용체계(2015 개정 보건교육과정 중학교 보건)

의의	핵심개념	내용(일반화된 지식)	내용요소	기능
건강의 이해와 질병예방	건강증진	건강은 신체 · 정신 · 사회적으로 안녕한 상태의 총체적 개념이며, 다양한 요인과 관련되어 있으므로 개인 · 사회 · 국가의 건강증진은 건강 측정 및 건강지표 평가 등에 근거한 건강관리를 통해 가능하다.	• 건강의 중요성 • 건강평가	• 이해하기 • 분석하기 • 평가하기 • 전략수립하기 • 탐색하기 • 제시하기
	생활주기	건강은 습관, 생활주기에 따라 변화하므로, 질병의 예방과 건강의 유지 · 증진은 생체리듬을 고려한 생활주기 관리를 통해 가능하다.	• 건강한 생활주기	
	질병예방	질병은 각 기관의 항상성의 균형이 깨질 때 발생하므로, 신체기관별 병인의 특성을 고려하여 예방하고 관리해야 건강증진은 물론 악화를 막는다.	• 생활습관과 질병 • 신체기관별 건강관리 • 유행성 감염병	
생활 속의 건강한 선택	약물 · 담배 · 술	약물 사용 인식은 약물 오 · 남용에 영향을 미치며, 흡연 · 음주의 위험 인식과 주변의 권유 및 압력은 흡연 · 음주 경함과 습관에 영향을 미친다.	• 의약품의 안전한 선택 • 흡연 · 음주예방과 대처	
	성 건강	성은 생물학적, 사회 · 문화적으로 다양한 요인과 관련되어 있고, 성 문제는 성 가치관 및 성윤리 의식과 관련되어 나타난다.	• 청소년의 성적발달 • 이성교제와 성역할 • 임신 · 출산과 피임 • 음란물과 성 상품화 • 성폭력 · 성매매	• 탐색하기 • 이해하기 • 분석하기 • 전략수립하기 • 제시하기 • 토론하기 • 모색하기 • 도출하기 • 설명하기 • 적용하기 • 계획하기
	정서 · 정신건강	감정과 정서를 이해하고 표현 · 조절하는 것은 자기와 타인 이해, 대인관계 및 정신건강의 기초를 이룬다.	• 자아존중감 증진 • 스트레스와 과몰입 • 분노 · 충동 등 부정적 감정 대처 • 죽음과 상실	
	건강생활기술	건강생활기술은 삶의 요구와 문제들을 효과적으로 관리하고 대처하도록 돕는 적응적 · 긍정적 능력이다.	• 건강 의사소통기술 (주장, 거절, 공감하기) • 건강의사결정 • 건강증진옹호 (개인과 지역사회)	

표 3.9 정규 보건교육 내용체계(2015 개정 보건 교육과정 중학교 보건)(계속)

의의	핵심개념	내용(일반화된 지식)	내용요소	기능
안전과 응급처치	생활안전	개인의 생활방식, 안전 · 위험요인에 대한 예측 및 평가는 안전사고 예방에 영향을 미치므로, 행동양식의 일차적 변화, 안전제일의 가치관 정립, 안전의식의 무의식적 표출이 안전문화의 원칙이다.	• 건강 · 안전위험 요인 예측과 안전문화운동 • 따돌림, 학대, 폭력 • 직업병 이해와 예방	• 제안하기 • 설명하기 • 모색하기 • 이해하기 • 탐색하기 • 시연하기
	응급처치	상황에 따른 적절한 응급처치 능력은 손상 악화방지 및 질병 회복에 중요하다.	• 생활 속의 응급처치 • 심폐소생술과 자동제세동기	
건강자원과 사회문화	건강권	건강할 권리는 인간의 기본권이자 사회 · 국가의 책무로, 건강권 보장을 위해서는 건강정보 · 자원의 활용이 중요하다.	• 건강권과 책임(개인, 지역사회) • 건강정보 · 자원 활용	• 설명하기 • 제안하기 • 제시하기 • 분석하기 • 모색하기 • 조사하기
	건강문화	문화는 건강에 영향을 미치는 주요한 요인으로 생활환경 · 미디어 · 신념 · 관행 등은 건강문화 형성뿐만 아니라 개인 · 지역사회 · 국가 건강에 영향을 미친다.	• 유행과 건강 • 또래 · 가족문화와 건강 • 사회적 소수자 · 약자 건강	

출처: 교육부. 2015 개정 보건 교육과정.

(3) 비정규 보건교육

건강정보나 이슈화되는 보건문제에 따른 보건교육자료를 시기적절하게 가정통신문이나 보건소식지를 발행하여 학생과 학부모를 교육한다.

- 가정통신문: 필요 시 발행
- 보건소식지: 1회/월 발행
- 방송교육: 필요 시

(4) 교원연수 실적

표 3.10 교원연수 실적

구분	실시	주관기관	교육대상	교육인원	주요 교육내용 등
반기 중	2016. 6. 15	교육청	교직원	38명	흡연예방
	2016. 6. 18	보건실	교직원	45명	심폐소생술교육
	소계	실시과정수(2개)		83명	
누계		실시과정수(2개)		83명	

3) 환경

(1) 학교 내 환경

① 교지 및 주요 시설

교지는 교지의 법적 기준 면적에 적합하고 아파트 주거시설이 밀집하여 통학에 편리하고 안전한 장소에 위치한다. 또한, 공기가 맑으며 통풍이 잘 되고, 음용수나 기타 용수를 구하기가 쉽고, 소음 매연 유해가스 등이 없으며, 지대가 경사지고 물이 잘 빠지고 지반이 견고하다.

표 3.11 학교 내 주요 시설

구분	대지면적	건축면적	연면적	보통 교실	특별 교실	관리실	기타					
							강당	방송실	강의실	교사실	준비실	급식실
면적	12,108m²	2,974.87m²	9,274.84m²	33	12	3	1	1	1	6	4	1

② 교사

교사는 교지 중에서도 높은 대지에 위치하고 교실의 방향은 남동향이 가장 이상적이다. 운동장과의 거리가 있어 소음이 들리지 않는다. 교사는 학습과 보건위생에 적합하고 일반교실, 특수교실, 시청각 교실, 도서실, 상담실, 관리용 각 실, 보건위생 및 편의시설, 화장실, 휴게실 등의 시설도 갖추고 있다.

- 재해예방에 안전하게 설계되어 있으며, 소음이나 악취 막고 자연채광, 환기, 방한, 방서가 잘되고 있다.
- 층계의 경사는 40° 이내이며, 추락을 막기 위해 층계 난간이 높다.

표 3.12 보건실

형태	규모	위치	방향	시설
독립	교실 1칸 66m²	1층에 위치하여 학생이 이용하기 편리함	남서향 채광과 통풍이 좋음	• 보건실 현대화 사업으로 리모델링하여 적정 규모로 시설을 갖추고 있음 • 보건실의 접근성이나 이동성이 좋음 • 정문에서는 가까우나 모든 학급의 중심은 아니므로 끝 반인 경우에는 이동시간이 다소 오래 걸림

③ 교실

교실의 환경관리는 학교보건 환경 중 가장 우선적, 기본적으로 관리해야 하는 분야로서 학생의 건강유지 · 증진과 학습능률에 직접적인 영향을 끼치므로 중요하다.

- 일반교실 기준 면적 66m², 일반교실(학급당 학생수: 50명 이하기준) 최저면적(1.32m²)의 조건 갖추고 교실은 남향이다.
- 천장은 밝은 회색이며 무광택 처리가 되어 이상적이다.
- 창문은 교실 면적의 20~25%(1/5 이상)이며, 채광은 최대 · 최소 비율이 10:1 이내를 유지하고 충분한 광원, 광원의 적절한 분포로 인공조명에 의한 눈부심이 없다.
- 음악실은 일반 교실과 떨어져 있어 교실수업에 소음이 없다.
- 창의 색깔: 무색투명하다.
- 창의 위치: 학생의 왼편이다.
- 조명: 각 학급에 복식 형광등(2개×1조)이 8개 설치되어 칠판면의 조도는 699 Lux, 책상면의 조도는 850Lux(기준 300Lux 이상)로 유지한다.
- 인공 환기: 환풍기, 공기청정기, 냉 · 난방기가 설치되어 있다.
- 소음은 교실 47.4dB로 측정되어 교사 내 소음 기준인 55dB 이하를 유지하였고 학교지역 소음의 환경 기준(50dB)에도 적합하였다.
- 소음을 낮추는 근본대책으로 교실 건물의 외부소음은 차단하도록 흡음기능의 내장시설을 갖추었다.
- 학생 좌석 배치는 성명 순으로 되어 있다.

표 3.13 실내환경 점검항목 및 기준

구분	항목	기준	중점 점검시기	연간 점검회수
실내환경	환기	1인당 환기량 21.6m³ 이상	동절기	1회 이상
	조도(인공조명)	• 300Lux 이상 • 최대조도와 최소조도의 비가 3:1 이하 • 눈부심이 발생되지 않도록 함	동절기	1회 이상
	실내온도 및 습도	• 18~28℃(난방: 18~20℃, 냉방: 26~28℃) • 비교습도: 30~80%	계절별	4회 이상
	소음	55dB(A) 이하	하절기	1회 이상

출처: 서울특별시 교육청 학교보건진흥원(2017).

④ 교구

- 책상 높이: 좌고 1/3+의자높이, 폭(전후경): 좌고의 2/3, 길이(좌우경): 좌고를 고려하여 기준에 적합하다.
- 책상 배치: 책상과 책상과의 간격은 30cm 이상 띄우고 광선은 좌후방 좌석은 창면에 대해 40~50°를 유지하여 기초에 적합하다.
- 의자: 의자 높이는 하퇴–1.5cm, 의자의 폭(전후경)은 상퇴길이를 고려하여 사용하고 있다.
- 칠판
    - 검사내용: 색채의 명도와 채도, 마멸 정도(가까운 창을 커튼으로 가리고 맨앞의 양쪽 좌석으로부터 칠판면이 양끝을 보면서 판면의 번들거림 등)를 확인한 결과 기준에 적합하다.
    - 칠판의 높이(칠판의 하단–학생의 하퇴길이에 좌고를 더한 높이, 칠판의 상단–학생의 손이 닿는 범위)가 적절하다.

⑤ 음용수

- 급수시설 · 설비는 항상 위생적으로 관리하고 있다.
- 저수조는 매월 1회 이상 정기점검하고, 연 4회 청소 실시(저수조 청소 부실과 수도관 부식으로 인한 여러 가지 위생학적 문제점이 발생하지 않도록 관리 잘됨)하고 있다.
- 정수기는 제품의 특성을 정확히 알고 사용, 철저한 위생관리(장기간 사용하지 않

표 3.14 음용수 · 생활용수 수질검사(예시)

구분	주기/검사료	수질검사 항목	
		일부 항목(3회/년)–간이검사	전 항목(1회/년)–정밀검사
음용수	분기 1회	일반세균, 총대장균군, 대장균, 암모니아성질소, 질산성질소, 과망간산칼륨 소비량–6개 항목(1, 3, 4분기 검사)	먹는물수질기준 및 검사 등에 관한 규칙 별표1–46개 항목(2분기 검사)
	검사료	30,200원	267,700원
생활용수	3년마다 1회	지하수의 수질보전 등에 관한 규칙 제11조 및 별표4 참조 ※ 1일 양수능력이 30톤 이상인 경우. 다만, 청소용 · 조경용 · 공사용 · 소방용 등은 제외	
	검사료	137,800원	

을 때는 오염물이 필터에 농축되어 있으므로 매일 아침 1~2L 물을 통과시킴)를 하고 있다.

- 학교장이 냉온 정수기별 관리 담당자를 지정하여 주 1회 이상 주기적 청소, 소독 등 실시 및 필터교환 등 관리 실태 점검하고 기록하고 있다.

⑥ 화장실

- 화장실 출입구는 폭력과 성폭력 등의 안전성 고려하여 남자용과 여자용을 구분하고 대변기의 칸막이 안에는 소지품을 두거나 옷을 걸을 수 있는 설비와 손 씻는 시설과 소독시설이 마련되어 있다.
- 화장실의 위생적인 관리: 주기적으로 청소, 20% 석회수나 5% Cresol액으로 정기적인 소독(4~9월까지는 주 3회 이상, 10월~다음해 3월까지는 주 1회 이상 소독), 악취의 발산과 쥐 및 파리, 모기 등 해로운 벌레의 발생 · 번식을 방지, 채광과 조명, 환기시설, 방충시설, 안전시설, 수세 시설 측면 고려, 변기개수에 대한 기준은 대변기인 경우 초등학교 학생 30인당 1개 이상 확보되었다.
- 지하 1층 화장실에는 환기통은 없고 탈취제만 있다.
- 세면대 주변이 미끄럽다.
- 화장실을 깨끗하게 사용하고 있지 않다.
- 화장실에 방충망이 설치되어 있지 않아 벌레가 들어올 수 있으며, 추락의 위험이 있다.

⑦ 청소와 쓰레기 처리

- 청소의 효율을 위해 청소도구는 가급적 서서 조작할 수 있고 학생의 신장을 고려하여 긴 자루가 있는 것으로 교실마다 잘 정비하고, 쓰레기 분리하여 처리(수거용기는 물을 견뎌내는 재료로 만들어져 있고 뚜껑 필수)하고 있다.
- 쓰레기용기는 교내 필요한 장소에 충분히 비치, 학교급식실과 실습실 및 화학실험실의 경우 주의하여 처리, 지방자치단체 또는 수집 · 운반업자에게 위탁처리함을 원칙으로 하고 법에 따라 설치된 소각시설 외에는 교내소각금지, 무엇보다 폐기물의 재활용 조치, 발생예방, 감량화에 노력하고 있다.

⑧ 학교 구내식당 및 구내매점 위생관리

- 부정 · 불량식품 판매금지, 김밥과 햄버거, 샌드위치 취급(쉽게 변질, 식중독 유발)을 자제하고 있다.
- 교내에서 무신고로 식품을 조리 및 가공 · 판매하는 것을 금지하고 있다.
- 소독은 10~3월까지는 3개월에 1회 이상, 4~9월까지는 2개월에 1회 이상(학교 자체에서 실시 또는 용역업체에 의뢰) 실시하고 있다.
- 조리실은 감염병 예방과 위생 해충의 서식이나 침입을 방지하기 위해 정기적으로 소독을 실시하고 있다.
- 조리종사원은 위생관리를 위해 연 1회 정기적으로 건강진단 실시(전염성의 질환에 이환된 조리종사원은 식품조리에 참여하지 못함), 항상 위생복과 위생모, 위생화를 착용, 손톱 청결과 장신구 착용을 금지 등에 대한 교육 및 관리를 하고 있다.

⑨ 정신적 환경

- 조사대상 학생 중 17.3%는 한해 동안 최소 1번 이상 학교폭력 경험이 있다고 조사되었다.
- 23.6%는 초등학교 1학년 때부터 학교폭력 경험이 있다고 조사되었다.
- 집단따돌림을 당하는 학생이 보고되어 구체적 내용 파악을 위한 조사 필요성이 제기되었다.
  - 집단따돌림은 집단 내 교우관계가 원인이므로 동료집단적 치료가 필요하다.

⑩ 학교안전관리

- 체육시간 중 부딪히거나 넘어지고, 손이나 발이 끼거나 철봉 등에서 떨어져 부상당하는 경우가 보고되었다.
- 실험실습 중 실험기구로 장난치다가 다치거나 요리실습 중 화상을 입은 학생이 있으며, 조각칼 등으로 손을 베이는 부상도 보고되었다.
- 휴식시간 중 과격한 놀이로 인해, 낙상, 미끄럼틀 등 놀이기구에서 놀다 부상을 입거나, 계단이나 화장실, 교실바닥에서 넘어지거나 미끄러져 부상을 입었다.
- 청소시간 중 책 · 걸상에 넘어져 부상을 입거나, 대걸레에 얼굴 부딪혀 부상을 입기도 하였다.

표 3.15 실내공기 주요 오염항목 건강피해 및 사후조치 방안

주요 오염항목	주요 오염원	건강 피해	기준초과 시 사후조치 방안
미세먼지(PM10)	교실에서 학생들의 활동이나 분필사용 등	사람의 폐포까지 침투하여 호흡기 질환 및 인체의 면역기능을 떨어뜨림	수업시간중 창문을 자주 열고, 물청소 등을 실시하여 먼지의 비산을 최소화
총부유세균(TBC)	공기 중의 생물학적 오염을 파악하기 위한 중요한 지표	전염성 질환, 호흡기 질환 등을 유발시킬 수 있는 세균 포함되어있을 수 있음	환기를 통해 습도를 낮추고 청결 유지
폼알데하이드(HCHO)	학교의 신축, 개·보수시나 책·걸상 등 가구, 컴퓨터 등에서 방출	자극적 냄새로 불쾌감, 두통 등을 일으키며 새학교증후군의 원인물질로 알려져 있음	창문을 열어 환기를 자주 시키고, 농도가 높을 경우 베이크아웃 등의 방법을 이용하여 저감
총휘발성유기화합물(TVOC)	실내 건축재료, 페인트 등에서 주로 발생	불쾌한 자극과 냄새를 느끼게 하고 새학교증후군을 나타내는 원인물질임	창문을 열어 환기를 자주 시키고, 농도가 높을 경우 베이크아웃 등의 방법을 이용하여 저감
이산화탄소(CO_2)	실내공기의 오염 정도를 파악하기 위한 지표물질로 사람의 호흡에 의해 주로 배출	실내 환기상태의 척도로 농도가 증가하면 산소의 양이 부족하게 되어 코막힘, 두통, 피로감이 나타남	창문을 자주 열어 환기 시키고, 커튼 등에 의한 실외공기 유입이 방해되지 않도록 함

출처: 서울특별시 교육청. 학교보건진흥원(2017). http://www.bogun.seoul.kr/sub03/index.asp?spc=3&sp=A03

- 학생은 활동량이 많은 시기이므로 사고위험이 아주 높다. 사고원인은 주로 안전에 대한 무관심과 부주의로 인한 것이 대부분이다.

■ 교내 주차공간이 부족하여 교통사고 위험에 노출되어 있다.

(2) 교외환경

① 학교 환경위생정화구역

■ 학교장은 유관기관과 협의하여 '학교환경 정화구역 안내' 표지판을 설치하였다.

■ 학습, 학교보건위생에 나쁜 영행을 주는 행위와 시설 설치하지 않도록 지역주민들의 관심을 적극 유도하였다.

■ 환경위생정화구역은 연 3회 정기 순회 출장 점검을 실시한 결과 유해업소 1곳(학교 경계선 106m에 당구교실 운영)을 신고하였고, 불량광고 벽보 제거 2건이 있었

다. 단속대상에 대한 정보자료를 교육청 및 시 · 군 · 구청에 서면 및 유선으로 통보하였다.

② 학교 주변여건과 지역 환경

- 학교는 시내 중심가와 떨어져 있고, 공장, 번화가, 철도, 주점 · 극장 · 오락시설 · 도살장 · 감염병원 · 묘지 등 유해시설이 없어 유해 환경에 노출되어 있지 않다.
- 학교 정문 앞에 도로가 바로 있어 등하교길 안전이 요구된다.
    - 신호등을 지키지 않는 학생이 자주 나타난다.
    - 신호등을 지키지 않는 차량이 자주 나타난다.
    - 녹색어머니회의 교통안내가 없을 때가 가끔 있어 대처가 요구된다.
    - 학교 운동장 옆이 바로 도로라서 아이들이 놀다가 가끔 도로변으로 나가거나 공 같은 것이 도로변으로 나갈 때가 있다.
    - 학교주변에 불량식품 판매소가 있다.

4) 자원

(1) 학교 내 자원

① 인적 자원

보건교사 1인, 체육교사 2인, 학교의사 1인(종합병원 전문의), 학교약사 1인, 치과교의 1인, 보건교생 3인

② 물적 자원

보건실 내 의약품이 모두 잘 갖추어져 있다(**표 3.16**).

표 3.16 보건실 내 물품 보유현황

영역	품목(보유수)	보유현황
1. 일반 시설 및 기구	① 사무용책상(2) 및 의자(3) ② 건강기록부 및 서류 보관장(3) ③ 약 장 · 기기보관함 ④ 소독(멸균)기 ⑤ 냉장고 ⑥ 물끓이는 기구(2) ⑦ 손전등(3) ⑧ 가습기 ⑨ 수도시설 · 세면대 ⑩ 냉 · 난방기 ⑪ 통신시설(전화기) ⑫ 컴퓨터 · 프린터기 ⑬ 온 · 습도계 ⑭ 칠판(0)	각 1개 이상
	⑮ 교육용기자재 TV, VTR(DVD 겸용)	보유

표 3.16 보건실 내 물품 보유현황(계속)

영역	품목(보유수)			보유현황
2. 환자 안정용 기구	① 침대 1인용(6) ③ 침구보관장	② 침구세트 1인용(동 · 하절기)(6) ④ 칸막이(가리개)(7)	 ⑤ 보온기구(1인용)(6)	모두 보유
3. 건강진단 및 상담용 기구	① 신장계(3) ④ 체중계(디지탈) ⑦ 형광시력표 ⑩ 시력검사 용지시봉 ⑬ 탐침 ⑯ 검안경 ⑲ 펜라이트 ㉒ 청진기	② 좌고계 ⑤ 혈압계 ⑧ 조명장치(스탠드)(0) ⑪ 색각 검사표 ⑭ 혈당측정기 ⑰ 검이경 ⑳ 치과용 거울 ㉓ 진찰용 의자	③ 줄자(6) ⑥ 시력표 ⑨ 눈가리개 ⑫ 청력계 ⑮ 스톱워치 ⑱ 비경 ㉑ 비만도측정기 ㉔ 상담용 탁자 및 의자	스텐드 제외한 모두 보유
4. 응급처치용 기구	① 체온계 ④ 핀셋통 ⑦ 가제통 ⑩ 부목 ⑬ 들것 ⑯ 냉온찜질기 ⑲ 구급처치용 침대	② 핀셋(대 · 중 · 소) ⑤ 가위(의료용) ⑧ 소독접시 ⑪ 휴대용구급기구 ⑭ 목발 ⑰ 지혈감자	③ 마이크로핀셋 ⑥ 농반 ⑨ 드레싱카 ⑫ 구급낭 ⑮ 세안수수기 ⑱ 휴대용 산소기	지혈감자 제외한 모두 보유
5. 환경위생 및 식품위생기구	① 통풍건습계 ④ 가스검지기 ⑦ 수질검사용기구	② 흑구온도계 ⑤ 먼지측정기 ⑧ 잔류염소측정기	③ 조도계 ⑥ 소음계	보유
6. 기타	학생 및 교직원의 보건관리에 필요한 시설 및 기구			보유

출처: 서울시교육청. 학교보건관리지침(2017).

③ 재정적 자원

표 3.17 학교보건 세출 예산(예시)

<table>
<tr><th>단위사업</th><th>세부사업</th><th>세부항목</th><th>원가통계비목</th><th>산출내역</th><th>예산(원)</th></tr>
<tr><td rowspan="8">보건 관리</td><td rowspan="8">학교 보건 관리</td><td rowspan="2">보건실운영</td><td>약품구입비</td><td>학생수, 교직원수</td><td>700,000</td></tr>
<tr><td>의료기구</td><td>드레싱기구</td><td>550,000</td></tr>
<tr><td>감염병예방사업</td><td>손씻기 위생용품</td><td>핸드타월, 봉비누</td><td>1,330,700</td></tr>
<tr><td>학생병리검사</td><td>건강검사수수료</td><td>소변검사, 건강검사 1, 4학년</td><td>3,000,000</td></tr>
<tr><td rowspan="4">학생보건교육</td><td>교육용 소모품비</td><td>심폐소생술 교육용</td><td>360,000</td></tr>
<tr><td>보건교육기자재</td><td>기자재비품</td><td>400,000</td></tr>
<tr><td>교구 소모품비</td><td>금연모형교구신체피해, 비만학생관리</td><td>300,000</td></tr>
<tr><td>성교육 강사비</td><td>학생 및 교직원 성교육</td><td>150,000</td></tr>
</table>

표 3.17 학교보건 세출 예산(예시)(계속)

단위사업	세부사업	세부항목	원가통계비목	산출내역	예산(원)
보건 관리	학교 보건 관리	학교먹는물관리	물탱크 및 저수조관리 위탁용역비	분기별 저수조청소	600,000
			정수기수질검사료	분기별 정수기 수질검사	211,500
			저수조수질검사료	연1회 저수조 수질검사	93,600
			옥내급수관수질검사	연1회 검사	55,400
		방역소독비	방역소독용역비	연5회 방역소독용역	1,000,000
		학생안전관리	학생치료비	학생응급환자후송	50,000
합계					8,801,200

출처: 전라북도 OO초등학교 보건실(2016).

④ 사회적 자원

- 학교 주변 의료시설: 보건소 1개, 종합병원 1개, 병원 3개, 내과 · 이비인후과 · 안과 등 의원 10개, 치과의원 10개
- 교직원 건강교육을 보건소에서 연 2회 실시하고 있다.

(2) 학교 외 자원

- 교육청의 지원을 받아 학교보건교육 실시, 정수기 렌탈
- 학교보건관련기관: 성폭력상담소–성 상담 지원, 성인 동영상 중독 학생상담 지원, 성교육 지원
- 아동보호전문기관: 가출학생 보호, 가정폭력 피해자 보호, 가정폭력 상담지원
- 청소년폭력예방재단 ○○지부: 학교폭력예방지원, 폭력학생상담지원
- ○○○나눔터: 미혼모 보호 및 상담
- ○○○청소년 상담(진료)센터
- ○○○인터넷 중독 상담센터

5) 학교보건서비스

(1) 건강평가

① 신체발달상태

표 3.18 신체발달상태

구분		성별	1학년	2학년	3학년	4학년	5학년	6학년	계
키(cm)		남자	120.4	126.3	131.6	137.3	141.7	148.9	134.37
		여자	118.8	124.5	130.3	136.2	143.5	148.8	133.68
몸무게(kg)		남자	25.4	28.3	31.2	35.6	38.2	44.5	33.87
		여자	23.5	25.7	29.1	33.1	38.7	43.3	32.33
비만도 (체질량수)	정상	남자	65.0(26)	80.4(41)	82.5(33)	78.4(40)	78.6(44)	77.1(37)	77.00
		여자	71.0(22)	88.1(37)	93.9(31)	80.0(36)	80.7(46)	74.0(37)	81.28
	비만위험군	남자	25.0(10)	5.9(3)	12.5(5)	13.7(7)	14.3(8)	10.4(5)	13.63
		여자	12.9(4)	7.1(3)	3.0(1)	8.9(4)	8.8(5)	10.0(5)	8.45
	비만	남자	10.4(4)	13.7(7)	5.0(2)	7.8(4)	5.4(3)	10.4(5)	8.72
		여자	12.9(4)	2.4(1)	3.0(1)	6.7(3)	8.8(5)	10.0(5)	7.30
비만도 (상대 체중)	정상	남자	92.5(37)	82.4(42)	90.0(36)	88.2(45)	83.9(47)	83.3(40)	86.72
		여자	83.9(26)	92.9(39)	93.9(31)	91.1(41)	86.0(49)	86.0(43)	88.97
	경도	남자	7.5(3)	5.9(3)	7.5(3)	5.9(3)	10.7(6)	6.3(3)	7.30
		여자	9.7(3)	7.5(3)	3.0(1)	4.4(2)	8.8(5)	8.0(4)	6.90
비만도 (상대 체중)	중등도	남자	0.0(0)	9.8(5)	0.0(0)	3.9(2)	5.4(3)	10.4(5)	4.92
		여자	3.2(1)	0.0(0)	3.0(1)	4.4(2)	5.4(3)	6.0(3)	3.67
	고도	남자	0.0(0)	2.0(1)	3.0(1)	2.0(1)	0.0(0)	0.0(0)	1.17
		여자	3.2(1)	0.0(0)	0.0(0)	0.0(0)	0.0(0)	0.0(0)	0.53
계			38.05	39.05	40.14	40.98	42.16	43.19	40.59
검사인원수(명)		남자	40	51	40	51	56	48	
		여자	31	42	33	45	57	50	
		계	71	93	73	96	113	98	

② 신체능력

표 3.19 신체능력

구분		단위	초등학교	
			5학년	6학년
50미터 달리기		초	10.94	–
팔굽혀펴기(중 · 고/남)		회	–	–
팔굽혀매달리기(중 · 고/여)		초	–	–
윗몸말아올리기		회	14	–
제자리멀리뛰기		cm	–	–
앉아윗몸앞으로굽히기		cm	2	–
오래달리기–걷기	1,000m(초등)	분: 초	8.25	–
	1,600m(중 · 고/남)	분: 초	–	–
	1,200m(중 · 고/여)	분: 초	–	–
신체의 능력점수		점	27	–
신체의 능력급수		급	4	–
검사자		성명		

표 3.20 건강검진 현황

구분		대상		비고
		1학년	4학년	
건강검진	검진일자	2017.06.19	2017.05.20	1. 4학년 건강검진 완료 비율: 100%
	검진기관	○○병원	○○의원	
구강검진	검진일자	2017.06.20	2017.05.20	치아우식증 24.1%
	검진기관	○○치과	△△치과	

표 3.21 건강검진 통계표

구분			1학년	2학년	3학년	4학년	5학년	6학년	합계
근 · 골격 및 척추			0			0			
눈	시력	교정대상	9	16	8	19	17	21	90
		교정한 학생수	0	0	5	0	12	6	23
	색각이상		0	0	0	0	0	0	
	눈병		0	3	5	0	3	2	13
귀	청력장애		0			0			
	귓병		0			0			
콧병			0			0			
목병			0			0			
피부병			3			9			
구강	치아우식증		27			37	36	36	136
	치주질환		0			0			
	부정교합		1			4			5
기관 능력	호흡기질환		0			0			
	순환기질환		0			0			
	비뇨기질환		0			0			
	소화기질환		0			0			
	신경계질환		0			0			
	그 밖의 질환		0			1			1
혈압	고혈압		0			0			
	저혈압		0			0			
소변	요단백		3			8			11
	요잠혈		2			2			4
검사인원									

④ 별도검사 현황

표 3.22 별도검사 현황

검사일자	16.06.22	16.04.25	16.04.19	16.05.16	비고
검사명	소변검사	구강검사	시력검사	소변검사	단백뇨 3명, 시력교정 대상 85명
검사기관	한국학교보건협회 서울지부	○○시 보건소 치과	○○초등학교	한국학교보건협회	

(2) 건강문제관리

표 3.23 건강검진 통계표

검사종류	이상자 수	
소변검사	단백뇨	3명
	당뇨	0명
	잠혈	3명
결핵검진	결핵	0명
	의심/유소견자	0명

표 3.24 별도 검사결과에 따른 중점보건사업

중점보건사업	근거	실행계획
1. 이상자 건강관리	• 단백뇨 • 당뇨 • 잠혈	• 추후검진 실시 • 보건교육 실시 • 가정통신문 발송
2. 학교 내 결핵관리 지침에 의한 결핵관리	• 결핵/결핵의심이나 유소견자	• 보건교육 실시 • 정기 건강상담 실시 • 교육청, 보건소와 연계된 관리

표 3.25 비만도 검사 결과에 따른 중점보건사업

건강문제	현황	중점보건사업
비만관리 및 교육	• 중등도 00% • 고도 00%	• 추후검진 실시 • 보건교육 실시 • 가정통신문 발송

표 3.26 건강조사의 조사항목 및 조사결과

조사항목	조사결과
1. 예방접종 · 병력	감염병 예방관리 예방접종 완료율 96%
2. 식생활 · 비만	65%의 학생이 아침식사를 하지 않으며, 인스턴트식품을 매일 섭취하는 학생이 85% 해당
3. 위생관리	하루 5회 이상 손 씻기를 하고 있으며, 양치질은 334 운동을 유지
4. 신체활동	근지구력 향상을 위한 운동, 심폐기능 향상을 위한 운동, 적절한 수면 습관 유지
5. 학교생활 · 가정생활	• 비교적 학교생활 적응을 잘하고 있는 학생이 82% 이상이며, 대부분 교우관계가 원만함 • 이혼율 증가로 결손가족 증가 • 한부모 가족 18%, 다문화 가족 1.3%, 조손가족 0.5%
6. TV · 인터넷 · 음란물의 이용	평균 하루 2시간 TV시청, 인터넷 이용 하루 1시간 정도
7. 안전의식	안전에 대한 인식이 낮고 안전사고의 발생이 많음
8. 학교폭력	17.3% 한 해 동안 최소 1번 이상 학교폭력 경험, 23.6%는 초등학교 1학년 때부터 학교폭력 경험이 있다고 응답
9. 흡연 · 음주 · 약물의 사용	전체 학생 중 13% 흡연(대부분 5, 6학년), 흡입제 및 약물의 오 · 남용도 보고됨
10. 성 의식	성문제, 성에 대한 인식
11. 사회성 · 정신건강	• 학생정신건강 서비스는 주의력결핍 과잉행동장애, 우울증, 자살문제, 인터넷 중독 등 성장기 학생의 정서 · 행동문제를 조기에 발견하고 악화를 방지하기 위해 실시함 • 학부모의 동의를 받아 실시되는 서비스는 초등학교 1, 4학년 학생을 대상으로 3차례에 걸쳐 정서 및 행동발달 등에 대해 검사하며 결과에 따라 전문기관과 연계하거나 심층검사비 지원 등 체계적으로 관리
12. 건강상담	건강상담은 수시로 실시

(3) 감염병관리

표 3.27 학생 감염병 예방 종합대책 주요내용(2016~2020)

대응단계	추진과제	세부추진과제(추진시기)
사전 예방 강화 (평상시 예방 관리)	1. 감염병 교육 · 연수 강화	• 교육자료 보급 및 활용 점검(2017~) • 학교관계자[교장(감), 보건교사, 담임교사 사이버 연수 실시(2017~)] • 교육(지원)청, 학교보건진흥원 업무 담당자 대상 정기적인 감염병 전문연수 실시(2016~)
	2. 예방접종 확인 및 해외 출국자 관리 강화	• 초등학교 및 중학교 입학생 '예방접종 확인사업' 실시(2016~) • 해외 입 · 출국 학생 등에 대한 감염병 관리 강화(2017~)
	3. 필수방역물품 확보	• 학교별 필수 방역물품 확보 권장(2017~)

표 3.27 학생 감염병 예방 종합대책 주요내용(2016~2020)(계속)

대응단계	추진과제	세부추진과제(추진시기)
발생초기 대응강화 (확산방지 체계정비)	1. 감시체계 모니터링 강화 및 유행 경보제 운영	• 학교에서 감염병 환자 발생 시 능동적 환자파악 체제로 전환(2017~) • 서울특별시 학교보건진흥원의 서울학교보건 포털(감염병 등) 운영(2016~) • 학생 감염병 발생 주간소식지 제작 · 보급(2016~) • 학교 감염병 발생 예 · 경보제 운영(2016~) • 교육청 단위 학교 감염병 관리 대응반 운영(2017~)
	2. 학생 감염병 관리 강화 홍보 및 등교중지 기준 실천 모니터링	• 가정 내 관리 강화를 통한 학교 내 감염병 환자 유입 최소화(2017~) ※ 다문화 · 외국인 가정 학부모용 홍보 · 교육자료 별도 제공: 외국어 버전 • 감염병별 등교중지 기준 명확화 및 인근학교 전파 차단을 위한 등교중지 학생 생활지도 강화(2017~)
	3. 선제적 학교 결핵 예방 사업 운영	• 선제적 예방사업을 통한 학생 결핵환자 발생 사전 방지(2017~) ※ 고등학교 1학년 '잠복결핵 검사 및 교직원 결핵 검사' 실시 • 결핵환자 다빈도 발생 학교 집중관리 실시(2016~)
신종감염병 위기대응 역량강화	1. 매뉴얼 보급 및 활용 점검	• 학생 감염병 예방 · 위기대응 매뉴얼 보급 및 활용 점검(2017~) • 학생 감염질환 증상에 따른 대응 가이드북 제작 · 보급(2016~)
	2. 대응훈련 참여 및 정례화	• 모든 교육기관의 연1회 이상 감염병 대응 모의훈련 정례화(2017~) ※ 교장(감), 행정실장, 보건 및 담임교사, 보건소담당자 등 참여
	3. 보건당국 및 관련 기관과 공조 강화	• 관계기관과 정보공유 및 협업강화로 역할분담 명확화(2016~) ※ 서울시(감염병 관리 본부) 등과 핫라인(hotline) 운영
일상복귀를 위한 조치 강화	1. 정상수업 재개 학교에 대한 지도 · 점검	• 수업결손 최소화 및 사이버 가정학습 지원(2017~) • 정상수업 재개 학교에 대한 방역 조치기준 안내(2016~)
	2. 감염병 환자(격리자) 복귀를 위한 심리지원	• 환자 · 격리자 · 완치 복귀자를 위한 심리지원 교육자료 보급(2017~) ※ 심리지원 대처요령에 대한 동영상 교육자료 제공(교육부 개발 예정) ※ 불안 정도가 심한 경우 전문기관 연계 지원(서울특별시 학교보건진흥원 마음건강 one-stop 지원센터, Wee센터, 정신건강지원센터 등)
제도개선 및 인프라 강화	1. 유치원 및 학원 관리체계 운영	• 유치원생 감염병 관리(보고체계 등) 및 위생교육 강화(2017~) ※ 감염병 발생 별도의 보고체계 구축(2018~) • 학원 감염병 관리 강화(2017~) ※ 학원생 등원중지 및 휴원 조치 법적 근거 마련(「학원관계법률」 개정 등 교육부 진행 중)
	2. 감염병 전담인력 배치	• 교육청 및 학교 감염병 전담인력 배치 및 전문성 확보(2016~)

출처: 서울특별시 학교보건원. 학교보건 기본방향(2017).
http://www.bogun.seoul.kr/sub06/index.asp?spc=6&sp=A01&bs=r&bc=1&dpage=1&line=10&no=1138

표 3.28 감염병 발생 시 대책반 구성 및 운영

환자 파악반	환자 이송반	방역, 역학조사협력	학사대책반
보건교사	체육부장	행정실장, 영양교사	교무부장

표 3.29 교내 감염병 및 집단 환자 발생을 대비한 감시체계 구축

추진항목	실천내용	시기	방법
학생 및 학부모 교육	사계절 감염병 예방교육, 수인성 감염병 예방	각 계절별	학교신문 건강정보 게시, 학교 홈페이지 자료 게시
방역 및 수질관리	교실 및 쓰레기장 방역 (연 5회)	4~9월: 1회/2개월 10~3월: 1회/3개월	학교자체 및 위탁업체
	정수기 수질검사	5회	
	저수조, 옥내급수관 수질검사	연 4회	
	저수조 청소	연 4회	
	정수기 소독관리	연 4회	위탁업체(웅진코웨이)
	끓인 물 공급	매일	급식실

표 3.30 감염병 발생 현황

질병명	발생자(명)	비고
B형 간염	3	비활동성
장티푸스	3	보건교육 실시, 완치
파라티푸스		
디프테리아		
세균성이질	3	환경위생 강화, 보건교육 실시, 완치
콜레라		
2종 감염병		
백일해		
홍역	10	보건교육 실시, 완치
유행성이하선염	3	보건교육 실시, 완치
결핵	3	격리, 완치
옴	1	완치
계	26	

※ 감염병 발생 시 연락체계: 담임교사 → 학년부장 → 보건교사 → 교감(교장) → 교육청, 보건소

(4) 건강증진

① 건강증진 사업 추진 현황

표 3.31 비만도 결과에 따른 중점사업

구분		환경성 질환 절감	비만관리	정신건강	구강보건	약물 오남용 예방	시력관리	기타
사업명		1, 4학년 아토피 건강증진	도담도담 쑥쑥 비만관리	1, 4학년 정신 건강 학교 운영	구강검사, 희망자 치아홈메우기, 2, 3학년 불소양치	약물 오남용 5학년 예방 교육	시력검사 및 예방 교육, 시력증진 교실	1, 4학년 건강검진
소요예산 (천 원)		0	200	2,000	0	100	0	2,382
사업범위	학생수	7	77	169	563	116	390	169

② 비만 예방교육 실적

- 보건교과를 통한 예방교육: 분기별 1회
- 보건교과 외 특별 예방교육: 교육청 1회, 보건소 1회(지역사회자원연계)
- 교육자료, 유인물 배부 분기별 1회, 전시회 등 각종 행사개최자료 홈페이지 게시

(5) 보건실운영

① 보건실 의약품 관리

- 의약품과 의약외품은 분류하여 보관하고, 냉장 보관 시에는 의약(외)품 이외의 것과 분리하여 보관하고 있다.
- 의약품 보관용기 또는 첨부문서에 명기된 유효기간, 보관방법, 사용방법 등을 준수하고 있다.
- 용기나 포장이 개봉된 상태의 의약품을 서로 섞어서 보관하지 않고 있다.
- 학교보건 활동에서 주로 사용되는 기록은 보건일지(약품 전산기록), 학생건강기록부, 건강상담 일지, 각종 병리검사 실시명단, 각종 예방접종 명단, 학교보건시설 관리카드, 건강이상자 카드 및 신체검사 통계표 등이 있으며 보건교사 업무상 필요하다고 생각되는 경우 기록 양식 체계를 개발하여 활용하고 있다.

- 지난 1년 동안 약품 소모량 횟수는 921건이었으며, 가장 많은 소모를 보인 약품은 해열제, 진통제(타이레놀), 감기약 종류(미놀트로키, 시노카, 판텍, 키나시럽, 코프시럽), 소화제(훼스탈, 위청수), 제산제(겔포스), 지사제(정로환) 순이었다. 소모품 중 가장 많이 소모한 품목은 1회용 밴드, 탄력붕대, 면붕대, 파스, 생리식염수, 소독약, 안대, 생리대 순이었다.

② 보건일지

보건교사가 매일의 모든 업무활동을 1일별로 기록하며 당일 학교의 특별한 지시사항이나 실천 및 특기사항을 기록하며 보건실에 방문한 학생의 건강문제와 처치내용을 기록하고 있다. 또한 각 신체조직별로 보건실 방문 학생의 건강문제에 대한 통계를 산출하여 기록하고 있다. 또한 보건교육의 대상과 주제를 기록하고 요양호자 관리 및 처치를 기록하여 보관하고 있다.

③ 보건실 이용 현황

표 3.32 건강문제별 보건실 이용 현황

월	외상	근골격계	식체	복통	설사	두통	감기	순환	구강	눈병	귓병	코	피부	생리	기타	계
3	40	70	25	31	5	26	39		4	2		1	1	5	1	140
4	25	135	23	32	30	37	49		5	3	1	2	1	7	1	191
5	59	60	20	25	40	44	83	1	10	10		3	5	7	2	250
6	80	61	35	80	48	59	72	4	8	12	1	3	50	2	16	290
7	20	35	57	32	55	22	20		3	2			5	3	2	201
8			2	1	1		5						2			11
9	40	80	24	39	45	80	40	1	13	12		20	13	30	15	332
10	43	85	20	35	40	41	37	1	6	8	1	10	6	30	2	237
11	25	70	15	33	13	70	33		12	16	1	9	4	25	5	236
12	12	10	5	12	3	2	22		4	4		2		13	2	69
1																0
2	1	4	1	1			11						2	1		16
계	345	610	320	320	279	381	406	7	65	69	4	50	87	123	46	2,073
%	16.6	29.4	15.4	15.4	13.4	18.4	19.6	0.3	3.1	3.3	0.2	2.4	4.2	5.9	2.2	100

표 3.33 연간 보건실 이용 학생현황

연간 보건실 이용 학생수	2,073명
전체 학생수	563명
100명당 평균 이용 학생수/주	10.7명
563명당 평균 이용 학생수/주	60.6명
수업일수(204일)당 일일평균 이용 학생수	10.1명

※ 전체 보건실 이용 학생수는 전체 이용 건수를 의미하며, 주당 기준은 34주 기준이다.
따라서 '100명당 주당 평균 이용 학생수'는 전체 학생수를 100명으로 환산하여 계산된 값이다.

표 3.34 보건실 이용 빈도가 높은 증상

순위	증상	백분율(%)
1	외상 및 근골격계 질환	46.3
2	식체, 복통, 설사 등 소화기 질환	39.9
3	감기	19.7
4	두통	18.5

표 3.35 보건일지 분석에 따른 중점보건사업

중점보건사업	근거	실행 계획
1. 안전교육 강화	외상 및 근골격계 손상비율이 높음	보건교육 계획
2. 올바른 식습관 교육 강화	식체, 복통, 설사 등 비율이 높음	보건교육 계획
3. 스트레스 관리 교육 강화	두통으로 인한 수업곤란 호소 등이 높음	보건교육 계획

④ 요양호 및 요주의학생

표 3.36 요양호 및 요주의학생

사유 및 병명	학생 수(학년)	관리
정신지체	4(4학년 홍○○ 외 2인, 6학년 김○○ 외 2인)	정신지체 정도 파악, 담임교사와 안전사고 예방 최선
간질	4(2, 3학년)	약물 복용 중

표 3.36 요양호 및 요주의학생(계속)

사유 및 병명	학생 수(학년)	관리
B형간염 보균자	2(1, 3학년)	비활동성. 격리불필요, 수혈금지, 피로금지
천식	4(1, 2, 3학년)	아토피피부염 동반 학생 2인
과체중, 허리 디스크	1(4학년)	다른 학생과 부딪히거나 장난 삼아 밀어도 폭행당했다고 고소함
고혈압, 과체중	1(2학년)	비출혈이 잦음. 요주의
모야모야 (뇌혈관이상)	1(6학년)	수술, 약물 복용 중, 뇌압상승주의 (울거나, "후"부는 행위, 더운 것 등)
다운증후군	1(3학년)	
소아림프절 진단	1(6학년)	방사선 치료로 완치. 담임교사와 상의, 상태, 친구 관계 관찰. 특별 주의사항은 없으나 쉽게 멍이 듦

표 3.37 요양호 및 요관찰학생

학생 성명(학년)	관리
강○○(4학년), 김○○, 박○○, 강○○(5학년) 이○○, 추○○(6학년)	학습능력 및 사회성 부족

2. 자료분석

사정단계 자료분석은 **표 3.38**과 같다.

표 3.38 사정단계 자료분석

영역	자료요약	결론/학교간호문제	필요한 자료
학교 및 인구학적 특성	• 초등학생 • 평균 연령: 8~13세 • 학생수: 563명(남학생: 53.1%), 23학급 • 교직원수: 48명(여자: 70.8%)	여직원의 비율이 높음	우리나라 초등학교 교원 성별 분포현황
학교보건 교육	• 평균 시간 각 학년별 17시간 이상/년 • 학습목표 도달 확인 • 교직원 보건교육 평균 90% 참석	법정 보건교육 기준 도달	보건교육 만족도

표 3.38 사정단계 자료분석(계속)

영역		자료요약	결론/학교간호문제	필요한 자료
환경	교내	• 교지의 법적 기준 면적이며 통학에 편리하고 안전하다. • 교사는 남동향, 교실 면적 및 채광, 창문, 소음 등은 기준을 지키고 있다. • 좌석배치는 이름순으로 되어 있다. 음료수에서는 대장균이 검출되었다. • 화장실은 환기통이 없고 탈취제만 있다. • 화장실을 깨끗하게 사용하고 있지 않고, 방충망이 설치되어 있지 않아 벌레가 들어올 수 있으며, 추락의 위험이 있다. 세면대 주변이 미끄럽다. 운동장, 쓰레기, 하수시설은 양호한 편이다.	• 교실의 방향 적절 • 식수관리 부적절 • 화장실이 불결함 • 세면대 주변이 미끄러워 안전에 위험	• 최근 5년 동안 수인성 감염병 발생률 • 화장실 청소 횟수, 청소방법 • 추가 소독 여부 등 • 최근 3년 동안 주변 지역의 교통사고 발생률
	교외	• 학교 주위는 타 교육기관이 있지만 유해한 환경이 1곳 있어 조치 건의하였으며, 불량식품 판매소가 있다. • 학생들이 다니는 길에 차량이 같이 통행하며, 학생들이 신호등을 지키지 않는 경우도 있다.	• 학교 주변 환경 위생 정화 지역은 조용함 • 상대 정화 구역 내 유해시설 관리 필요 • 교통 안전의식 부족하고, 사고 위험성이 높음	
자원		• 인적 · 물적 · 재정적 · 사회적 자원이 적절하며 자원목록을 보유하고 자원을 비교적 잘 활용하고 있다.	• 보건교사 1인: 상담 및 교육 인적 자원 부족	• 최근 3년 자원목록 보유 및 의뢰 현황, 학교전체 예산 중 보건실 운영 예산 비율
학교 보건 서비스	건강 평가	• 신체발달상황 조사결과 24%가 비만 위험군이며, 16%는 비만군이고, 여학생보다 남학생의 비만율이 높다. • 4학년 이상 고학년의 시력문제 증가, 안경착용 학생이 많다. • 치아우식증 24.1%, 치과교정대상자 85명 • 시력교정 대상자 85명	• 비만관리 강화 • 시력관리 강화 • 구강보건 강화	
	건강 문제 관리	• 정신건강문제 관심군: 조사 대상 학생 중 평균 11% 발생하고 있다. • 감염병 발생은 총 26건이었다. • 식생활이 불규칙하며 인스턴트음식을 매일 섭취하는 학생 85%로 많다. • 한부모 가족 및 결손가족이 증가되고 있다. • TV시청 및 인터넷 사용시간 하루 평균 3시간이다. • 학교폭력 및 집단따돌림 문제가 발생 되었다: 23.6% 학생이 초등학교 1학년 때부터 학교폭력 경험을 보고하고 있다. • 전체 학생 중 2%가 흡연(고학년 위주) 경험이 있다.	• 정신건강 문제 관심군이 많음 • 감염병 예방 교육 • 소화기 장애 관리 강화 • 흡연 및 약물남용 교육 및 관리 • 무관심한 부모 많음 • 또래집단과 어울리지 못하는 학생 많음	• 국민건강영양조사, 국민건강보험통계, 교육부 통계 자료 • 최근 5년간 질병 및 흡연 약물남용 등의 통계 자료 • 최근 3년간 학교폭력 발생률

표 3.38 사정단계 자료분석(계속)

영역		자료요약	결론/학교간호문제	필요한 자료
학교 보건 서비스	건강 증진	• 비만관리 교실을 운영 중이다. • 정신건강 학교를 운영 중이다. • 치아홈메우기, 구강관리, 불소양치 • 약물 오 · 남용 예방 교육을 실시하고 있다. • 시력증진 프로그램을 운영 중이다.	• 구강 건강사업에 대한 예산확보가 충분함	
	보건실 운영	• 연간 보건실 이용 학생수: 2,073명. 일일평균 10명 이용하고 있다. • 보건실 이용 빈도가 높은 증상: 외상(15.4%), 근골격계 질환(29.4%), 감기(19.6%), 두통(18.4%), 식체, 설사 순이다. • 연간 보건실 의약품 소모량 횟수: 921건. 해열, 진통제, 감기약, 소화제, 제산제 순이다. • 건강이상 학생을 관리하고 있다. • 보건실 연평균 예산재정이 확보되었다. • 보건실 비품은 기준안에 적절하게 비치하고 있다.	• 보건실 이용 학생이 많음 • 외상, 근골격계 질환에 감소를 위한 환경 관리 및 보건교육이 필요함	• 학교 환경 및 안전관리에 대한 지난 1년 동안의 교육현황 • 보건실 예산 중 환경관리, 질병예방에 대한 편성 정도 및 관리 현황 조사 • 보건실 이용 만족도

3. 진단

ICNP를 적용한 학교간호현상은 **표 3.39**와 같다.

표 3.39 ICNP를 적용한 학교간호현상

학교간호현상(간호진단)	학교특성(관련 요인)
교실 내 사고위험성	• 안전의식이 부족하다. • 화장실이나 세면대 주변이 미끄럽다.
교실 외 사고위험성	• 안전의식이 부족하다. • 주차 공간 부족으로 인한 사고위험성이 있다.
학교주변 사고위험성	• 교통안전 의식이 부족하다. • 학교 주변에 교통안전 관리가 미흡하다.
유해환경 노출위험성	• 상대정화구역 내 유해시설이 있다.
학교적응 장애	• 무관심한 부모가 많다. • 또래집단과 어울리지 못하는 학생이 많다. • 학교폭력 및 집단따돌림 현상이 있다.

표 3.39 ICNP를 적용한 학교간호현상(계속)

학교간호현상(간호진단)	학교특성(관련 요인)
부적절한 식습관	• 인스턴트 식품 섭취를 자주 한다. • 아침식사를 거르는 학생이 많다. • 음식을 골고루 섭취하지 않는다.
흡연 및 약물남용	• 흡연하는 학생이 많다. • 약물남용의 유해성에 대한 인식이 부족하다.
부적절한 스트레스관리	• 학생의 스트레스가 과다하다. • 스트레스를 상담할 인적 자원이 부족하다. • 여가를 보낼 수 있는 시간이 부족하다. • 스트레스로 인한 두통을 빈번히 호소한다. • 스트레스로 인한 소화장애를 호소한다.
부적절한 시력관리	• 안경착용 학생이 많다. • 시력에 상관없이 좌석배치가 되어 있다. • 하루 3시간 이상 TV를 시청하거나 컴퓨터를 사용한다.
감염병 예방 및 관리 미비	• 개인 위생관리가 부적절하다. • 식수관리가 부적절하다.
소화기질환 위험성	• 시험에 대한 스트레스가 높다. • 학교주변에 불량식품판매소가 있다. • 신학기 학교생활적응 스트레스가 높다.
치아우식증의 높은 발생률	• 부적절한 구강위생 상태이다. • 충치에 대한 부적절한 치료 방법을 선택하고 있다.

4. 계획

1) 우선순위 선정

계획단계에서의 우선순위 선정은 **표 3.40**과 같다.

표 3.40 학교간호진단의 우선순위 선정

학교 간호현상 (간호진단)	학생 및 교직원 건강에 영향주는 범위	대상자의 취약성	문제의 심각성	자원동원 가능성	학교에서 수행 할 법적 의무가 있는 문제	보건교사의 문제 해결 능력 및 준비도	학교 정책과의 연관성	총점
교실 내 사고위험성	3	3	3	3	2	2	3	19
교실 외 사고위험성	2	2	2	1	2	1	2	12

표 3.40 학교간호진단의 우선순위 선정(계속)

학교 간호현상 (간호진단)	학생 및 교직원 건강에 영향주는 범위	대상자의 취약성	문제의 심각성	자원동원 가능성	학교에서 수행 할 법적 의무가 있는 문제	보건교사의 문제 해결 능력 및 준비도	학교 정책과의 연관성	총점
학교주변 사고위험성	3	2	2	1	2	1	2	13
유해환경 노출위험성	3	2	2	1	3	1	2	14
학교적응 장애	2	2	1	1	2	1	3	12
부적절한 식습관	2	3	3	2	2	2	2	16
흡연 및 약물남용	2	3	3	2	3	2	3	18
부적절한 스트레스관리	3	3	3	3	2	3	3	20
부적절한 시력관리	2	2	3	2	3	3	3	19
감염병 예방 및 관리 미비	3	2	3	2	3	3	3	19
소화기질환 위험성	2	3	3	3	1	2	2	16
치아우식증의 높은 발생률	2	3	3	2	3	1	3	17

2) 목표 설정

- 간호진단 1: 부적절한 스트레스관리
- 일반적 목표: 2018년 12월까지 학생의 정서적 · 사회적 문제가 발생하지 않음
- 간호진단 2: 감염병예방 및 관리 미비
- 일반적 목표: 청결하고 위생적인 학교환경 유지를 위해 식수 및 환경관리를 하고 개인위생관리를 철저히 하여 감염병 예방체계를 형성

3) 수행 및 평가계획

스트레스 관리와 관련한 수행 및 평가계획은 **표 3.41**과 같다.

표 3.41 간호진단 1. 부적절한 스트레스관리

<table>
<tr><th rowspan="2">관련요인</th><th rowspan="2">구체적
목표</th><th colspan="4">수행계획(4~6월)</th><th colspan="2">평가계획</th></tr>
<tr><th>수행내용</th><th>수행자</th><th>시기</th><th>장소</th><th>평가기준</th><th>평가방법</th></tr>
<tr><td rowspan="4">여가를
보낼 수
있는
시간 부족</td><td rowspan="4">학생의
신체, 정서,
사회적
문제가
발생하지
않는다.</td><td>• 학생이 주로 느끼는 스트레스의 종류와 관리법 및 나타나는 증상을 사정하고 분류한다.
• 학생이 보내는 여가시간의 양과 여가시간 활용 내용을 사정한다.</td><td>보건교사
담임교사</td><td>4~6월</td><td>학교 교실</td><td>설문지
회수율</td><td rowspan="3">설문지
보건교사가
참석률 조사
각 반장
통해
시간 활용도
조사</td></tr>
<tr><td>• 스트레스관리법을 교육한다.</td><td>보건교사</td><td>4~6월</td><td>학교 교실</td><td>교육
참여율</td></tr>
<tr><td>• 건전한 스트레스 해소의 기회를 제공한다(레크레이션실, 상담실을 자유롭게 사용할 수 있도록 한다).</td><td>유명인사,
전문가,
담임교사,
보건교사,
교장</td><td>4~12월</td><td>학교 강당,
교실,
상담실</td><td>각 반마다
시간
활용률</td></tr>
<tr><td>• 지역유선방송이나 학교 홈페이지에 스트레스 관리법에 대한 강좌를 올리고, 가정통신문을 통해 보건교육을 실시한다.</td><td>특별활동,
학교
방송실
부원,
지역지도자</td><td>4~8월</td><td>학교
방송실,
학교
주위</td><td>방송
시청율,
홈페이지
사이트
접속 및
사용률</td><td>인터넷상의
질의 응답,
학생 참여
정도</td></tr>
<tr><td rowspan="3">상담교사 등
인적자원
부족</td><td rowspan="3">2018년
9월까지
학교의나
전문가의
상담 및
교육을
월 3회
이상
실시한다.</td><td>• 학생 상담실 운영 현황을 조사한다.
• 학생 상담을 실시할 수 있는 자원을 파악하고 가능한 상담 일정 및 계획을 수립한다.</td><td rowspan="3">보건교사,
상담교사,
학교의
전문의</td><td>4월</td><td>학교</td><td rowspan="3">상담횟수,
상담실
이용률,
교육횟수,
대상자
만족도</td><td rowspan="3">관찰, 설문지,
학생참여
정도,
학교부적응
사례,
상담일지
분석</td></tr>
<tr><td>• 학생의 적극적인 참여를 유도한다.</td><td>4~12월</td><td>상담실</td></tr>
<tr><td>• 보건교사는 매 셋째주 금요일에 심리 및 기타 상담을 실시한다.
• 대상자의 욕구 충족을 위해 지역사회의 인적, 물적 자원과 연결한다.</td><td>4~8월</td><td>보건실,
상담실</td></tr>
</table>

표 3.41 간호진단 1. 부적절한 스트레스관리(계속)

관련요인	구체적 목표	수행계획(4~6월)				평가계획	
		수행내용	수행자	시기	장소	평가기준	평가방법
상담교사 등 인적자원 부족	안정되고 자유로운 분위기에서 상담이 되도록 한다.	• 잦은 방문자 목록을 확인한다.	보건교사	3월	전교생 대상	보건실, 상담횟수, 상담 만족도	기록자료 분석, 설문지
		• 잦은 방문자 중 질병 및 부상 학생을 파악 한다.		3월, 2회	학교		
		• 건강이상 학생은 교과 담임교사의 협조를 구한다.		3월	전교생 대상		
		• 언제나 찾을 수 있도록 보건실 분위를 개방적으로 유지한다.		연중	보건실, 상담실		
		• 상담 내용의 비밀을 보장하고 사후 관리를 철저히 한다.		수시	보건실, 상담실		

감염병 예방관리와 관련한 수행 및 평가계획은 **표 3.42**와 같다.

표 3.42 간호진단 2. 감염병관리 미비

관련요인	구체적 목표	수행계획(4~6월)				평가계획	
		수행내용	수행자	시기	장소	평가기준	평가방법
식수 및 학교 환경관리 부적절	청결하고 위생적인 학교환경을 조성한다.	• 매주 1회 학교보건 위생문제를 사정한다.	보건교사	매주 수요일	모든 시설물	소독실시 횟수, 공기의 질	현장확인, 공기의 질 검사
		• 발견된 문제점을 해결한다.	보건교사	연중	학교		
		• 학교소독을 정기적으로 실시한다.	위탁업자	연 5회	모든 시설물		
		• 학교 교사 내 공기의 질을 점검한다.	학교장	연중	모든 시설물		
개인위생 관리 부적절	발생 빈도가 높은 감염병에 대한 예방체계를 형성한다.	• 법정 감염병 예방접종 완료 여부를 조사한다.	보건교사, 담임교사, 학교장	수시	전 학급	감염병 발생률, 보건 교육 자료 배포현황	자료평가, 관찰
		• 예상되는 감염병에 대한 개인위생 교육을 실시한다.					
		• 1, 2종 법정 감염병 및 이에 준하는 감염병 발생시 등교 중지 조치를 한다.		필요시 마다	감염병 학생		

영역별 연간추진계획은 **표 3.43**과 같다.

표 3.43 영역별 연간추진계획

구분	실천내용	세부사항(대상)	월별 실천 현황										
			3	4	5	6	7	8	9	10	11	12	2
보건실 운영	의약품 및 의료용품 구입		★										
	보건계획, 성교육계획 수립							★					★
	건강이상 학생 파악	전교생 대상	★						★				
	보건일지 기록	연중(전교생 대상)	★	★	★	★	★	★	★	★	★	★	★
	건강이상 학생 관리		★	★	★	★	★	★	★	★	★	★	★
	감염병 학생 관리		★	★	★	★	★	★	★	★	★	★	★
	응급처치		★	★	★	★	★	★	★	★	★	★	★
	교직원 건강 상담		★	★	★	★	★	★	★	★	★	★	★
	각종 보고서 작성, 보고		★	★	★	★	★	★	★	★	★	★	★
	건강기록부 관리		★	★	★	★	★	★	★	★	★	★	★
건강 관리	학생 및 교직원 건강관리	응급환자관리	★	★	★	★	★	★	★	★	★	★	★
		건강관찰	★	★	★	★	★	★	★	★	★	★	★
		건강상담	★	★	★	★	★	★	★	★	★	★	★
	감염병 예방관리	일본뇌염예방접종			★								
		감염병 예방교육	★			★			★			★	
		감염병 발생 후 조치											
	건강검사	신체발달상황 및 건강조사				★							
		건강검진				★							
		시력검사				★							
		구강검사	★			★							
		소변검사				★							
	비만학생 관리					★	★	★	★	★	★	★	★
	건강기록부 관리		★	★	★	★	★	★	★	★	★	★	★
보건 교육	성교육	학생 성교육		★	★	★	★		★	★	★	★	
		학부모 성교육								★			
		교직원 성희롱 예방교육			★					★			
	약물오 · 남용 예방교육		★	★	★	★	★	★	★	★	★	★	★
	수인성 감염병 예방교육						★						
	환절기 감염병 예방교육		★	★	★	★	★	★	★	★	★	★	★
	학생생활습관병 예방교육		★	★	★	★	★	★	★	★	★	★	★

표 3.43 영역별 연간추진계획(계속)

구분	실천내용	세부사항 (대상)	월별 실천 현황										
			3	4	5	6	7	8	9	10	11	12	2
학교 환경 위생 관리	학교 먹는 물 관리	정수기 위생점검 및 관리	★	★	★	★	★	★	★	★	★	★	★
		정수기 수질검사	★			★						★	
		물탱크 청소	★			★						★	
		물탱크 위생점검 및 관리	★	★	★	★	★	★	★	★	★	★	★
	학교 교사 내 공기 질 관리		★	★	★	★	★	★	★	★	★	★	★
	유해환경관리, 안전관리		★	★	★	★	★	★	★	★	★	★	★
성희롱 성폭력 예방 관리	성희롱 예방지침 개정 및 수립		★										
	성희롱 · 성폭력 심의위원회 위원 구성 및 교육		★						★				
	성희롱 · 성폭력 고충상담원 구성 및 교육		★										
	성희롱 · 성폭력 예방실태 점검					★					★	★	

5. 수행

- 조정: 계획을 상황에 맞추어 집행한다(업무조정, 인력조정, 업무활동 조정).
- 감시: 사업의 목표달성을 위해 계획대로 잘 진행이 되어가고 있는지 확인한다. 사업의 진도, 수행수준, 수행절차, 수행결과의 부분에서 미흡한 부분을 파악하고 원인이 무엇인지 찾는다.
- 감시방법: 계속적인 관찰, 기록 검사, 물품의 점검, 학생 및 교직원과의 토의, 업무 담당자와 상담한다.
- 지도 · 감독: 학교간호에 참여한 학생, 교직원 등의 인력의 활동이 정상적으로 이루어지는가를 사정하여 기술적인 조언을 필요로 할 경우 제공한다.

6. 평가

학교보건사업과정에 따른 평가범주와 종합평가 영역은 **표 3.44**와 **표 3.45**를 참고하여 평가를 실시한다.

표 3.44 학교보건사업과정에 따른 평가범주

평가범주		평가내용	
구조		장소	상담실, 교육실의 장소가 적절하였음
		기구, 도구, 물품	행정실에서 LCD를 확보하였고, 리플렛은 교육받은 학생, 학부모, 교직원에게 배포하였으며, 보건실 운영에 대한 물품은 충분히 활용하였음
		인력	학부모 교육 시는 학교의가 강의하였고, 성교육 때는 지역사회 전문가를 초청하여 실시하였으며, 시간은 적절하였음
		예산	스트레스 관리를 위한 상담 프로그램 운영비 30만 원은 부족하였으며, 감염병 예방을 위한 비용은 예산에 맞게 집행되었음
과정		만족도, 흥미도	보건교육에는 다양한 교육기자재를 활용하여 학생, 교직원, 학부모의 참여를 유도하였으며, 보건교육에 대한 흥미도와 만족도는 보통이었으며, 학교 감염병관리에 대한 학부모 만족도 조사에서 대체적으로 만족하다고 평하였음
		프로그램 참여율	학생의 스트레스 관리 프로그램 참여율은 95% 이상이었으며, 학부모 및 교직원의 교육 참여율은 85%였음
		교재 적절성	보건교육 과정 동안 사용된 교재에 대한 설문조사 결과 95% 이상이 적절하다고 보고하였음
		대상자의 적절성	학생, 교직원, 학부모, 지역사회에 모두 적용할 수 있는 프로그램임
결과	효과	지식변화(Knowledge)	스트레스관리, 안전사고 예방, 감기에 대한 지식이 보건교육 전과 후에 유의한 차이가 있었음
		행위변화(Behavior)	보건교육 전과 후의 아침식사 결식률을 조사한 결과 교육 전 30%에서 교육 후 20%로 감소하였다. 학생들의 상담실 이용률이 감소하였음
		행태변화(Status)	1년 동안 두통 호소율이 16%였으며, 이는 목표보다는 약간 부족하지만 대체적으로 만족한 결과라고 할 수 있다. 감염병 발생률은 감소하였음
	효율	스트레스 관리 프로그램에는 총 소요비용이 30만 원이었는데, 두통호소율이 20%였기에 스트레스 관리 프로그램으로 인해 1%의 지식 증가를 가져오는데 학생 1명당 33원이 소요되었음 $\frac{\text{1인당 총 소요비용/인원 수}}{\text{사업으로 인해 변화된 결과}} = \frac{\text{300,000원/563}}{\text{16\%}} = \text{33.3원/명/\%}$	

표 3.45 종합평가

영역	평점			비고
	상(5)	중(4)	하(3)	
1. 보건실 비품 관리 상태		0		
2. 건강관찰 및 상담지도	0			
3. 건강이상자 건강상담	0			
4. 건강검사 실시 및 조치사항	0			
5. 급수시설 및 교사내 공기 질 관리상태		0		
6. 화장실, 하수, 쓰레기장 위생상태		0		
7. 안전관리		0		
8. 건강기록부 관리	0			
9. 응급처치	0			
10. 감염병 예방관리	0			
11. 보건교육 실적	0			
12. 비만학생 관리	0			
총점(60점)	56점			

chapter

4

학교보건서비스

학습목표

1. 학교보건관리 계획을 수립할 수 있다.
2. 학교보건업무를 평가할 수 있다.
3. 학교건강검사의 목적을 설명할 수 있다.
4. 학교건강검사의 종류와 방법을 설명할 수 있다.
5. 학교건강검사의 추후관리방법을 설명할 수 있다.
6. 학생건강기록부 관리방법을 설명할 수 있다.
7. 학생 건강문제 특성에 따른 관리방법을 설명할 수 있다.
8. 응급 건강문제 발생 시 신속하고 정확하게 대처할 수 있다.
9. 정신사회심리적 문제 아동의 관리방법을 설명할 수 있다.
10. 소아 · 청소년 장애아동의 관리방법을 설명할 수 있다.
11. 최근 학생건강문제의 관리방법을 설명할 수 있다.
12. 학교 감염병 발생 시 체계적인 관리대책을 수행할 수 있다.
13. 법정 감염병의 특성 및 질병을 설명할 수 있다.
14. 법정 감염병의 예방접종에 대해 설명할 수 있다.

학습개요

조직적이고 효율적인 학교보건관리는 학생과 교직원이 안전하고 건강한 학교생활을 통해 신체적 · 정신적 · 사회적 건강상태를 유지하고 건강증진의 궁극적 목표를 달성할 수 있게 한다. 학교보건서비스에서는 학교보건관리 계획과 평가, 학교건강검사, 학생 건강문제관리, 학교 감염병관리 등의 내용을 다루었다.

시대적 변화와 더불어 다양하게 확대되고 있는 학교보건 서비스의 중요성을 이해하고, 원활한 학교보건서비스를 수행하기 위해 학교보건관리 계획수립과 평가가 이루어져야 한다. 학기 초에 연간 학교보건서비스 업무 계획을 수립한 후 월별, 주별 등 세부적인 계획을 세워 수행하고 학년말에는 학기 초에 수립한 계획에서 어느 정도 목표를 달성했는지 자체 평가를 통해 개선점 및 애로점을 파악 후 다음 해 업무계획 수립 시 반영한다. 또한, 학교현장에서 학생건강문제 서비스는 매우 중요한 업무 영역이다. 보건교사는 학생들의 일반적 건강문제와 요보호 학생관리, 응급건강문제, 정신 · 사회 · 심리적 문제아동 및 장애아동의 관리, 최근 대두되는 건강문제의 처치와 관리법 그리고 학교감염병 관리방법에 대해 숙지하고, 학생과 교직원에게 건강관리 방법에 대한 지도 및 보건교육자의 역할을 수행하여 건강한 학교생활을 영위할 수 있게 해야 한다.

1절

학교보건관리

1. 학교보건관리의 기획

학교보건관리의 기획은 학교보건 기준과 지침에 근거하여 각 학교의 실정과 제반 여건에 맞게 수립하여 업무수행에 차질이 없게 하며, 실현 가능하고 구체적인 내용으로 수립한다. 기획 시 연간, 월간, 주간 계획으로 세분화하면서 업무수행에 소요되는 예산, 업무부서 간 협조, 일정 등을 계획한다면 효율적인 학교보건관리가 이루어질 수 있다.

1) 목적

학교보건은 건강과 안전에 대한 올바르고 체계적인 지식을 습득하고 올바른 태도와 습관을 형성하여 질병예방, 건강유지 · 증진 및 자기건강관리 능력을 길러주어 신체적 · 정신적 · 사회적으로 건강하고 안전한 학교생활을 누리도록 하는 데 목적이 있다. 계획을 세워서 실천하면 체계성과 효율성을 더 높일 수 있다.

연간 학교보건 업무계획은 보건교사 개인의 철학적 가치관과 지역별 교육청 단위의 학교보건 기본방향 또는 학교 단위의 업무분장에 의해 다소 차이가 있을 수 있으나 일반적인 원칙은 다음과 같다.

- 체계적이고 지속적인 보건교육과 건강상담을 통해 학생과 교직원의 자기건강관리 능력을 함양한다.

- 건강검사 및 별도검사를 실시 후 철저한 사후관리로 질병을 예방하고 장애를 최소화한다.
- 각종 감염병 예방활동을 강화하여 건강한 학교생활을 영위하게 한다.
- 학습환경 및 학교환경위생의 저해요인을 파악하고 환경정화를 통해 밝고 명랑한 교육환경을 조성한다.
- 보건실의 약품 및 시설을 보완, 확충하여 보건실운영의 효율성을 높인다.
- 발달단계별로 체계적인 성교육(정확한 성지식 전달, 올바른 성 가치관 확립)을 실시하고, 학교와 가정과의 연계를 통해 효율적인 성교육의 토대를 마련한다.
- 성희롱 및 남녀차별방지를 위한 예방교육을 통해 교육현장에서 성희롱에 대한 관심 제고 및 성희롱 피해를 예방한다.
- 지역사회 유관기관과의 긴밀한 유대관계를 형성하여 원활한 학교보건사업을 수행한다.
- 학교보건 운영에 대한 내용을 홈페이지에 게재하여 학생 및 학부모가 정보를 공유할 수 있도록 적극적으로 홍보한다.

2) 학교현황

학교보건업무의 원활한 수행을 위해 기본계획을 수립 시 사전에 학급편성과 학생 수, 교직원 현황 등 학교현황을 파악한다.

3) 학교보건업무 기획

학교보건 영역은 일반적으로 학교보건관리, 보건교육, 성교육, 건강증진 프로그램 운영, 학교 환경위생 관리, 지역사회 연계 활동 등으로 구분할 수 있다.

연간 학교보건업무 기획을 수립할 때 학교보건 영역별로 실천하는 내용, 시기, 대상, 담당자 등을 구체적으로 작성해 두면 업무를 한 눈에 파악할 수 있어 정확하고 체계적인 보건업무 활동을 수행할 수 있다.

학교보건 업무기획은 학교보건 영역별로 구체적이며 체계적인 보건업무활동 계획안을 반드시 작성 후 수행단계로 진행한다(**표 4.1**).

표 4.1 연간 학교보건 업무계획(예시)

학교보건사업 구분영역		사업내용	사업시기	대상	담당자
건강 증진 교육	보건 교육	학생 보건교육	연중	전교생	담임, 보건
		학부모 보건교육	연중	학부모	담임, 보건
		교직원 보건교육	연중	전 교직원	보건
		응급 구조 활동 및 감염병 예방교육	연중	전교생, 교직원	보건
		보건소식지 가정통신문 및 홈페이지 탑재	매월	전교생	보건
	성	성교육	연중	학생, 교직원, 학부모	교과담당, 보건, 담임, 진로상담부
		성희롱, 성폭력, 성매매예방교육	연중	학생, 교직원, 학부모	
	약물 오 · 남용 예방	흡연 및 약물 오 · 남용 예방교육	연중	학생, 교직원, 학부모	담임, 보건
	시력구강 보건교육	시력 및 구강보건교육	연중	전교생	보건, 상담
	비만예방	비만아동 관리 프로그램 운영	연중	비만아, 학부모, 교직원	보건, 체육, 영양
보건 관리	건강 검사	건강검진	5월~	1학년	지정병원
		신체발달 상황검사 (PAPS에 준함)	5월	2, 3학년	담임, 보건
		학생건강실태조사	3월	전교생	보건, 담임
		정서 · 행동발달 선별검사	4월, 5월 중	1학년	보건
	별도검사	소변검사	5월	2, 3학년	학교보건협회
		시력검사	5월	2, 3학년	담임, 보건
		결핵검사	11월	3학년, 희망 교직원	대한결핵협회
	보건실 정비	약품 및 비품 정리	3월, 9월	보건교사	보건교사
		보건실 환경정리	연중	보건교사	보건교사
	건강관리	응급처치	연중	전교생	보건, 담임
		특수 질병, 요보호자 관리	연중	요보호자	보건, 담임
		감염병 예방관리	연중	발병아	보건, 담임
		성인병(비만아)관리	연중	유소견자	보건
		학생상담	연중	건강문제학생	보건, 담임
		교직원 건강관리	연중	교직원	보건

표 4.1 연간 학교보건 업무계획(예시)(계속)

학교보건사업 구분영역		사업내용	사업시기	대상	담당자
환경 관리	환경 관리	교사 내 · 외 방역	분기별	교사 내 · 외	행정실 협조
		저수조 청소 및 먹는 물 관리	연중	먹는 물	행정실 협조
		환경위생관리	연중	전교실	행정실, 담임, 보건, 영양
지역사회 연계	지역사회 자원 활용	각종 보건교육 의뢰활동	연중	전교생, 교직원	보건

출처: ○○중학교. 연간 학교보건계획(2014).

2. 학교보건관리의 평가

학교보건의 기본계획은 학년이 시작하기 전 수립하여 시행하고 학년 말에는 자체평가서를 작성한다. 평가결과 미비사항은 신학년도 시작 이전에 개선하거나 신학년 계획 수립 시 반영해야 하며, 각급 학교 담임 장학 시 학교보건 자체평가서 확인 점검을 통해 학교보건 발전을 도모한다.

학교보건 자체평가서 예시

1) 학교보건 기본 현황

학교명		학교장명		보건교사명	
학급수		학생수	남 명	여 명	
인구학적 특성	요양호학생수	명	응급환자발생건수	건/연	
	질병장기결석생수*	명/연	보건실이용자수	명/월	

*질병장기결석은 1주일 이상 결석한 학생

2) 영역별 자체평가 항목 및 배점

영역	평가항목	배점	자체평점
학교보건 기본 운영	1. 학교보건사업 기본계획이 수립되어 있으며 효율적으로 실시되고 있는가?	5	
	2. 요양호자 파악 및 관리가 체계적으로 이루어지고 있는가?	10	
	3. 응급환자 관리 및 후송체계가 수립되어 전 교직원이 충분히 인지하고 있는가?	10	
	4. 학교보건 예산의 편성, 집행이 적정하게 이루어지고 있는가?	5	
보건교육 성교육	5. 연간 보건교육, 성교육 계획이 수립되어 학교교육과정에 반영되고 있는가?	10	
	6. 다양한 교수 · 학습 자료를 마련하여 보건교육에 적용하고 있는가?	5	
	7. 보건교육 교수 · 학습 방법 개선을 위한 연구 및 연수 활동은 활발한가?	5	
건강증진 사업	8. 학생 건강검사 · 병리검사의 실시 및 기록, 추후관리가 적절하게 시행되고 있는가?	5	
	9. 학교환경위생 관리가 각 분야별로 적절하게 이루어지고 있는가?	5	
	10. 감염병 관리 종합대책을 수립하고 예방교육을 시기별로 적절하게 실시하고 있는가?	10	
	11. 비만, 흡연예방 등 건강증진 프로그램이 실시되고 있는가?	5	
학교보건 요원 · 보건 시설	12. 학교보건요원 확보(학교의사, 약사, 지역사회 인력자원 등)는 충실한가?	5	
	13. 적정규모 보건실 설치 및 시설 · 기구가 확보되어 있으며 활발하게 활용되고 있는가?	10	
	14. 의약품은 적절하게 구입, 사용하며 안전한 장소에 보관되고 있는가?	5	
기타	15. 학교보건 발전을 위한 우수사례 및 특색사업(개조식으로 내용 기록, 별도 첨부)	5	
총점		100	

▣ 개선 · 보완 · 건의 사항(개조식으로 기록, 별도 첨부)

※12월 20일까지 자체평가 실시하고 학교장 결재 후 해당학교 보관, 장학 시 활용

출처: 서울특별시교육청. 학교보건 기본방향(2017).

학교보건사업 추진결과 평가항목은 3장 표 3.5를 참고하기 바란다.

2절

학교건강검사

1. 학교건강검사의 목적

학교건강검사의 목적은 학생과 교직원의 신체적 질병이나 기타 결함의 발견, 예방, 치료, 건강증진 및 체력향상을 도모하기 위해 실시한다. 학교건강검사는 아동 · 학부모 · 교사에게 건강상태에 대한 정보를 제공하고 위험에 대해 경고할 수 있으므로 학생의 건강유지 · 증진을 위해 필수적이다.

학교건강검사의 구체적 목적은 다음과 같다.

- 정기적인 건강검사로 질병과 결함 및 신체적 이상을 조기발견할 수 있다.
- 적절한 시기에 건강상담과 치료 및 예방할 수 있는 기회를 마련할 수 있다.
- 학생의 건강증진 및 자기건강관리 능력을 배양할 수 있다.
- 건강한 학교생활을 영위할 수 있다.

2. 학교건강검사의 내용

「학교보건법」 제7조(건강검사 등) 및 「학교건강검사규칙」(교육부령, 2016.3.4 시행)에

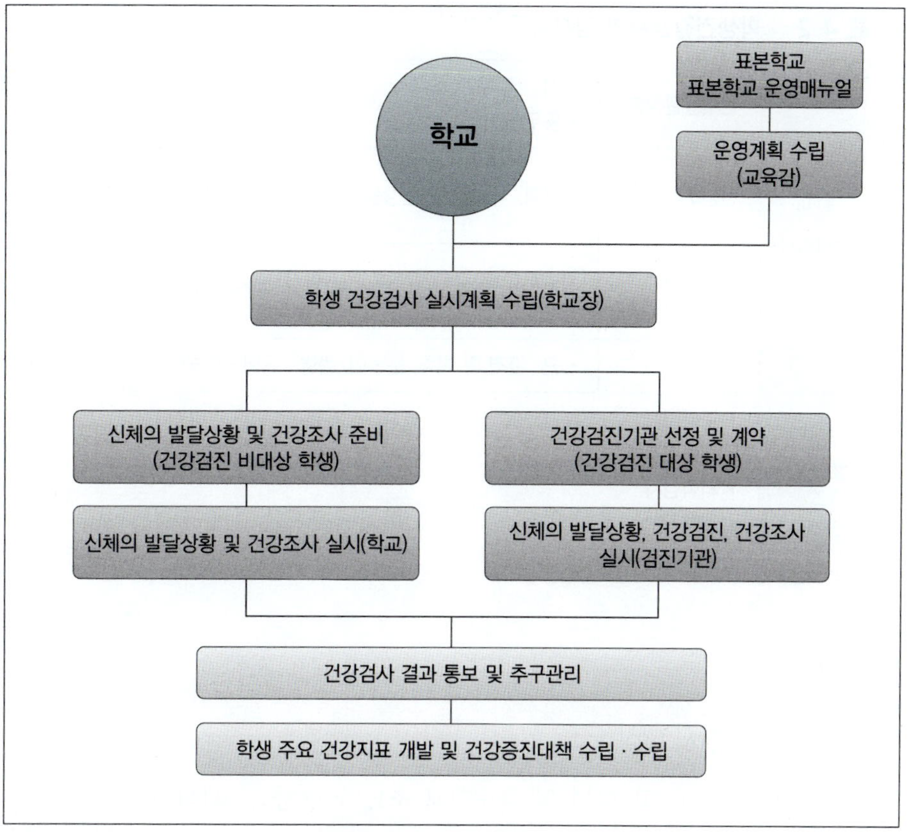

그림 4.1 **학교건강검사 추진체계**

출처: 교육부. 학교건강검사가이드라인(2009).

의해 2016년부터 실시하는 건강검사는 신체 발달상황(체격검사), 건강조사, 신체능력검사(체력검사), 정신건강상태검사 및 건강검진으로 구분한다. 신체 발달상황, 건강조사, 신체능력검사, 정신건강상태검사는 학교장이 실시하고 건강검진은 「건강검진기본법」 제14조의 규정에 의해 지정된 검진기관에서 실시한다. 다만, 건강검진 시 학생에 대한 신체의 발달상황 및 건강조사는 검진기관에서 함께 실시하고, 건강조사는 문진표 작성으로 갈음할 수 있다. 원활한 건강검사를 위해 학교장은 예산 및 구체적인 건강검사 계획을 매년 3월 31일까지 수립하여 4~6월까지 학교교육과정에 지장을 초래하지 않는 범위 내에서 운영한다. 학교장은 건강검사 후 결과를 검사년도 7월 10일까지 시 · 도 교육감을 거쳐 교육부장관에게 제출한다(**표 4.2**).

표 4.2 학생건강검사의 검사항목

<table>
<tr><td rowspan="4">학생 건강검사</td><td>신체발달상황</td><td>• 키
• 몸무게</td></tr>
<tr><td>건강조사</td><td>• 병력, 식생활 및 건강생활 행태 등(구조화된 문진표 조사)</td></tr>
<tr><td>정신건강 상태검사</td><td>• ADHD, 우울, 자살, 불안 등 정서 · 행동 문제</td></tr>
<tr><td>건강검진</td><td>• 근 · 골격 및 척추, 눈 · 귀, 콧병 · 목병 · 피부병, 구강, 기관능력, 병리검사 등</td></tr>
<tr><td>별도검사</td><td colspan="2">• 구강검사
• 소변검사
• 시력검사
• 결핵검사</td></tr>
</table>

출처: 서울특별시교육청. 학교보건 기본방향(2017).

1) 건강검진

(1) 건강검진 실시 대상

초1, 초4, 중1, 고1학년 및 특수학교 초1, 초4, 중1, 고1학년, 평생 교육 시설학교 고1 과정 학생을 대상으로 건강검진기관에서 실시한다(**표 4.3**). 건강검진에 소요되는 비용은 「국민건강보험법」에 의해 보건복지부장관이 정한 금액을 적용한다.

표 4.3 학년별 건강검진 내용

<table>
<tr><th>구분</th><th>초등학교 1학년</th><th>초등학교 4학년</th><th>중학교 1학년</th><th>고등학교 1학년</th></tr>
<tr><td>기본 공통항목</td><td colspan="4">근 · 골격 및 척추, 눈, 귀, 코, 목, 피부, 구강, 기관능력, 소변검사, 혈압</td></tr>
<tr><td rowspan="2">추가 항목</td><td rowspan="2">혈액형</td><td>색각검사</td><td>색각검사
간염검사
결핵검사</td><td>결핵검사
혈색소(여학생)</td></tr>
<tr><td colspan="3">비만학생(혈당, 총콜레스테롤, AST, ALT)</td></tr>
</table>

출처: 서울특별시교육청. 학교보건 기본방향(2017).

(2) 건강검진의 절차

① 학교장은 건강검사 실시를 위해 소요예산을 포함한 구체적인 건강검사 실시계획을 매년 3월말까지 수립하고, 학생건강검사(건강조사, 신체능력검사, 정신건강 상태검사 및 건강검진, 신체발달상황 등) 결과를 평가하여, 이를 바탕으로 학생

건강증진계획을 수립 · 시행한다(**그림 4.2**).

② 학교장은 건강검진 기관을 2개 이상 선정하여 학교운영위원회의 심의 또는 자문을 받을 수 있다. 검진병원에 구강진료과목이 없을 경우 치과를 별도로 2개 이상 선정 가능하다.

③ 검진기관이 없는 지역에 소재한 학교는 교육감의 승인을 얻어 검진기관의 출장검진이 가능하며, 초 · 중 · 고등(특수)학교는 지역교육지원청 교육장을 거쳐 승인 신청을 할 수 있다.

④ 검사대상자인 학생들이 학부모 또는 이에 상응하는 보호자 등과 함께 본인 확인 증명서를 지참하고 검진기관을 직접 방문하여 검진을 실시한다.

⑤ 「학교보건법」과 「학교건강검사규칙」에서 규정한 이외의 건강검사는 일절 불허한다.

⑥ 학교장은 학생건강검사 실시와 검진기관 선정 등을 이유로 어떤 혜택도 받지 않는다는 조건을 계약서에 명시한다.

⑦ 건강검진기관에 대하여 만족도 조사를 실시하여 조사결과 개선이 필요한 사항에 대해서는 검진기관에 공문으로 개선을 요청하여 건강검진의 질을 관리한다.

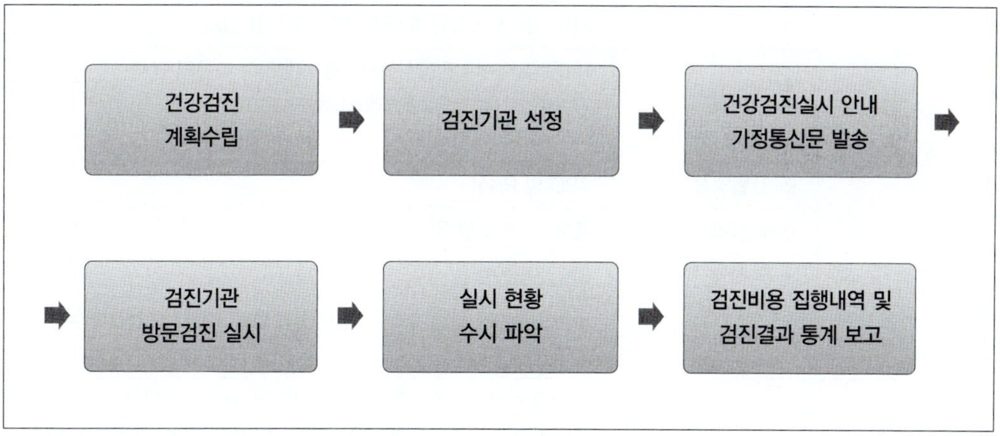

그림 4.2 학교건강검진 실시 흐름도

(3) 건강검진 항목 및 방법

건강검진 항목 및 방법은 **표 4.4**와 같으며, 검진결과 판정기준표는 **표 4.5**를 참조한다.

표 4.4 건강검진 항목 및 방법

검진항목		세부항목 및 검진방법
1. 근 · 골격 및 척추		근 · 골격 및 척추의 형태 및 질병 검사
2. 눈	2–1. 시력측정	가. 공인시력표에 의한 검사 나. 오른쪽과 왼쪽의 눈을 각각 구별하여 검사 다. 안경 등으로 시력을 교정한 경우에는 교정시력을 검사
	2–2. 색각이상 유무	공인 색각표에 의한 검사
	2–3. 안질환	결막염, 눈썹 찔림증, 사시 등 검사
3. 귀	3–1. 청력	가. 청력계 등에 의한 검사 나. 오른쪽과 왼쪽의 귀를 각각 구별하여 검사
	3–2. 귓병	중이염, 외이도염 등 검사
4. 콧병		부비동염, 비염 등 검사
5. 목병		편도선비대, 림프절증대 및 갑상선비대 등 검사
6. 피부병		아토피성피부염, 전염성피부염 등 검사
7. 구강	7–1. 치아상태	우식치아, 우식발생 위험치아, 결손치아 검사
	7–2. 구강상태	구내염 및 연조직질환, 부정교합, 구강위생상태 등 검사
8. 기관능력		호흡기(알레르기성 천식 포함) · 순환기 · 비뇨기 · 소화기 및 신경계통 검사
9. 병리검사	9–1. 소변	요컵 또는 시험관 등을 이용하여 신선한 요를 채취하며, 요 채취 후 1시간 내 검사 시행 시험지를 사용하여 측정(요단백 · 요잠혈 검사)
	9–2. 혈액	1회용 주사기나 진공시험관으로 채혈하여 다음의 검사 가. 비만학생: 혈당, 총콜레스테롤, AST, ALT 나. 여고학생: 혈색소
	9–3. 혈액형	ABO 및 RH식
	9–4. 결핵	흉부 X–선 촬영 및 판독
	9–5. 간염	B형간염 항원
	9–6. 혈압	자동혈압계에 의한 수축기 및 이완기 혈압, 고혈압 의심 시 수은수동 혈압계도 확인
10. 그 밖의 사항		검사항목 제1호 내지 제8호 중 세부항목 외에 담당의사가 필요하다고 판단하여 추가하는 항목(검진비용이 추가되지 않는 경우에 한한다)

※적용범위 및 판정기준

1. 학교급에 따라 다음과 같이 일부항목을 제외하고 적용한다.
   가. 2–2 "색각검사"는 초등학교 4학년 및 중학교 1학년 학생에 한하여 실시한다.
   나. 9–2 "혈액검사"는 초등학교 4학년과 중학교 1학년 및 고등학교 1학년 학생 중 비만도가 "경도비만" 이상의 학생을 대상으로 실시한다. 다만, 고등학교 1학년 여학생에 대하여는 혈색소 검사를 따로 실시한다.
   다. 9–3 "혈액형 검사"는 초등학교 1학년 학생에 한하여 실시한다.
   라. 9–4 "흉부 X–선 검사"는 중학교 1학년 및 고등학교 1학년 학생에 한하여 실시한다.
   마. 9–5 "간염검사"는 중학교 1학년 학생에 한하여 실시한다.
2. 건강검진 결과의 판정기준은 「국민건강보험법」 제47조 및 동법 시행령 제26조에 따라 보건복지부장관이 정해 고시한 기준에 따른다.

출처: 법제처 종합법령정보센터, 학교건강검사규칙(2013).

표 4.5 검진결과 판정기준표

<table>
<tr><th rowspan="2">질환별</th><th rowspan="2">검진항목</th><th rowspan="2">단위</th><th colspan="4">개정 판정기준</th></tr>
<tr><th colspan="2">판정</th><th colspan="2">참고치</th></tr>
<tr><td rowspan="2">폐결핵 및
기타 흉부질환</td><td rowspan="2">흉부방사선
촬영</td><td rowspan="2"></td><td colspan="2">정상</td><td colspan="2">비활동성</td></tr>
<tr><td colspan="2">질환의심</td><td colspan="2">정상 및 비활동성 이외의 자
(사진불량, 미촬영 등은 제외)</td></tr>
<tr><td rowspan="3">고혈압</td><td rowspan="3">혈압
– 수축기
– 이완기</td><td rowspan="3">mmHg</td><td colspan="2">정상</td><td colspan="2">수축기/이완기 혈압 성별, 연령별, 신장대비 90백분위수 미만</td></tr>
<tr><td rowspan="2">질환
의심</td><td>고혈압 위험군</td><td colspan="2">수축기/이완기 혈압 성별, 연령별, 신장대비 90~95백분위수 또는 연령별 백분위수와 무관하게 130/80mmHg 이상</td></tr>
<tr><td>고혈압 의심</td><td colspan="2">95백분위수 초과</td></tr>
<tr><td rowspan="3">고지혈증</td><td rowspan="3">총콜레스테롤</td><td rowspan="3">mg/dL</td><td colspan="2">정상</td><td colspan="2">≤170</td></tr>
<tr><td rowspan="2">질환
의심</td><td>고콜레스테롤증
위험</td><td colspan="2">170~199</td></tr>
<tr><td>고콜레스테롤증
의심</td><td colspan="2">≥200 또는 정상 참고치
95백분위수 이상</td></tr>
<tr><td rowspan="6">간장질환</td><td rowspan="4">AST(SGOT)</td><td rowspan="4">U/L</td><td rowspan="2">10세 미만</td><td>정상</td><td colspan="2">≤55</td></tr>
<tr><td>질환의심</td><td colspan="2">>55</td></tr>
<tr><td rowspan="2">10세 이상</td><td>정상</td><td colspan="2">≤45</td></tr>
<tr><td>질환의심</td><td colspan="2">>45</td></tr>
<tr><td rowspan="2">ALT(SGPT)</td><td rowspan="2">U/L</td><td colspan="2">정상</td><td colspan="2">≤45</td></tr>
<tr><td colspan="2">질환의심</td><td colspan="2">>45</td></tr>
<tr><td rowspan="4">신장질환</td><td rowspan="2">요단백</td><td rowspan="2"></td><td colspan="2">정상</td><td colspan="2">음성(–), 약양성(±)</td></tr>
<tr><td colspan="2">질환의심</td><td>양성(1+, 2+, 3+, 4+),
양성과 신장질환 증상
동반</td><td rowspan="3">동시
양성인
경우도
신장
질환
의심</td></tr>
<tr><td rowspan="2">요잠혈</td><td rowspan="2"></td><td colspan="2">정상</td><td>음성(–), 악양성(±)</td></tr>
<tr><td colspan="2">질환의심</td><td>양성(1+, 2+, 3+, 4+),
양성과 신장질환 증상
동반</td></tr>
<tr><td rowspan="2">빈혈증질환</td><td rowspan="2">혈색소–여</td><td rowspan="2">g/dL</td><td colspan="2">정상</td><td colspan="2">≥12.0</td></tr>
<tr><td colspan="2">질환의심</td><td colspan="2"><12.0</td></tr>
<tr><td rowspan="4">당뇨질환</td><td rowspan="4">혈당</td><td rowspan="4">mg/dL</td><td colspan="2">정상</td><td colspan="2"><100</td></tr>
<tr><td rowspan="3">질환
의심</td><td>공복 혈당 장애</td><td colspan="2">100~125</td></tr>
<tr><td>고혈당,
당뇨병 의심</td><td colspan="2">≥126, 당뇨 증상 없음</td></tr>
<tr><td>당뇨병 의심</td><td colspan="2">≥126, 당뇨 증상 있음</td></tr>
</table>

출처: 교육부 학생건강안전과. 학생건강검사 표본조사 운영매뉴얼(2009~2011).

(4) 건강검진 전 유의사항

① 검사결과에 영향을 줄 수 있는 심한 운동은 건강검진 2~3일 전부터 삼가하며 특히 전날 체육시간 운동량을 체육교사와 상의하여 조절한다.

② 건강검진 전날 저녁식사는 오후 9시 이전에 마치고 폭식을 금하며, 건강검진 당일 아침식사, 커피, 껌, 주스 등을 먹지 않는다.

③ 가급적 오후 1시 이전에 검사를 완료하도록 하며, 부득이 오후에 검사를 하는 경우에는 소변 및 혈액검사는 최소한 6시간 이상 공복상태에서 검사하도록 조치한다.

④ 가정통신문을 이용하여 건강검진 전 유의사항에 대해 안내한다.

(5) 건강검진 결과처리

① 검진기관은 검진 완료 후 15일 이내에 검진결과 통보서 3부를 작성하여 1부는 검진기관에 보관하고, 1부는 학생 또는 학부모에게, 나머지 1부는 학교장에게 각각 통보한다.

② 검진기관은 건강검진기록지 및 건강검진결과통보서에 검진담당 의사가 서명 또는 날인 후 문진표를 첨부하여 5년간 보관한다. 다만, 검진 전산(자동화)시스템을 사용하는 기관은 전자서명법에 의한 전자서명이 기재된 전자문서를 작성·보관해야 한다.

③ 검사결과는 차세대나이스(NEIS: 교육행정정보시스템)의 학생건강기록부에 담임교사가 입력하고 해당 자료는 보건실에 보관한다.

④ 건강검진 결과 이상자의 정밀검진 시 2차 검진기관은 학생과 학부모가 자율적으로 결정하고 검진비용은 학부모가 부담함을 안내한다.

⑤ 요보호학생 관리 카드를 작성하여 건강상담 및 추후관리를 철저히 한다.

⑥ 학생이 전학을 갈 경우 '건강결과 통보서'를 해당 학교에 이송하고 고등학교 1학년 건강검사(구강검진) 결과통보서는 2, 3학년 별도검사 결과를 기록하여 고등학교를 졸업할 때 교부한다.

⑦ 학생이 전입한 경우에는 차세대나이스의 학생건강기록부에 건강검진 결과가 입력되었는지 확인하며 미입력된 경우 해당학교에 입력 요청을 해야 한다. 만약,

건강검진을 받지 않고 전입한 경우 전입 학교의 지정된 검진기관에서 검진을 받도록 안내한다.

(6) 건강검진 미실시자에 대한 조치

① 전년도 건강검진 대상 학생이 건강검진을 실시하지 않았을 경우 다음 연도에 반드시 검진을 받도록 조치한다.

② 전년도 건강검진결과 상대체중에 의한 표준체중 비만판정에서 경도 이상의 비만판정을 받은 학생이 혈액검사를 실시하지 않은 경우 다음 연도에 반드시 검사받도록 조치한다.

2) 신체발달상황

신체발달상황은 키와 몸무게로 측정한다.

(1) 목적

① 자신의 성장발육의 정도를 알고 안녕(well-being)에 관심을 가질 수 있다.

② 비만도를 산출할 수 있는 근거가 된다.

③ 아동 발달의 통계지표로 활용할 수 있다.

④ 각 아동은 개인차가 있음을 인정하고 자신의 상태와 각 개인에게 가장 좋은 발달과정에 관심을 가진다.

(2) 신체발달상황 검사의 사전준비

검사를 실시하기 전 측정기구를 세심히 점검하고 측정자에 대한 사전교육을 정확히 하면 검사결과의 신뢰성과 객관성을 높일 수 있다.

① 측정기구의 지정과 점검

- 측정기구는 제조회사, 연도, 검인정 표시가 된 표준화된 기구를 사용한다.
- 측정기구는 매년 같은 종류를 사용하여 측정 오차를 최소화한다.
- 검사 실시 전 이상 유무를 미리 점검한다.

② 측정자와 측정장소 지정

- 검사종목별로 측정자와 기록자의 명단을 작성한다.
- 측정장소는 교실이나 강당을 이용한다.
- 측정기구를 자주 이동하면 정확성이 결여될 우려가 있으므로 측정기구는 한 곳에 고정시킨다.

③ 측정자의 사전교육 실시

- 키, 몸무게 측정방법을 측정자에게 사전에 교육한다(**그림 4.3**).
- 모든 검사는 3회 측정한 후 평균치를 채택한다.
- 측정한 결과치는 기록담당자가 기록한다.
- 담임교사의 지도하에 검사가 원활히 진행되게 한다.
- 측정내용은 동일인이 동일한 방법으로 측정하게 한다.
- 비만도는 키, 몸무게를 차세대나이스의 학생건강기록부에 입력하면 자동 산출되되므로 시간을 절약할 수 있고 PAPS에서 불러오기도 가능하다.

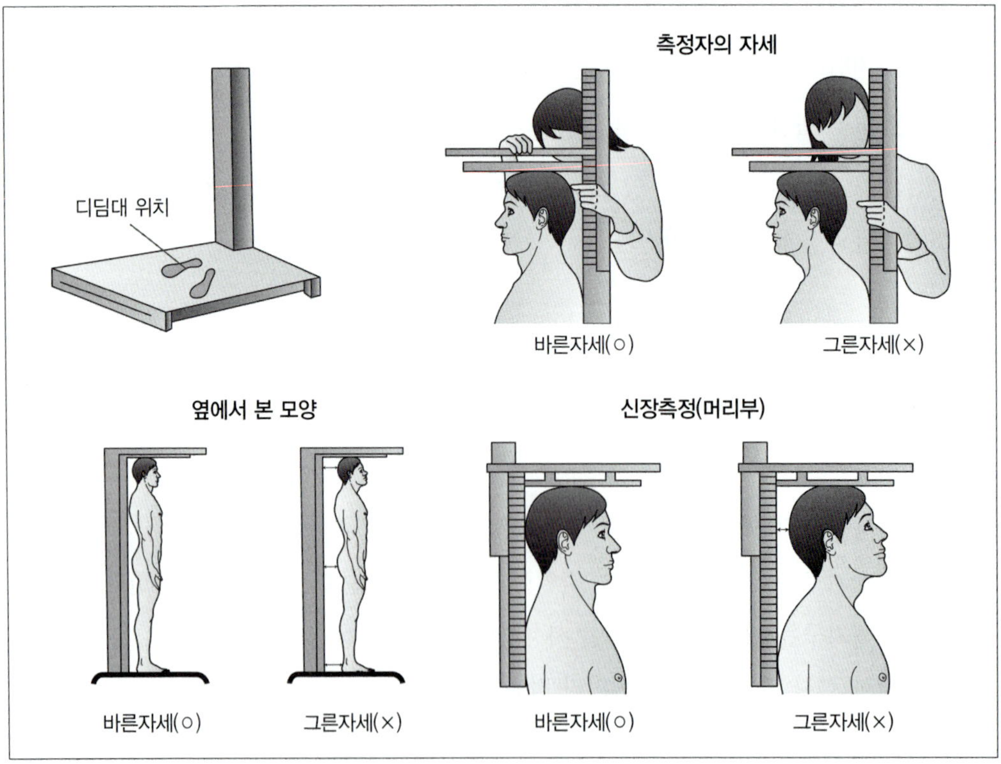

그림 4.3 키 측정법

출처: 교육부 학생건강안전과. 학생건강검사 표본조사 운영매뉴얼(2009~2011).

(3) 신체발달상황에 대한 검사항목 및 검사방법

검사항목	검사방법
키(cm): 측정기구는 자가 달린 수직막대와 움직이는 수평막대로 된 생체계측기를 사용하는 것이 일반적임	1. 피검자는 간편한 복장 상태로 측정 자세를 잘 볼 수 있도록 함 2. 피검자를 수평면에 곧바로 세우고 발뒤꿈치, 엉덩이, 등, 뒷부분이 수직판에 닿도록 함 3. 머리는 정면을 보게 하여 소위 'Frankfort Horizontal Plane'에 위치하게 함 4. 양팔은 손바닥을 다리를 향하게 하여 힘을 빼고 자연스럽게 늘어뜨림 5. 팔꿈치를 모으고 발의 내측선(Medial boarders)이 약 45°가 되게 벌리고 무릎 내측은 겹치지 않고 접촉되게 함 6. 계측기에 표시된 눈금의 수치를 0.1cm 단위로 읽음(측정값이 소수 둘째자리 이상까지 나오는 경우에는 둘째자리에서 반올림)
몸무게(kg): 측정기구는 표준화된 전자식 저울을 사용할 것을 권장함	1. 저울은 바닥이 평편하고 단단한 곳에 놓고 수평위치를 잡음 2. 측정하기 전에 영점조정을 시행함 3. 피검자를 발판 위에 올라서게 하고 체중이 양쪽 발에 골고루 분포되도록 가만히 서 있게 함 4. 피검자는 간편복장 상태로 측정함(운동복 등 옷을 입고 측정한 경우 옷의 무게를 뺄 것) 5. 측정기에 표시된 눈금을 100g 단위로 읽음

※ 비고: 1. 수치는 소수 첫째 자리까지 나타낸다(측정값이 소수 둘째 자리 이상까지 나오는 경우에는 둘째 자리에서 반올림한다).
2. 비만도는 체질량지수와 표준체중에 의한 상대체중으로 각각 산출하기 때문에 서로 다른 결과가 나올 수 있다.

*출처: 교육부 학생건강안전과. 학생건강검사 표본조사 운영매뉴얼(2009~2011).

(4) 비만도 산출방법

① 비만도는 체질량지수(Body Mass Index, BMI: kg/m^2)와 표준체중에 의한 상대체중으로 각각 산출한다.

② 표기방법

■ **BMI별 비만도 판정기준**

성장 도표	판정기준		
연령별 체질량지수 (kg/m^2)	저체중	과체중	비만
	<5 백분위수	85~95 백분위수	≥95 백분위수 또는 ≥25kg/m^2

■ **상대체중(%)으로 산출된 비만도 판정기준**

성장 도표	판정기준		
표준체중별 상대체중(%)	경도비만	중등도비만	고도비만
	20~29	30~49	50≤

③ 계산식

BMI = 체중(kg)/[신장$(m)^2$]

(5) 신체발달상황 검사의 결과처리

① 차세대나이스의 학생건강기록부에 입력한다.

② 검사결과 다른 아동보다 신체발달이 부족하다고 열등감을 느끼지 않게 하고 지난해와 비교해 자신의 성장상태를 이해하고 향상되도록 돕는다.

③ 검사결과는 학생 개인의 건강관리와 학교보건사업을 위한 기초자료가 되므로 한눈에 파악할 수 있도록 통계 처리하여 정리한다.

④ 비정상아동 발달 산출에 기초자료가 되므로 비정상아동을 관리할 수 있는 기회를 제공한다.

⑤ 건강문제를 확인하고 검사결과상 문제가 진단된 아동에 대해서는 건강상담 및 건강관찰을 지속적으로 시행한다.

3) 건강조사

건강조사는「학교건강검사규칙」제4조의 2에 의해 병력, 식생활 및 건강생활 행태 등에 대해 실시한다. 건강검진 대상 학년은 검진기관에서 문진표에 의한 조사로 대신하며 구조화된 설문지(시, 도교육감 승인)를 학교 자체에서 인쇄하여 전교생을 대상으로 교직원에 의해 조사한다. 설문내용 중 학부모의 도움이나 확인이 필요한 사항이 있으므로 가정에서 작성하여 제출하도록 지도한다.

(1) 목적

학생의 건강상태를 평가하거나 건강에 저해되는 특수상태를 조기발견하기 위한 것으로 구체적인 목표는 다음과 같다.

① 학생의 전반적인 건강생활습관을 파악한다.

② 학생의 건강상태는 가족의 병력을 미리 파악하여 의학적 감독과 교정을 실시한다.

③ 학생에게 건강일탈에 대한 전문적 상담과 효과적인 건강경험을 제공한다.

④ 학생이 학교의 다양한 건강증진 프로그램에 참여할 수 있도록 의식을 고취시킨다.

(2) 건강조사 항목 및 내용

건강조사 항목 및 내용은 다음 **표 4.6**과 같다.

표 4.6 건강조사 항목 및 내용

조사항목	조사내용
1. 예방접종/병력	• 감염병 예방접종 • 가족병력 • 개인병력
2. 식생활/비만	• 식습관 • 인스턴트 및 그 밖에 식품의 섭취형태 • 다이어트 행태
3. 위생관리	• 손씻기 • 양치질
4. 신체활동	• 근지구력 향상을 위한 운동 • 심폐기능 향상을 위한 운동 • 수면
5. 학교생활/가정생활	• 가족 내 지지 정도 • 학교생활 적응 정도 • 교우관계
6. 텔레비전/인터넷/음란물의 이용	• 텔레비전 시청 • 인터넷 이용 • 음란물에의 노출 여부 및 정도
7. 안전의식	• 안전에 대한 인식 • 안전사고의 발생
8. 학교폭력	• 학교폭력에의 노출 여부 및 정도
9. 흡연/음주/약물의 사용	• 흡연 • 음주 • 흡입제 사용 여부 및 약물 오 · 남용 여부 등
10. 성 의식	• 성문제 • 성에 대한 인식
11. 사회성/정신건강	• 사회성(자긍심, 적응력 등) • 정신적 건강(우울, 자살, 불안증, 주의력 결핍 등)
12. 건강상담	• 건강에 대한 상담의 요구 등

출처: 법제처 종합법령정보센터, 학교건강검사규칙(2013).

(3) 건강조사의 결과처리

① 상반기 중 설문결과를 통계내고 자료를 작성한다.

② 결과 분석 후 학교보건관리에 반영한다.

4) 신체능력검사

학생신체능력검사는 학생건강체력평가(Physical Activity Promotion System, PAPS)로 시행한다. 학생건강체력평가제도는 현행 초 · 중 · 고등학교 학생 체력장 제도를 전면적으로 개정한 새롭고 선진화된 체력평가시스템으로, 학생들의 건강체력과 비만, 그리고 선택적으로 심폐지구력 정밀평가와 심리검사인 자기신체평가, 자세평가와 같이 학생들의 신체활동과 관계된 종합적인 평가를 하고, 평가결과를 토대로 신체활동에 대한 처방을 하는 종합평가시스템을 의미한다. PAPS의 특징은 운동과 스포츠를 뛰어나게 수행하기 위해 요구되는 운동기능체력과 학업과 일상생활, 질병예방에 중요한 건강체력 종목으로 구성되어 있어 전반적인 체력을 평가할 수 있다는 것이다. 운동에 대한 지식 습득과 신체활동을 위한 행동변화를 이끌어 내는 데 도움이 되게 구성되어 있어 신체능력검사에 그치지 않고, 학생건강체력평가 → 신체활동 프로그램 제공 → 학생 자기건강관리 능력 제고의 순환체제를 구축하고 있다. 따라서, 비만과 자세 변형에 대한 평가와 지도가 가능하고, 학생 자신의 체력수준과 흥미에 맞는 개별화된 운동처방을 제공받음으로써 운동에 대한 동기유발 및 자기체력관리능력을 향상시킬 수 있는 계기가 될 수 있다.

(1) PAPS의 필요성 및 목적

최근 학생들의 운동부족으로 인한 비만 증가와 체력 저하가 심화되고 있다. 체력등급(2000~2007 비교)은 2000년에 비해 1급이 5% 줄고, 5급은 13% 늘어났으며, 초 · 중 · 고 비만율은 2002년 9.4%, 2004년 10.0%, 2006년 11.7%로 증가하고 있다.

1951년부터 순발력, 스피드 등 운동기능 위주의 '학생신체능력검사'는 단순 측정 · 기록에 그치고 후속조치(Follow-Up)에 한계가 있으므로, '건강체력 중심의 종합체력평가 및 운동처방'으로 전환하여 실질적인 신체활동 증진 시스템 구축이 필요하다.

학생건강체력평가제도 시행의 목적은 다음과 같다.

- 웹 기반 '학생건강체력평가시스템'을 구축하고 현행 체력검사 제도를 개선할 수 있다.
- 학생, 학부모의 활용성을 제고하여 신체활동 참여동기를 유발하고, 학생의 건강과, 체력증진을 도모할 수 있다.
- NEIS의 체육, 보건, 급식시스템을 연계하여 구축함으로써 향후 유아부터 노인에 이르는 생애주기별 건강체력평가시스템으로 확대 추진할 수 있다.
- 국가 차원의 학생건강체력의 관리 및 증진을 통해 국민 복지증진 및 국가 경쟁력을 제고할 수 있다.

(2) 학생건강체력평가 내용

학생건강체력평가제도의 내용은 **그림 4.4**와 같고, 평가와 처방 내용은 **그림 4.5**와 같다.

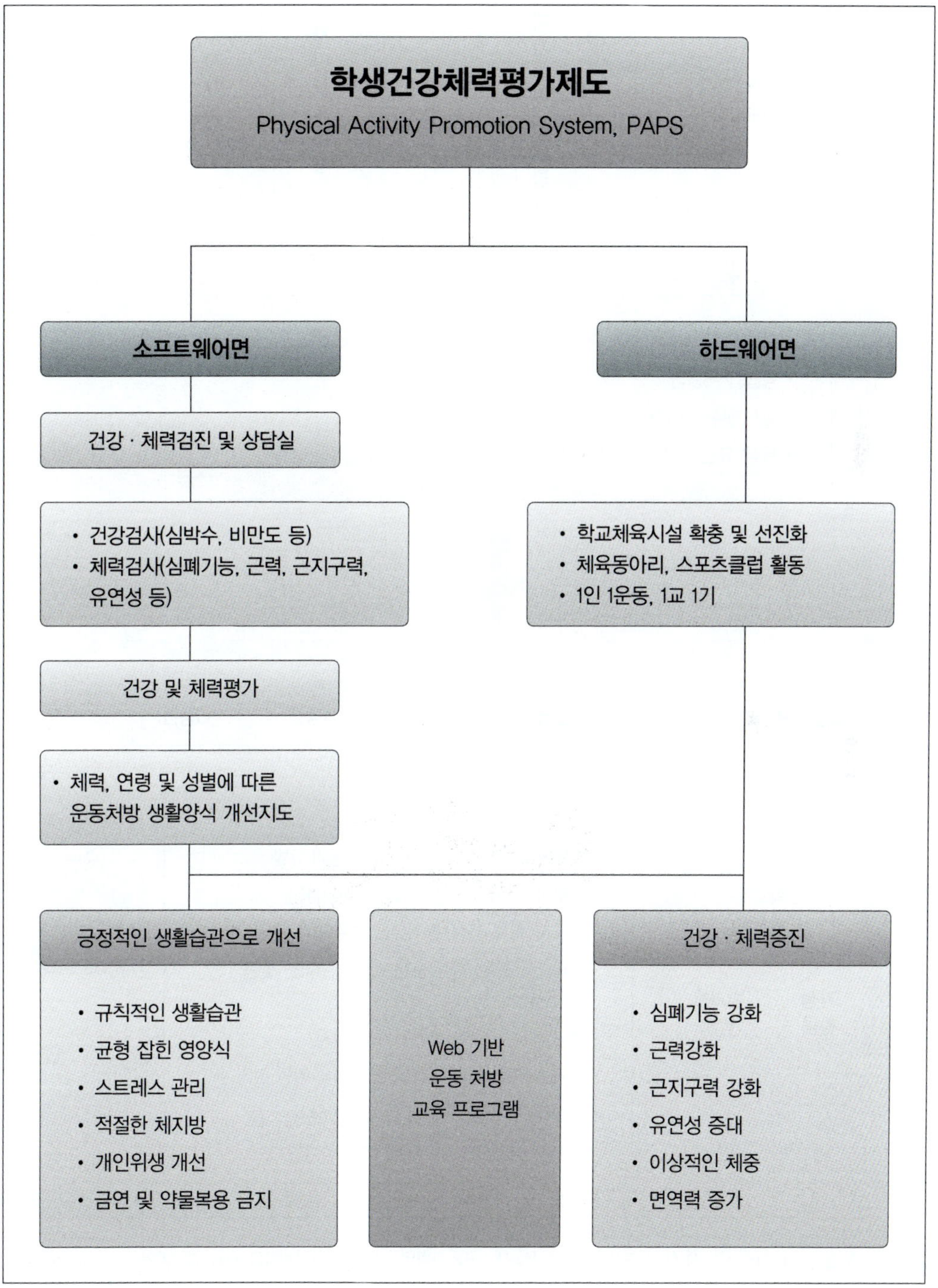

그림 4.4 학생건강체력평가제도. 출처: 서울대스포츠과학연구소. 학생건강체력평가매뉴얼(2009).

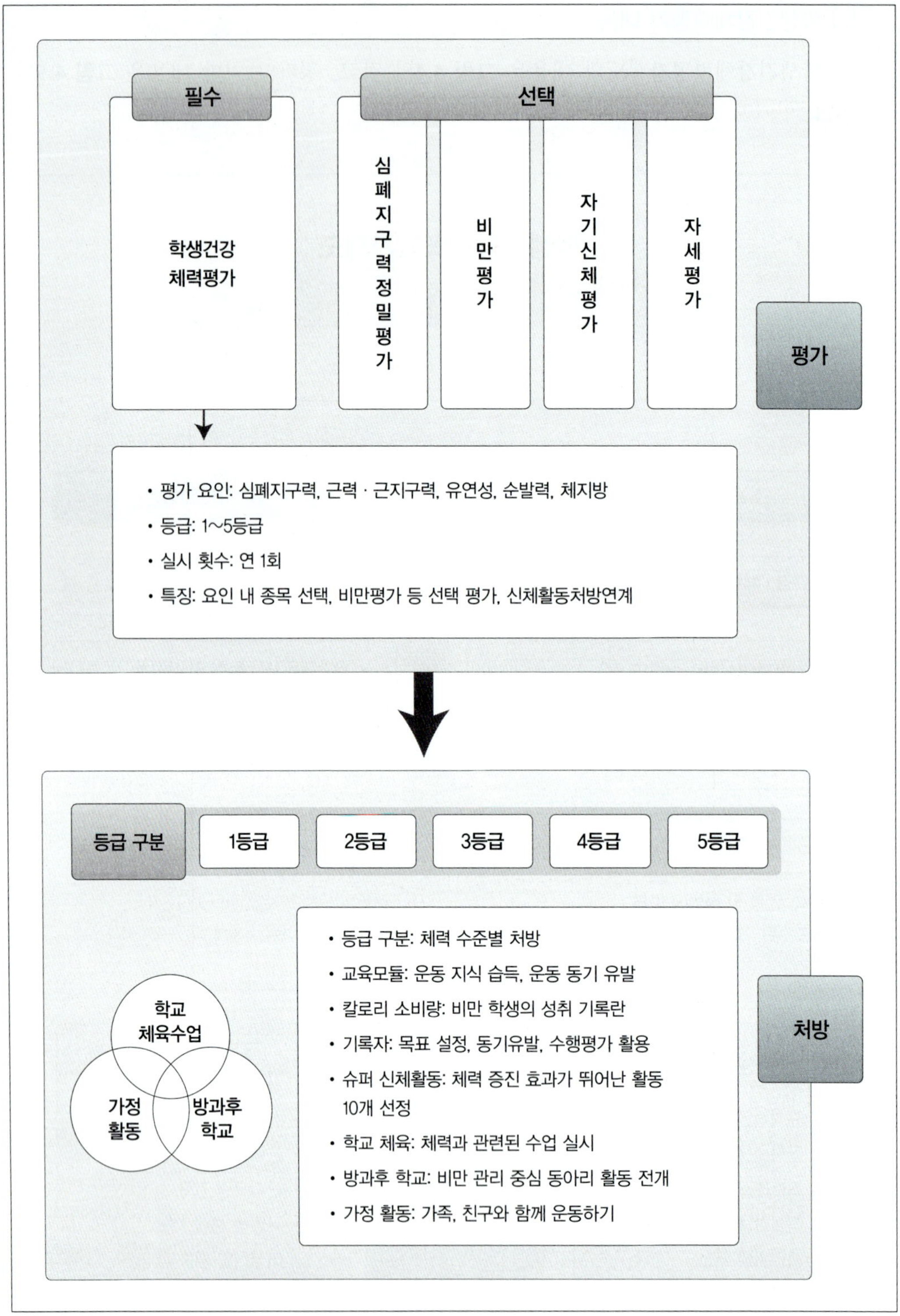

그림 4.5 **PAPS의 평가와 처방.** 출처: 서울대스포츠과학연구소. 학생건강체력평가매뉴얼(2009).

(3) 현행 학생신체능력검사와 PAPS의 비교

구분	현행 학생신체능력검사	학생건강체력평가시스템(PAPS)
적용 학년	• 초5~고3	• 초5~고3(초4학년 선택)
특징	• 운동기능체력 위주: 순발력, 스피드, 민첩성 등 ※ 운동선수 조기 선발에 초점	• 건강관련체력 위주: 심폐지구력, 근력 · 근지구력, 유연성, 체지방조절력 등 ※ 학생개인의 건강체력 측정에 초점
종목	• 6개 종목 고정형 ① 50m 달리기 ② 제자리멀리뛰기 ③ 1,600m(1,200m) 달리기 ④ 앉아윗몸앞으로굽히기 ⑤ 윗몸일으키기 ⑥ 팔굽혀펴기(오래매달리기) ※ 괄호 안은 여자 종목	• 5개 체력요인 12개 종목 선택형 〈심폐지구력〉 ① 왕복오래달리기 ② 오래달리기-걷기 ③ 스텝검사 〈유연성〉 ④ 앉아윗몸앞으로굽히기 ⑤ 종합유연성검사 〈근력 · 근지구력〉 ⑥ (무릎대고)팔굽혀펴기 ⑦ 윗몸말아올리기 ⑧ 악력검사 〈순발력〉 ⑨ 50m 달리기 ⑩ 제자리멀리뛰기 〈체지방〉 ⑪ 체질량지수(BMI) ⑫ 체지방률(%Fat)
등급 (점수)	• 1~5급(종목별 5점, 초: 25점, 중 · 고: 30점 만점)	• 1~5등급(종목별 20점, 전체 100점 만점) ※ 신체활동 성취동기 유발
측정	• 연 1회(9~10월) • 초시계, 줄자 등을 사용한 분, 초, 횟수 등 단순 측정	• 연 1회(학년초) • 다양한 IT 기술을 적용한 측정도구 사용
활용	• 검사결과가 단순 기록 · 보관(1회적)되고, 운동처방 등 후속 조치 미흡 ∨ 건강기록부에 기록되고 학생 · 학부모에게 통지, 활용도 낮음	• 자신의 건강체력 정보의 누가적 관리 및 운동처방을 받음 ∨ 언제 어디서나 자신의 건강체력을 관리할 수 있는 웹기반으로 구축 • 비만 학생의 선별 및 관리 • 선택평가가 있음

출처: 서울대스포츠과학연구소. 학생건강체력평가매뉴얼(2009).

(4) 학생건강체력평가의 종목 및 대상

PAPS를 위한 평가 종목은 **그림 4.6**과 같이 학생건강체력평가(필수), 선택평가(선택)로 구분한다.

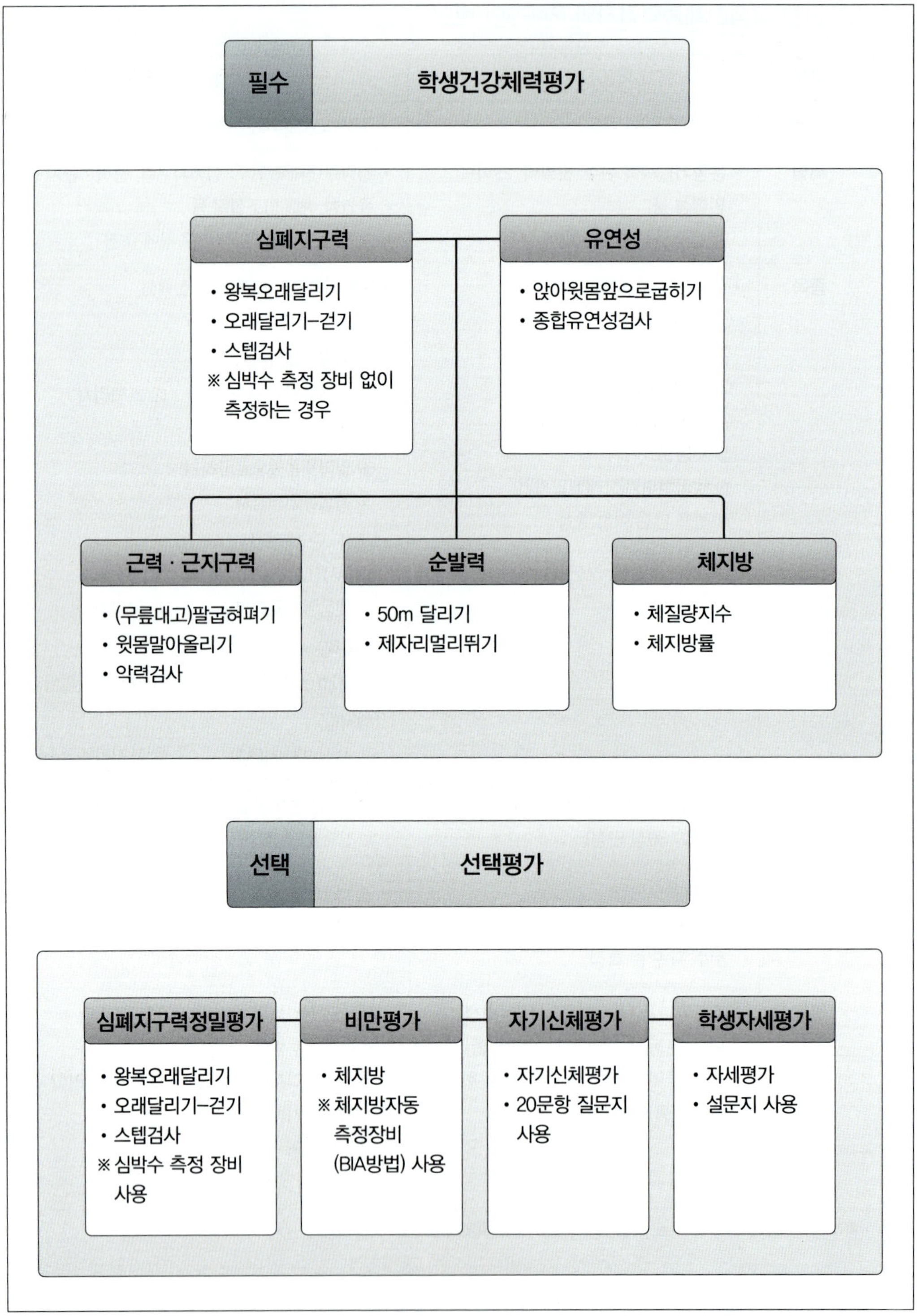

그림 4.6 **PAPS의 측정종목 구성.** 출처: 서울대스포츠과학연구소. 학생건강체력평가매뉴얼(2009).

표 4.7 학생 건강 · 체력평가 대상 및 방법

<table>
<tr><th colspan="4" rowspan="3">구분
평가요인 및 종목</th><th colspan="5">검사대상</th><th rowspan="3">측정소요 예상 시간 (1회 기준)</th><th rowspan="3">검사방법</th></tr>
<tr><th colspan="3">초</th><th rowspan="2">중</th><th rowspan="2">고</th></tr>
<tr><th>4학년</th><th>5학년</th><th>6학년</th></tr>
<tr><td rowspan="15">필수평가</td><td rowspan="3">심폐지구력</td><td colspan="2">왕복오래달리기</td><td>○</td><td>○</td><td>○</td><td>○</td><td>○</td><td>약 10분</td><td>초등학생 15m
중 · 고등학생 20m</td></tr>
<tr><td colspan="2">오래달리기-걷기</td><td>/</td><td>○</td><td>○</td><td>○</td><td>○</td><td>약 10분</td><td>초등학생(5~6학년) 1000m
중 · 고 여학생 1200m
중 · 고 남학생 1600m</td></tr>
<tr><td colspan="2">스텝검사</td><td>/</td><td>○</td><td>○</td><td>○</td><td>○</td><td>약 12분 (측정 6분, 장비점검 6분)</td><td>초등학생 높이 20.3cm
중학생 높이 45.7cm
고등(여) 높이 45.7cm
고등(남) 높이 50.8cm</td></tr>
<tr><td rowspan="5">유연성</td><td colspan="2">앉아윗몸 앞으로 굽히기</td><td>/</td><td>○</td><td>○</td><td>○</td><td>○</td><td>약 30초</td><td>초등학생 5~6학년만 실시
중 · 고등학생 전체 실시</td></tr>
<tr><td rowspan="4">종합 유연성</td><td>어깨</td><td>○</td><td>○</td><td>○</td><td>○</td><td>○</td><td rowspan="4">약 2분</td><td rowspan="4">초, 중, 고등 전체 학생
좌/우 실시</td></tr>
<tr><td>몸통</td><td>○</td><td>○</td><td>○</td><td>○</td><td>○</td></tr>
<tr><td>옆구리</td><td>○</td><td>○</td><td>○</td><td>○</td><td>○</td></tr>
<tr><td>하체</td><td>○</td><td>○</td><td>○</td><td>○</td><td>○</td></tr>
<tr><td rowspan="3">근력 · 근지구력</td><td colspan="2">(무릎대고) 팔굽혀펴기</td><td>/</td><td>/</td><td>/</td><td>○</td><td>○</td><td>·</td><td>중 · 고등 남학생: 팔굽혀펴기
중 · 고등 여학생: 무릎대고 팔굽혀펴기</td></tr>
<tr><td colspan="2">윗몸말아올리기</td><td>○</td><td>○</td><td>○</td><td>○</td><td>○</td><td>약 10분</td><td>초, 중, 고등 전체 학생 실시</td></tr>
<tr><td colspan="2">악력검사</td><td>○</td><td>○</td><td>○</td><td>○</td><td>○</td><td>약 1분</td><td>초, 중, 고등 전체 학생 좌/우 실시</td></tr>
<tr><td rowspan="2">순발력</td><td colspan="2">50m 달리기</td><td>○</td><td>○</td><td>○</td><td>○</td><td>○</td><td>약 30초</td><td>초, 중, 고등 전체 학생 실시</td></tr>
<tr><td colspan="2">제자리멀리뛰기</td><td>○</td><td>○</td><td>○</td><td>○</td><td>○</td><td>약 30초</td><td>초, 중, 고등 전체 학생 실시</td></tr>
<tr><td rowspan="2">체지방</td><td colspan="2">체지방률</td><td>○</td><td>○</td><td>○</td><td>○</td><td>○</td><td rowspan="2">약 2분</td><td>체지방자동측정장비(BIA방법)</td></tr>
<tr><td colspan="2">체질량지수</td><td>○</td><td>○</td><td>○</td><td>○</td><td>○</td><td>BMI = 체중(kg)/신장(m)^2</td></tr>
<tr><td rowspan="6">선택평가</td><td rowspan="3">심폐지구력 정밀평가</td><td colspan="2">왕복오래달리기</td><td>○</td><td>○</td><td>○</td><td>○</td><td>○</td><td>약 10분</td><td rowspan="3">심박수 측정 장비 사용</td></tr>
<tr><td colspan="2">오래달리기-걷기</td><td>○</td><td>○</td><td>○</td><td>○</td><td>○</td><td>약 10분</td></tr>
<tr><td colspan="2">스텝검사</td><td>○</td><td>○</td><td>○</td><td>○</td><td>○</td><td>약 12분</td></tr>
<tr><td colspan="3">비만평가</td><td>○</td><td>○</td><td>○</td><td>○</td><td>○</td><td>약 2분</td><td>체지방자동측정장비(BIA방법)</td></tr>
<tr><td colspan="3">자기신체평가(검사지)</td><td>○</td><td>○</td><td>○</td><td>○</td><td>○</td><td>약 20분</td><td>자기신체평가 20문항,
웹에서 실시권장</td></tr>
<tr><td colspan="3">자세평가 (설문지, 시진평가)</td><td>○</td><td>○</td><td>○</td><td>○</td><td>○</td><td>약 2분</td><td>자세평가 설문지 사용</td></tr>
</table>

*초등학교에서 실시할 경우의 유의사항

- 저학년은 4학년, 고학년은 5~6학년으로 정한다.
- 저학년용 측정용지와 고학년용 측정용지를 따로 구분하여 측정한다.

심폐지구력	• 왕복오래달리기는 4~6학년 모두 실시 • 오래달리기-걷기(1,000m)는 5~6학년만 실시 • 스텝검사는 5~6학년만 실시	**근력 · 근지구력**	• 팔굽혀펴기(남), 무릎대고 팔굽혀펴기(여)는 실시하지 않음 • 윗몸말아올리기는 반드시 3초에 1회 박자에 맞추어 실시
유연성	• 앉아윗몸앞으로굽히기는 5~6학년만 실시 • 종합유연성은 4~6학년 모두 실시	**순발력 · 체지방**	• 4~6학년 모두 실시

(5) PAPS 측정 준비사항

표 4.8 PAPS 평가요인 및 종목

평가요인 및 종목 (구분)				실시 장소	준비물	비고
필수 평가	심폐 지구력	왕복 오래달리기		체육관	라바콘, 줄자, 숫자카드, 왕복오래달리기 보조 기록지, 왕복오래달리기용 음악파일, 연필, 의자, 20개, 재생장치, 초시계, 호루라기	
		오래달리기-걷기		운동장	초시계	※ 권장: 라바콘 10개(곡선 주로에 표시용)
		스텝검사		체육관 또는 잉여교실	스텝 박스, 스텝 검사용 음악 파일, 재생장치, 초시계, 연필	※ 권장: 심박수 측정 장비
	유연성	앉아윗몸 앞으로굽히기		체육관 또는 잉여교실	앉아윗몸앞으로굽히기 측정장비	
		종합 유연성	어깨	체육관 또는 잉여교실	매트, 숫자 카드	※ 권장: 평가 보조 도구
			몸통			
			옆구리			
			하체			

표 4.8 PAPS 평가요인 및 종목(계속)

<table>
<tr><th colspan="3">구분
평가요인 및 종목</th><th>실시 장소</th><th>준비물</th><th>비고</th></tr>
<tr><td rowspan="8">필수 평가</td><td rowspan="3">근력 · 근지구력</td><td>(무릎대고) 팔굽혀펴기</td><td></td><td></td><td></td></tr>
<tr><td>윗몸말아올리기</td><td>체육관 또는 잉여교실</td><td>윗몸말아올리기용 음악 파일, 재생장치, 호루라기, 매트</td><td></td></tr>
<tr><td>악력 검사</td><td>잉여교실</td><td>디지털 악력계</td><td>자동 인터페이스 측정 장비 활용 가능</td></tr>
<tr><td rowspan="2">순발력</td><td>50m 달리기</td><td>운동장</td><td>출발 신호 깃발, 초시계</td><td>자동 인터페이스 측정 장비 활용 가능</td></tr>
<tr><td>제자리멀리뛰기</td><td>운동장</td><td>줄자, 모래 고르기용 도구</td><td>자동 인터페이스 측정 장비 활용 가능</td></tr>
<tr><td rowspan="2">체지방</td><td>체질량지수</td><td rowspan="2">잉여교실</td><td rowspan="2">체지방 자동 측정 장비 2대, 프린터기 2대, 의자 6개(대기 의자 4개)</td><td rowspan="2"></td></tr>
<tr><td>체지방률</td></tr>
<tr><td rowspan="6">선택 평가</td><td rowspan="3">심폐 지구력 정밀평가</td><td>왕복오래달리기</td><td>체육관</td><td>필수평가의 왕복오래달리기와 동일한 준비물, 심박수 측정 장비</td><td></td></tr>
<tr><td>오래달리기–걷기</td><td>운동장</td><td>필수평가의 오래달리기–걷기 동일한 준비물, 심박수 측정 장비</td><td></td></tr>
<tr><td>스텝검사</td><td>체육관 또는 잉여교실</td><td>필수평가의 스텝 검사와 동일한 준비물, 심박수 측정 장비</td><td>※ 권장: 심박수 측정 장비</td></tr>
<tr><td colspan="2">비만평가</td><td>잉여교실</td><td>체지방 자동 측정 장비 2대, 프린터기 2대</td><td></td></tr>
<tr><td colspan="2">자기신체평가</td><td>컴퓨터실 또는 가정</td><td>검사지, 연필, Web에 바로 입력</td><td>Web을 활용하여 학생 각자가 입력하는 것이 효과적이나 저학년의 경우, 본인 입력이 어려우므로 검사지에 작성하는 것이 효과적</td></tr>
<tr><td colspan="2">학생자세평가 (설문지, 시진 평가)</td><td>잉여교실</td><td>설문지, 평가 도구, 연필</td><td>자세평가 영상분석기 활용 가능</td></tr>
</table>

* 모든 측정 항목의 평가 인원은 장비 수에 따라 변동이 가능하다.

5) 정신건강상태 검사

학교장은 정신건강상태 검사를 실시하는 경우(법 제7조6항에 따라 학부모의 동의 없이 실시하는 경우를 포함한다)에는 검사와 관련한 구체적인 내용을 학부모에게 미리 알려야 한다.

(1) 대상 학생 정서 · 행동발달 선별검사

① 초등학교 1, 4학년 중 중 · 고등학교 1학년 학생을 대상으로 담당교사가 '전문 조사도구'를 이용하여 선별검사를 실시한다.

- 초 1, 4학년생: '아동 정서 · 행동발달 검사지(CPSQ)'를 이용하여 학부모를 통해 조사
- 중 · 고 1학년생: '청소년 정서 · 행동발달 검사지(AMPQ-II)'를 이용하여 학생(교사)를 대상으로 조사

② 검사내용은 우울, 불안, 주의력결핍과잉행동장애(ADHD), 교육관계, 품행, 학습과 인터넷 자살생각 등 정서 · 행동문제 전반에 대해 시행한다.

③ 결과처리는 기준점수 이상인 경우 심층평가 대상으로 분류하고 학교 내 관리 및 전문기관과 연계지원을 통해 지속적인 관리를 한다.

④ 학생 및 학부모 사전동의서 수령: 선별검사 관련 안내자료(검사지)와 함께 사전동의서를 가정통신문으로 전달한 후 취합한다.

(2) 학교 내 학생 정서 · 행동발달 지원 및 관리

전체 학생을 대상으로 담당교사 주관 하에 학교 내 관리프로그램 운영 및 정신보건교육을 시행한다. 관심군 학생에 국한하지 말고 불특정 전체 재학생이 대상이 되며, 특정 학생을 선정 · 운영함으로써 대상 학생이 비정상아로 낙인받지 않도록 유의한다.

(3) 전문기관 의뢰 학생에 대한 지속관리

학부모 동의하에 관심대상 학생을 전문기관(Wee센터, 정신보건센터, 병원 등)에 의뢰하고, 학생 및 학부모에 대한 추후 지속관리 지원체계를 유지한다.

(4) 주의사항

① 학교의 장은 교육행정정보시스템을 활용하여 학생 정신건강 상태 조사를 실시할 수 있으며, 필요한 경우 학부모의 동의 없이 실시할 수 있다. 이 경우 지체 없이

해당 학생의 학부모에게 검사 사실을 통보한다.

② 조사방법, 조사결과의 처리 및 관리에 필요한 사항은 교육부장관이 따로 정한다.

③ 학교의 장은 정신건강상태 검사를 실시할 때 조사방법 및 조사결과에 따른 추후 관리 등 구체적인 사항을 학부모에게 미리 알린다.

④ 조사결과, 학교 내 지속관리를 요하는 학생에 대해 필요한 경우 학부모의 동의 없이 상담 및 치료 등의 추후관리를 할 수 있다.

⑤ 정신건강상태 검사는 설문조사 등의 방법으로 시행한다.

⑥ 결과 처리는 교육정보시스템을 통해 진행할 수 있다.

6) 별도 건강검사

학교장은 건강검진을 받지 않는 학생을 대상으로 학생의 건강보호 및 증진을 도모하기 위해 각종 건강검사를 실시하도록 하고 있다. 「학교보건법」 및 「학교건강검사규칙」에서 별도 건강검사 중 소변검사와 시력검사는 초등학교 2, 3, 5, 6학년과 중 · 고등학교 2, 3학년 학생이, 결핵검사는 고등학교 2, 3학년 학생 중에서 실시하며 검사시기와 방법은 교육감이 정한다(**표 4.9**). 별도 건강검사의 비용은 학교에서 부담한다.

(1) 소변검사

소아기의 만성신장염은 서서히 진행되어 성인에 이르면 만성신부전증이 되기도 한다. 그러나 소아기에는 소변 정밀검사를 시행하지 않고서는 만성신장염의 유무를 알

표 4.9 별도검사 대상 및 검사방법

구분	대상	검사방법	검사내용
소변검사	초등학교 2, 3, 5, 6학년 중 · 고등학교 2, 3학년	한국학교보건협회 학교방문 집단검진	요단백, 요잠혈
시력검사	초등학교 2, 3, 5, 6학년 중 · 고등학교 2, 3학년	교직원 실시	• 공인시력표에 의한 검사 • 나안시력(좌, 우) 검사 • 교정시력(좌, 우) 검사
결핵검사	고등학교 2, 3학년	대한결핵협회 학교방문 집단검진	흉부 X-선 직접촬영
구강검사	중 · 고등학교 2, 3학년		

수 없다. 만성신부전증을 예방하기 위해 1997년 6월에 신체검사규칙을 개정하여 모든 초 · 중 · 고 학생들에게 소변검사를 실시하였고, 2006년 1월「학교건강검사규칙」에서는 건강검사 제외 대상 학년에게 학교에서 소변검사를 실시하게 하여 성장기 아동의 신장 질환 및 소아 당뇨병의 조기발견과 적절한 치료 및 관리를 시행하고 있다. 건강검진 대상 학생은 건강검진기관에서, 그 외 학생도 학교보건협회에 의뢰하여 실시하므로 학생 전원이 소변검사를 실시하고 있다. 학교에서 실시하는 소변검사는 요당, 요단백, 요잠혈, 유로빌리노겐, 빌리루빈을 포함한 검사로 시험스틱에 의해 간단하게 검사한다.

소변검사 결과 1차 검사 이상자에 대해 전문기관에서 2차 정밀검사를 받도록 가정에 안내문을 발송한 후 그 결과를 회신 받아 추후관리한다.

① 요당검사

당뇨병 유무를 관찰하는 검사이다. 설탕물이나 단 것을 많이 먹은 후에는 정상인도 요당검사 결과가 양성으로 나올 수 있으므로 검사 전 주의가 필요하다.

② 요단백검사

소변 속의 단백질 유무와 그 양을 검사하는 것으로 검사결과 양성일지라도 반드시 병이라고 단정지을 수 없다. 오래 서 있었다든지, 심한 운동을 하고 난 후에도 일시적으로 양성이 나타날 수도 있다. 양성일 때는 신장, 방광, 요도의 질환으로 생각할 수 있다.

③ 잠혈검사

학생의 신장질병 유무를 검사하는 것이나 원인 없이 종종 잠혈이 나오는 경우도 있다. 특히, 월경중인 여학생의 경우 잠혈이 검출될 수 있으므로 소변검사 실시 전 사전교육을 시키는 것이 중요하다.

(2) 시력검사

최근에는 다양한 시청각 자료와 TV, 컴퓨터 등을 오랜 기간 동안 사용하면서 시력장애를 가진 학생의 수가 증가하고 있어 시력장애의 조기발견이 무엇보다 시급하다.

초등학교 입학 전 시력의 이상 유무를 검사하는 것이 바람직하며 특히 약시를 조기발견하는 것이 매우 중요하다. 또한, 전문적인 시력검진을 요하는 학생을 규명하여 시력장애가 악화되지 않게 한다.

① 학생 시력저하 예방 교육

- 학교와 가정에서 근시 예방을 위한 생활습관 교육을 실시한다: 올바른 독서법, 컴퓨터 · TV시청 지도, 올바른 안경사용 방법, 컴퓨터 스크린 전자파로 인한 VDT증후군 예방대책 등을 교육한다.
- 시력보호를 위한 일정한 휴식 및 영양 교육을 실시한다: 비타민이나 칼슘 부족 시 근시가 생길 수 있으므로 균형 잡힌 영양공급이 필요하다.

② 학교건강검사 결과 시력관리

- 건강검사 결과 고도근시, 저시력, 기타 안과 질환학생에 대하여 1년에 1회 이상 안과 전문의에게 정밀검사하도록 가정통신문을 활용하여 안내한다.
- 고도근시 학생의 경우 과중한 운동을 금지한다: 망막박리로 인한 실명의 원인 제공할 가능성이 있다.
- 저시력 학생(교정시력 0.04~0.3)에 대한 관리를 한다.

③ 학교 내 조도관리

- 채광(자연조명): 직사광선을 포함하지 아니하고 최대 · 최소 비율이 10:1 이내 유지 및 교실 밖 반사물로부터 눈부심 발생을 억제한다.
- 조도(인공조명): 교실 책상면이 300Lux 이상이고 최대 · 최소 비율이 3:1 이내 유지 및 인공조명에 의한 눈부심 발생을 억제한다.
- 실내 마감(창 면적 변경, 유리교체, 차양막 설치 등) 유지 관리, 조명설비 청소, 형광등과 안정기 교환 등을 실시한다.

(3) 결핵검사

결핵은 신체 거의 모든 부분에 침범할 수 있는 감염병으로, 특히 폐에 많이 감염되는 세균성 만성감염병이다. 결핵균에 의한 1차 감염은 대부분의 경우 증상을 유발하지 않으며, 흉부 방사선 촬영에서도 정상 소견을 보이는 경우가 많아 결핵검사에 신중을 기해야 한다.

결핵검사는 중학교 1학년과 고등학교 1학년의 건강검진 시 실시하며, 별도로 고등학교 2, 3학년을 대상으로는 별도로 흉부 X-선 검사를 시행한다. X-선 유소견(폐결핵)자는 보건소에 등록하여 치료 및 관리를 받도록 한다. 객담검사 결과 양성인 경우는 전염력이 없어질 때까지 등교 중지하도록 해야 하나, 객담검사 결과 음성인 경우는 감염력이 없으므로 휴학 조치를 하지 않아도 된다.

(4) 비만검사

영양 과잉공급과 식생활의 향상으로 아동 비만의 발생률이 증가하는 추세이므로 비만 아동의 고지혈증, 고혈압, 당뇨 등 소아 성인병의 조기발견이 필요하다.

① 비만검사 대상 및 검사종목

<table>
<tr><th rowspan="2">검사대상</th><th colspan="4">검사종목</th><th rowspan="2">관련질환</th></tr>
<tr><th colspan="3">1차검사</th><th>2차검사</th></tr>
<tr><td rowspan="4">2, 3, 5, 6학년
중 · 경도 이상
비만 아동 전원</td><td rowspan="4">혈액
검사</td><td rowspan="4">관상동맥
고지혈증
검사</td><td>T–chol</td><td>• 1차 종목 재검진
• 혈압, 심전도 검사</td><td>• 고지혈증, 동맥경화, 관상동맥질환
• 고혈압, 심근경색, 부정맥 등</td></tr>
<tr><td>TG</td><td>• 1차 종목 재검진
• HbA1c</td><td>• 당뇨병, 혈당상태</td></tr>
<tr><td>HDL–chol</td><td>• 1차 종목 재검진
• Ferritin, TIBC, Fe</td><td>• 빈혈 정밀 진단</td></tr>
<tr><td>LDL–cho</td><td></td><td></td></tr>
<tr><td rowspan="4">2, 3, 5, 6학년
중 · 경도 이상
비만아동 전원</td><td rowspan="3">혈액
검사</td><td>혈당검사</td><td>Glucose</td><td></td><td></td></tr>
<tr><td>빈혈검사</td><td>CBC</td><td></td><td></td></tr>
<tr><td colspan="2">기초검사</td><td>• 신장, 체중, 허리둘레, 혈압</td><td></td></tr>
<tr><td colspan="3">체지방 측정</td><td>• 해당 없음</td><td>• 지방 및 조직량 측정</td></tr>
</table>

② 학생 비만의 원인분석과 생활지도

- 식습관 조사, 생활습관 조사, 가족력 조사를 시행하여 원인을 파악한다.
- 원인별 행태에 따라 집중 관리한다.
- 개인별 생활실천과 관리 방법을 제공한다.

③ 학교에서의 비만도에 따른 집중관리(명단 별도관리)

- 경도비만은 체중의 유지 · 감량, 식습관을 지도한다.

- 중등도 비만은 체중감량, 정기검사를 하며 학교에서 집중 관리한다.
- 고도비만은 합병증 검사, 정기검사, 병원에서의 검진과 치료 등을 실시한다.

④ 학교에서의 비만도에 따른 집중관리(명단 별도관리)

- 가정에 건강검진 결과를 개별 통보하고 가정통신문을 활용하여 가정에서의 비만예방 교육을 실시한다.
- 학생을 대상으로 비만의 원인, 예방방법, 관리에 대해 교육을 실시한다.
- 생활습관병 유소견자는 수시 상담 및 관리한다(비만도 측정, 혈당 측정, 혈압 측정).

(5) 별도검사의 결과처리

① 학교장은 검사결과를 학생건강기록부에 입력(검사일, 검사명, 검사기관)하고 학생건강검진 실시에 따른 '별도검사 결과의 기록표'에 기재, 관리한다.

② 결핵검사 결과 결핵환자(의심자)는 관할 보건소에 신고 후 치료 여부를 확인하는 등 집중 지도하고 관리한다.

③ 소변검사, 시력검사이상자는 학부모에게 안내하여 정밀검진, 조기치료 등이 이루어질 수 있도록 조치하고 사후관리를 철저히 한다.

7) 건강검사의 추후관리

학교장은 건강검사 결과를 교육부령이 정하는 기준에 따라 작성 · 관리한다. 건강검사 결과는 차세대나이스의 건강기록부를 활용하여 전산처리하며, 건강기록부는 가급적 담임교사가 입력하고, 보건교사가 관리한다. 학생이 타 학교로 전학 갈 때에는 차세대나이스의 건강기록부를 전송하여 이송한다. 학교장은 소속 학교의 학생이 상급학교에 진학할 때에는 해당 학교장에게 자료를 이관한다. 고등학교장은 당해 학생이 고등학교를 졸업할 때 학생 건강기록부를 교부하며, 중학교는 고등학교에 진학하지 아니하거나, 휴학 또는 퇴학 등으로 졸업하지 못한 경우 최종 재적했던 학교에서 5년간 보존한다.

교직원에 대한 신체검사는 「국민건강보험법」에 의거하여 2년마다 실시하는 건강진단으로 대치하고, 교직원 건강검진표에 각각 그 결과를 기록 · 관리하여 본인 또는 보호자가 열람할 수 있게 한다. 검진결과는 건강검사 및 별도검사 결과, 질병이나 신체이상이 발견된 자에 대한 건강지도 및 건강상담의 자료로 활용한다.

건강검사 결과에 대한 추후관리는 다음과 같다.

- 발견된 감염병 환자의 등교 중지를 조치한다.
- 건강한 학생에 대한 감염병 예방 조치로 예방접종을 실시한다.
- 필요한 경우 전문의에 의한 정밀검사와 검진을 받게 한다.
- 학교장은 건강검사 결과 수업 면제 · 휴학 · 치료 · 보호 또는 교정 등을 필요로 하는 자에 대하여 본인 또는 그 보호자에게 적절한 조치를 실시한다.
- 운동 경기, 학습의 경감, 학교행사 참가 등을 제한한다.
- 책상, 의자의 조정 및 학급 편제의 적정을 기한다.
- 특수학교 편입이 필요한 경우 그에 대한 지도를 한다.
- 결과를 소정양식에 기록하여 재학 중 교육과 지도에 활용한다.
- 교직원의 경우 감염병 질환이나 신체 허약 등으로 복무에 지장이 있다고 인정되는 경우는 휴직이나 기타 적절한 조치를 취하도록 임명권자에게 건의한다.
- 건강검사 결과를 평가하여 이를 바탕으로 학생건강증진 계획을 수립한다. 이때 학교의사나 약사의 자문을 받을 수 있다.
- 감염병에 감염되었거나 감염이 의심스러운 교직원이나 학생에 대해 등교 중지를 시킬 수 있다.
- 질병에 감염되었거나 감염될 우려가 있는 학생에 대하여 질병치료 및 예방에 필요한 조치를 한다.
- 교직원 건강검진 결과, 필요한 때에는 교직원의 질병 치료 및 근무여건 개선 등 필요한 조치를 한다.

3. 학생건강기록부 관리

1) 재학생

학생 건강검진 결과는 차세대나이스(NEIS)에 접속하여 건강검진 · 구강검진 일자, 검진기관명 등을 전산입력하여 관리하며, 검진기관에서 학교로 통보한 '학생건강검사(구강검진)결과 통보서'와 구건강기록부는 분리하여 보관 · 관리한다.

2) 전 · 편입학

차세대나이스(NEIS)에 입력된 건강기록부 전산자료는 전출학교로 전송 처리하면 자동 이관되며, 학생건강검사(구강검진) 결과 통보서는 별도로 송부하지 않는다.

3) 상급학교 진학(졸업생 포함)

구분	이관자료	방법	비고
초 · 중	차세대나이스의 건강기록부 전산자료로 자동 이관	• 전산입력되어 있는 건강기록부는 입학메뉴에서 입(진)학 처리 시 학생의 학적과 함께 전송한다. • 졸업생 건강기록부는 차세대나이스에서 조회 및 출력이 가능(5년간 보관)하므로 별도로 보관할 필요가 없다.	
고	차세대나이스의 건강기록부 출력물	• 초, 중, 고등학교까지 12년간 기록, 관리해온 학생건강기록부 출력물을 본인 또는 보호자에게 교부한다. • 졸업생 건강기록부는 차세대나이스에서 조회 및 출력이 가능(5년간 보관)하므로 별도로 보관할 필요가 없다.	

4) 미 진학 · 휴학 · 퇴학

학생건강기록과 관련된 차세대나이스의 건강기록부 전산자료는 해당 학교에서 5년간 보관한다.

5) 기타 건강검진 기록 및 결과 처리

당해 건강검진 시 건강검진결과 통보서를 대상 학생에게 교부하나 차후 건강검진 대상자가 되었을 경우 검진기관에 제출하지 아니한다.

4. 요보호 학생의 관리

학기 초 학생건강실태조사를 통해 건강문제를 가진 학생을 미리 파악하고 개별면담과

정기적인 건강상담을 통해 요보호 학생이 학교생활을 안전하게 영위할 수 있도록 돕는다. 또한 응급상황 발생의 사전 예방을 위한 체계적인 관리가 필요하다.

요보호 학생의 관리방법은 다음과 같다.

- 학기 초에 가정통신문을 통해 전교생을 대상으로 건강상태를 조사한다.
- 1차: 담임교사는 면담을 통해 선별된 학급별 건강이상자 명단을 보건실에 제출하고 건강상태조사서는 가정에서 학생의 건강상태에 대해 제출한 근거자료로 반드시 보호자 날인 또는 사인을 받아 담임교사가 1년간 보관한다.
- 2차: 보건교사는 제출된 학급별 건강이상자 전체를 상담한 후 선별하여 '요보호 학생 명단'을 작성 후 학교장의 결재를 받는다.
- 전체 교육활동에 참고할 수 있도록 교직원에게 요보호 학생 명단을 배부하여 주의사항, 유의 관찰방법, 교사 지도조언 등에 관해 교직원을 대상으로 연수하고 건강이상 학생을 보호한다.
- 교직원은 요보호 학생 명단이 학생과 외부에 노출되지 않도록 보안을 철저히 한다.

■ 2017학년도 요보호 학생 관리대장(○○초등학교 예시)

순	학년반	성별	성명	주요증상, 질환 및 주의사항	긴급연락처
1	2–7	남	○○○	■ 심장병 • 선천성 심장병으로 수술함 • 일상생활을 하는 데 크게 지장은 없으나 다리로 연결되는 (대동맥 축착) 혈관이 아직 문제가 있어 지속적으로 병원에 정기검진을 다니고 있는 상태임 ■ 장기간 뛰거나 걷고 하면 다리에 통증을 느낄 수 있고 가슴이 아플 수 있음. 그때는 조금 쉬게 해주고 많이 아파하면 부모님께 연락 취함 ■ 장거리 이동시 차량 이용	집: 휴대폰:
2	2–5	남	○○○	■ 특이체질: 알레르기(양파, 생선)	
3	3–2	남	○○○	■ 심장 심방결손(심장에 구멍이 있음) ■ 교내 학습생활에는 아무 지장 없음	
4	3–5	남	○○○	■ 언어장애	
5	3–6	남	○○○	■ 지체부자유: 다리, 손(지체장애 5급)	
6	3–5	여	○○○	■ 심장병(심실 중격 결손)	
7	3–1	여	○○○	■ 특이체질: 알레르기(조개, 새우, 굴 등 어패류)	
8	3–3	남	○○○	■ 뇌성마비, 교통사고, 화상(지체부자유) ■ 특이체질: 알레르기	
9	5–2	여	○○○	■ 얼굴이 창백함. 힘이 없어 보임	
10	4–3	여	○○○	■ 말이 없음, 무표정, 청력저하	

3절

학생 건강문제관리

보건실에 오는 학생은 신체적인 질환뿐만 아니라 친구, 선생님, 부모님과의 관계, 발달과업에 따른 스트레스, 성문제(성폭력, 성희롱, 성매매 등), 흡연, 물질 오·남용문제 등 다양한 건강문제를 갖고 있을 수 있다. 보건교사는 상담자, 의료전문가 및 교육자로서의 자질을 갖추고 학생을 대하며, 대상자의 수준에 맞는 어휘를 사용하여 보건실에 온 학생의 건강문제가 무엇인지를 신속히 파악하여 이에 대한 간호중재 계획을 세운다.

1. 학생 건강사정

1) 건강사정 방법

신체의 변화와 질병 부위에 대한 정확한 판단을 위해 증상에 따라 다음과 같은 방법으로 시진, 촉진, 청진, 타진한다.

- 몸의 전체를 사정한다: 체온, 맥박, 혈압, 안색, 피부(발진 등)
- 통증이 없는 곳부터 촉진한다: 특히 복부 촉진 시(예, 충수돌기염)
- 증상에 대한 상태를 확인하면서 실시한다: 통증의 정도, 양상, 간격 등
- 직접적인 호소와 관련되지 않는 곳이라도 빠짐없이 관찰하고 기록한다.

- 학생이 불안해하지 않도록 학생의 이해도나 표현력에 맞추어 충분한 대화를 하면서 사정한다.
- 학생의 건강문제가 확인되면 학부모에게 의사의 진료를 받게 하고 진료결과는 정리하여 기록한다.

2) 전신상태의 관찰

문진을 하거나 신체사정을 통해 건강문제를 파악함과 동시에, 비정상 정도에 따라 원인을 추정하여 조치를 취한다.

- 우울해 보인다 → 걱정되는 일은 없는가? 잠은 잤는가?
- 공격적인 언행을 한다 → 무슨 문제가 있지는 않는가?
- 친구들과 어울리지 않는다 → 무슨 일이 있지는 않는가?
- 얼굴을 자주 찡그리거나 몸을 움츠린다 → 통증(두통, 상처 등)이 있지는 않는가?
- 침착하지 않거나 지나치게 산만하다 → 불안한 일이 있지는 않는가?
- 다른 모습과 행동을 보인다 → 기분은 어떠한가? 무슨 일이 있지는 않는가?
- 기력이 없다 → 피곤하지 않은가? 설사 및 구토를 하지는 않는가? 식사는 했는가?

3) 건강관찰의 유의점

- 신체적인 면, 정신적인 면 모두를 통합적으로 관찰한다.
- 관찰결과, 문제가 있는 학생은 구체적으로 기록한다.
- 기록은 질병의 조기발견, 건강상담 대상자의 선정, 건강진단 자료 등에 활용한다.
- 자신의 건강이나 다른 사람의 건강에 대해 관찰하는 지식, 기능, 습관, 태도를 기르도록 지도한다.
- 특별히 문제가 있는 학생의 건강사정은 점심시간, 청소시간 등 특정시간을 정해서 실시한다.
- 학생의 건강상태는 활동성에 대한 관찰이 중요하고, 지속적으로 관찰해야 하므로 담임교사의 협조를 받는다.

2. 일반 건강문제관리

학생이 가장 흔히 호소하는 증상은 복통, 두통, 발열, 타박상, 찰과상 및 염좌 등이다.

1) 복통

복통은 일상생활에서 흔히 볼 수 있는 증상으로 식체, 소화불량 등이 대부분이다. 그러나 복통은 아픈 부위, 아픔의 정도, 아픈 형태 등을 명확히 알아야 진단이 가능하므로 소홀히 생각할 경우 생명에 지장을 줄 정도로 위험할 수도 있다. 예를 들어, 충수염, 복막염, 장천공, 장폐색, 장중첩 등과 연관이 있을 수 있다.

소아 및 청소년기의 반복적 간헐적 복통은 초기 청소년기의 11% 정도에서 경험하는데 개학, 시험, 반 편성, 가정문제, 친구문제, 성취욕이 높은 아이, 소심한 아이 등이 자주 복통을 호소한다. 이 경우 식사, 배변, 신체활동, 생리 등과 뚜렷한 관련이 없으며 복통이 없는 기간에는 정상 소견을 보인다.

(1) 원인

① 위장관계 장애가 있는 경우

- 가족 중에 기능성 소화장애나 편두통이 있는 경우가 많음
- 통증이 배꼽에서 멀수록 기질적 원인에 의한 복통일 가능성이 높음
- 사춘기에는 만성 염증성 질환, 궤양성 질환, 부인과적 질환 등을 고려해야 함
- 만성 복통을 일으키는 경우는 소화성 궤양, 과민성 대장증후군, 만성 염증성 장질환, 게실 등 기질적 원인이 많음

② 위장관계 이외의 다른 문제가 있는 경우

- 학교 공포감, 불안증
- 수업에 부담을 가지는 경우
- 산부인과, 비뇨기과, 심혈관계 등의 문제
- 공복감과 복통을 구별하지 못하는 경우
- 충수염이나 요로감염증이 복통의 흔한 원인
- 아침식사를 하지 않은 채 학교에서 찬 우유를 마신 경우
- 정서적인 문제로 주의를 끌고자 하는 욕구가 강한 경우

(2) 응급처치 및 관리

① 변비로 인한 복통의 경우는 아래의 내용을 참고한다.

- 손바닥으로 배꼽 주위 전체를 시계방향으로 마사지해서 배변을 촉진한다.
- 습관성인 경우는 식사 내용을 검토해 장의 연동을 촉진하는 섬유소가 많은 음식을 섭취하도록 지도한다.
- 다이어트 등으로 음식물 섭취가 극단적으로 줄어들지 않았는지 확인한다.

② 기질적, 기능적 복통의 경우 학부모에게 연락하여 병원 검진을 받도록 조치한다.

③ 정서적인 문제로 인한 복통의 경우 담임교사, 학부모, 정신과 의사의 도움을 받아 상담 및 심리검사를 받게 한다.

④ 심한 구토나 설사를 수반하여 전신쇠약 징후가 있을 때는 식중독을 의심하여 병원에서 신속하게 치료받을 수 있도록 담임교사 및 학부모에게 연락을 취한다.

⑤ 심한 통증, 쇼크 증상이 있을 때는 급성 충수염을 의심하고 속히 병원으로 보낸다.

⑥ 아침식사를 하지 않아 속이 쓰리거나 배가 뒤틀린다는 증상을 호소할 경우는 따뜻한 물이나 미지근한 우유를 마시게 한다.

⑦ 점심을 억지로 먹었거나 체했을 경우에는 오심, 구토를 동반하는 경우가 대부분이므로 구토가 있으면 토하게 하고 소화제를 복용시킨 후 안정시킨다.

⑧ 식후 갑작스런 운동(공기흡입 가능)을 한 경우 편하게 눕게 한 후 배 위에 hot bag을 대주고 가스를 배출시킨다.

(3) 주의해야 할 복통

- 노란물을 토하는 복통
- 배꼽으로부터 먼 곳에서 계속되는 복통
- 혈변, 발열, 체중감소 등을 동반한 복통

2) 두통

두통에는 편두통, 긴장성 두통, 삼차 신경통, 측두동맥염에 의한 두통 등 두개 내의 기질적 원인에 의한 두통과 열이나 고혈압 등 전신상태의 이상으로 생기는 두통으로 나눌 수 있는데 보통 긴장성 두통과 편두통이 흔하다.

(1) 원인

① 감염성 두통: 치아의 감염이나 감기 등이 가장 흔한 원인

② 두개내 원인 두통: 아침에 일어난 직후에 후두부에 통증이 있으며 구토가 동반되는 경우로, 주로 뇌종양, 뇌농양, 두개내 혈관종, 뇌막염, 외상 후 두통을 호소

③ 안성 두통: 난시, 근시, 원시 등의 굴절 이상

④ 비성 두통: 축농증, 비염, 코용종 등

⑤ 긴장성 두통(신경성 두통 또는 근육 수축성 두통): 긴장, 심한 정신적 스트레스, 등교 거부

⑥ 편두통(혈관성 두통): 남성보다 여성에서 3배 정도 많고, 편두통을 앓은 경험이 있는 사람 중 60~70%에서 가족력이 있다. 주기적으로 나타나며 2~3시간 지속되는데 흔히 완벽주의, 내성적, 잠재적 적개심, 신경증적인 성격일 때 많이 발생한다. 발생기전은 확실히 알려져 있지 않으나 주로 머리속의 내, 외동맥이 가끔씩 불안정하게 운동하면서 혈관이 수축 및 확장하여 발생하는 것으로 여겨지며, 유발요인으로는 정신적인 스트레스, 생리 전, 기상 변화, 폐경, 발효된 음식물이나 공복 시 또는 혈관확장 약물 등

⑦ 간질성 두통: 간질발작 시 경련은 일어나지 않고 두통발작만 나타나는 경우

⑧ 고혈압: 신장질환이나 순환기질환으로 인한 고혈압이 발생하는 경우

⑨ 약물: 비타민 A 중독, 스테로이드의 장기간 사용 후, 설파제나 항히스타민제를 사용했을 경우

⑩ 구실성 두통: 다른 문제에 대한 구실로 발생하는 경우

(2) 응급처치 및 관리

① 두통이 심해 발작을 일으킬 가능성이 있는 경우 교직원을 대상으로 발작에 대한 응급처치법 교육을 실시하여 침착하게 대처하게 한다.

② 편안하게 눕히되 일반적으로 베개를 낮게 하든지, 혹은 베개 없이 눕히는 것이 좋다. 편두통에서는 아픈 쪽을 위로 해서 눕는 것이 편하며, 더울 때는 서늘한 곳에, 추울 때는 따뜻한 곳에서 쉬며 안정을 취한다.

③ 진통제 투여가 일반적으로 증상을 완화시키지만, 알레르기 또는 부작용이 있을 수도 있으므로 유의해서 사용한다. 편두통의 경우는 편두통 발작으로 일상생활에 지장을 줄 정도라면 예방적 약물요법을 실시해야 하는데, 이 때 약물은 의사의 처방에 의한 약만을 복용하게 하며, 증상을 느낄 때 바로 먹게 한다.

④ 긴장성 두통의 경우 바른 자세와 적당한 운동을 권하며, 가능한 스트레스가 쌓이지 않게 느긋한 자세를 가지게 한다.

⑤ 정서적 문제로 인한 두통의 경우에는 보건실 방문이 반복되므로 가정환경, 성격 등을 상담하고 정신치료 및 놀이치료를 통해 증상이 소실되도록 하며, 정신과 전문의에게 의뢰한다.

⑥ 두통이 빈번할 경우, 두통의 증상, 특징 등을 학부모에게 알려 적절한 치료를 받게 하고 심인성인 경우, 학교뿐만 아니라 가정 내에서의 원인을 찾아 문제를 해결하게 한다.

⑦ 구토가 있을 때는 토물이 기관 내로 흡인되지 않도록 얼굴을 옆으로 향하게 한다.

⑧ 뇌의 혈액순환이 잘 되게 하고 뇌압을 낮추기 위해 옷의 조이는 부분과 목둘레를 느슨하게 한다.

⑨ 혈관 확장이 되는 혈관성 두통시는 머리에 차가운 타월을 적용한다.

⑩ 환기를 잘 시킨다.

⑪ 알 수 없는 원인성 두통의 경우 반듯이 눕힌 상태에서 발만 약간 높여주고 보건실에서 안정시켜 관찰한 후, 두통이 완화되거나 소실되면 정상 수업을 하도록 교실로 보낸다. 두통이 반복되거나 악화될 경우, 학부모에게 연락을 취해 전문의의 진찰을 받도록 안내한다.

(3) 응급상황인 경우

① 심한 고열과 경련이 수반되는 경우

② 뒷목이 뻣뻣해지면서 의식을 잃을 정도의 두통인 경우

③ 시력이 나빠지고 체중이 줄거나 또는 마비증상이 나타나는 경우

④ 칼로 베이거나 감전된 것처럼 짜릿한 통증이 수초 또는 수분간 계속되는 경우

⑤ 구토를 동반하거나 머리를 움직일 때 기침이나 재채기를 하며 더욱 심해지는 경우

⑥ 만성 두통이지만 과거와 달리 통증이 심하고 발작적이면서 구토가 발생하는 경우

3) 발열

건강인의 체온은 생리적 요인(운동, 소화, 흥분, 배란, 환경온도 등)에 의해 변동될 수 있으며, 일반적으로 36~37℃를 정상 체온이라 하고 37℃가 넘을 때 열이 있다고 한다.

체온조절 중추는 간뇌에 있으며 자율신경호르몬에 의해 열 발생과 열 발산의 평형이 이루어지고 있어 체온이 일정한 수준을 유지한다. 그러나, 이 평형이 깨져 열 발생이 높아지고 열 발산이 감소되면 발열이 발생한다.

(1) 원인

① 세균, 바이러스를 포함하는 모든 미생물 감염증(상기도 감염, 요로 감염, 발진성 질환의 전구기, 장 감염, 뇌막염, 패혈증 등)

② 외상, 화상, 혈관 장애, 급성 용혈 등의 조직손상

③ 종양 자체에 의한 발열

④ 결체조직 질환, 혈청병, 약물 등의 면역성 질환

⑤ 갑상샘기능항진증, 통풍 등의 급성 대사이상

⑥ 뇌종양, 뇌출혈, 뇌혈전, 열사병 등의 체온조절 중추를 침범하는 질환

(2) 응급처치 및 관리

① 침상 안정을 취한다.

② 오한이 있을 때 이불을 덮어주어 몸을 따뜻하게 하고 뜨거운 음료를 제공한다. 오한이 그치면 체온을 재고 38℃ 이상일 경우 Ice-bag을 적용한다.

③ 땀을 흘렸으면 마른 타월로 닦아주고 수분을 충분히 섭취시키며 바람이 직접 몸에 닿지 않게 주의한다. 그대로 방치하면 감기에 걸리기 쉽다.

④ 열이 지속되면 해열제를 경구 투여할 수 있으나, 감별진단에 혼돈되지 않도록 유의한다. 아스피린은 인플루엔자나 수두 감염시 사용하면 급성 뇌증의 발생이 증가된다는 보고가 있으므로 가능한 한 삼간다.

⑤ 발열 외의 증상(기침, 가래, 흉통, 설사, 복통, 구토 등)에 유의하며 진단에 도움이 될 수 있도록 정확한 체온, 맥박, 호흡수를 측정한다.

⑥ 해열제 투여: 아스피린은 소아에게 사용하면 레이증후군(Reye Syndrome)의 위험성이 있으므로 사용을 삼가고 아세타아미노펜 또는 브루펜을 사용한다.

⑦ 해열제 이외의 방법: 주변 온도 및 습도를 조절하고 충분한 수분공급을 해주며 미지근한 물수건으로 가볍게 문질러 열을 발산시킨다.

(3) 응급상황인 경우

① 의식장애, 경련, 순환장애(안색이 창백한 상태, 청색증)를 보이는 경우

② 심한 두통 또는 복통, 호흡곤란이 있는 경우

4) 생리통(월경통)

여성에게 있어서 월경통은 지극히 자연적인 현상이지만, 월경이 있을 때 여성의 몸 안에서는 호르몬, 신경, 혈액 등 여러 가지 생리적인 변화가 일어나기 때문에 정신적 · 육체적으로 불편감이 따른다. 특히 10대 여학생의 경우 생리 전 증후군으로 신경이 예민해져 쉽게 흥분하거나 화를 잘 내는 등 정서적으로 민감할 뿐만 아니라, 학업문제나 입시 등 환경적 요인이 복합적으로 작용하여 스트레스가 가중된다.

(1) 원인

월경 중 자궁근육의 활동성이 증가하여 자궁수축이 심해지면 통증을 느끼게 된다. 즉, 원발성 월경통은 자궁내막에서 분비되는 프로스타그란딘이 증가하여 자궁근육이 과도하게 수축하기 때문에 월경통을 초래한다. 프로스타그란딘 증가설 이외 생리통은 신체적으로 빈혈이 있다든지, 체중 감소, 당뇨병, 만성질환, 과로, 정신적으로 심하게 긴장하는 경우, 정서불안, 신경질적인 경우에 심하게 느낀다.

(2) 증상

① 허리와 머리가 아프다.

② 온몸이 나른하다.

③ 유방이 붓고 아프다.

④ 아랫배가 뻗쳐 불편하다.

⑤ 다리가 당기고 쥐가 난다.

⑥ 드물게는 발진(發疹: 월경진)이 생긴다.

⑦ 신경과민으로 흥분하기 쉽고, 때로는 물건을 훔치기도 한다.

(3) 응급처치 및 관리

① 온찜질, 온열패드, 온열베개 등을 이용하여 아랫배를 따뜻하게 해주면 자궁수축을 감소시켜 통증을 완화시킨다.

② 다리 들어올리기 등 간단한 스트레칭이나 운동을 권한다.

③ 커피의 카페인 성분은 혈액을 응고시키는 작용을 하므로 생리 중에는 가급적 카페인이 든 음료는 피하는 것이 좋으며 비타민제를 섭취하는 것이 좋다.

④ 몸에 꽉 끼이는 속옷이나 청바지는 피하고 편안한 옷을 입는다.

⑤ 배를 차게 하면 생리통이 심해질 수 있기 때문에 노출이 심한 옷(배꼽티, 짧은 치마 등)은 피한다.

⑥ 자궁 부위(배꼽 아래 4cm 지점)에 폭 1cm, 길이 5cm의 파스를 '×'자 모양으로 붙인다.

⑦ 통증이 심한 경우 진통제를 투여한다.

⑧ 일상생활에 심한 지장을 줄 정도면 다른 이상이 없는지 정확한 검진을 받게 한다.

5) 비출혈(코피)

코 안이나 인두 부위에 출혈이 있어서 바깥 콧구멍으로 출혈되는 경우와 혈액이 뒷 콧구멍으로부터 인두로 흘러내릴 경우 이를 비출혈(코피)이라고 한다.

(1) 원인

① 국소적인 원인

- 외상, 전정 비염, 궤양성 비염, 급성 비염, 출혈성 비염, 섬유종, 비강 또는 부비강, 비인두의 신생물, 화학적 · 기계적 자극 등

② 전신적인 원인

- 출혈성 소인으로 혈우병, 자반증, 괴혈병, 빈혈증, 백혈병 등의 혈액질환
- 순환기계 질환으로 심장질환, 특히 동맥경화증, 고혈압 등
- 기타 전신질환의 부수적인 현상

(2) 응급상황인 경우

① 출혈이 20분 이상 지속되거나 인두로 흘러내리는 것이 심할 경우 즉시 의료기관

으로 이송한다.

② 타박상 등의 외상에 의한 경우, 안면 종창이나 피하 출혈, 바깥 코의 변형이 보이면 의료기관으로 이송한다. 외상은 비골골절을 수반하는 일이 비교적 많다.

③ 빈혈, 쉽게 멍이 드는 혈액질환을 의심할 만한 증상이 동반된 경우 의료기관을 방문해서 원인 질환에 대한 검사를 받게 한다.

(3) 응급처치 및 관리

① 혈압을 낮추기 위해 앉은 자세를 취하게 한 후 머리를 앞으로 숙이게 하여 혈액이 목으로 넘어가지 않고 코 앞부분으로 흘러 나오게 한다. 피가 목 뒤로 넘어가게 되면 질식하거나 메스꺼움, 구토 등을 유발할 수 있다.

② 비익(특히, Kiesselbach's area)을 10분 이상 가볍게 압박한다.

③ 탈지면이나 바셀린거즈로 코안을 Packing하고 5~10분 동안 유지한다. 너무 심하게 압박하면 오히려 출혈 부위 주변의 비점막을 손상시킬 수 있으므로 주의한다.

④ 코에 냉찜질하는 것도 도움이 된다.

⑤ 지혈이 된 후에는 코를 세게 풀지 않는다.

⑥ 출혈이 20분 정도 경과한 후에도 계속되거나 외상에 의한 출혈인 경우 의료기관으로 이송한다.

⑦ 원인질환이 있는 학생은 운동 및 활동에 대한 주치의의 처방을 참고한다.

⑧ 비출혈이 멈추었다 해도 당일은 심한 운동을 삼가고, 코를 풀거나 코로 숨을 세게 들이마시지 않도록 주의시킨다.

3. 응급 건강문제관리

학교는 학교현장에서의 교육활동 중 발생되는 안전사고 및 응급환자 발생 시 신속한 응급처치와 의료기관으로의 이송을 통해 응급상태에 있는 학생의 생명을 구하고 증상의 현저한 악화를 방지하여 후유증을 최소화함으로써 학생을 보호해야 한다. 교직원의 역할을 구체적으로 분담 · 명시하고 응급환자 발생 시 신속하게 대응할 수 있도록 학교의 실정을 고려하여 총괄책임자, 응급처치책임자, 이송책임자 등 교내 응급환자관리대책을 수립한다.

1) 응급건강문제 관리자

(1) 학교 관리자

- 총괄책임자로서 학기 시작 전 응급환자 관리인력체제를 구축한다.
- 응급환자 발생 시 응급처치를 총괄 지휘, 감독 및 지원하며 유사시에는 행정기관, 보도기관, 학부모, 의료기관에 적절한 대응 및 조치를 취한다.
- 소속 교직원이 응급처치 교육을 받도록 조치하고 필요한 지원을 한다.

(2) 보건교사

- 전문적인 지식과 태도로 신속하고 자신감 있게 응급처치에 임한다.
- 신속하게 환자의 활력징후를 측정하고 환자를 사정한다.
- 환자의 불필요한 이동을 자제하고 편안한 자세를 유지하게 하며, 기도유지 및 척추 손상 예방에 유의한다.
- 증상에 따라 응급처치한다.
- 환자의 활력증상 및 응급처치 상황을 육하원칙에 따라 보건일지에 기록하거나 별도의 응급환자 기록지에 기록한다.
- 위급한 경우 전문 의료기관으로 즉시 이송될 수 있도록 조치를 취하며 학교관리자에게 보고한다.

(3) 담임교사

- 가능한 한 빨리 학부모에게 연락하고, 학부모가 놀라지 않도록 상황을 설명한다.
- 학생이 신속하고 정확한 응급처치를 받을 수 있도록 최대한 협조한다(응급환자 이송 시 담임이 학생의 상황을 가장 잘 파악하고 있으므로 병원의료진과의 면담이 요구된다).
- 학생의 공포와 불안 등을 완화시켜주기 위해 노력한다.
- 학부모에게 따뜻한 태도로 정신적 · 정서적 지지를 한다.
- 필요시 이송에 동반하며 가능한 콜택시 등 대중교통을 이용하여 원활한 이송이 이루어지도록 조치한다.

(4) 일반 교직원

- 처음 응급환자 발생을 확인한 교직원은 신속하게 담당교사(보건교사, 담임교사 등)에게 연락을 취하고 1차 응급처치에 임한다.
- 환자의 불필요한 이동을 자제하고 되도록 환자에게 편안한 자세를 유지시킨다.
- 환자의 생명이 위급하거나 외상이 심한 경우, 즉시 전문 의료기관으로의 이송방법을 모색한다.

(5) 행정실

- 응급환자 관련 예산 반영과 집행 등 행정적 · 재정적 지원을 한다.
- 유사 시 교내 시설 · 설비의 응급 복구 및 차단 등의 조치를 취한다.

2) 병원 의뢰가 필요한 경우

'응급증상 및 이에 준하는 증상' 등으로 위급하거나 위독할 때를 제외하고는 학부모에게 연락하여 인계함을 원칙으로 한다(가정통신문 등을 통해 학부모에게 미리 홍보). 학년 초 가정통신문을 통한 '학생 건강실태 조사' 시 학교 응급환자 관리체계수립에 필요한 사항을 학부모로부터 미리 받아둔다.

학부모로부터 받아두어야 할 사항

- 1차 연락자 및 연락번호(주로 부모)
- 학부모 권한 대행자(2차, 3차 연락자) 및 연락번호: 주로 친 · 인척 및 이웃
- 유질환자의 경우 학생이 주로 이용하는 병 · 의원명
- 학부모에게 연락이 안 될 경우, 학교 인근 병원 또는 학생이 주로 이용하는 병원으로 미리 후송하여도 이의를 제기하지 않음을 명시하고 확인한 내용

3) 응급환자 발생 시 교직원 행동강령

① 응급환자를 최초로 발견한 교직원은 침착하게 상황을 관찰하여 주변 상황이 안전한지 확인한다. 감전, 가스 누출, 건물 붕괴, 화재, 폭력사고, 안전사고로 인한 척추손상 우려 등의 경우 주의를 요한다.

② 응급환자 발생시 보건교사에게 즉시 연락을 취한다. 비의료인의 판단에도 응급상황으로 생각될 경우, 보건교사가 도착할 때까지 기다리지 말고 곧바로 119 구급대에 신고한다.

③ 보건교사가 응급현장에 도착하기 전까지 교직원은 반드시 지속적으로 응급환자를 관찰하고 필요한 도움을 주어야 한다.

④ 응급상황에서 물, 약물 등의 경구투여는 삼간다.

⑤ 중증의 부상이나 아픈 학생은 불가피한 경우를 제외하고 함부로 이동시키지 않는다. 꼭 이동이 필요한 경우는 2차 손상을 예방하기 위해 '목과 등'에 대한 응급처치 후 이동한다.

⑥ 보건교사는 가능한 한 신속하게 환자의 활력징후를 측정하고 환자를 사정한다.

⑦ 일반차량(승용차)으로 이송 시 운전자와 관찰자 등 최소 2명 이상이 이송한다(보건교사 동행의 경우 환자 관찰 및 처치를 위해 보건교사는 운전하지 않도록 한다).

⑧ 담임교사는 가능한 한 빨리 학부모에게 연락하고 학교관리자에게 구두로 상황을 보고한다.

⑨ 학부모에게 연락이 되지 않을 경우, 학부모 권한 대행자에게 연락하고 의료기관에 이송한다.

⑩ 교직원은 학부모에게 인계하기 전까지 의료기관에서 학생의 상태를 관찰한다.

⑪ 보건교사는 응급처치 상황을 보건일지 또는 별도의 응급환자 기록지에 기록하고 학교장에게 보고한다.

4) 응급건강문제

(1) 경련

경련은 자신의 의사와는 관계없이 전신 또는 국소의 근육이 급격히 수축하는 현상으로 뇌기능 장애로 발생하며 일반적으로 의식소실이 동반된다.

경련의 증상은 갑자기 이상한 행동이 발생하는데 예를 들면, 옷을 만지작거린다거나 눈이 뒤집힌다던가, 온몸을 부르르 떨고 거품을 물며 신체가 비정상적인 행동을 반복하는 것 등이다. 물론 이러한 증상 중의 일부는 진짜 경련이 아니고 정신적인 문제 때문에 나타날 수도 있어 얼핏 보면 응급한 것 같으나, 응급환자가 아닐 수도 있다. 간질, 뇌종양, 히스테리 외에 감염병이나 각종 중독에 의해서도 발작을 일으킬 수 있다.

① 응급상황인 경우

- 호흡장애가 있을 경우
- 경련이 지속 또는 반복해서 일어날 경우
- 외상이 있을 경우
- 뇌염이나 수막염이 있을 경우

② 응급처치 및 관리

- 기도를 확보하고 필요시 산소를 공급한다.
- 경련발작이 있을 경우 학생들이 우르르 몰려와 주위를 소란스럽게 할 수 있으므로 주위 환경을 침착하고 조용하게 정리하고 의복을 느슨하게 해준다.
- 경련 양상에 따라 신속히 의사의 진료를 받게 한다.
- 소아는 열성경련이 많으므로 빨리 열을 내리기 위해 옷을 전부 벗겨 미지근한 물로 몸을 닦아준다.
- 혀를 깨물지 않도록 옷이나 손수건을 돌돌 말거나 설압자에 거즈를 감아 입에 물린다. 경련이 시작된 상태에서는 억지로 구강을 벌려 끼워 넣지 않는다. 보건실에서는 경련 상황을 대비하여 사전에 해당 물품을 구비해 둔다.
- 첫 발작 후 발작이 계속되거나 10분 이상 의식이 없으면 즉시 병원으로 이송한다.
- 위험한 상황이 아니면 강제로 경련을 제지하거나 이동시켜서는 안 되며 주무르거나 손가락을 따는 행동 등을 하지 않는다.
- 발작 중에는 입안에 아무것도 넣지 않는다.
- 발작이 끝나면 극심한 피로로 대부분 잠을 자게 되는데 그대로 조용히 재우는 것이 좋다.

(2) 골절

체육시간, 놀이기구 사용 시, 등 · 하교 시 각종 사고, 자전거, 인라인스케이트 등으로 골절을 당하는 경우가 많다. 성장기 아동들은 육체적 활동이 활발하기 때문에 상해를 입게 되는 확률이 높으며, 기계화, 자동화되어가는 사회환경과 아울러 손 · 발동작의 둔화로 인한 사고도 증가하고 있다.

① 골절 의심증상

- 변형: 뼈가 본래의 상태에서 벗어나 길이가 짧아지거나, 각이 지거나 사지가 회전하게 되는 것으로 검진 시 반드시 손상받은 사지와 반대편의 정상 사지를 비교한다.
- 압통: 압통이 느껴지는 부위를 부드럽게 압박하면 골절 부위에 통증이 있다.
- 운동 제한: 손상 부위를 움직이면 통증을 느끼므로 움직이려 하지 않고 움직임이 어렵거나 제한된다.
- 부종 및 반상출혈: 골절 부위가 부어 오르거나 피부 밑으로 출혈되어 피부색이 변화된다.
- 마찰음: 골절된 양측 뼈의 면이 맞부딪힐 때 마찰소리를 들을 수 있다.
- 가성운동: 관절이 아닌 부위에서 관절처럼 움직임이 관찰된다.
- 골절 직후 쇼크 증상을 일으킬 수 있으며, 골절 후 발열, 오한 등을 보일 수 있다.

② 응급처치 및 관리

- 환부는 부목을 대기 전까지 절대 움직이지 않는 것을 원칙으로 한다. 경추손상 시 일반적인 기도유지법을 실시하지 말고 하악견인법으로 고개가 틀어지지 않게 한다. 척추골절이 의심되면 절대 부상자를 일으켜 앉히거나, 세우거나, 걷게 하거나 업어서는 안 된다.
- 활력징후, 의식상태 등 전신상태를 관찰하고 쇼크 예방과 치료에 중점을 둔다.
- 복합골절 시 감염에 유의하여 상처를 치료하고 출혈 시 지혈한 후 멸균 드레싱하여 부목으로 고정한다.
- 개방성 골절인 경우 외부로 드러난 뼈는 그대로 두고 무균 거즈나 깨끗한 헝겊으로 가볍게 덮는다. 이때 골절 치료보다는 세균감염 예방이 중요하다.
- 부목은 관절보다 긴 것을 사용하고 부목이 없으면 주변의 대체물질을 부목 대신 사용한다. 지팡이, 우산, 나무판자, 신문, 잡지 등을 이용할 수 있으며, 넓이와 길이가 충분하며 단단하고 편평하며 가벼운 것을 사용한다.
- 동통과 부종 경감을 위해 환부를 냉찜질하고 대상자는 적절히 보온한다.
- 부목으로 고정 후 환부를 몸체보다 상승시켜 신속히 병원으로 이송한다.

- 손상 후 6시간 내에는 치료하면 깨끗하게 봉합될 가능성이 높으나, 24시간 이상 지연되면 개방 치료를 해야 하므로 주의한다.
- 환자가 출혈이 없고 의식이 있으면 따뜻한 음료수를 제공한다.

(3) 염좌

염좌란 관절의 정상 가동범위를 넘은 외력이 가해졌을 경우에 발생하는 외상으로 관절낭이나 인대가 손상을 받지만, 관절 자체는 정상 위치를 유지하고 있는 것을 말한다.

① 원인

체육시간에 뜀틀이나 축구 등을 하다가 발생되는 경우가 많다.

② 응급처치 및 관리

- 부상된 관절의 운동을 제한하고 관절낭이나 관절 주위 조직 손상이 회복될 때까지 안정을 유지한다.
- 부종과 통증을 완화하기 위해 냉찜질을 한다.
- 탄력붕대로 관절 부위를 단단히 지지한 뒤 손상 부위를 심장보다 높게 유지한다.
- 손상 부위를 심하게 사용하지 않도록 교육한다.

(4) 출혈

출혈의 원인은 여러 가지가 있으나 일반적인 출혈에 대한 처치법은 다음과 같다.

① 응급처치 및 관리

- 출혈이 심하지 않은 경우 상처를 손이나 깨끗하지 않은 헝겊으로 함부로 건드리지 말고 엉키어 뭉친 핏덩어리를 함부로 떼어 내지 않는다. 흙이나 이물질이 묻었을 때는 깨끗한 물, 생리식염수로 상처를 세척한 후 소독된 거즈로 드레싱한다.
- 지혈방법(직접압박법): 상처 부위에 헝겊 등을 대고 출혈이 멎을 때까지 세게 압박하고 출혈 부위를 심장보다 높여준다.
- 손상부위가 이물질로 막힌 경우 출혈이나 손상이 더 심해질 수 있으므로 되도록 이물질을 제거하지 않고 고정시킨 후 병원으로 이송한다.
- 활력징후를 수시로 체크하면서 체온이 떨어지지 않게 보온에 신경쓴다.

(5) 화상

학교에서 급식시간에 뜨거운 국물에, 실습시간에 요리하다가 또는 미술시간에 만들기 하다가 부주의로 화상을 입는 경우가 일반적이다. 화상은 열상이라고도 하며 열, 전기, 접촉, 화학 약물에 의해 발생한다.

① 화상의 심도에 따른 분류

- 1도 화상: 표피층만 손상된 경우로 화상 부위가 붉어지고 동통과 부종은 있으나 물집은 생기지 않는다. 5~10일 이내에 아무 흉터 없이 치유될 수 있다.
- 2도 화상: 표피, 진피층의 일부까지 손상된 경우로 물집이 생기고 부어오르며 붉은 얼룩이 생긴다. 상처는 2~3주일에 걸쳐 치유되나 세균감염에 의한 염증이 발생할 경우 3도 화상으로 이행되어 피부이식술이 필요하게 될 수 있다.
- 3도 화상: 표피, 진피, 하피까지 손상된 경우로 피부가 없어지거나 탄 것이다. 감각을 느끼지 못하며 자연치유가 될 수 없어 피부이식술이 필요한 경우가 대부분이며 반드시 비후성 반흔 혹은 구축성 반흔을 남긴다.

② 화상의 범위에 따른 분류(9법칙 Rule of nine)

전체의 체표면적을 100%로 보았을 때 전체 체표면적에 대해 화상을 입은 면적의 비율을 말한다. 연령별 화상 부위에 따른 화상의 범위는 **표 4.10**과 같다.

③ 원인

- 열: 증기, 끓는 물, 불꽃, 더운 물주머니, 뜨거운 금속 등으로 인한 화상

표 4.10 화상의 범위에 따른 분류

단위: %

화상 부위	1~4세	5~9세	10~12세	성인	전체
머리와 목	19	15	13	9	100
양팔 각각	9½	9½	9½	9	100
앞면의 체간	16	16	16	18	100
뒷면의 체간	16	16	16	18	100
양다리 각각	15	17	18	18	100
회음부	0	0	0	1	100

- 화학약품: 황산, 질산 등의 강산이나 강알칼리로 인한 화상
- 전기: 전류가 신체 내에 흘렀을 때 발생하는 화상
- 방사선: X-선, 라듐, 자외선 등에 의해 서서히 발생하는 화상

④ 응급처치 및 관리

- 일광화상인 경우 찬물이나 찬 수건을 이용해 하루 3~4회, 20분씩 냉찜질한다.
- 경도화상의 경우 흐르는 찬물에 30분 정도 담가 화상 부위의 열을 빼서 부종, 수포 형성, 조직파괴를 감소시키거나 예방한다.
- 수포가 생겼을 경우에는 터뜨리지 않도록 하고 터졌거나 터질 가능성이 있는 수포는 액체를 빼고 감염되지 않게 치료한 후 멸균 거즈를 덮어준다(병원에서 치료 권유).
- 넓은 부위의 화상(체표면적의 20% 이상)은 화상으로 인한 조직손상의 진행을 방지하기 위해 쇼크나 호흡장애가 있는지 확인하고 환자를 젖은 시트로 덮어 신속히 병원으로 이송한다.
- 약품으로 인한 화상은 즉시 흐르는 물(낮은 수압의 물)로 해당 부위를 20분간 깨끗이 씻어내고 병원으로 이송한다.
- 화상 부위에 탈지면을 직접 대거나 참기름, Zinc oil 등을 바르면 상처에 달라붙어 제거하기 어렵고 피부이식을 못하게 되는 결과를 초래하므로 병원으로 옮길 때는 흐르는 찬물에 담가 열을 빼는 행위 이외에는 아무것도 바르지 않는 것이 좋다.
- 화상 부위에 옷이 달라붙었을 경우 억지로 떼려하지 말고 찬물에 담근 후 거즈로 덮은 후 병원으로 이송한다.
- 좁은 부위의 화상이라도 얼굴 화상, 생식기 화상, 눈 화상은 반드시 지체 없이 병원으로 이송한다.

(6) 치아손상

① 치아가 부러진 경우의 응급처치

- 부러진 부분을 버리지 말고 우유 또는 생리식염수에 담아 학생과 함께 즉시 치과로 간다. 부러진 치아조각을 이용하면 임시로 가치를 만들 수 있다.

- 상처에 이물질이 있으면 구강 세척을 한다. 그러나, 치아에 흙이 묻었다고 문질러 씻지 않도록 한다.

② 치아가 빠진 경우의 응급처치

- 치아가 완전히 빠졌을 때는 치근막이 건조해지지 않도록 하는 것이 가장 중요하다. 이를 위해 우유나 생리식염수 또는 물에 담근다. 물도 없다면 입안의 혀 밑에 보관하여 즉시 치과로 이송한다.
- 치아가 완전히 빠지지 않고 잇몸에 걸려 있을 때는 원래의 위치에 유지시킨 상태에서 거즈나 약솜을 물고 있게 한다.

(7) 실신

실신은 갑작스럽게 의식을 잃는 상태를 말하는데, 뇌 혈류량의 일시적인 감소로 인해 발생하며 간질 등과 구별되어야 한다. 증상 및 징후는 어지럼증, 허약감, 앞이 캄캄해짐, 사물이 흐릿하게 보임, 오심, 창백한 피부, 식은땀 등이다.

① 원인

- 저혈당(혈액 속의 포도당 농도 감소)
- 심장박동 느림, 공포, 불안, 약물, 과로
- 부정맥(불규칙한 심장박동), 탈수, 일사병, 빈혈, 출혈

② 응급처치 및 관리

- 환자를 눕히고 다리를 20~30cm 올려준다.
- 꽉 끼는 옷, 허리띠 등은 느슨하게 풀어준다.
- 쓰러졌다면 다친 곳이 있는지 살핀 후 먹을 수 있으면 설탕물 등 달고 시원한 음료수를 제공한다.
- 맑은 공기를 마시게 하고 얼굴에 찬 물수건을 대주면 회복에 도움이 된다.
- 환자의 얼굴에 직접 물을 뿌리거나 붓지 않으며. 깨어나게 하려고 얼굴을 때리지 않는다.
- 4~5분 내에 깨어나지 않을 때는 병원으로 이송하여 진단 및 치료를 받게 한다.

5) 주요 응급처치

(1) 심폐소생술

심폐소생술(cadiopulmonary reuscitation, CPR)은 갑작스런 심장마비나 사고로 심장과 호흡의 활동이 멈추었을 때 흉부압박과 인공호흡을 실시하여 뇌손상을 지연시키고 심장의 역할을 대신하게 하는 응급처치방법이다. 기본 소생술 순서는 가슴압박(chest compression: C)−기도 개방(airway: A)−인공호흡(breathing: B)의 순서로 시행한다. 구조자가 인공호흡에 능숙하지 않아 지속적인 흉부압박만을 시행하더라도 생명을 살릴 확률을 높일 수 있다. 심폐소생술의 핵심은 신속한 흉부압박과 제세동이다.

① 응급처치의 기본행동 요령

첫 번째, 현장 조사(Check): 현장을 조사하여 부상자를 확인한 후 현장의 안전 여부 및 사고 원인을 살피고 주변의 협조자를 찾는다.

두 번째, 구조 요청(Call): 현장 조사와 동시에 119 구급대나 1339(질병관리본부 콜센터)에 구조 요청을 한다.

세 번째, 응급처치 및 도움(Care): 환자의 생명이 위급한지? 의식이 있는지? 살핀다. 응급처치 전에 환자의 기도, 호흡, 순환상태를 확인한다. 생존사슬의 개념 및 중요성을 이해하는 것은 물론 실천할 수 있도록 교육한다.

- 성인의 생존사슬: 신속한 신고 → 신속한 심폐소생술 → 신속한 제세동 → 신속한 전문 소생술 → 심정지 후 처치 통합
- 유아의 생존사슬: 손상 예방 → 신속한 심폐소생술 → 신속한 도움 요청 → 신속한 전문 소생술 시행

② 심폐소생술의 순서 및 방법

1. 의식 확인: 양쪽 어깨를 가볍게 두드리며, "여보세요, 괜찮으세요?"라고 질문하여 의식을 확인한 후 반응이 없으면 119 구급대에 신고하고 AED(자동세동기)를 요청 후 관찰한다.
2. 흉부압박(30회): 깍지를 낀 두 손을 가슴의 정중앙(가슴뼈 아래 1/2 부위) 위에 위치시킨다. 압박 시 수직으로 최소 5cm 깊이로 분당 100~120회 속도로 흉부를 압박한다. 압박된 가슴은 완전히 이완시킨 후 다시 압박한다.
3. 인공호흡(2회): 머리를 젖히고 턱을 들어 기도를 유지한 후 코를 막고 입속으로 호흡을 2회 불어 넣는다.
4. 흉부압박과 인공호흡 반복(30회:2회): 30회의 흉부압박과 2회의 인공호흡을 구조요원이 올 때까지 반복한다. 흉부압박 중단시간은 10초 미만이 되게 한다.
5. 회복자세 유지: 맥박과 호흡이 돌아온 경우 환자를 옆으로 돌려 눕혀 휴식자세를 취해준다.

(2) 기도 폐쇄

① 원인

기도에 가장 많이 걸리는 이물질은 콩 종류(특히 땅콩)이며, 바늘과 못, 옷핀, 장난감, 연필뚜껑 등 입에 물고 있던 물체를 삼키는 경우가 많다.

② 증상

- 이물질이 기관 내로 들어가면 발작적인 기침을 한다.
- 기침은 약 30분간 지속된 후 안정되며, 이때 이물질은 기도 내 여기저기로 이동할 수 있는데 해부학적 특징 때문에 대부분 우측 기관지에 들어가게 된다.
- 이물질이 후두에 들어가 성문에 걸렸을 경우 목소리의 변화가 있을 수 있고 쉰 목소리를 낸다.
- 떡, 고무풍선, 비교적 큰 껌 등이 후두에 걸리는 경우가 대부분으로, 흡기성 호흡곤란과 호흡불능으로 인한 청색증이 나타나는데 적절한 응급조치를 취하지 않으면 위험할 수 있다.

③ 폐쇄양상 및 처치방법

- 완전기도 폐쇄: 이물질이 목에 걸려 말을 못하고 숨도 못쉬며 얼굴이 창백해진다. 환자가 의식이 있으면 하임리히법을 시행하고 의식이 없으면 눕힌 상태에서 환자의 배 쪽에서 명치쪽으로 두 손을 모아 위로 강하게 밀쳐 올린다.
- 부분기도 폐쇄: 이물질이 목에 걸렸으나 기침과 말을 할 수 있으며 가슴을 답답해 한다. 숨을 쉴 수 있으면 계속 기침을 유도하며 이물질이 배출되지 않을 때는 즉시 119 구급대에 연락한다.

④ 응급처치 및 관리

- 기침을 심하게 하고 숨이 막혀 괴로워할 때는 이물질이 기관 내로 들어갔다고 판단하고, 위쪽으로 되돌려서 빼내는 시도보다는 아래쪽으로 내려가게 한다.
- 환자의 뒤에서 양쪽 겨드랑이 밑으로 손을 넣고 안아 올려 방바닥에 부딪치듯 엉덩방아를 찧게 하면 기관 안에 있던 이물질은 좌우 어느 쪽의 기관지로든 빠지게 되고, 한쪽 폐로 숨을 쉴 수 있게 되므로 호흡도 편해진다.
- 합병증 예방을 위해 전문의의 진찰을 받게 하며, 기관절개술, X-선 촬영 등 충분

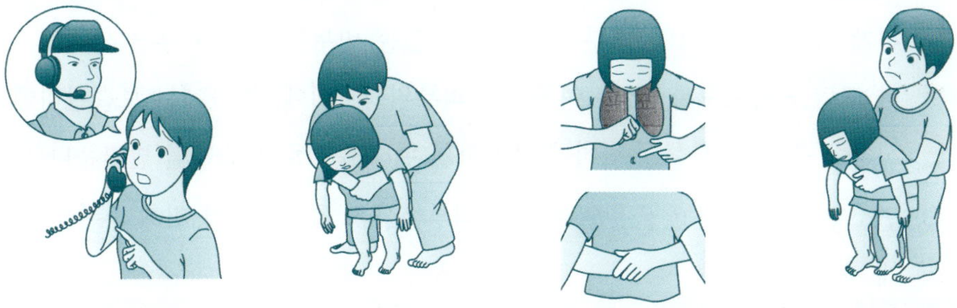

119 구급대나 주위 사람에게 도움을 요청한다.

질식 아동의 뒤에 선다.

주먹의 엄지가 학생이 배꼽 바로 위에 오도록 두고 다른 손으로 감싼다.

위를 향해 밀쳐 올려 이물질이 나오거나 도와줄 사람이 올 때까지 계속한다.

그림 4.7 **하임리히법.** 출처: 교육부. 보건교육프로그램(2012, 부모용).

한 검사로 이물질을 확인한다.

- 하임리히법을 실시한 뒤(**그림 4.7**), 구강 대 구강 인공호흡을 실시하는데 대상자 스스로 호흡을 할 수 있을 때까지 계속하면서 119 구급대를 부른다.

4. 최근 건강문제 관리

1) 아토피

(1) 원인

① 체질적 요인: 스트레스, 자가면역, 만성피로 등으로 인한 면역력 저하

② 환경적 요인: 자동차 배기가스, 시멘트 독, 주거 환경의 건조화, 전자파

③ 알레르기원: 음식, 공기, 접촉, 약물 등 아토피를 일으키는 원인이 되는 물질

(2) 관리

아토피 관리는 피부, 환경, 식품 관리와 함께 약물치료가 함께 병행되어야 한다.

① 가려운 곳은 시원하게 해준다. 찬물이나 찬 식염수를 적신 수건을 얹어서 피부를 식혀 주고, 긁지 말고 손가락으로 톡톡 가볍게 두드려준다.

② 피부는 늘 깨끗하고 촉촉하게 유지하도록 미지근한 물에 통목욕(샤워는 더 건조하게 함)을 하며, 10~15분 보습기능이 있는 비누를 사용한 후 3분 안에 로션이나 크림을 바르도록 한다. 여름에는 피부위생관리에, 겨울에는 보습관리에 더욱 신경을 쓴다. 피부를 촉촉하게 유지하기 위해 수시로 보습제를 발라준다.

③ 면소재의 옷을 입고 긁음으로 인한 피부손상을 최소화하기 위해 손톱은 항상 짧게 자른다.

④ 너무 더운 환경이 되지 않게 온도를 조절하고 습도는 50% 정도로 유지한다.

⑤ 아토피 피부가 심해지는 원인은 사람마다 다르므로 정확한 원인과 주의점을 잘 알아두고 치료한다.

⑥ 집안에서 기르는 애완동물의 털이나 비듬, 분비물 등은 알레르기 질환의 원인이 될 수 있으므로 주의한다.

⑦ 심리적 불안이나 스트레스, 수면장애나 갑작스러운 온도 변화는 아토피를 심하게 할 수 있으므로 평소 규칙적인 생활습관을 가진다.

⑧ 육류, 기름기가 많은 음식, 맵거나 짠 음식, 인스턴트 식품은 먹지 않는다.

(3) 학교에서의 관리

① 쉬는 시간에는 교실 환기를 철저히 한다.

② 칠판과 책상 위는 물걸레질 청소를 하고, 교실 바닥은 진공청소 후 물걸레질 청소를 한 후 마지막으로 마른걸레질을 한다.

③ 아토피 · 천식 학생에 대한 특별 관리교육을 시행한다.

④ 교직원 대상으로 아토피 · 천식 학생에 대한 응급처치 예방교육을 실시한다.

⑤ 홈페이지, 가정통신문을 통해 학부모 교육을 강화한다.

2) 척추측만증

정상적인 척추는 정면에서 보았을 때 일직선이며, 옆에서 보았을 때 경추와 요추는 앞으로 휘고(전만곡), 흉추와 천추부는 뒤로 휘어(후만곡)있다. 척추측만증은 척추가 정면에서 보았을 때 옆으로 휜 것을 지칭하나, 실제로는 단순한 2차원적인 기형이 아니라 추체 자체의 회전 변형이 동반되어 옆에서 보았을 때에도 정상적인 만곡 상태가 아닌 3차원적인 기형 상태이다(**그림 4.8**, **그림 4.9**).

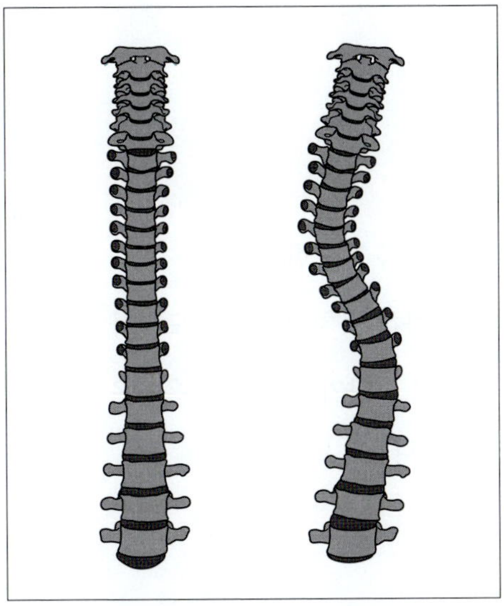

그림 4.8 정상인과 척추측만증 환자의 차이

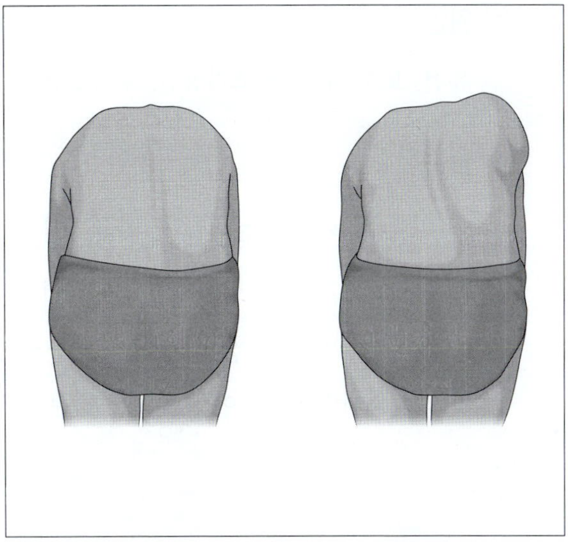

그림 4.9 등을 구부렸을 때 정상인과 척추측만증 환자의 차이

(1) 원인

① 특발성 척추측만증: 85~90%가 원인을 알 수 없다.

② 선천성 척추측만증: 태아 때 척추 생성 과정에서 이상이 생겨 발생한다.

③ 기타: 중추신경계나 신경학적 이상으로 발생하는 신경 근육성 척추측만증, 신경섬유종에 의한 척추측만증과 마르팡증후군(Marfan syndrome) 등 여러 증후군이 동반된 척추측만증이 있다.

(2) 예방 및 관리

아직까지 척추측만증을 예방할 수 있는 효율적인 방법은 없으나 지속적으로 올바른 자세를 취하는 것과 조기 발견이 가장 중요하다. 척추측만증이 있다고 해서 운동을 제한하거나 생활습관을 바꿀 필요는 없으며 측만의 정도가 작은 경우는 정상인과 같다고 여기고 생활하면 된다. 다만 성장이 끝날 때까지 몇 개월에 한 번씩 방사선 촬영을 시행하고, 의사의 지시를 잘 따르는 것이 중요하다.

3) 부정교합

치아가 몰려나거나 휘거나 치열에서 벗어난 상태를 말한다.

(1) 원인

유전, 토순, 유치의 조기상실, 구강호흡 등

(2) 관리

① 엄지손가락 빨기는 5~6세 이후까지 지속되지 않도록 지도한다.

② 치아교정기를 한 경우 충치발생률이 높으므로 꼼꼼히 양치하도록 지도한다.

③ 치아교정기를 한 경우 매 식사와 간식 후 양치하고 영양가가 풍부한 음식을 섭취하고 6개월에 1회 이상 치과를 방문하도록 교육한다.

5. 정신건강문제 관리

교육부는 보건복지부와 공동으로 최근 사회문제로 대두되고 있는 학생들의 주의력결핍과잉행동장애(ADHD), 우울증, 자살문제, 인터넷중독 등 성장기 학생들의 정서 · 행동문제에 대해 학교 및 지역사회 정신보건센터를 중심으로 조기진단에서 치료까지 연계 실시를 확대하는 학생정신건강서비스체계(System of Care, SOC)를 2007년부터 구축하여 운영하고 있다. SOC는 소아 · 청소년기의 주요 정서 · 행동발달경향을 조기에 진단하고 정신건강문제로의 악화방지 및 정상적인 성장 · 발달지원을 통해 건강한 성인으로 성장할 수 있도록 지원하기 위한 것이다. 또한, 학교선별검사 결과, 전문적인 치료를 필요로 하는 경우에는 지역사회 전문의료기관과 연계하여 진단검사 및 치료 등이 이루어지도록 하기 위함이다.

학생정신건강서비스지원사업은 지난 2007년 96개의 시범학교 운영을 시작으로 연차적으로 확대 · 추진하고 있으며, 2011년 전국 초 · 중 · 고등학교의 약 38% 수준인 4,300개교의 초등학교 1 · 4학년, 중 · 고등학교 1학년 학생 약 90만 명을 대상으로 96개교에서 2010년 1,126개교로 확대되어 자체 선별검사를 실시하였다(**그림 4.10**). 정서 · 행동문제 경향이 심각하지 않은 학생은 학교가 중심이 되어 자존감 증진 및 건강한 생활기술 습득 훈련지도 등 사례별 관리를 실시하며, 정서 · 행동문제 경향이 심각한 학생은 관할 전문기관(정신보건센터, Wee센터 등)에 의뢰하여 심층적인 검사와 면담치료를 받을 수 있도록 조치한다. 전문기관(정신보건센터, Wee센터)에서 심층사정평가와 상담 · 치료 등 사례관리를 할 때는 학부모의 동의를 얻은 후 실시하며, 해당 학교 및 학부모의 요구와 학생의 정신건강 문제유형을 바탕으로 개별화된 서비스 계획(Individualized Service Plan, ISP)에

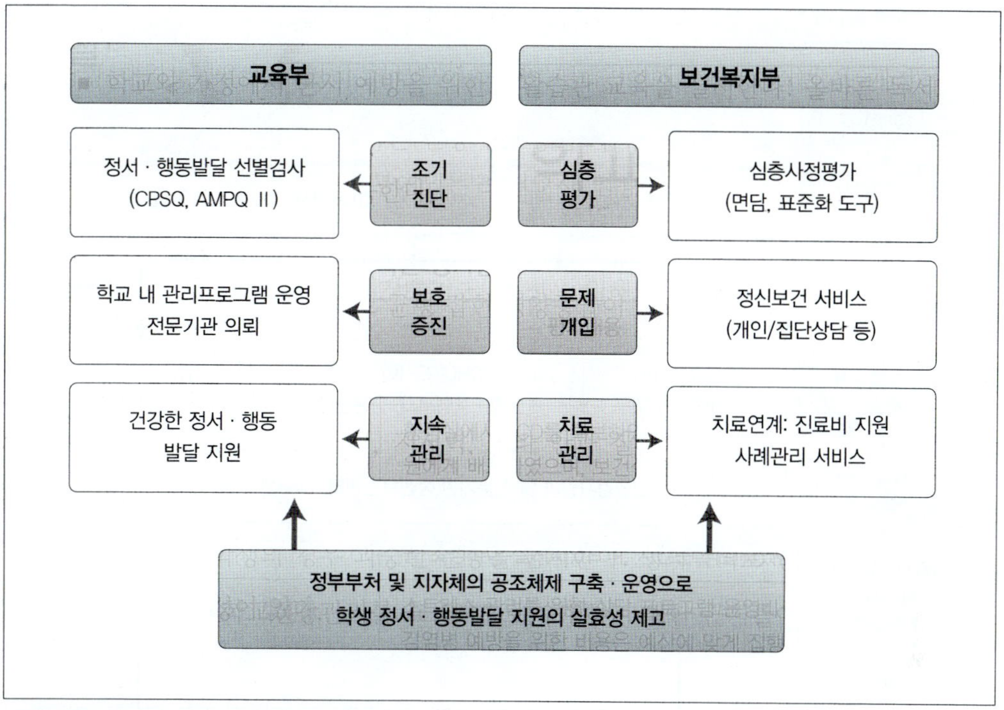

그림 4.10 학생정신건강서비스지원사업

출처: 교육부, 보건복지부. 학생 정서 · 행동발달선별검사 및 정신건강관리방안(2011).

따라 체계적인 정신보건서비스를 지원하게 된다.

지역(학교) 여건에 따라 정신보건센터, Wee센터, 병의원 등 전문기관과의 연계를 추진한다. 학생(학부모)이 전문기관을 방문하여 검사를 실시하도록 지도한다(지리적 여건 등으로 기관방문이 어려운 경우 우편 또는 온라인으로 검사지를 받아 담당교사 임장지도 하에 작성 · 발송하고, 결과 수령하는 방법 등 탄력적 운영). 이 때, 대상 학생이 낙인되어 학교생활에 부정적인 영향을 초래하거나, 학부모의 항의 등 부작용이 발생하지 않도록 진행에 만전을 기한다(**그림 4.11**, **표 4.11**, **그림 4.12**).

학생 정서 · 행동발달 선별검사 및 결과분석의 대상자와 조사내용은 앞의 학교건강검사 등 정신건강상태 검사를 참조하기 바란다.

1) 대상자

① 초등학교: 초등학교 1, 4학년 학부모

② 중, 고등학교: 중, 고등학교 학생 및 교사

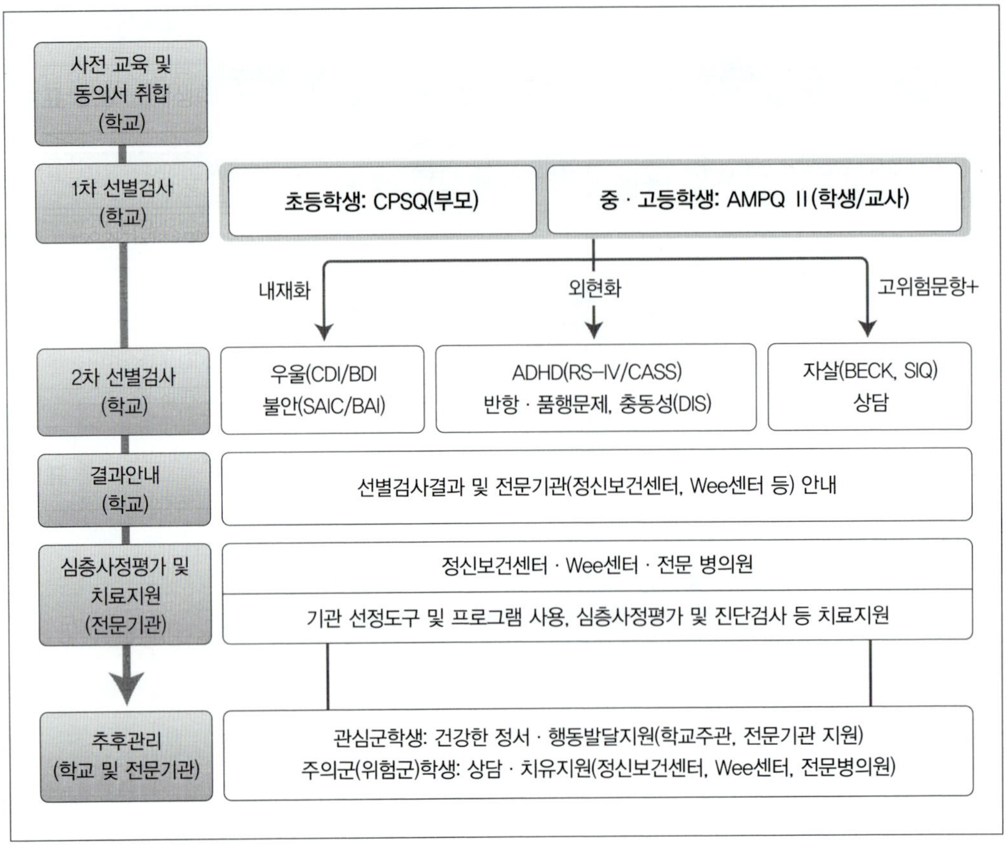

그림 4.11 **학생 정신건강관리 체계도**

출처: 교육부. 학생 정서 · 행동선별검사 및 추후관리매뉴얼(2010).

2) 주의력결핍과잉행동장애(ADHD)

학령전기 및 학령기 아동에게서 가장 일반적으로 나타나는 정신과적 장애로 지속적인 주의력결핍(inattention) 및 과잉행동(hyperactivity), 충동성(impulsive) 등의 증상이 만성적인 경과를 나타내는 질환이다. 또한, 여러 기능영역(가정 · 학교 · 사회 등)에 지장을 초래하는 매우 중요한 질병이다.

(1) 원인

전두엽의 손상, 대뇌 도파민 감소 등 신경학적인 원인에 의해 발생한다.

(2) 주요증상

① 주의력 결핍: 학교활동에서 부주의로 실수를 하고 주의집중에 어려움을 겪는다.

표 4.11 학생 정서·행동발달 지원사업

구분	담당	추진내용
연계체계구축	교육청	• 학생건강관리 협의체 구축 – 학교관리자, 학부모, 보건교사, 상담교사, Wee센터, 정신보건센터와 협조체제
사전준비	학교	• 사전교육 및 동의서 취합
1차 선별검사	학교	• 사용도구 – CPSQ(초등): 초등학교 1, 4학년 학생, 학부모 대상 – AMPQ-II(중등): 중·고등학교 1학년 학생 및 교사 대상 • 검사 결과분석 후 정상과 심층평가가 필요한 학생 선별
2차(3차) 선별검사 (심층평가)	학교 및 전문기관	• 내재화: 우울(CDI/BDI), 불안(SAIC/BAI) • 외현화: ADHD(RS-IV/CASS), 반항·품행문제, 충동성(DIS) • 자살: BECK, SIQ • 연계기관: 교육청 Wee센터, 정신보건센터
추후관리	학교 및 가정, 전문기관	• 관심군: 문제발생 예방을 위한 사례관리(학교주관, 전문기관지원) • 주의군: 전문기관에 의뢰·치료(전문기관·가정주관)

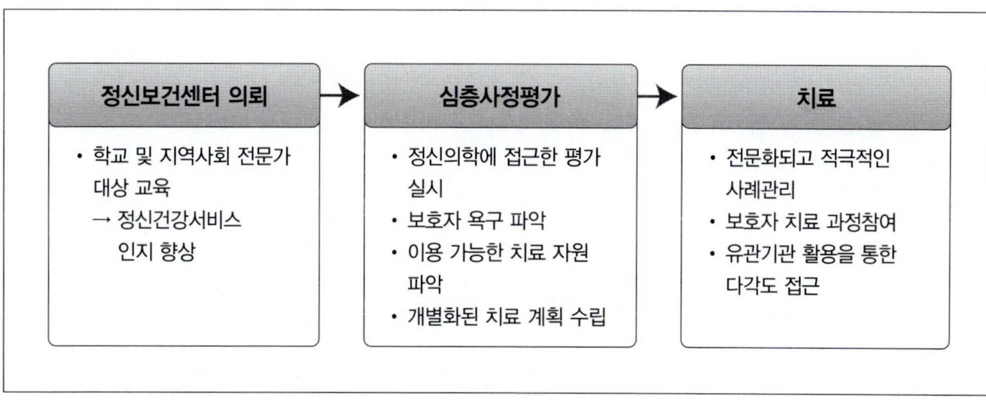

그림 4.12 정신보건센터 개입 체계도

출처: 교육부, 보건복지부. 학생 정서·행동발달선별검사 및 정신건강관리방안(2011).

타인의 말에 귀를 잘 기울이지 못하고 지시를 잘 따르지 않고 책임을 다하지 않는다. 활동을 조직화하는 데 어려움이 있으며 종종 잊어버린다. 정신적인 노력을 해야 하는 일을 회피하고 싫어한다.

② 과잉행동: 손이나 발을 계속 만지거나 꼼지락거린다. 조용한 활동을 못하고 끊임없이 말을 하고 돌아다니며, 부적절한 행동을 나타내며(안절부절) 행동을 멈추기가 어렵다.

③ 충동성 징후: 순서를 기다리지 못하고 질문이 끝나기 전에 답하며 타인을 방해하거나 끼어든다.

(3) 치료

① 약물치료: 주의력 결핍, 과잉행동, 충동성 문제를 개선한다.

② 심리치료: 단기적인 문제해결과 자기통제 능력을 키운다.

③ 부모훈련: 부모의 자녀에 부정적인 양육방식을 적응방식으로 대체한다.

(4) 대응전략

① 일관성 있는 규칙과 시행이 필요: 단순하고 공정하며 규칙을 분명하게 이해시키고 규칙을 어겼을 때는 분명히 다시 규칙을 말해주고 시행에 옮긴다.

② 논쟁하지 않고 흥분하지 않음: 침착함을 유지하고 규칙을 반복해서 이야기해준다.

③ 중요하지 않은 것은 무시함: 크게 문제가 되지 않으면 학생이 웅얼거리거나 음료수를 소리내어 마시는 등의 행동에 관여하지 않는다.

④ 상황을 통제할 수 없을 때는 타임아웃을 사용함: 상황을 통제하기 어려우면 타임아웃용 의자를 사용하거나 계단에 앉아 있게 한다.

⑤ 보상을 제공함: 착한 행동을 하는 순간을 포착해 긍정적인 보상을 해준다.

⑥ 자존감을 키움: 부모의 지지적인 태도와 인내심을 통해 학생의 긍정적인 면에 신경을 더 쓴다.

⑦ 학생 스스로가 ADHD가 어떤 것인지 정확히 알게 함: 장애가 아닌 차이로 인식하게 하고 학생의 능력을 긍정적이고 생산적인 방향으로 사용하도록 격려한다.

(5) ADHD 평정척도

• 당신의 자녀 또는 당신 반의 아동이 1주일 동안 보인 행동을 가장 잘 기술한 번호에 ○표시하십시오.

	항목	전혀 그렇지 않다 (매우 드물다)	약간 혹은 가끔 그렇다	상당히 혹은 자주 그렇다	매우 자주 그렇다
1	학교 수업이나 일, 혹은 다른 활동을 할 때, 주의집중을 하지 않고 부주의해서 실수를 많이 한다.	0	1	2	3
2	가만히 앉아 있지를 못하고 손발을 계속 움직이거나 몸을 꿈틀거린다.	0	1	2	3
3	과제나 놀이를 할 때 지속적으로 주의집중하는 데 어려움이 있다.	0	1	2	3
4	수업시간이나 가만히 앉아 있어야 하는 상황에서 자리에서 일어나 돌아다닌다.	0	1	2	3
5	다른 사람의 이야기를 잘 귀 기울여 듣지 않는 것처럼 보인다.	0	1	2	3
6	상황에 맞지 않게 과도하게 뛰어다니거나 기어오른다.	0	1	2	3
7	지시에 따라 학업이나 집안일이나 자신이 해야 할 일을 끝마치지 못한다.	0	1	2	3
8	조용히 하는 놀이나 오락 활동에 참여하는 데 어려움이 있다.	0	1	2	3
9	과제나 활동을 체계적으로 하는 데 어려움이 있다.	0	1	2	3
10	항상 끊임없이 움직이거나 마치 모터가 달려서 움직이는 것처럼 행동한다.	0	1	2	3
11	공부나 숙제 등 지속적으로 정신적 노력이 필요한 일이나 활동을 피하거나 싫어하고 하기를 꺼려한다.	0	1	2	3
12	말을 너무 많이 한다.	0	1	2	3
13	과제나 활동을 하는 데 필요한 것들(장난감, 숙제, 연필 등)을 잃어버린다.	0	1	2	3
14	질문을 끝까지 듣지 않고 대답한다.	0	1	2	3
15	외부자극에 의해 쉽게 산만해진다.	0	1	2	3
16	자기 순서를 기다리지 못한다.	0	1	2	3
17	일상적인 활동을 잊어버린다(예: 숙제를 잊어버리거나 도시락을 두고 학교에 간다).	0	1	2	3
18	다른 사람을 방해하고 간섭한다.	0	1	2	3

출처: 교육부. 학생 정서 · 행동선별검사 및 추후관리매뉴얼(2010).

■ ADHD 평정척도-4판(ADHD Rating Scale-IV; ADHD RS-IV, Dupaul et al, 1998)

척도내용	1) DSM-IV(1994)를 기본으로 총 18문항으로 구성. 부모용과 교사용 각각에 대해 성별과 연령에 따른 규준이 산출되어 있어 임상장면에서 ADHD진단이나 치료효과평가에 유용함. 2) DSM-IV를 기본으로 하여 총 18문항으로 구성되어 있으며, 본척도의 홀수문항의 총점은 주의력결핍 증상을 측정하며, 짝수 문항의 총점은 과잉행동-충동성 증상을 측정하도록 배열되어 있음.
실시방법	부모 및 교사가 실시함. 각 문항에 대해 4점 척도로 평정
채점방법	각 문항을 0~3점으로 평정
해석지침	1) 학교단위 선별조사에서 부모평가 13점 이상, 교사평가 18점 이상일 경우에 ADHD가 의심됨. (서울시 소아청소년광역정신보건센터 선별조사가이드북, 2007) 2) 총점이 부모용은 19점 이상, 교사용은 17점 이상일 경우에 ADHD가 의심됨(김재원 등, 2004)

3) 틱장애와 뚜렛증후군

(1) 정의

틱(tic)은 어쩔 수 없는 근육의 움직임을 보이거나 소리를 내는 것으로 빠르게 반복적으로, 비의도적인 양상을 보인다. 뚜렛증후군(Tourettes syndrome)은 음성틱과 운동틱이 함께 1년 이상 지속되는 경우를 말한다. 틱의 증상과 문제들은 대략 10~12세 사이에 절정을 이루고 나이가 들면서 줄어든다. 18세가 되면 틱이 많이 줄어들지만 일부 10% 정도는 평생 지속되기도 한다.

(2) 원인

① 유전

② 신경학적 원인: 뇌의 신경전달물질인 도파민과 세로토인의 조절문제 및 뇌의 특정 부위인 기저신경절 문제로 발생한다.

(3) 치료

① 약물치료: 증상의 경감에 도움을 줄 수 있으나 증상을 완전히 제거할 수 없다.

② 심리치료: 뚜렛으로 인한 부정적인 감정과 생각을 나아지게 할 수 있으며 정서적인 어려움을 도와주나 틱 자체에 대한 치료법은 아니다.

(4) 대처방법

① 스트레스 완화: 스트레스시 증상이 악화될 수 있으므로 학생에게 발표하기를 원하는지 물어보고 원할 때 시키며, 강요하지 않는다. 틱 증상을 무시하게 하여 스트레스가 줄어들도록 한다. 틱증상을 가진 학생은 출입문 근처, 벽쪽의 자리가 심리적 부담감을 덜 가지게 할 수 있다.

② 타 학생들의 지지: 틱 증상으로 놀림을 받지 않도록 다른 학생들이 질병에 대해 알 수 있게 한다. 틱 증상을 가졌던 유명인의 사례를 알려준다.

③ 안정: 증상이 심해지면 그 공간을 잠시 벗어나 안정을 취하게 한다.

4) 품행장애

(1) 정의

다른 사람의 권리를 침해하는 반사회적 행동의 독특한 유형으로 공격적 행동, 도둑질, 거짓말처럼 잘 드러나지 않는 행동을 포함한다. 흔히 청소년의 비행행동이 빈번한 경우 해당된다.

(2) 원인

① 부모의 양육태도: 강압적이고 폭력적인 양육태도, 방임적 양육태도

② 가정환경: 부모의 불화, 가정폭력, 아동학대, 결손가정, 부모의 정신장애나 알콜사용 장애

(3) 증상

① 공격성

- 다른 사람을 못살게 굴거나 협박하거나 겁먹게 한다.
- 자주 싸움을 건다.
- 다른 사람에게 심한 신체손상을 줄 수 있는 무기를 사용한다.
- 사람에게 신체적으로 잔인하게 대한다.
- 동물에게 잔인하게 대한다.
- 피해자와 맞서서 도둑질한다(예: 노상강탈, 지갑 날치기, 강도).

- 성적 행위를 하도록 다른 사람에게 강요한다.

② 재산 파괴

- 심각한 파괴를 일으킬 작정으로 고의로 불을 지른다.
- 다른 사람의 재산을 고의로 파괴한다.

③ 사기 또는 절도

- 다른 사람의 집, 건물 또는 자동차를 파괴한다.
- 물품이나 호의를 취득하거나 의무를 피하려고 자주 거짓말을 한다.
- 피해자와 마주치지 않고 도둑질을 한다(예: 가게에서 슬쩍 물건 훔치기).

④ 심각한 규칙 위반

- 부모 허락 없이 자주 외박을 하거나 밤늦게까지 집에 들어오지 않는다.
- 최소한 두 번 이상 가출이나 외박을 한다.
- 무단결석을 자주 하며, 이러한 행동이 13세 이전부터 시작된다.

5) 우울증

(1) 정의

청소년 5명 중 2명은 스트레스를 많이 느끼며(37.0%), 5명 중 1명은 우울감을 경험한다(26.7%). 또한, 고학년일수록 스트레스 인지와 우울감 경험이 높은 경향을 나타냈다(**표 4.12**).

우울증은 일상생활 기능을 손상시킬 만큼의 비정상적인 우울한 기분이 지속되는 증후군으로 기분장애이며, 우울한 기분에 빠져 의욕을 상실한 채 무능감 · 고립감 · 허무감 · 죄책감 · 자살충동 등의 문제를 유발하는 질환이다. 일시적인 슬픔은 슬픔의 원인이 없어지면 감정이 원 상태로 회복되나, 우울증은 슬픔의 원인이 없어도 나타날 수 있다. 우울한 상태가 오랫동안 계속되면 마음의 균형을 잡기 어려워지며 기분의 변화와 생각과 신체상태 행동의 변화를 일으키게 된다. 우울증은 한 가지 원인이 아닌 다양한 원인으로 인해 유발된다.

표 4.12 스트레스 인지율, 우울감 경험률 추이

(단위 : %)

구분		'05	'06	'07	'08	'09	'10	'11	'12	'13	'14
스트레스 인지율	전체	45.6	46.5	46.5	43.7	43.2	43.8	42.0	41.9	41.4	37.0
	남학생	39.7	40.6	40.9	38.1	37.3	37.7	35.8	34.8	34.3	30.8
	여학생	52.2	53.1	52.8	50.1	50.0	50.7	49.0	49.6	49.3	43.7
	중1	41.3	39.9	41.7	40.5	40.1	39.9	36.9	37.0	35.7	32.3
	중2	43.3	42.9	43.2	40.3	39.4	40.7	39.2	38.8	40.3	32.7
	중3	45.3	44.4	45.1	41.0	40.5	41.7	40.8	40.7	41.2	35.1
	고1	49.7	49.2	47.2	43.1	42.3	42.8	41.1	43.7	40.3	36.5
	고2	49.6	50.4	48.9	47.0	44.4	44.8	43.5	44.2	44.7	39.9
	고3	–	54.3	54.2	52.0	53.4	53.2	50.5	46.3	46.1	44.5
우울감 경험률	전체	29.9	41.4	41.3	38.8	37.5	37.4	32.8	30.5	30.9	26.7
	남학생	25.6	37.1	36.5	34.0	32.1	32.7	28.0	25.5	25.2	22.2
	여학생	34.7	46.2	46.6	44.3	43.5	42.6	38.2	36.0	37.1	31.6
	중1	27.0	35.1	35.5	34.2	33.2	31.9	27.7	26.6	25.8	22.2
	중2	27.8	38.1	38.5	35.0	33.9	34.2	30.2	27.7	30.3	24.4
	중3	30.3	40.3	40.7	36.5	36.3	37.0	32.0	30.2	30.9	26.6
	고1	32.4	43.5	43.2	39.9	38.3	38.7	34.4	31.9	30.4	25.7
	고2	32.8	45.9	44.1	41.5	39.3	38.4	34.2	32.2	33.7	28.9
	고3	–	47.3	46.7	47.3	44.3	44.0	38.0	33.8	33.8	31.7

※조사대상자: '05년 중1~고2, '06년 이후 중1~고3

※스트레스 인지율: 평상시 스트레스를 '대단히 많이' 또는 '많이' 느끼는 편인 사람의 분율

※우울감 경험률: 최근 12개월 동안 2주 내내 일상생활을 중단할 정도로 슬프거나 절망감을 느낀 적이 있는 사람의 분율

출처: 질병관리본부, 질병예방센터, 건강영양조사과. 청소년 건강행태 온라인조사 10년간(2005-2014년) 주요 결과(2014).

(2) 진단

주요 우울장애는 현저하게 우울한 기분이 지속되거나 일상적인 활동에 흥미를 잃는 것이 특성이다. 우울장애로 진단받기 위해서는 다음의 증상 중 4가지 이상이 최소한 2주 이상 지속되어야 한다.

① 식욕과 체중의 변화　　② 불면증 또는 과다수면

③ 심리 운동적 흥분 또는 지체　　④ 일상 활동의 흥미와 즐거움 상실

⑤ 활동력 상실/ 피곤 ⑥ 무가치한 느낌/다한 또는 부적절한 죄책감
⑦ 집중하기 어려움 ⑧ 죽음에 대한 반복적인 생각

(3) 원인

① 생물학적 원인: 유전적인 소인과 뇌의 변화, 뇌의 신경전달물질의 대사와 전달의 장애

② 심리학적 원인: 만성적 스트레스, 중요한 가족의 변화 및 스트레스, 만성질환, 부모의 실직, 범법 문제, 중요 상실감

③ 사회적 원인: 도시화, 핵가족화, 개인 중심의 생활, 업무 중심, 사회의 구속과 억압, 아동학대

④ 가족력: 우울증 친족, 알코올 문제 친족, 약물남용 친족, 정신병원에 입원중인 친족이 있는 경우

(4) 증상

① 활동력: 활동 축소, 이전에 즐기던 활동에 관심 없음

② 정서적 증상: 슬픈 감정을 보이거나 쉽게 울음을 표현함, 귀찮아하고 화를 잘 냄, 권태감, 흥미가 없고 주의집중을 하지 못함, 자살을 이야기함

③ 신체적 증상: 만성피로, 두통, 복통, 불면증 또는 과다수면, 식욕과 체중 변화

④ 학교생활: 자주 결석하거나 성적이 떨어지고 숙제를 잘 해오지 않음, 친구들과 잘 어울리려고 하지 않음

(5) 치료

① 약물치료: 삼환계 항우울제(tricyclic antidepressants)를 치료제로 가장 많이 사용한다. 삼환계 항우울제는 모노아민 신경전달물질인 노르에피네프린(norepinephrine)과 세로토닌(serotonin)의 재흡수를 막는다고 여겨지며, 임상현장에서 빈번히 사용되고 있으나 그 효과가 검증되지 못한 부분도 있다.

② 심리치료: 주로 개인 또는 집단 인지-행동치료, 심리 · 역동적 접근에 근거한 치료, 사회성 기술 훈련 등이 있다.

③ 가족치료: 의사소통, 가족 문제해결 및 갈등해결에 초점을 맞춘다. 이를 통해 아

동이 우울한 마음이 들게 하던 가족 간 상호작용이 변하도록 돕고, 부모는 즐겁게 가족을 돌볼 수 있도록 지도한다.

④ 부모 훈련: 부모로 하여금 아동의 우울증에 대해 이해하고, 치료에 있어서 협력자가 될 수 있도록 지원하며, 긍정적 행동중재 기술을 습득하도록 교육한다.

⑤ 학교 중심의 중재: 학교 중심의 중재는 아동기와 청소년기 우울증을 치료하는데 있어서 효과적인 구성요소이다. 중재는 개인에게 초점을 맞추거나 다양한 집단전략을 사용하며, 여기에는 상담, 문제해결, 인성교육, 인지적 재구조화, 이완훈련 및 사회성 기술 훈련 등이 포함된다.

(6) 대처방법

① 휴식: 심신이 지친 상태이므로 괴로움, 고통, 슬픔에 공감하고 보듬어 주며 편히 쉬게 한다.

② 관찰과 상담: 우울증의 증상을 잘 알고 변화를 보이면 가족, 교사, 치료사와 상담한다.

③ 지켜보기: 선의에 의한 격려도 압박을 줄 수 있으므로 조용히 따뜻하게 지켜본다. 학생이 할 수 있는 범위 내에서 조금씩 시도할 수 있는 기회를 주어 자신감을 회복하게 도와준다.

5) 자살

자살을 하는 이유는 여러 가지이지만 가장 흔한 이유는 우울증과 조증 · 우울증을 둘 다 포함하는 양극성장애 때문이다. 주요 우울증 환자는 기분장애가 없는 사람에 비해 자살 시도의 위험률이 높으며 자살을 시도한 사람 가운데 절반 이상이 치명적인 자살 시도가 있기 전 우울증을 호소한다.

(1) 증상

① 자살을 결정하는 요소

- 자살 시나리오(Edwin Shneidman, 1960)
- 견딜 수 없는 심리적 고통
- 외상적인 자기 명예훼손

- 마음이 두드러지게 죄어들고 그들의 일상활동도 비현실적으로 좁아짐
- 중요한 타인으로부터 유기되고 지지가 없어짐을 느끼는 고립감
- 아무것도 소용없다고 느끼는 극도로 절망적인 무력감
- 떠나는 것이(떠남, 죽음 또는 삶을 그만 둠) 참을 수 없는 고통 문제를 해결하는 유일한 방법이라는 의식적인 결정

② 자살 예측

- 자살하고자 하는 사람은 자신의 의도를 분명히 전달한다.
  - "나는 계속해서 살고 싶지 않다."
  - "나는 모든 사람에게 짐이 된다는 것을 알고 있다."
- 경쟁적인 태도에서 물러나거나 기나긴 여행을 하는 것처럼 행동한다.
- 가장 가치 있게 여겼던 소유물들을 다른 사람에게 주기도 한다.
- 지난 일을 되돌아보는 행동을 보인다.
  - "나는 당신이 나를 도와주려고 열심히 노력한 것에 감사를 드리고 싶어요."
- 잦은 스트레스
  - 젊은이: 대인관계의 갈등, 거부와 고립
  - 중년기: 경제적인 문제
  - 노년기: 질병
- 위협적인 행동을 보인다.

(2) 예방대책

① 그 사람의 고통을 알려고 노력한다.

② 자살을 해서는 안 된다고 주장한다.

③ 전문가의 도움을 받을 수 있는 곳을 알려준다.

④ 학교에서는 교사, 부모, 학생들이 워크샵을 개최하여 자살의 '경고 사인'을 알려주고 누군가 위험에 빠진 것처럼 보일 때 어디로 어떻게 의뢰해야 하는지 알려준다.

⑤ 물질 남용, 우울증과 같은 자살위험 요소를 줄이도록 한다.

6) 인터넷 중독

지나치게 인터넷(게임)에 몰두함에 따라 인터넷 사용의 내성과 금단증상이 생겨 일상생활에 장애가 나타나는 현상이다. '게임중독'이란 내성과 금단현상, 정서적 · 정신적 · 사회적 부적응 문제를 초래하는데 인터넷(게임)에 중독되게 되면, 게임에 반복 접속하지 않았을 때 불안과 초조감과 같은 정서장애 등의 금단현상, 내성으로 인해 더 폭력적인 게임으로 가지 않으면 만족하지 못하거나, 반복적인 접속으로 인해 학업상의 소홀과 같은 현실생활의 어려움 등을 갖게 된다(이해경, 2002).

(1) 증상

① 정서문제: 공격성, 충동성, 폭력성, 고립감 및 우울감 유발, 자아 정체성의 상실

② 학교생활문제: 가족 및 친구관계 악화, 학교생활의 낮은 적응력을 가진다. 학교에 지각하거나 결석하는 등 학교생활의 부적응 문제행동을 보인다.

③ 대인관계문제: 사회적 고립감, 친밀감 결여, 사회성 저하, 우울증 유발 등의 문제를 보인다.

④ 신체적 증상: 장시간 게임 사용으로 인한 역기능 증상이 나타난다.

(2) 대처방법

① 인터넷 사용 내용에 관심을 가진다: 게임내용, 사이트, 사용시간 등에 대해 대화를 나눈다.

② 대안활동을 찾는다: 게임 대신에 산책, 외출, 식사 등의 활동을 대안책으로 제시한다.

③ 인터넷 사용 환경에 변화를 준다: 공동 공간에 컴퓨터를 두고 정해진 시간만 사용하도록 제한하며 인터넷 사용 규칙을 정하고 잘 지키면 보상을 한다.

7) 학교폭력

(1) 정의

학교 내 · 외에서 학생을 대상으로 발생한 상해, 폭행, 감금, 협박, 약취, 유인, 명예훼손, 모욕, 공갈, 강요, 강제적인 심부름 및 성폭력, 집단따돌림, 사이버괴롭힘, 정보통신망을 이용한 음란, 폭력정보 등에 의해 신체, 정신 또는 재산상 피해를 수반하는 행위를 말한다.

(2) 특성

학교폭력 피해응답률은 지속적으로 감소하는 것으로 나타났다. 2014년 조사 참여 학생 중 학교폭력 피해를 당한 적이 있다고 응답한 학생은 62만 명, 피해응답률은 1.4%로, '13년 2차 1.9% 대비 0.5%p 감소했다. 초 · 중 · 고 모든 학교에서 피해응답률이 감소하였고, 특히 중학생의 피해응답률 감소폭(0.7% 감소)이 크게 나타났다(**그림 4.13**). 여학생보다 남학생의 피해응답률이 높았으며, 학교규모가 작을수록 피해응답률이 높았다. 피해유형별(중복응답)로는 언어폭력>집단따돌림>폭행>스토킹>사이버괴롭힘>금품갈취>강제심부름>추행 순으로 발생하였다. 모든 유형의 피해 응답건수가 감소하였으며, 특히 금품갈취, 강제심부름 등 전통적 유형의 폭력은 비중이 꾸준히 감소하고 있는 것으로 나타났다. 언어폭력, 집단따돌림, 폭행, 사이버괴롭힘의 비중은 이전 조사와 유사한 경향을 보였고, 스토킹 비중은 소폭 증가했다(**표 4.13**).

(3) 유형

① 신체폭력: 신체를 손, 발로 때리는 등 고통을 가하는 행위, 강제 또는 속여서 일정한 장소로 유인하거나 강제로 가두어 두는 행위, 장난을 빙자한 꼬집기, 때리기, 힘껏 밀치기 등 상대학생이 폭력으로 인식하는 행위를 말한다.

② 언어폭력: 상대방의 명예를 훼손하는 말을 하거나 인터넷, SMS 등으로 퍼뜨리는 행위. 신체 등에 해를 끼칠 듯한 언행과 문자메시지 등으로 겁을 주는 행위(협박)를 말한다.

③ 금품 갈취: 돈, 물품 등을 요구하거나 일부러 물품을 망가뜨리는 행위, 돈을 걷어오라고 하는 행위를 말한다.

④ 강요: 속칭 빵 셔틀, 와이파이 셔틀, 게임 대행, 심부름 강요 등 상대방의 의사에 반하는 행동을 강요하는 행위를 말한다.

⑤ 집단따돌림: 집단적으로 상대방을 의도적, 반복적으로 피하는 행위, 단체로 놀리거나 다른 학생들과 어울리지 못하도록 막는 행위를 말한다.

⑥ 성폭력: 성행위를 강제하거나 유사 성행위 등 성적 모멸감을 느끼도록 신체적 접촉을 하는 행위, 성적인 말과 행동을 함으로 상대방이 성적 굴욕감, 수치감을 느끼도록 하는 행위를 말한다,

⑦ 사이버 폭력: 모욕적인 말이나 욕설, 허위사실, 개인의 사생활 등을 인터넷 게시판, 채팅, SNS 등에 올리는 행위, 정보통신망을 통해 성적 수치심을 주거나 폭력

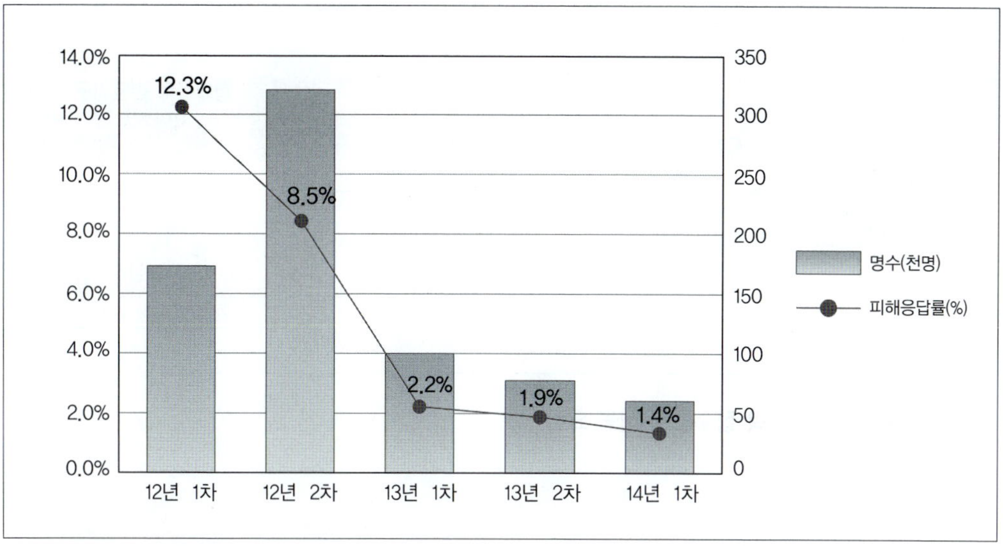

그림 4.13 학교폭력 피해응답률(고3 미포함)

출처: 교육부. 2014년 1차 학교폭력실태조사 분석결과 발표(2014. 07.11 조간보도자료).

표 4.13 피해유형별 응답건수(고3 포함)

단위: 명

유형 / 년	1 언어 폭력	2 집단 따돌림	3 폭행	4 스토킹	5 사이버 괴롭힘	6 금품 갈취	7 강제 심부름	8 강제 추행	합계
'14년 1차	46,564	22,826	15,535	14,887	12,490	10,813	6,353	5,107	134,575
	34.6%	17.0%	11.5%	11.1%	9.3%	8.0%	4.7%	3.8%	
'13년 2차	56,961	26,549	18,544	14,495	15,582	14,815	8,618	5,623	161,187
	35.3%	16.5%	11.5%	9.0%	9.7%	9.2%	5.3%	3.5%	
'13년 1차	70,489	34,414	24,248	19,090	18,861	20,822	12,582	6,818	207,324
	34.0%	16.6%	11.7%	9.2%	9.1%	10.0%	6.1%	3.3%	

출처: 교육부. 2014년 1차 학교폭력실태조사 분석결과 발표(2014. 07.11 조간보도자료).

적인 문자, 그림, 동영상을 유포하는 행위를 말한다.

(4) 대응방법

① 초기 대응

- 학교폭력 감지, 인지 노력: 교사는 학교에서 많은 시간을 학생과 같이 보내므로 주의를 기울이면 학교폭력 발생 전에 징후를 발견할 수 있는 가능성이 많다. 교사

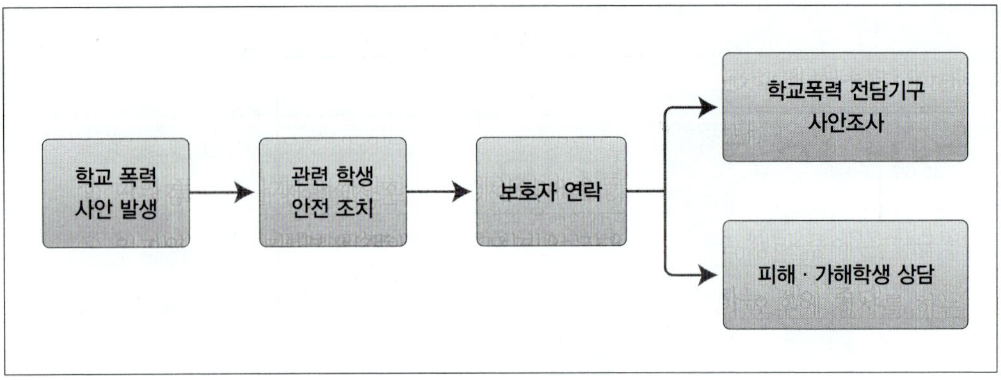

그림 4.14 학교폭력 접수초기 대응 요령

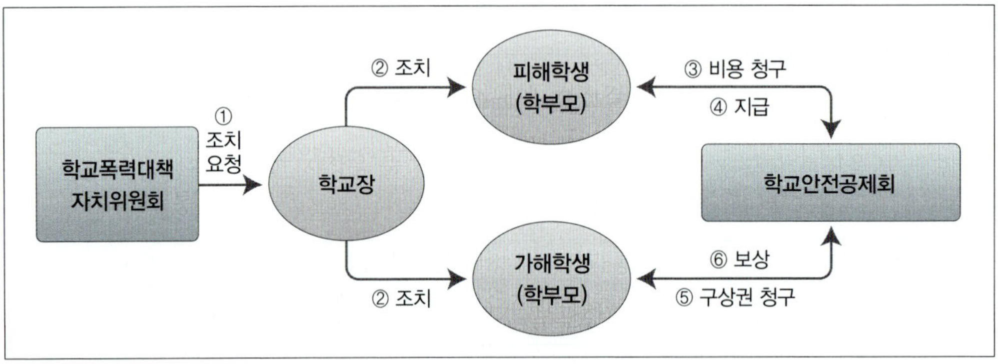

그림 4.15 학교폭력 대응절차

는 학교폭력 상황을 감지, 인지했을 때는 신속하고 적극적으로 개입한다. 학교폭력이 감지된 경우 학교장에게 즉시 보고해야 하며 학교장은 지체 없이 전담기구 또는 소속 교원으로 하여금 사실 여부를 확인하도록 해야 한다(**그림 4.14**, **그림 4.15**).

- 신고 및 접수: 「학교폭력 예방 및 대책에 관한 법률」 제20조 제1항 학교폭력의 신고의무에 따라 학교폭력 현장을 보거나 그 사실을 알게 된 자는 학교 등 관계기관에 이를 즉시 신고해야 한다. 학교폭력을 알게 된 사람은 누구나 지체 없이 신고해야 한다. 접수 보고체계는 교사–학교장–교육청이다.

② 사안 조사

교감, 전문 상담교사, 보건교사 및 책임교사(학교폭력 담당 교사) 등 학교폭력 문제와 관련된 자로 전담기구를 구성한다. 학교폭력과 관련된 생활지도부장이나 상담부장 등의 보직교사도 구성원이 될 수 있다.

③ 긴급조치

■ 피해학생의 보호조치

- 제1호: 심리상담 및 조언
- 제2호: 일시보호
- 제3호: 치료 및 치료를 위한 요양
- 제4호: 학급교체
- 제6호: 그 밖에 피해학생의 보호를 위하여 필요한 조치

■ 추가적인 보호 지원

- 출석일수 산입: 피해학생 보호조치 등에 필요한 결석을 출석일수 산입 가능(법률 제16조 제4항).

  ※ 학교의 장은 피해학생 보호조치를 위하여 객관적으로 필요하다고 인정되는 범위에서 결석을 출석으로 인정하여야 함(진단서, 의사소견서 등 필요).
- 불이익 금지: 성적평가 등에서 불이익이 없도록 조치(법률 제16조 제5항)
- 제1호: 피해학생에 대한 서면사과
- 제2호: 피해학생 및 신고 · 고발 학생에 대한 접촉, 협박 및 보복행위의 금지
- 제3호: 학교에서의 봉사
- 제4호: 사회봉사
- 제5호: 학교 내외 전문가의 특별교육이수 또는 심리치료
- 제6호: 출석정지
- 제7호: 학급교체
- 제8호: 전학
- 제9호: 퇴학처분

■ 가해학생에 대한 조치 결정 기준(**표 4.14**)

- 「학교폭력예방 및 대책에 관한 법률」 제16조의2, 제17조 제2항
  - 피해학생이 장애학생인지 여부
  - 피해학생이나 신고 · 고발 학생에 대한 협박 또는 보복행위인지 여부
- 「학교폭력예방 및 대책에 관한 법률 시행령」 제19조

표 4.14 학생생활기록부 학교폭력 조치사항 관리

항목	가해학생 조치사항	졸업 시 조치	보존 및 삭제
학적사항 '특기사항'	• 제8호(전학)	• 학교폭력대책자치위원회에서 심의 후 졸업과 동시에 삭제 가능 • 해당 학생의 반성 정도와 긍정적 행동변화 정도 등 고려	• 졸업 시 미 삭제된 학생의 기록은 졸업 2년 후 삭제
	• 제9호(퇴학 처분)		보존
출결상황 '특기사항'	• 제4호(사회봉사) • 제5호(특별교육이수 또는 심리치료) • 제6호(출석정지)	• 학교폭력대책자치위원회에서 심의 후 졸업과 동시에 삭제 가능 • 해당 학생의 반성 정도와 긍정적 행동변화 정도 등 고려	• 졸업 시 미 삭제된 학생의 기록은 졸업 2년 후 삭제
'행동특성 및 종합의견'	• 제1호(서면사과) • 제2호(접촉, 협박 및 보복행위 금지) • 제3호(학교에서의 봉사) • 제7호(학급교체)	• 해당 학생 졸업과 동시에 삭제	

※ 가해학생이 조치를 거부하거나 기피할 경우, 조치사항이 시행되지 않았더라도 조치가 결정된 날을 기준으로 15일이 경과하면 입력함. 또한 재심, 행정심판 및 소송이 청구된 경우에는 조치 사항을 먼저 입력하고, 향후 조치가 변경될 경우 이를 수정하여야 함.

- 가해학생이 행사한 학교폭력의 심각성 · 지속성 · 고의성
- 가해학생의 반성의 정도
- 해당 조치로 인한 가해학생의 선도 가능성
- 가해학생 및 보호자와 피해학생 및 보호자 간의 화해의 정도
- 피해학생이 장애학생인지 여부

• 기타
- 교사(敎唆)행위를 했는지 여부
- 2인 이상의 집단폭력을 행사한 것인지 여부
- 위험한 물건을 사용했는지 여부
- 폭력행위를 주도했는지 여부
- 폭력서클에 속해 있는지 여부
- 정신적 · 신체적으로 심각한 장해를 유발했는지 여부

① 피해학생 보호

표 4.15 학교폭력 피해학생 보호

구분	현행	법령 · 규정 개정 후	적용시기
가해학생 즉시 출석정지	근거 규정 없음	• 즉시 출석 정지 법적근거 마련 *「초 · 중등교육법 시행령」 개정	'12.3~
피해학생 경찰동행보호	근거 규정 없음	• 피해학생 경찰 동행보호 규정 신설 *「학교폭력 피해학생 보호 및 가해학생 조치에 관한 규정(부령)」 제정	'12.5~
피해학생 전학권고 폐지	「학교폭력예방 및 대책에 관한 법률」 제16조 제1항 제5호	• 근거 규정 삭제	'12.2~
피해학생과 가해학생 동일학교 진학 금지	중학교 진학시 동일학교 배정	• 상급학교 진학 시 피해학생과 가해학생이 동일학교에 배정되지 않도록 법적 근거 마련 *「학교폭력예방 및 대책에 관한 법률 시행령」 개정	'12.3~
피해학생 상담 및 치유프로그램 등	의무화되지 않음	• 피해학생 심리상담 실시 의무화 • 쉼터, 피해학생보호센터, 피해학생 치유프로그램 마련 *「학교폭력예방 및 대책에 관한 법률 시행령」 개정	'12.2~
피해학생 치료비용 지원	가해학생 학부모와 합의 또는 피해학부모 자비 부담	• 피해학생 치료비용을 학교안전공제회에서 우선 지원하고 가해학생 학부모에게 구상권 청구 *「학교폭력예방 및 대책에 관한 법률」, 「학교안전사고 예방 및 보상에 관한 법률」 개정	'12.5~
학교폭력 고체계	각 부처 및 기관의 신고전화 산재	• 경찰청이 운영하는 부처합동 117 신고센터로 통합 운영	'12.3~

출처: 교육부. 학교폭력근절종합대책 보도자료(2012).

(3) 대응방법

① 학교장: 교장이 필요하다고 판단하는 경우, 가해학생에 대해 즉시 출석정지 조치하고 별도의 시설에서 교육을 받도록 할 수 있다(「초 · 중등교육법 시행령」 제31조의5). 학교장은 학교폭력대책자치위원회를 분기별로 1회 정기 개최하여 학내 폭력 실태 점검 및 교육 방안을 논의해야 한다.

② 담임교사: 매 학기 1회 이상 학생과 1:1면담을 실시하고, 면담 결과를 학부모에게 통지(이메일, 문자 등 다양한 방법 활용)하는 등 담임교사의 역할을 강화하고, 학급의 학생수가 과다한 경우 생활지도 업무부담이 클 수 있으므로, 담임교

② 가해학생에 대한 조치 및 재활

표 4.16 학교폭력 가해학생에 대한 조치 및 재활

구분	현행	법령 · 규정 개정 후	적용시기
가해학생 즉시 출석정지	학교폭력대책자치위원회 심의 후 출석정지를 학교장에게 요청→학교장 출석정지 조치	• 학교폭력 발생 즉시 학교장이 출석정지 조치 시행 * 「초 · 중등교육법 시행령」개정	'12.3~
출석정지기간	10일 이내, 연간 30일 이내	• 제한 없음 * 「초 · 중등교육법 시행령」개정	'12.3~
출석정지로 인한 유급	유급 불가능	• 유급 가능(연간수업일수 3분의1 미만일 경우 유급)	'12.3~
보복폭행, 장애학생 폭행	근거 규정 없음	• 가중조치 또는 병과 – 피해학생 보호에 필요한 기간 동안 가해학생에 대한 출석정지 제한을 두지 않음 * 「학교폭력예방 및 대책에 관한 법률」, 「초 · 중등교육법 시행령」 개정	'12.3~
전학	가해학생 학부모 동의 없이는 전학이 어려움	• 지역교육장(초 · 중학교), 시 · 도교육감(고등학교)이 학구나 학교군에 관계없이 피해학생 보호에 충분한 거리를 두어 전학 조치 * 「초 · 중등교육법 시행령」개정	'12.3~
상급학교 진학시 타학교 배정	근거 규정 없음	• 피해학생 선배정 후 가해학생 추후 별도 배정으로 동일학교에 배정되지 않도록 조치 * 「학교폭력예방 및 대책에 관한 법률 시행령」 개정	'12.3~
학부모 소환 (특별교육)	의무사항 아님	• 학부모 소환 의무사항이며, 불응시 과태료 부과 검토 * 「학교폭력예방 및 대책에 관한 법률」 개정	'12.3~
학교생활기록부 학교폭력 징계사항 기록	학교폭력관련 징계사항 기록의무 없음	• 학교폭력대책자치위원회의 학교폭력관련 조치를 학교생활기록부 기재 의무화 * 「학교생활기록 작성 및 관리 지침(훈령 239호)」 개정	'12.3~
재활치료	의무사항 아님	• 시 · 도교육감은 가해학생 재활 프로그램 필수 운영 • 학부모 동의 없이도 가해학생에 대한 심리치료 실시 * 「학교폭력예방 및 대책에 관한 법률」 개정	'12.5~

출처: 교육부. 학교폭력근절종합대책 보도자료(2012).

사를 추가 배치할 수 있도록 복수담임제도를 도입할 수 있다. 이 제도는 2012년에는 중학교에 우선 적용하고, 2013년에는 고등학교 등으로 확대되었다. 담임교사는 학교폭력 가해 · 피해학생의 학교폭력(게임중독 등 포함) 관련 사실, 상담,

치료 등에 관한 사항을 개인별로 누적 기록 · 관리하여 생활지도 자료로 활용할 수 있다.

③ 학교폭력신고센터: 학교폭력 신고전화를 경찰청 '117'로 통합하고, 경찰청이 24시간 운영하는 '117 학교폭력 신고센터'를 광역단위로 확대 · 설치하여 17개소가 운영중이다. 학교폭력신고센터는 접수된 학교폭력 사안의 경중을 판단하여 경찰청 또는 학교폭력 원스톱지원센터(Wee센터, CYS-Net)로 사건을 이송 · 처리하게 된다. '학교폭력 원스톱지원센터'로 지정된 전국 Wee센터, CYS-Net에서는 학교폭력전담 상담사가 피해학생을 상담한 후, 경찰, 외부 법률 · 의료전문가, 교육청 담당자와 연계하여 필요한 조치를 취하게 된다(**그림 4.16**).

④ 학교폭력대책자치위원회: 학교폭력 사안에 대해 가해학생 측의 경제적 사정과 관계없이 학교안전공제회가 피해학생의 심리상담, 일시보호, 치료를 위한 요양에 소요된 비용을 우선 부담한 후 가해학생 부모에게 구상권을 행사하게 된다.

⑤ 피해학생 보호센터: 피해학생을 일시 보호할 수 있는 쉼터, 피해학생보호센터를 마련하여 피해학생 치유프로그램을 운영한다.

⑥ 교육지원청: 피해학생의 의료 · 법률 문제도 원활하게 해결할 수 있도록 지원한다.

⑦ 시 · 도 교육감: Wee스쿨(시 · 도교육청), 청소년 비행예방센터(법무부), 시 · 도 학생교육원(수련원), 민간기관, 직업훈련기관 등을 활용하여 가해학생 재활프로그램을 필수 운영한다.

학교폭력에 대한 자세한 내용은 6장 학교환경관리의 2절 안전관리 부분을 참고하기 바란다.

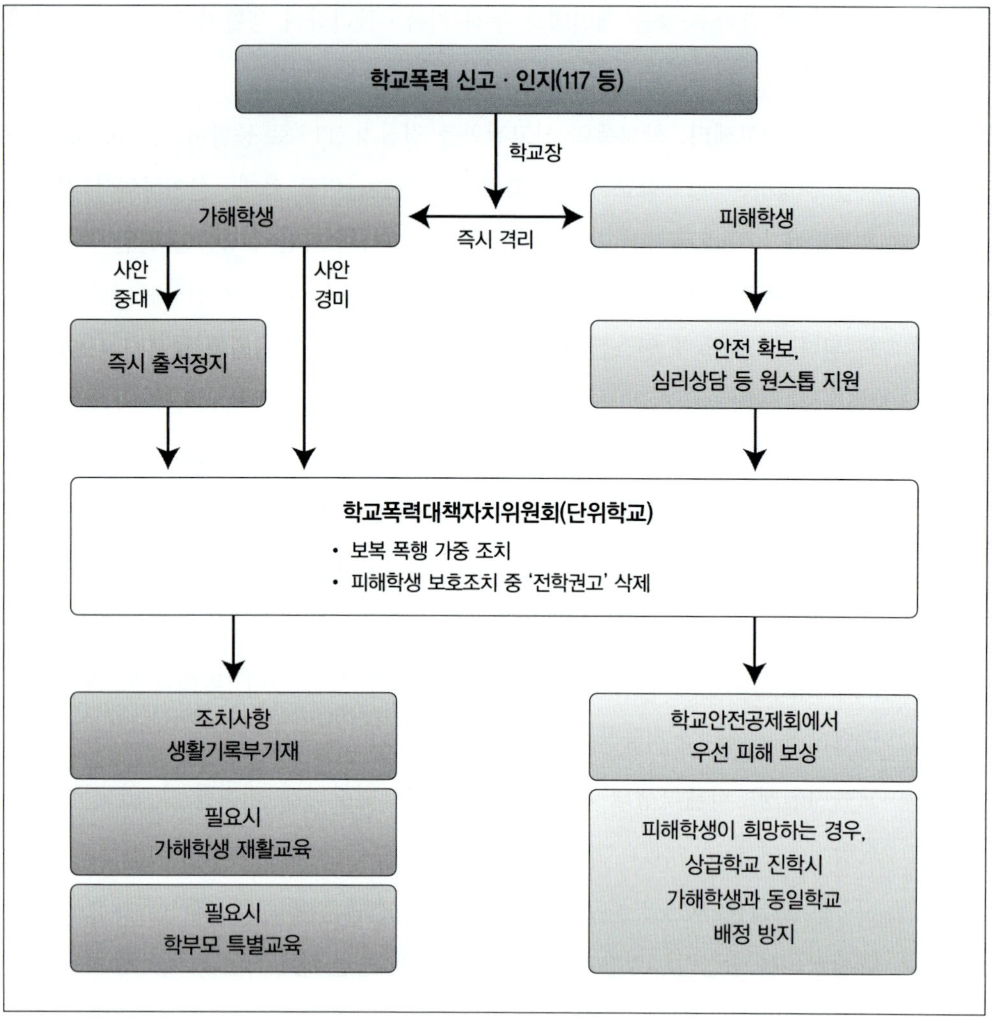

그림 4.16 학교폭력 신고 · 인지.

출처: 교육부. 학교폭력근절종합대책 보도자료(2012).

4절

학교 감염병관리

학교에서의 감염병관리는 매우 중요하다. 학교는 성인에 비해 비교적 면역력이 약한 학생들이 모여서 생활하는 곳이므로 지역사회로부터 감염병을 일으키는 병원체가 학교에 들어오면 대규모 집단 발병의 위험성이 크고, 다시 지역사회로 확산시키는 역할을 하기 때문이다. 또한 학교에서 감염병을 반드시 관리해야 하는 이유는 학령기 아동에게 흔히 발생하는 감염병은 대부분 예방이 가능하며, 예방접종 시기에 적합한 예방접종으로 후천적 면역을 획득할 수 있기 때문이다. 가정과 학교에서의 관심과 관찰을 통해서도 충분히 감염병에 대한 조기 발견과 관리가 이루어질 수 있다.

1. 감염병의 개념

감염병은 사람에게 침투한 특정 병원체(바이러스, 세균, 곰팡이 등) 혹은 병원체가 생산하는 독성물질(독소) 때문에 일어나는 질환으로, 병원체, 환경, 숙주의 3가지 질병요인이 관여한다. 이들 요인의 균형이 깨지면 질병상태가 된다. 즉, 숙주(사람)가 건강한 경우라도 침입한 병원체의 병독성이 강하면 발병을 하게 되며, 반면 병독성이 낮은 병원체는 건강한 사람에게는 문제가 되지 않지만 면역력이 떨어진 저항력이 낮은 사람에게 병을 일으킬 수 있다.

학교는 전 국민의 약 18% 이상, 많은 인구가 밀집되어 있는 곳으로 연령층이 넓고 성장 · 발육하는 과정에 있어 질병의 발생이나 외부자극에 대한 저항력 미숙으로 성인에 비해 더 잘 감염되고 확산되기 쉬운 특성을 가지고 있어 학교 감염병관리는 필요하다. 또한, 학교는 성장하는 학생들을 교육하는 곳으로 사회의 어느 집단보다 교육을 시행할 수 있는 인력과 여건이 잘 준비되어 있는 곳이며, 학생들은 교육효과가 가장 높은 집단으로 학생들이 건강한 생활습관을 갖도록 평상시에 감염병 예방을 위한 보건교육이 필수적이다.

국가 예방접종 사업 대상인 호흡기 감염병은 주로 초등학생에게 발생하며, 전파력이 강하여 학교에서 전파하는 경우가 많으므로 학교를 대상으로 감염병 감시체계를 시행하는 것이 중요하다. 학교를 대상으로 한 표본 감시체계는 초 · 중 · 고등학생에게서 발생하는 감염병을 조기에 파악하여 학교 감염병 예방과 관리의 효율성을 높이고 백신으로 예방 가능한 질병에 대해서는 예방접종 사업의 효율성을 파악할 수 있다.

2. 감염병관리의 목적

학생이 감염병에 이환되는 것을 미리 예방하고, 학생이 감염병에 걸렸을 때 조기진단하고 치료함으로써 일찍 학업에 복귀시키고 더불어 학교 내 다른 학생들에게 감염병 확산되는 것을 예방하기 위함이다. 또한 학교 내 감염병 유행 시 조기에 전파를 차단, 통제함으로써 학교 기능을 유지하며 학교 내 감염병 유행으로 지역사회는 물론 국가 전체로 확산되는 것을 예방하기 위함이다(**그림 4.17**).

3. 감염병의 예방관리

1) 감염병의 발생차단

학교 내에서 감염병의 발병을 근본적으로 예방하기 위해서는 병원체가 존재하는 환경 및 병원소를 관리, 제거하여 학생이 병원체에 노출되는 것을 예방하는 것이 중요하다. 또한 학생 및 교직원이 손 씻기, 기침 예절 등 개인위생을 철저히 하도록 하는 보건교육을 강화하여 병원체에 감염되지 않도록 해야 한다. 특히 취학 전 아동에게 필수적인 기본 예방접종을 하며, 입학 시 예방접종카드를 확인하며, 추가 예방접종이 누락되지 않도록 교육해

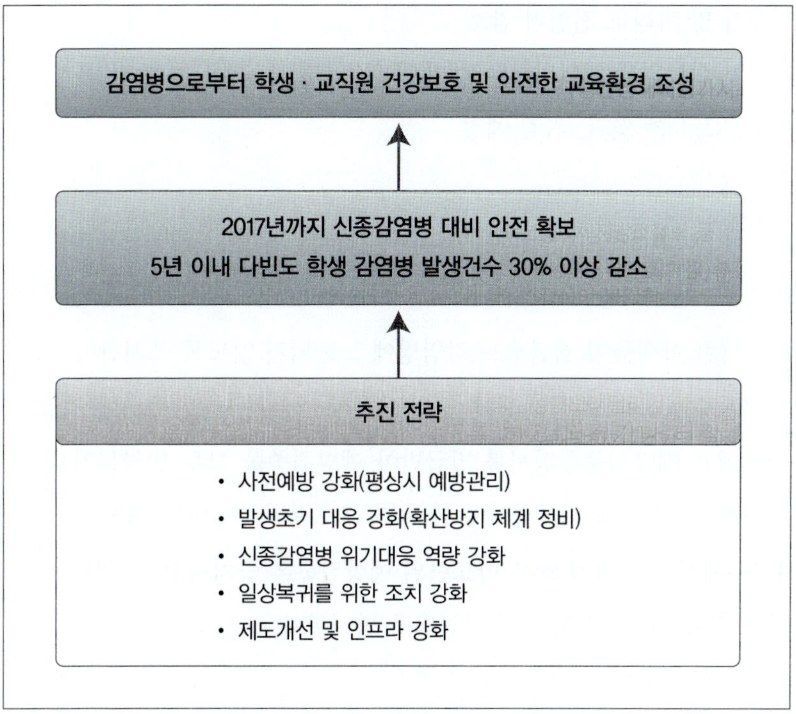

그림 4.17 학교 감염병관리의 목적

출처: 교육부. 감염병으로부터 안전한 학교를 만들기 위한 학생감염병예방종합대책(2016).

야 한다.

① 취약환경 및 병원소 관리를 통한 감염원 제거

② 감염병 예방 보건교육 실시

③ 취학 전 예방접종 확인 및 추가접종 지도

2) 전파과정의 차단

학교 내에 감염병 의심 또는 확진 환자가 발생하면, 조기 격리 및 치료를 통해 주변 학생 및 교직원에게 전염되는 것을 차단하고, 접촉자 가운데 유증상자를 조기에 찾아내어 치료 및 격리를 시행하여 확산을 막고, 조기에 감염병 유행을 종식시킨다. 감염병의 병원소를 제거하고, 오염된 환경을 소독하며, 식품위생을 강화하여 더 이상 환자 발생되지 않도록 한다. 건강한 학생 및 교직원은 손 씻기, 기침 예절 등 개인위생을 교육, 실천하여 감염병 발생을 예방한다.

① 병원소 제거 및 격리로 전염력 감소
② 환경위생 및 식품위생 관리: 소독, 매개체 관리, 물의 정화, 하수 및 폐기물 처리
③ 개인위생 지도: 손 씻기, 기침 예절

3) 면역력의 증강

① 유치원 및 초·중·고등학교 교직원 채용 시는 물론 정기 건강검진을 실시한다.
② 면역력이 약한 학생들이 집단으로 감염병에 노출되지 않도록 조치한다.
③ 초등학교와 중학교의 장은 학생이 새로 입학한 날부터 90일 이내에 시장·군수 또는 구청장에게 예방접종증명서를 발급받아 예방접종을 모두 받았는지를 검사한 후 이를 교육정보시스템에 기록하여야 한다(「학교보건법」 제10조, 개정 2016.2.3).
④ 행정자치구에서 요청하지 않은 학교단위 예방접종은 금지하고, 방역당국 주관 예방접종 시 사전예진을 철저히 하여 부작용을 방지한다.

4) 예방을 위한 보건교육

① 학생들이 건강생활 습관을 갖도록 평상시에 감염병 예방을 위한 보건교육을 실시한다.
② 유행 가능한 감염병에 대한 보건교육 외에도 유인물, 보건신문, 게시자료, 학교 홈페이지, 가정통신문 등을 활용하여 적절히 교육한다.
③ 학교 홈페이지에 감염병 예방에 필요한 배너를 링크할 수 있게 자료실을 마련한다.
④ 수학여행, 소풍 등 야외활동, 운동회 등 학교의 행사별로 계절과 연관지어 적절한 보건교육을 실시한다.

5) 예방활동의 일반 원칙

① 감염질환은 증상 시작 직전이나 시작할 무렵 가장 높은 감염성을 보이므로 증상이 있는 학생을 교실환경에서 격리시키는 것이 중요하다.
② 감염질환 증상을 보이는 학생은 즉시 귀가시키고 학부모와 연락하여 정확한 진단 및 치료를 받도록 한다.
③ 감염병으로 확진된 경우 접촉한 학생들의 부모에게 필요한 정보를 제공하여 조기에 발병 여부를 확인할 수 있게 한다.

④ 감염병 증상이 소실되고 전염 가능기간이 지나면 학교에 등교하게 한다.

⑤ 손 씻기는 모든 감염병 예방에 있어 가장 중요하므로 반복적으로 그 중요성을 강조한다.

⑥ 손 씻기 및 기침예절에 대한 표어를 공공장소 및 대중이 이용하는 교내 화장실 및 세면대, 실험실, 교실 등 각종 장소에 부착한다.

4. 학교 감염병관리체계

1) 학교 감염병 환자 발생 시 대응체계

학교에서 감염병이 의심 혹은 확진된 환자가 1명이라도 발생했을 경우, 학교 감염병관리위원회의 지휘체계에 따라 학내에서 보고 및 관리하고 업무수행체계를 따른다(**표 4.17**).

다만, 비법정 감염병의 경우 환자발생 및 확산양상에 따라 업무수행체계 및 대응체계를 유동적으로 운영할 수 있다.

① 환자 발생 및 등교중지

- 담임교사는 감염병 확진(의심)으로 인해 결석, 조퇴, 지각 학생이 발생했을 경우 보건교사에게 알린다.
- 감염병이 의심되는 학생은 학부모에게 연락 후 병원 진료를 의뢰하여 확진이 될 때까지 해당 학생에 대해 등교를 중지시킨다.

표 4.17 학교 감염병 대응체계 및 주요 조치내용

상황	학교 대응체계	주요 조치내용
의심 또는 확진 환자 1명 발생	학교 감염병 관리위원회 구성 운영	• 감염병 환자(유증상자 포함) 관리 • 접촉자 관리 및 추가 발병자 파악 • 교육지원청 및 보건소 보고 • 감염병 예방 및 발생 시 대처요령 교육
• 의심 또는 확진 환자 2명 이상 발생 • 급성열성호흡기질환의 경우 전체 인원의 5% 발생	학교 감염병 대책위원회 구성 운영	• 감염병환자(유증상자 포함) 관리 • 감염자 조기격리 및 유증상자 관리 • 교육지원청 및 보건소 보고 • 수학여행, 교내행사 및 단체활동 자제 • 시설물 및 취약지역 소독, 방역 실시

- 감염병이 확진된 학생은 완치되고 감염력이 사라질 때까지 등교를 중지시킨다.

② 출결처리

- 감염병으로 등교 중지된 학생은 해당 기간 동안 출석인정을 하고, 등교 시 진료확인서나 소견서 혹은 확인서류(진료비 계산서, 영수증, 처방전 등)를 제출한다.
- 담임교사는 교무업무시스템의 [학적]-[출결]-[출결관리]에서 결석을 출석인정으로 체크한다.

③ 보고

- 「감염병의 예방 및 관리에 관한 법률」에 따라 교육지원청 및 보건소에 보고한다.
- 차세대나이스에 [보건/감염병환자관리]-[감염병환자등록]에서 등록한다.

2) 학교 감염병 확산 시 대응체계

동일 법정 감염병 환자가 감염병 잠복기간 이내에 2명 이상 발생하는 경우, 급성열성호흡기질환자가 1주일 이내 전체 인원의 5% 이상 발생하는 경우 학교 내 확산으로 간주하여 학교 감염병대책위원회를 조직하고 감염병 확산 시의 대응체계에 따른다(**그림 4.18**).

① 감염병 유증상자의 조기 발견

- 담임교사는 감염병의 의심증상을 보이는 학생이 있는지 확인하여 유사 증상이 있는 경우 학부모에게 알려 병 · 의원 진료를 권유하며 귀가조치시키고 이에 대한 내용을 보건교사에게 알린다.
- 보건교사는 보건실에 내원한 학생의 증상을 확인하여 확산중인 감염병의 의심 증상을 보이면 담임교사를 통해 학부모에게 알린 후 병 · 의원 진료를 위해 귀가조치한다(**그림 4.19**).

② 확산방지

- 환자가 발생한 학급은 창문 및 교실문을 열어 환기를 하고 환자가 교실을 나간 후 최소한 2~3시간 동안 열어놓는다. 환자가 아직 발생하지 않은 학급 및 강당은 아침마다 2~3시간 동안 창문 및 문을 열어 환기시킨다.
- 학급 및 보건실, 전산실, 어학실 등의 특별실 내의 책상, 의자, 교탁, 창틀, 사물함, 출입문 손잡이 및 화장실 손잡이 등 감염병 병원체에 오염되었을 가능성이 있

표 4.18 학교 감염병 환자 발생 시 단계별 대응체계

<table>
<tr><th>단계</th><th>구분</th><th>구분</th><th>업무별
담당자</th><th>단계별 보건교육</th></tr>
<tr><td rowspan="3">1단계
사정</td><td>환자발생</td><td>• 학생: 보건실 방문
• 담임: 학급 유증상자 발견 → 보건실 의뢰</td><td>보건교사</td><td rowspan="3">• 감염병 의심증상
• 병원진료 필요성
• 해당질병 정보 및 대처요령</td></tr>
<tr><td>증상사정</td><td>• 증상 확인하여 감염병 발병 가능성 조사</td><td>보건교사</td></tr>
<tr><td>진료의뢰 및 확인</td><td>• 병원진료 여부 결정하여 진료 의뢰
• 보호자 → 담임교사 → 보건교사 보고체계 확립
• 담임교육</td><td>보건교사</td></tr>
<tr><td rowspan="3">2단계
진단</td><td>진단확인</td><td>• 감염병 의심환자는 확진될 때까지 등교중지</td><td>학교장
보건교사</td><td rowspan="3">• 출석인정 등교중지
• 환자 및 학부모 정보제공
• 학생 및 교직원 예방교육</td></tr>
<tr><td>환자격리</td><td>• 등교중지 및 가정통신문 발송
• 완치하여 등교 시 출석인정</td><td>교무부장
담임교사</td></tr>
<tr><td>보고 및 신고</td><td>• 감염병 확진 시 초발 확진자 교무업무 시스템 입력 및 교육청 보고
• 보건소 신고</td><td>학교장</td></tr>
<tr><td rowspan="5">3단계
대처</td><td>환자관리</td><td>• 가정과 의료기관에서 치료 및 격리
• 가정학습에 대한 안내</td><td>담임교사
학부모</td><td rowspan="4">• 학부모 교육
• 접촉자 교육
• 학생 및 교직원 심화교육</td></tr>
<tr><td>미감염 학생 및 교직원 관리</td><td>• 감염병 예방 교육 및 홍보
• 유사환자 격리, 진료의뢰 및 보건교육
• 고위험군 해당 학생 및 교직원 특별관리</td><td>보건교사
담임교사</td></tr>
<tr><td rowspan="2">접촉자 관리</td><td>• 접촉자 조사 및 추적관찰 보건교사</td><td>보건교사</td></tr>
<tr><td>• 환자가 발생한 학급내부 소독 및 환기</td><td>담임교사
행정실</td></tr>
<tr><td>추가발병자 파악</td><td>• 추가 발병자 조사 및 추적관찰
• 폭로시점부터 전염기까지 접촉자 추적 파악</td><td>보건교사
담임교사</td><td></td></tr>
<tr><td rowspan="3">4단계
전파 차단</td><td rowspan="3">감염병 관리위원회 운영</td><td>• 환자 및 접촉자 관리
• 유행 감시 : 발생현황 파악 통계</td><td>보건교사
학년부장</td><td>• 감염병 예방요령
• 발생 시 대처요령</td></tr>
<tr><td>• 역학조사 협조</td><td>행정실</td><td></td></tr>
<tr><td>• 최후 접촉자를 발생 질환별 최대 잠복기간까지 추적 관찰하여 새로운 발병자가 없으면 상황종료</td><td>학교장
보건교사</td><td></td></tr>
</table>

※ 보고 및 신고 기준: 법정 감염병 1명 이상, 비법정 감염병은 학급당 2명 이상 발생 시

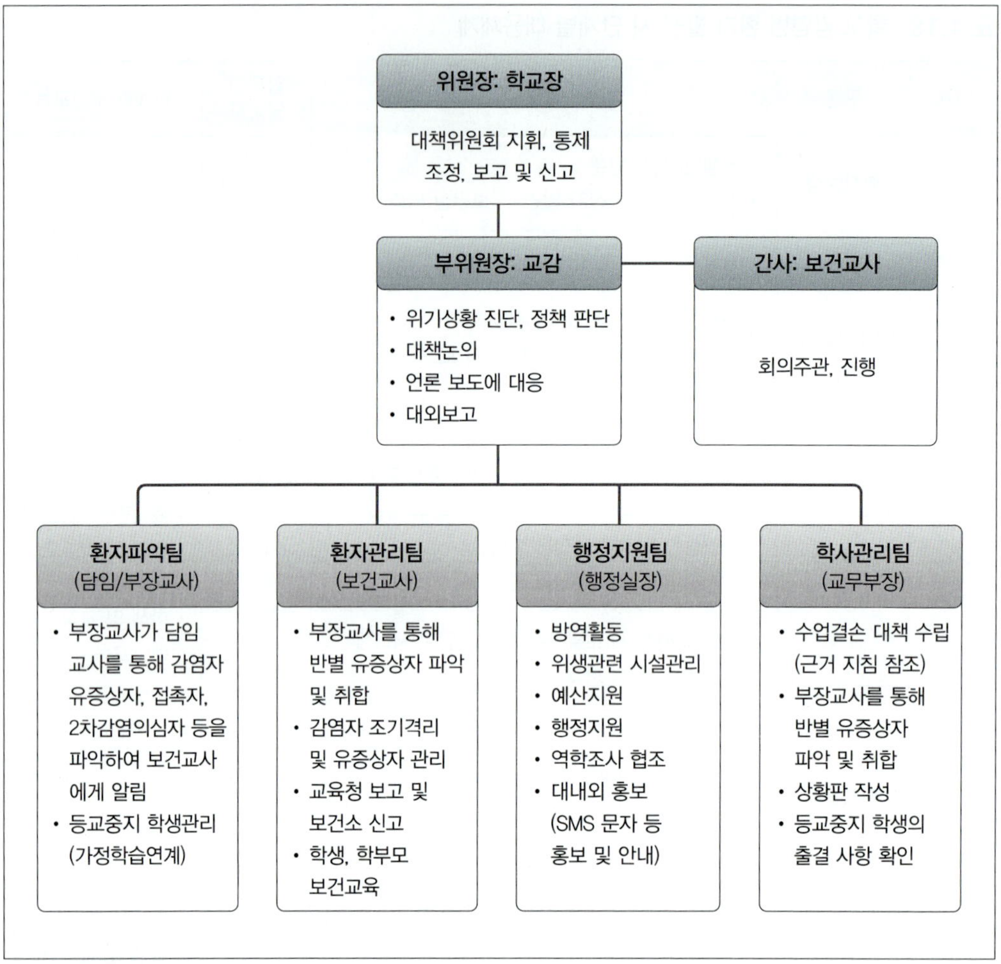

그림 4.18 학교 감염병대책위원회 구성체계. 출처: 교육부. 학교감염병 예방관리매뉴얼(2011).

는 물체 표면을 소독제로 닦아 소독한다.

- 전문 방역기관에 의뢰하여 화장실, 급수장, 쓰레기장, 하수도, 조리실, 기숙사 등 취약지역의 방역소독을 실시한다.
- 현재 유행중인 감염병의 특징, 의심증상, 전파경로 및 예방법에 대해 학생 및 교직원을 대상으로 강의 및 방송, 홈페이지 게시 등 다양한 방법으로 반복적으로 교육을 실시한다.
- 손 씻기, 기침예절 등 개인위생에 대해 반복적으로 교육을 실시하고 홍보물을 제작하여 학교 내에 게시한다.

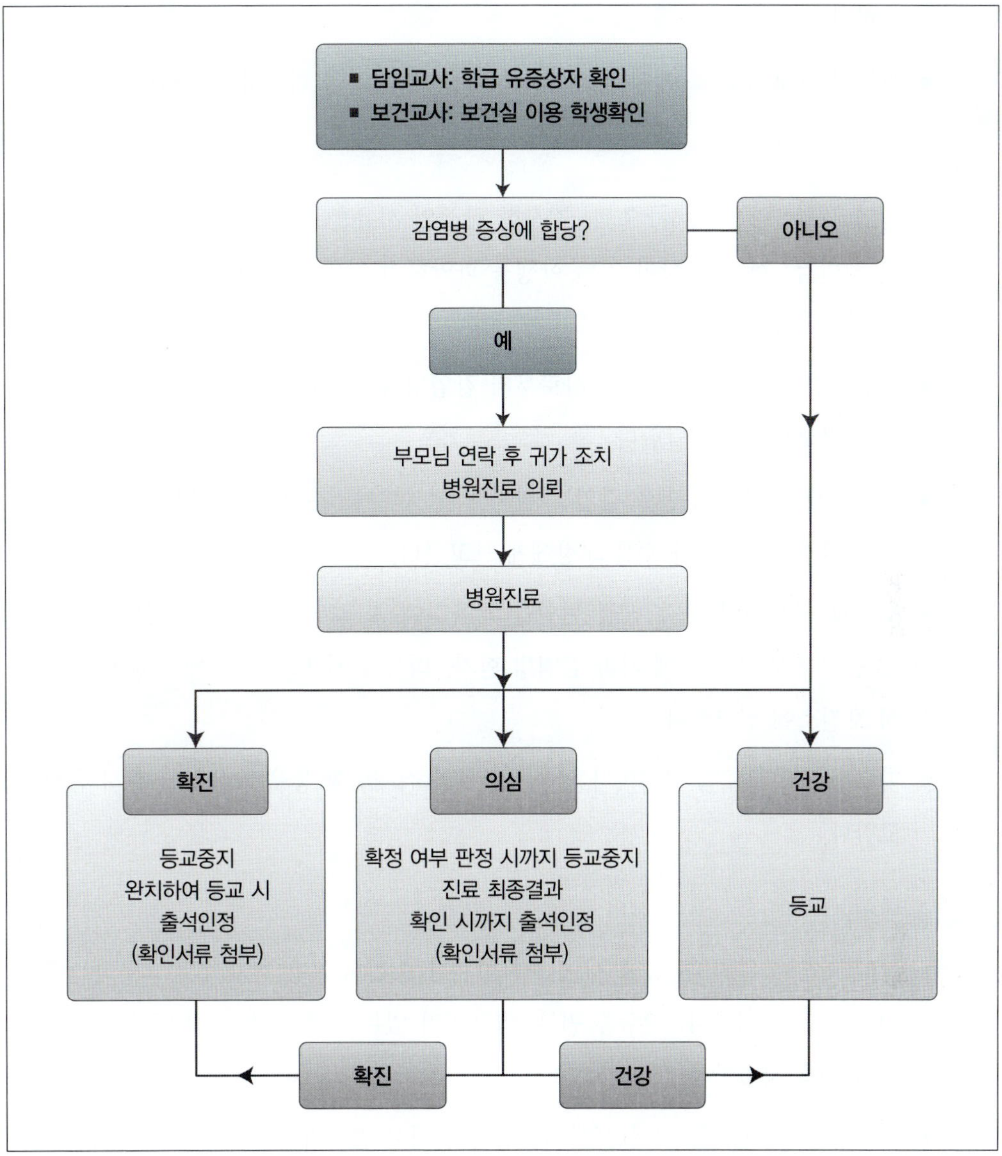

그림 4.19 **학교 감염병발생 시 유증상자 처리도.** 출처: 교육부. 학교감염병 예방관리매뉴얼(2011).

- 환자로 확인되어 결석하는 학생에게는 전파를 막기 위해 학교뿐만 아니라 학원이나 과외 수강도 금할 것을 교육한다.
- 감염병의 심각성 및 확산 정도에 따라 단체 수련활동 및 수학여행, 교내 행사 등을 자제하거나 연기한다.
- 사설 학원 등에서 주관하여 실시하는 단체 활동에도 참여를 자제하도록 교육, 홍

보한다.

- 방역당국(보건소 등)에서 역학조사를 나올 경우 적극 협조하도록 한다.

③ 보고

- 담임교사는 매일 결석, 조퇴, 지각한 학생의 사유를 확인하고, 당일 유증상 학생 및 선별검사에서 이상이 있는 학생을 파악하여 감염병 환자 발생 현황에 기록하고 관리한다.
- 학년부장은 1교시 후 담임교사로부터 감염병 환자 발생 일일현황 자료를 수집하여 보건교사에게 전달한다.
- 보건교사는 일별/주별로 감염병 환자 발생 현황을 분석하여 발병 환자 수, 치료 중인 환자 수, 완치자 수를 교장에게 보고한다.
- 보건교사는 매일 환자 발생 현황을 교육청에 보고하고 학교장은 감염병의 예방 및 관리에 관한 법률에 따라 감염병 환자, 의사 환자 또는 병원체 보유자 발생 즉시 보건소에 신고한다.
- 학교장은 임시휴업 결정이나 언론사에서의 취재현황 등을 교육청에 즉시 유선 보고한다.

④ 출결업무

- 감염 학생이 완치 후 등교 시 진료확인서나 소견서 혹은 학교에서 요구하는 확인 서류(진료비 계산서: 영수증 원본, 약제비가 있는 경우 처방전 및 약제비 계산서, 영수증)를 제출한다.
- 교무업무시스템 [학적]-[출결]-[출결관리]에서 결석의 출석인정으로 체크한다.

⑤ 상황종료

- 새로운 환자가 더 이상 발생하지 않고 최후 접촉자를 질환별 최대 잠복기간까지 추적 관찰하여 새로운 발병자가 없으면 상황이 종료된 것으로 간주한다.
- 보건교사가 기간별, 학년별 확진 환자 수, 처리 내용, 역학조사 내용 등을 정리하여 감염병 발생 종료 보고를 한다.

표 4.19 학교 감염병 확산 시 대응체계

단계	구분	단계별 업무	업무분담
1단계 발생 감지	유행예견	• 유증상자 현황 파악: 결석학생, 유사증상자 • 보건실 이용 학생현황 파악 • 감염병 정보 수시파악: 언론보도, 질병관리본부	담임교사 보건교사 부장교사
	환자관리	• 유증상자 귀가조치: 학부모와 연락, 병원진료 의뢰	보건교사
	대책마련	• 감염병관리 대책 위원회 가동 및 상황판 설치	학교장
	보고/신고	• 교육청 보고 및 보건소 신고 • 역학조사 협조	학교장 행정실장
2단계 발생 확인	진단확인	• 유증상자 학생 보호자 연락 및 병원진료 안내	담임교사 보건교사 학생부장 각실 담당자
	환자관리	• 환자 및 의사환자 등교중지, 학원 · 과외 수강 금지	
	확산방지	• 감염자 접촉 장소 소독 및 관리 철저 • 생활지도 및 예방요령 교육	
3단계 확산 초기 및 유행	동태파악	• 환자 현황파악, 보건실 이용자 일일 원인별 파악 • 결석자 일일 원인별 동태 파악(가정과 연계)	보건교사 담임교사
	환자대책	• 발병 학생 수업결손 대책마련 • 단축수업 및 휴업 실시 여부 판단	교무부장 학교장
	추가 확산 방지	• 시설물 및 취약지역 소독, 방역실시 • 교실, 강당 등 규칙적인 실내 환기 • 감염병 정보 및 개인위생에 관한 보건교육 및 홍보 • 지역사회 감염확산 방지 환자 교육 • 수학여행, 교내 행사 등 단체 활동 자제 • 학생 생활지도 철저	행정실장 담임교사 보건교사
	언론대처	• 교육청과 협의하여 일관된 자료 제공	학교장
4단계 감염병 종식	동태파악	• 추가환자 동태파악 • 휴교령 시행 이후 지속적인 모니터링 및 환자파악 • 필요한 학생의 경우 등교중지 계속	보건교사 담임교사
	출결처리	• 완치 후 등교시 출석인정 • 출석인정에 관한 사후 결재 • 교무업무시스템 출결상황과 일치 확인	담임교사 교무부장
	감염병 발생 종료 선언	• 최후 접촉자를 발생 질환별 최대 잠복기간까지 추적, 관찰하여 새로운 발병자가 없으면 종료 선언 및 보고	보건교사

출처: 교육부. 학교감염병 예방관리매뉴얼(2011).

5. 법정 감염병

법정 감염병이란 대부분 임상경과가 빠르게 진행되고 타인에게 감염력이 높아 지역사회에 대한 적극적인 관리가 없을 경우 국민보건에 큰 악영향을 미치게 된다. 따라서 국가가 그 발생의 보고를 법적으로 의무화하고 또한 예방 및 치료사업에 직접 관여할 만큼 중요시되는 질환이다. 법정 감염병의 종류는 **표 4.20**, 주요 감염병의 잠복기와 전염 가능기간은 **표 4.21**과 같다.

6. 예방접종

예방접종은 학생에게 감염병 예방에 대한 저항력을 갖게 하고 나아가서는 우리나라 국민의 감염병 예방에도 크게 기여하기 때문에 중요하다. 학교에서의 단체 예방접종은 관할 보건소의 예방접종 사업에 협조하는 형태로 이루어지고 있다.

관할 보건소에서 예방접종 안내문을 학교에 발송하여 협조 요청을 하는 경우, 학교에서는 학부모에게 가정통신문으로 안내문을 발송하여 개인별로 보건소 및 병 · 의원을 방문하여 접종을 받도록 독려하며 예방접종을 완료하였을 경우 예방접종증명서를 학교에 제출하도록 하여 학생건강기록부에 입력한다. 예방접종의 종류와 접종시기는 **표 4.22**와 같다.

표 4.20 법정 감염병의 종류

구분	법정 감염병					
	제1군	제2군	제3군	제4군	제5군	지정
특성	물/식품매개, 유행즉시 방역대책(6종)	국가예방접종사업 대상(12종)	발생감시 및 방역대책 수립 (22종)	신규발생 해외유입가능 (19종)	기생충감염 (6종)	유행 여부 조사, 감시활동(14종)
질환의 종류	가. 콜레라 나. 장티푸스 다. 파라티푸스 라. 세균성이질 마. 장출혈성 대장균감염증 바. A형간염	가. 디프테리아 나. 백일해 다. 파상풍 라. 홍역 마. 유행성 이하선염 바. 풍진 사. 폴리오 아. B형간염 자. 일본뇌염 차. 수두 카. b형 헤모필루스 인플루엔자 타. 폐렴구균	가. 말라리아 나. 결핵 다. 한센병 라. 성홍열 마. 수막구균성 수막염 바. 레지오넬라증 사. 비브리오 패혈증 아. 발진티푸스 자. 발진열 차. 쯔쯔가무시증 카. 렙토스피라증 타. 브루셀라증 파. 탄저 하. 공수병 거. 신증후군 출혈열 너. 인플루엔자 더. 후천성면역 결핍증(AIDS) 러. 매독 머. 크로이츠 펠트-야콥병 (CJD) 및 변종크로이츠펠트-야콥병(vCJD) 버. C형간염 서. 반코마이신 내성황색 포도알균(VRSA) 감염증 어. 카바페넴 내성장내 세균속균종(CRE) 감염증	가. 페스트 나. 황열 다. 뎅기열 라. 바이러스성 출혈열 마. 두창 바. 보툴리눔 독소증 사. 중증급성호흡기증후군(SARS) 아. 동물인플루엔자 인체 감염증 자. 신종 인플루엔자 차. 야토병 카. 큐열 타. 웨스트나일열 파. 신종감염병 증후군 하. 라임병 거. 진드기매개 뇌염 너. 유비저 더. 치쿤구니야열 러. 중증열성 혈소판 감소증후군 (SFTS) 머. 중동호흡기 증후군 (MERS)	가. 회충증 나. 편충증 다. 요충증 라. 간흡충증 마. 폐흡충증 바. 장흡충증	가. 삭제 나. 수족구병 다. 임질 라. 클라미디아 감염증 마. 연성하감 바. 성기단순포진 사. 첨규콘딜롬 아. 삭제 자. 반코마이신 내성장알균(VRE) 감염증 차. 메티실린내성황색 포도알균(MRSA) 감염증 카. 다제내성녹농균 (MRPA) 감염증 타. 다제내성 아시네토박터 바우마니균 (MRAB) 감염증 파. 삭제 하. 장관감염증 거. 급성호흡기 감염증 너. 해외유입기생충감염증 더. 엔테로바이러스 감염증
신고	즉시	즉시	즉시	즉시	7일 이내	7일 이내

출처: 「감염병의 예방 및 관리에 관한 법률」 제2조(2016.12.2 일부개정).

표 4.21 주요 감염병의 잠복기와 전염 가능기간

질환명	전파경로	잠복기	전염 가능기간 / 등교 중지기간	호발시기, 연령	임상증상
수두	비말 에어로졸	10~21일 (14~16)	수포가 생기기 1~2일 전부터 가피가 형성될 때까지	5~6 11~1월 4~8세	발열, 피로감, 피부발진, 수포
			모든 수포에 가피가 형성될 때까지		
유행성 이하선염	비말	7~23일 (14~18)	침샘이 커지기 1~2일 전부터 모두 가라 앉았을 때까지 또는 증상발현 후 9일까지	5~7월 15~17세	발열, 두통, 근육통, 이하선 부종
			증상발현 후 9일까지		
홍역	비말 에어로졸	7~18일	발진이 나타난 후 5일까지	봄철 5~10세	발열, 기침, 콧물, 발진 Koplik반점
			발진이 나타난 후 5일까지		
풍진	비말 태반	12~23일 (16~18)	발진이 생기기 전 7일부터 발진이 나타난 후 5일까지	초봄, 늦겨울 젊은 성인	구진성 발진, 림프절 종창, 열 등 감기증상
			발진이 나타난 후 5일까지		
인플루 엔자	비말	1~5일 (2일)	증상발생 1 ~ 2일 전부터 7일 혹은 증상이 소실될 때까지	봄, 겨울 전 연령	발열, 두통, 근육통, 인후통, 기침, 객담
			등교중지는 의미 없음		
디프테리아	비말	2~6일	치료받지 않은 환자는 감염 후 약 14시간, 적절한 치료를 받은 환자는 치료 후 1~2일	봄, 겨울 전 연령	발열, 인후와 편도 발적인, 인후부위 위막, 림프절 증대
			인두 혹은 비강에서 24시간 간격으로 채취 배양하여 균이 2회 이상 음성일 때까지		
백일해	비말	7~20일 (5~10)	카타르기에 가장 전염력이 높으며 증상발생 4주 후에는 전염력이 소실	봄, 가을 4개월 미만	상기도염증상 발작적 기침 구토
			항생제 투여 5일까지		
뇌수막염	비말	2~10일 (3~4)	바이러스: 5 ~ 7일 세균: 적절한 항생제 치료 후 24~48시간까지 뇌수막염 학생은 입원치료	바이러스: 여름 4~14세 세균: 연중	발열, 두통, 구통, 의식저하
수족구병	비말 수포액	3~7일	발병 후 7일, 피부병변에 액체가 남아 있는 동안 수포 발생 후 6일간 또는 가피가 형성될 때까지	여름 영유아	발열, 발바닥, 구강내 수포 및 궤양
조류 인플루엔자 인체감염증	감금된 가금류와 접촉	3~10일 (7)	증상 발생 1~2일 전부터 7일 혹은 증상이 소실될 때까지	가을철 전 연령	인플루엔자와 동일 역학적 연관
			모두 회복될 때까지		
중증급성호 흡기증후군	비말	2~10일 (4~6)	증상이 있는 동안	연중 전 연령	급성호흡기증상, 역학적연관
			모두 회복될 때까지		
결핵	비말 에어로졸	수주~ 수개월	약물치료 시작 후 2주까지	연중 전 연령	발열, 전신, 피로감, 식은땀 체중감소
			약물치료 시작 후 2주까지		

출처: 교육부. 학교감염병 예방관리매뉴얼(2011).

표 4.22 예방접종의 종류와 접종시기

접종명	접종시기	부작용	비고
홍역	초등학교 입학 전 의무 접종 완료	발열, 발진, 중추신경계 부작용, 소양감, 과민성 쇼크	입학 시 접종증명서를 학교에 제출하며 미접종시 사유 기재
BCG	초 1학년생 중 BCG 반흔이 없는 학생	국소부종, 가려움, 국소궤양	
Td	초 6년(11세)	통증, 발적, 발열	성인용
풍진	고 1년 여학생(15세)	발열, 발진	
유행성 독감	초, · 중 · 고등학생	통증, 발적, 발열, 근육통	

chapter

5

건강증진과 보건교육

1절 학교건강증진

2절 학교보건교육

학습목표

1. 학교건강증진을 설명할 수 있다.
2. 학교건강증진사업의 내용을 파악할 수 있다.
3. 학교건강증진사업을 수행할 수 있다.
4. 학교보건교육의 목표를 설립할 수 있다.
5. 학교보건교육의 과정을 설명할 수 있다.
6. 학교보건교육을 수행할 수 있다.
7. 학교보건교육을 수행 후 평가할 수 있다.

학습개요

학교보건은 학생, 교직원, 학부모, 나아가 지역사회를 대상으로 보건봉사와 환경관리 및 보건교육을 제공하여 대상자 스스로 자기건강관리 능력을 향상시킴으로써 건강을 유지 · 증진하며, 질병을 예방하여 신체적 · 정신적 · 사회적 안녕 상태에 이르게 하는 건강사업이다.

WHO에서는 건강증진을 '사람들이 자신의 건강에 대한 통제력을 증가시키고 건강을 개선할 수 있게 하는 과정'으로, 오타와헌장(1986)에서는 건강증진을 '사람들이 자신의 건강을 관리하고 향상시키게 하는 과정'으로 정의하였다.

우리나라는 국민건강증진종합계획(HP 2020)을 통하여 각 구성원의 적극적인 자기건강관리 참여와 기본권으로서 평등하게 건강을 누린다는 비전을 설정하고, 오타와헌장 선언 이후 학교는 오랫동안 학생들의 건강을 증진시키고 사회성을 발달시키는 매우 중요한 장소로서 건강증진학교사업이 활발하게 추진되고 있다.

학교에서 실시하는 보건교육은 학생의 성장발달과 요구에 맞는 차별화된 교육으로 질병예방, 건강유지 · 증진의 목적을 달성하도록 노력하고 있다. 따라서 초등학교 때부터 체계적인 보건교육을 실시하여 학생의 건강관련 지식 · 태도 · 실천에 변화를 유도하며, 스스로 건강관리능력을 최대한 발휘할 수 있도록 해야 한다.

학교보건교육 과정은 학생의 발달수준에 맞게 교육목표를 설정하고, 교육내용을 선정하여, 적합한 교육방법을 적용하고, 교육매체를 활용하여 마지막 단계에서는 교육평가를 수행할 수 있어야 한다.

1절

학교건강증진

1. 학교건강증진의 개요

나날이 높아지는 건강에 대한 관심과 서구화된 식생활 및 생활습관의 변화로 인해 삶의 질 향상과 의료비 부담 감소가 국가 보건정책의 중요한 이슈로 대두되었다. 이에 따라 질병예방과 건강증진을 위한 생활습관 개선의 필요성이 높아지면서 미국, 일본 등 여러 국가에서는 학교에서부터 자기건강관리능력을 향상시키는 것이 가장 효과적이라 판단하였고 학교보건교육과정을 통한 학교보건사업의 질적 향상으로 방향전환이 이루어지고 있다.

1) 건강증진의 개념

건강증진(health promotion)은 단순히 질병예방과 치료만이 아니라 건강행위와 건강태도를 개선하여 건강행위를 실천하도록 하며 개개인의 건강잠재력을 향상시켜 건강을 유지 · 증진하는 것이다.

Green(1984)은 건강증진을 '건강에 도움이 되는 건강교육과 이를 위한 조직적 · 경제적 · 환경적 차원에서의 지지'라고 광범위하게 정의하였고, O' Donnell(1989)은 '최적의 건강상태를 유지하기 위해 자신의 생활양식을 변화시키도록 돕는 과학'이라고 정의하였다. 초기에는 보건교육의 의미로 사용되기도 하였다.

즉, 건강증진은 최적의 건강상태가 되도록 지지하고 신체적 · 정신적 · 사회적 · 영적 · 인지적 건강의 균형을 이루게 하는 생활양식을 유지하고 변화시키는 모든 활동을 의미하며, 인간과 환경 간의 상호작용 과정에서 개개인의 생활습관을 변화하여 삶의 질을 향상시키는 적극적 건강행위라고 할 수 있다.

2) 건강증진의 목적

건강증진의 목적은 자신의 건강결정요인을 통제하는 능력을 함양시킴으로써 건강행위, 특히 생활양식의 바람직한 변화를 유도하는 것이다. 만인의 건강(health for all)이라는 전체 목표를 달성하기 위해서는 개인, 가정, 학교, 지역사회 모두에서 건강행위의 변화를 통한 건강증진이 이루어져야 할 것이다.

건강보호와 질병예방의 목적은 질병의 진행과정을 늦추거나, 변화 또는 제거하는 것이다. 그러나 건강증진은 건강한 사람을 대상으로 건강에 유익한 생활양식 및 환경의 변화, 특히 예방서비스의 개선을 통해 건강잠재력을 함양하고 건강위험요인을 조기발견하며, 관리함으로써 건강을 향상시키고 불건강의 위험요인을 감소하는 데 목적을 두고 있다.

3) 학교건강증진의 원칙

건강증진의 원칙은 1984년 WHO에서 제정되었으며, 이 원칙을 토대로 1986년 캐나다 오타와에서 건강증진회의가 개최되었다. WHO가 제정한 건강증진의 원칙을 학교건강증진에 적용하면 다음과 같다.

첫 번째, 학교건강증진의 대상은 특정 질병을 가진 학생뿐만 아니라 전체 학생의 일상생활에 관한 전반적인 내용을 포함한다.

두 번째, 학교건강증진 활동의 초점은 학생의 건강문제의 원인이나 건강 결정요인에 둔다.

세 번째, 학교건강증진 활동은 학생의 건강 유해요인을 감소시키기 위한 의사소통, 교육, 학교활동 및 지방자치단체와의 협력 등을 포함한다.

네 번째, 학교건강증진은 학생이 참여하도록 하여 효율성을 높인다.

다섯 번째, 학교건강증진 활성화의 핵심 역할을 하는 수행자는 보건교사이다.

1995년 WHO의 학교보건활동기구가 창시된 후 지역사회 · 국가 · 범세계적인 차원에서 건강증진 및 교육활동을 활성화 및 강화하기 위해 모든 학교가 건강증진학교가 되는 것을 목표로 하고 있다. 건강증진학교는 지역사회의 요구나 환경에 따라 달라질 수 있으나 삶, 학습, 일을 위한 건강한 환경을 조성하여 대상자의 건강잠재력을 강화시키는 것을 의미한다. 또한 지역사회와 협력하여 학생의 건강을 증진시키고 보호하기 위해 긍정적인 경험을 제공하는 구조를 갖는 것을 의미한다.

4) 학교건강증진의 기본방향

학교건강증진의 기본방향은 성장기 학생이 안전하고 건강한 생활을 영위하며, 민주시민으로 성장할 수 있도록 학교보건사업 및 지원체계를 강화하며 저출산 시대의 학생을 신

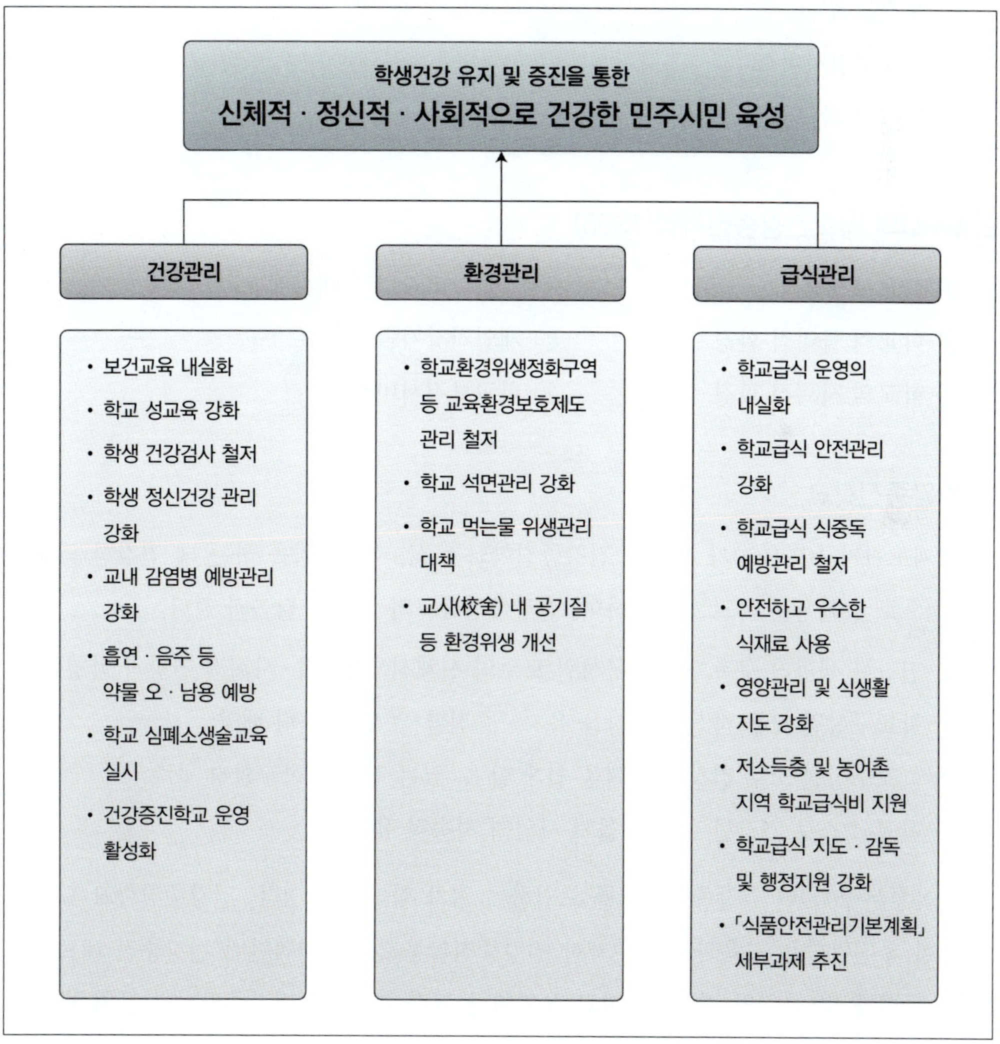

그림 5.1 학교건강증진의 기본방향. 출처: 교육부, 학생건강증진 기본방향(2017).

체적 · 정신적 · 사회적으로 건강하게 육성하여 국가 경쟁력을 향상시키는 데 있다. 교육부는 학생을 보다 쾌적하고 안전한 교육환경에서 신체적 · 정서적으로 건강하게 자라날 수 있도록 건강, 환경, 급식 등 관리분야별 학교건강증진의 기본방향을 **그림 5.1**과 같이 제시하였다.

2. 학교보건사업

1) 전통적 학교보건사업

① 보건교육
② 학교보건서비스
③ 건강한 학교환경

2) WHO의 학교건강증진사업(1995)

① 학교보건정책
② 학교의 물리적 환경
③ 학교의 사회적 환경
④ 지역사회와의 유대관계
⑤ 개인건강기술
⑥ 학교보건서비스

3) 건강증진학교

세계보건기구(WHO)가 제시한 건강증진학교는 삶, 학습, 일을 하는 데 건강한 역량을 지속적으로 강화하는 학교를 의미하며, 건강증진학교의 목적은 다음과 같다.

① 건강한 생활터 구축과 학교구성원 모두의 신체적 · 정신적 · 사회적 건강과 안녕 증진
② 학교구성원 모두 자신의 건강을 유지 · 증진할 수 있는 능력 배양
③ 학교구성원 모두 건강한 선택을 쉽게 할 수 있는 건강한 학교환경 구축
④ 학교 스스로 건강한 학교 만들기 사업의 지속적 유지

교육부는 2009년 건강증진학교를 도입하여 점차 확대하고 있다. 건강증진학교 활성화를 위한 추진방향은 교육과정과 연계한 건강증진활동 강화, 지역단위 건강증진 네트워크 구축, 관리자 및 교원의 건강증진학교 운영역량 강화 지원 및 건강증진학교 운영 방식에 따른 학교 건강증진 프로그램 발굴 등이다. 건강증진학교의 특징은 **표 5.1**과 같다.

표 5.1 건강증진학교의 특징

구분	특징
학교정책	교사, 학생의 참여 하에 합의된 정책 결정(상향식 의사결정)
보건교육	지식, 태도 및 기술교육을 통한 역량 강화
지역사회(외부기관)와의 연계	외부기관이 학교의 건강증진 활동에 참여(학교중심)

출처: 교육부. 학생건강증진 기본방향(2017).

3. 국민건강증진종합계획 2020

국민건강증진종합계획(health plan)은 국민의 건강증진과 질병예방을 위해 범정부적으로 수립하는 종합계획으로서, 향후 건강증진정책의 방향을 제시하는 장기계획이다.

이는 「국민건강증진법」 제4조에 근거, 국민건강증진정책심의위원회(위원장: 차관)의 심의를 거쳐 매 5년마다 국민건강증진계획을 수립하게 되어 있다. 그러나 건강증진사업의 효과가 장기간에 걸쳐 나타나는 것을 고려하여, 기존 5년 단위 중장기계획을 10년 단위로 수립, 추진하고자 계획하였다(**그림 5.2**).

1) 대표지표 및 중점과제

국민건강증진종합계획 2020(HP 2020)에서 건강수준을 총괄적으로 평가하고 건강정책의 효과를 측정하기 위해 15개 중점과제와 19개 대표지표를 선정하였다. 학교보건 인구와 관련된 대표지표를 보면 **표 5.2**, 중점과제 및 주요 지표는 **표 5.3**과 같다.

2) 건강생활실천 분야

생활습관은 만성퇴행성질환의 발병 및 경과와 밀접한 연관이 있으므로 오늘날 질병 발생의 가장 중요한 결정요인이라 할 수 있다. 건강생활실천 분야는 만성질환과 관련성이 높은 금연, 절주, 신체활동, 영양의 4가지 중점과제로 구성되어 있는데, 여기에서는 금연과 절주를 소개한다.

(1) 금연

- 금연홍보, 청소년 흡연예방 및 금연교육 등 흡연예방사업 실시
  - 매스미디어 홍보는 중앙에서, 다른 사업은 지자체와 연계하여 실시

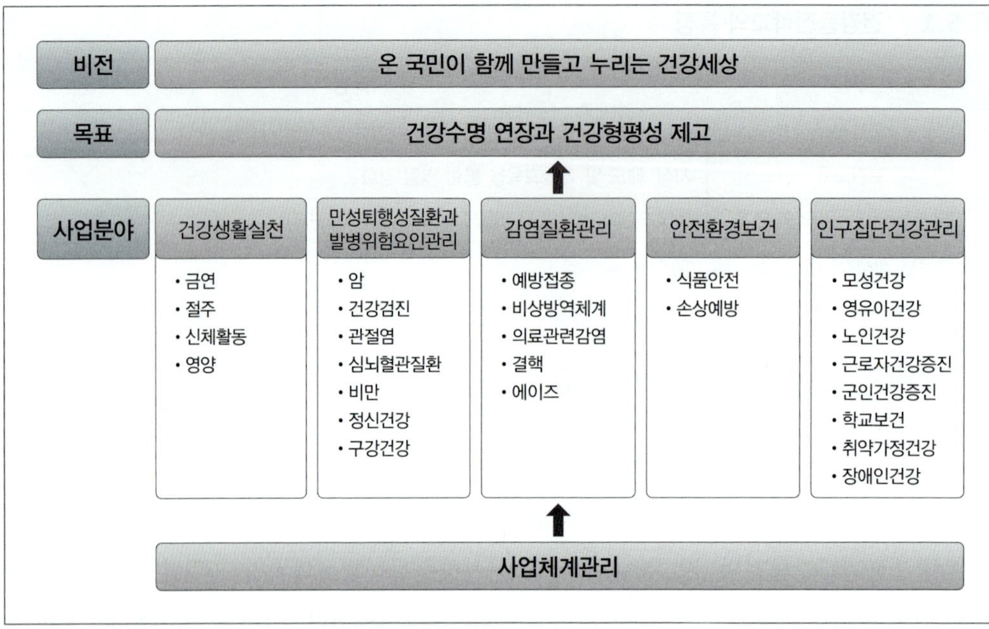

그림 5.2 제4차 국민건강증진종합계획 기본 구조

출처: 보건복지부, 한국건강증진개발원. 제4차 국민건강증진종합계획 2016~2020(2015).

- 금연클리닉을 비롯한 다양한 흡연자 금연사업 지원
- 금연구역의 확대와 흡연구역의 설치 지원 및 비흡연자의 간접흡연 보호
- 금연조례, 금연구역 설정 및 관리, 흡연시설 설치 및 각 부처 간의 협조, 가격정책, 국제협력 등

(2) 절주

- 주류판매 면허제도를 개선, 소매판매점과 업소판매점의 면허관리, 영업장관리, 주류판매관리 등을 엄격히 시행하고, 주류 건강부담금 신설 검토
- 음주운전 규제 및 단속 확대, 공공장소 음주제한, 주류광고 및 판촉제한, 청소년 주점출입 단속 강화 및 음주조장 환경개선
- 절주지침서 제작, 미디어 홍보, 지역사회 절주교육 및 홍보, 대학생 절주교육 실시 적극적 교육 · 홍보 실시
- 지역사회 고위험음주자 및 직장인 고위험음주자 조기선별 및 상담, 음주운전 · 음주 폭력사범 치료명령제 등 음주문제 예방사업

표 5.2 제4차 HP 2020 대표지표

과제		대표지표	2008년	2013년	2020년
1	금연	성인 남성 현재흡연율	47.7%	42.1%	29.0%
		중 · 고등학교 남학생 현재흡연율	16.8%	14.4% ('15, 11.9%)	9.0%
2	절주	성인 연간음주자의 고위험 음주율	남자 28.4% 여자 8.4%	남자 22.5% 여자 7.2%	남자 19.0% 여자 5.1%
3	신체활동	유산소 신체활동 실천율	–	57.1% ('14년)	62.8%
4	영양	건강식생활 실천율(지방, 나트륨, 과일/채소, 영양표시 4개 지표 중 2개 이상을 만족하는 인구 비율)	30.2%	35.6%	48.6%
5	암관리	암 사망률(인구 10만 명당)	103.8명	90.4명	82.3명
6	건강검진	일반(생애) 건강검진 수검률 (건강보험적용자)	64.3%	72.2%	80.0%
7	심뇌혈관 질환	고혈압 유병률	26.9%	27.3%	23.0%
		당뇨병 유병률	9.7%	11.0%	11.0%
8	비만	성인 비만유병률	남자 35.6% 여자 26.5%	남자 37.6% 여자 27.5%	남자≤37.0% 여자≤27.0%
9	정신보건	자살 사망률 감소(인구 10만 명당)	26명	28.5명	20명
10	구강보건	아동청소년 치아우식 경험률(영구치)	61.1%('06)	57.3%('12)	45.0%
11	결핵	신고 결핵 신환자율(인구 10만 명당)	78.9명('11년)	71.4명	39.5명
12	손상예방	손상 사망률인구 10만 명당)	61.7명	61.3명	56.0명
13	모성건강	모성사망비(출생아 10만 명당)	12명	11.5명	9명
14	영유아	영아사망률(출생아 천 명당)	3.4명	3.0명	2.8명
15	노인건강	노인 활동제한율 –일상생활수행능력(ADL) 장애율	11.4%	6.9%('14)	6.5%

출처: 보건복지부, 한국건강증진개발원. 제4차 국민건강증진종합계획 2016~2020(2015).

표 5.3 중점과제 및 주요 지표

단위: %

중점과제	지표	'08	'10	'12	'13	'20
금연	청소년 흡연율(남)	16.8	16.6	16.3	14.4	9.0
	성인 남성 흡연율	47.7	48.3	43.7	42.1	29.0
절주	1인당 알코올 소비량	9.98 ℓ	9.48 ℓ	9.57 ℓ	9.24 ℓ	8.54 ℓ
	고위험 음주율(남)	28.4	24.9	25.1	22.5	19.0
비만	성인 비만 유병률(남)	35.6	36.5	35.1	37.6	≤37.0
	성인 비만 유병률(여)	26.5	26.4	29.7	27.5	≤27.0
구강보건	영구치 치아우식 경험률	60.5 (2010)	60.5	57.3	–	45.0
	노인 20개 이상 치아보유율	53.6	–	57.0	55.9	60.0
예방접종	예방접종률	–	–	91.7	95.8	95.0
	필수예방접종 백신 국가지원율	43.0	–	88.9	90.0	90.0
결핵	결핵 신환자율(명/10만 명당)	69.1	72.8	78.5	71.4	39.5
	결핵 사망률(명/10만 명당)	4.7	4.7	4.9	4.4	2.5
학교보건	현재 음주율(남)	26.1	23.5	22.7	19.4	17.3
	손 씻기 실천율	47.9	59.1	55.5	79.1	90.0

출처: 보건복지부, 한국건강증진개발원. 제4차 국민건강증진종합계획 2016~2020(2015).

3) 만성퇴행성질환과 발병위험요인관리 분야

질병 중 암은 사회경제적 손실이 가장 크며, 그 외에는 심·뇌혈관질환, 고혈압성질환, 당뇨병 등의 사망률, 유병률, 질병비용이 높은 수준이다. 유병률이 높거나 조기사망의 원인이면서도 예방관리가 가능한 만성질환에 대해 적극적인 투자를 모색해야 한다.

(1) 비만

① 비만에 대한 효과적인 정보 제공과 홍보·캠페인

② 비만예방·관리를 위한 비만 진단 기준 정립 및 국가적 비만 관리지침 개발 보급

- 비만도 측정법에 대한 국가적 표준기준을 설정하고, 전문가와 관련 학회를 중심으로 근거중심의 국가 비만관리지침 마련

③ 직장인 건강검진 사후관리 서비스와 연계하여 비만도에 따른 맞춤형 관리체계 구축

④ 취약계층 및 아동 · 청소년 비만예방 프로그램을 개발 보급하고, 고도비만환자 관리를 위한 의료지원 강화

(2) 정신건강

① 정신질환의 사회적 편견해소(Anti-stigma movement)를 위한 공공마케팅 사업, 인식개선 홍보사업, 교육 · 문화행사 추진

② 지역사회 정신질환자 조기발견, 상담, 재활, 치료연계 및 예방증진 등을 위한 지역사회정신보건 인프라 구축

- 광역 · 지역 정신보건센터 확충 및 기능강화, 알코올상담센터 확충, 지역사회 정신재활 및 사회복귀 강화를 위한 거주시설 확대 등

③ 노인, 성인, 청소년 우울 및 스트레스관리사업, 광역정신보건센터를 통한 위기관리 체계구축 등 국민 정신건강 질 향상

④ 중증정신질환자 삶의 질 향상을 위한 정신건강 치료환경 개편

- 정신질환자 수가제도 개편, 비자의적 입원환자에 대한 초기 평가체계 구축

(3) 구강건강

① 초등학교와 지역아동센터에 양치설비를 지원하는 등 아동 · 청소년의 바른 양치 실천사업

② 수돗물 불소농도조정사업, 취약계층별 예방중심 구강질환관리사업, 구강보건 교육 · 홍보사업

③ 저소득층 노인 · 장애인을 대상으로 의치(틀니)를 제공하고, 일정기간의 사후관리 보장

④ 찾아가는 구강보건의료서비스 제공사업: 거동 불편 노인 · 장애인이 거주하는 가구 혹은 오지나 벽지 지역 등 취약계층대상 구강관리

⑤ 취약지역 초등학교와 특수학교에 구강보건실 설치, 보건소 · 지방공사의료원에 구강보건센터 설립 등 공공 구강보건의료서비스 전달체계 확충

4) 인구집단건강관리 분야

비교적 공통의 건강문제를 갖고 있는 생애주기별, 인구집단별 건강관리에 대한 종합적 접근을 모색하였다. 특히, 총괄목표인 '건강수명 연장과 건강형평성 제고'와 관련하여, 다문화가정, 장애인 등 취약계층을 위한 종합적 사업 시행에 중점을 두고 있다. 구집단 건강관리 분야에서 학교보건은 특히 더 중요하다.

(1) 학교보건

- 흡연, 음주, 비만예방사업 등 학생의 불건강한 건강행태 감소
- 손 씻기 등 학생의 개인위생 증진사업을 실시하고, 자살예방교육 등 정신건강관리 추진
- 인터넷 유해 사이트 차단 프로그램 보급, 게임중독 감소사업 등 인터넷중독 감소사업 실시

4. 학교건강증진사업

학교환경에서 학습되고 강화된 건강행위와 가치는 학생의 전 생애에 걸쳐 지속적으로 생활습관의 근간이 된다. 예를 들어, 건강한 식사습관, 신체활동, 효과적인 의사소통, 긍정적인 사고, 존중, 협동과 갈등해결 기술 등이 있다. 건강증진학교는 모든 학생에게 관심을 갖고, 신뢰와 자존감, 의사소통, 인간관계 기술이 안녕과 정신건강에 중요하다는 것을 알려준다. 또한 학교, 가정, 지역사회 간의 관계가 실제적인 학습과 보건사업에 중요한 영향을 미치게 된다.

학교건강증진을 사업내용별로 살펴보면 다음과 같다.

1) 금연

(1) 필요성

청소년의 세포, 조직, 장기는 아직 완전하게 성숙하지 않은 상태에 있기 때문에 담배와 같은 해로운 물질과 접촉하는 경우, 성숙한 세포나 조직에 비해 더 큰 손상을 입게 된다. 또한, 전체 흡연 기간이 길어질 뿐만 아니라 흡연량도 더 많아지게 되며, 니코틴 중독을 더욱 심화시키게 된다. 따라서, 청소년기의 흡연은 성인의 흡연보다 신체

적 · 심리적 · 사회적 · 정신적 · 영적으로 훨씬 큰 영향을 미치게 된다.

담배 연기를 한번 들이마실 때마다 약 50cc의 연기가 폐 속으로 들어가며, 그중 일산화탄소 전량과 니코틴의 90%, 타르의 70%가 몸속으로 흡수된다. 담배연기 속에는 4,000여 가지의 독성물질과 40여 가지의 발암물질이 들어 있어 **그림 5.3**과 같이 신체적

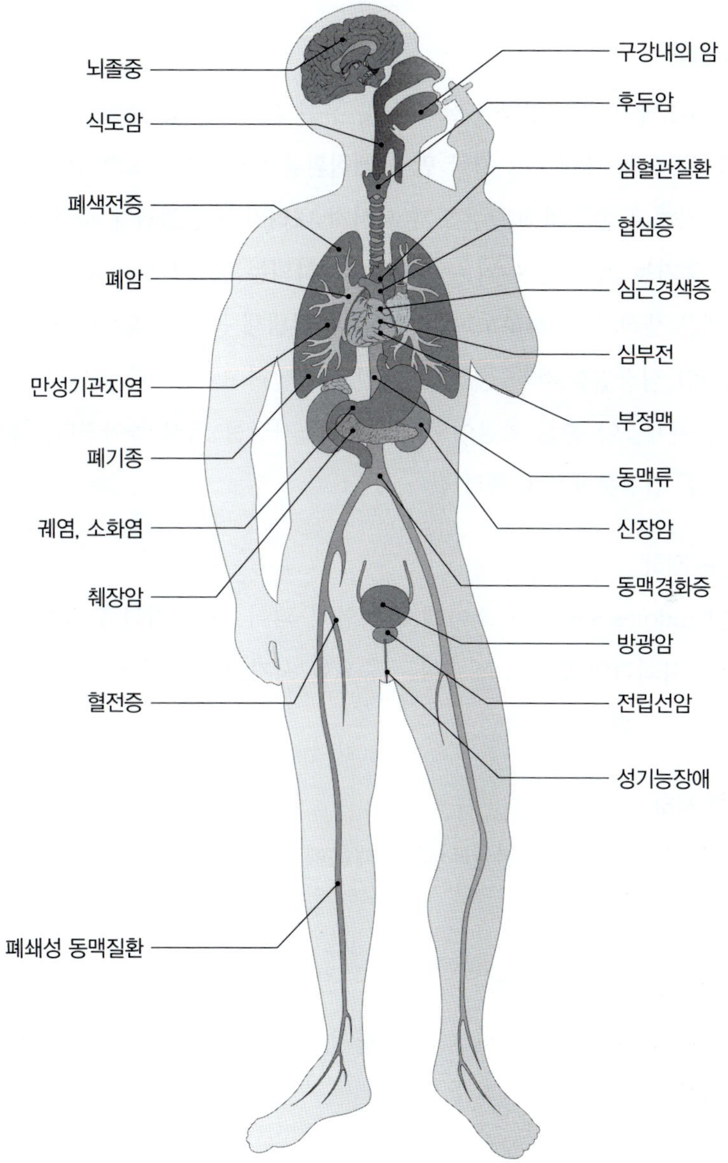

그림 5.3 **흡연으로 인한 질병.** 출처: http://www.kash.or.kr

으로 세포조직과 장기에 조기노화를 일으켜 수명을 단축시키며, 생활습관병, 피부노화 등 건강문제의 원인이 되고 있다.

청소년기의 흡연은 저산소혈증과 순환장애로 성장장애와 기능발달의 저하를 초래하고 일단 담배를 피우기 시작하면 습관화되어 수십 년을 지속적으로 피울 가능성이 높아 독성물질이 축적되어 더욱 큰 피해를 입게 된다(http://www.nosmokeguide.or.kr).

(2) 흡연과 질병

흡연이 인체에 미치는 영향을 살펴보면, 우선 감기, 천식, 폐렴, 기침, 가래, 기관지염 등 호흡기질환을 유발하고 결국 만성 폐질환을 일으킨다. 또한 혈압이 상승하여 심박동수가 증가하고 손끝의 피부온도가 서서히 내려가는 심혈관계 증상과 두통, 사고능력 저하, 운동기능 저하 등 두뇌운동기능이 저하되는 중추신경계 증상이 나타난다. 지속적인 흡연은 생식기능, 피부노화, 잇몸손상, 입냄새 등도 초래한다. 동맥경화증의 주요 유발요인인 심장질환, 뇌졸중과 각종 암을 유발하고, 산모가 흡연하는 경우에는 조산, 기형아, 저체중아 출산 확률이 높고 신생아 사망률 역시 높아진다. 특히 청소년기 흡연으로 인한 건강문제는 다음과 같다.

① 성장 발육 저하

청소년기(adolescence)란 소아에서 성인이 되어 가는 기간을 말한다. 또한 신체적 · 정신적 · 사회적인 변화가 일어나는 중요한 시기이기 때문에 이 기간에 흡연을 하게 되면 성장이 둔해지게 된다.

② 학습능력 저하

흡연을 하다가 하지 않으면 금단증상 때문에 또다시 흡연을 하게 되므로 집중력 있게 공부할 수 없다.

③ 디스크 발생 및 재발위험 증가

담배를 많이 피우면 디스크에 걸릴 위험성이 높아지고 수술 후에도 결과가 좋지 않아 재발위험이 증가한다.

④ 정신과적 문제

위스콘신 대학의 학생 보건상담 교수인 에릭 하일리겐스타인(Eric Heiligenstein)

박사팀은 표준화되고 타 당성이 인증된 컴퓨터 분석 틀(PsyberCare–MH, Polaris Health Direction)을 이용하여 학생의 주관적인 행복(well–being), 정신적인 증상의 강도, 수업과 사회 및 개인활동기능 상태를 평가하고 흡연 여부와 흡연량을 조사하였다. 그 결과 담배를 많이 피우는 학생(heavy smoker)이 비흡연학생보다 행복 관련 점수가 낮았고, 정신적인 증상으로 더 고통을 받고 있었으며, 여러 기관의 기능부전이 있었다.

⑤ 비만

2008년 노르웨이 청소년을 대상으로 한 연구결과에 의하면, 흡연하는 청소년은 흡연하지 않는 청소년에 비해 과체중 또는 비만이 될 위험이 남학생은 1.4배, 여학생은 1.6배로 높았다. 핀란드 청소년을 대상으로 한 연구에서는, 16~18세의 청소년이 하루 10개비 이상 흡연을 하면, 성인이 되어 복부비만이 될 확률이 흡연하지 않았던 청소년보다 1.8배 높았으며, 여학생의 경우 청소년기의 흡연이 성인이 되었을 때의 과체중과 높은 관련성이 있었다.

특히 청소년의 흡연은 각종 비행행동의 시초 단계로 볼 수 있으며, 성장하는 청소년의 신체적 건강에 다음과 같이 큰 피해를 주고 있다는 점에서 문제가 된다.

- 흡연은 건강에 해롭다.
- 간접흡연도 건강에 해롭다.
- 흡연은 습관성을 일으키고 중독을 일으킨다.
- 성인에 비해 흡연이 건강에 미치는 피해가 더욱 심하다.
- 흡연 청소년은 담배보다 더 강한 약물을 혼합 남용할 가능성이 높다.
- 청소년기 흡연은 청소년 범죄로 연결될 가능성이 많다.
- 청소년의 정서적 · 사회적 측면에 모두 심각한 영향을 끼친다.

(3) 금연과 건강

금연을 시작하면 두통이나 현기증을 느낄 수 있는데 이는 금연 전보다 폐에 흡수되는 산소량이 많아지기 때문이다. 이런 경우는 잠시 눈을 붙이고 편히 쉬도록 한다. 금연을 하면 흡연으로 인해 발생하는 심혈관 질환, 폐 질환, 뇌졸중, 각종 암 등의 발생위험이 현저히 줄어들게 된다(**그림 5.4**).

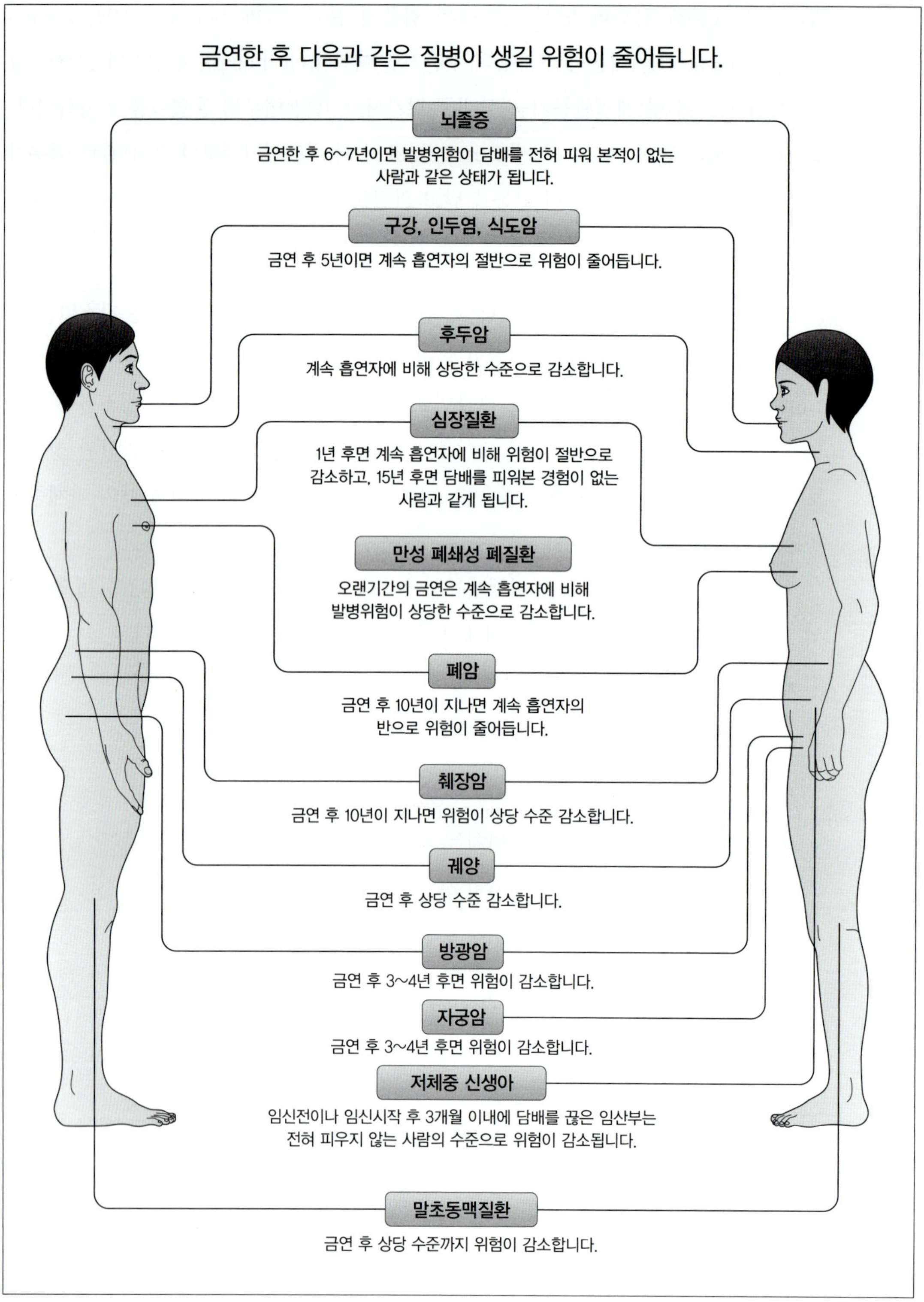

그림 5.4 금연의 이로운 점. 출처: http://www.kash.or.kr

(4) 청소년을 위한 금연지도 방법

① 성인이 먼저 담배를 끊는다.

청소년은 성인을 모델로 삼거나 모방하는 경향이 높으므로 성인이 실천적으로 먼저 담배를 끊음으로써 모범을 보인다.

② 금연을 유도하는 대화를 나눈다.

- 자녀의 행동을 규제할 필요가 있을 때는 바람의 형식보다는 단호하게 직접 대화하며 마음을 함께함을 표현한다.
  - 엄마는 네가 담배를 끊었으면 좋겠다. (×)
  - 네 건강을 위해서 담배를 끊자. 엄마, 아빠가 도와줄게. (○)
- 자녀의 입장을 고려하고 이해한다는 표현과 함께 부모가 원하는 행동을 구체적으로 표현한다.
  - 무조건 끊어! 알았어? (×)
  - 학교에서 친구들과 어울리다 보면 담배의 유혹을 뿌리치기가 힘들겠지만 엄마, 아빠는 네가 담배를 끊어야 한다고 생각하기 때문에 당분간은 학교가 끝나면… (○)
- 협박보다는 자녀의 흡연 때문에 부모가 실제로 느끼는 느낌을 표현한다.
  - 그렇게 담배를 피우려면 학교 다니지마! (×)
  - 담배를 계속 끊지 못하면 앞으로 너의 건강에 대해 엄마, 아빠는 굉장히 걱정이 되고 염려스럽기 때문에 네가 담배를 끊을 수 있도록 금연교실에 데리고 가야겠다. (○)
- "너는 할 수 있어"라며 용기를 준다.
  - 너, 엄마 말이 말 같지 않지? 너 도대체 담배를 하나 제대로 못 끊는 애가 앞으로 무엇을 하겠니? 한심스럽다, 한심스러워! (×)
  - 담배를 끊는다는 것이 힘든 일이라는 것을 안다. 그렇지만 엄마, 아빠 생각에 너는 해낼 수 있으리라 생각한다. 그전에도 밥 먹고 물을 마시던 버릇을 너는 고쳤잖니? (○)

③ 청소년의 자기주장 강화를 통해 흡연을 예방한다.

흡연하는 청소년은 또래집단의 일원이 되기 위해 또는 또래의 압력 때문에 흡연을 시작하는 경우가 많다. 청소년을 위한 금연교육 프로그램에서는 친구의 흡연 권유를 적절하게 거절하는 방법을 교육시키는 것이 중요하다. 친구들의 흡연 권유를 뿌리치는 전략을 교육했을 때 흡연 시작 연령이 높아졌으며, 금연 유지 기간이 연장되는 등 교육의 효과가 있었다. 다음은 흡연을 권유받거나 흡연 욕구가 생길 때 극복하는 방법이다.

- "담배 피워 볼래?" 하는 질문에 거절하는 대화방법
  - 아니, 나는 지금 운동훈련 중이야.
  - 아니, 난 담배 안 피워.
  - 아니, 담배는 조잡한 화학물질 투성이란 말이야.
  - 아니, 난 담배끊었어.
  - 아니, 난 담배연기에 알레르기가 있어.
  - 아니, 난 천식이 있어.
  - 아니, 담배피우는 것은 내 스타일이 아니야.
  - 아니, 담배피우면 숨쉬는 것이 힘들어져.

④ 금단증상을 적절히 관리한다.

- **안절부절**: 흡연을 갑자기 중단하면 신경이 예민해지는데, 이는 니코틴을 원하기 때문에 나타나는 신체증상으로 2~4주 정도 지속된다. 산책, 온수 목욕, 휴식 등이 도움이 된다. 조용하고 평화로운 장면을 상상하면서 심호흡을 하면 긴장이 완화된다.

- **피로감**: 자극제로 작용하던 니코틴이 없어지면서 피로감이 쌓일 수 있는데 2~4주 정도 지속된다. 충분히 자고 만사에 편안히 생각하는 여유를 갖도록 노력한다.

- **우울증과 불면증**: 우울증은 수일간 지속되는데 우울증 때문에 담배를 피우기 시작하면 좌절감과 죄책감으로 인해 더 우울해질 수 있다. 몸을 이완시키는 운동을 하거나 격한 운동을 하여 땀을 흘린 후 샤워를 하거나 물이나 과일 주스를 마시면 도움이 된다.

  불면증은 니코틴이 뇌파에 영향을 주어 수면양상을 방해하는 것으로, 금단 시 두통, 신경과민, 기침에 의해 수면장애가 발생하게 되는데, 흡연에 대한 꿈을 많이 꾸게 된다. 이 증상은 1주일 정도 지속된다. 되도록이면 오후 6시 이후로는 커피 등 카페인이 함유된 음료를 마시지 않고 긴장을 풀고 명상을 하거나 잠자기 전에 따뜻한 물로 샤워를 하면 숙면에 도움이 된다.

- **기침, 갈증, 목 · 잇몸 · 혀의 통증**: 기침은 금단증상이라기보다는 그동안 체내에 쌓였던 타르 등을 제거하기 위한 신체의 방어과정으로 가래가 늘면서 기도를 막거

나 호흡을 방해하고 있던 점액을 배출하려는 증상이다. 기침은 수일 동안 지속되다가 사라지며 물을 많이 마시면 기관지에 붙어 있는 가래를 뱉어내는 데 도움이 되며, 기침약을 복용하는 것도 도움이 될 수 있다.

갈증은 구강의 조직이 회복되는 과정에서 일어나는 증상으로 수 주일간 지속되다가 사라진다. 얼음물, 주스를 한 모금씩 마시거나 양치질, 껌을 씹는 것, 심호흡을 하고 레몬 짜는 것을 상상하는 것도 갈증해소에 도움이 될 수 있다.

- **현기증**: 1~2일 정도 나타날 수 있으며 흡연 시보다 더 많은 산소의 흡수에 기인하므로 몸을 급하게 움직이지 말고 서서히 움직이도록 한다.
- **두통 및 집중력 감소**: 니코틴 고갈로 인한 적응증상으로, 혈액순환이 늦어지면 뇌로 가는 혈액과 산소가 충분하지 않기 때문에 나타난다. 증상은 수 주일 이내에 사라진다. 물을 많이 마시고 커피를 줄이며 가벼운 운동이나 따뜻한 물로 샤워를 해서 긴장을 풀어준다. 많이 힘들면 잠깐 일을 중단하고 한숨 자는 것이 좋다.
- **가슴 답답함**: 니코틴 흡수를 갈망하는 신체적 증상이다. 스트레스를 받거나 기침으로 인해 근육이 당기는 증상이 며칠간 지속되는데 심호흡을 하여 긴장을 풀어주도록 한다.
- **소화장애, 변비, 배에 가스가 참**: 장 운동의 감소로 인해 처음 1~2주 지속될 수 있다. 증상 완화를 위해서는 물을 많이 마시고 과일, 야채 및 곡류 등 섬유질이 많은 음식을 섭취하는 것이 좋다. 고지방, 단음식, 카페인이 많이 함유된 음식, 고추, 후추는 피한다.
- **공복감, 배고픔**: 평소에 먹던 양보다 더 많이 먹으려는 경향이 있고 음식물에 대한 적응이 이루어지면서 체중이 증가하며, 담배를 피고 싶다는 욕구로 나타나기도 한다. 이 증상은 몇 주간 지속될 수 있으므로 각별히 주의하고, 흰설탕이 들어가지 않은 칼로리가 낮은 음료 또는 물을 마시고 저칼로리의 간식을 먹도록 하며, 적당한 운동을 하면 증상을 완화하는 데 도움이 된다.
- **흡연욕구**: 니코틴을 끊음으로써 오는 가장 강력한 금단증상으로 짧게는 2~3일, 길게는 몇 개월에서 몇 년까지 지속된다. 흡연충동을 이겨내도록 마지막 순간까지 참아내며 자신의 주의를 다른 곳으로 환기시키고 밖으로 나가 신선한 공기를 마시면서 산책하거나 운동을 하도록 한다.

흡연의 유혹을 이기는 효과적 방법

- 수분섭취: 하루 6~8컵의 물은 니코틴의 배설을 돕고 세포조직을 활성화시킨다.
- 심호흡: 신체에 필요한 산소공급을 원활히 해주고 신경을 안정시킨다.
- 산책: 긴장을 완화시키고 심리적 불안을 해소시킨다.
- 가벼운 맨손체조: 혈액순환을 돕고 혈관을 확대, 단시간 내 산소공급을 많이 시킨다.
- 근육이완 운동: 스트레스 감소 효과와 피로 축적을 막아준다.
- 거꾸로 숫자 세기: 정신집중을 도와준다.
- 취미생활: 다른 활동을 통해 욕구를 해소한다.
- 양치질: 담배를 피우고 싶은 충동을 없애준다.
- 냉 · 온수 샤워: 수건으로 온몸을 부드럽게 비빈다.
- 조력자에게 전화를 걸어 지지를 받는다.
- 신선한 야채즙을 한 잔 마신다.
- 신선한 과일과 채소를 먹고 미역줄기나 감초를 씹어 본다.
- 호박씨나 해바라기씨를 껍질을 벗겨가며 씹어 본다.
- 식후에는 15~20분 동안 산책한다.

2) 비만관리

(1) 필요성

식품에 포함된 영양소는 체내에서 흡수되어 대사과정을 조절하며 열량을 제공하여 생명을 유지하게 한다. 균형 잡힌 영양섭취는 성장 발달을 도우며 인체 면역기능을 유지시켜 각종 질병으로부터 인체의 건강을 돕는다.

그러나 현대사회의 발전은 보다 분주한 일상생활, 독신, 맞벌이 부부의 증가 등 생활습관 및 생활양상의 변화로 인스턴트식품을 많이 섭취하고 있다. 이러한 음식 섭취는 아동의 경우 비만을 동반하는 반면, 오히려 다이어트에 대한 집착으로 음식 섭취를 꺼려 저체중 및 성장에 필요한 영양소의 결핍 현상을 초래한다. 특히 성장발달이 많이 이루어지고 질병에 대한 감수성이 높은 아동기에는 건강유지와 미래의 건강을 확보하기 위해 충분한 영양소의 배합 및 공급이 필수적이며, 중점적으로 관리해야 한다.

(2) 비만도 판정

① 체질량지수(body mass index, BMI)

의학적으로 저체중, 정상체중, 과체중, 비만으로 구분한다. 성인은 25 이상, 초등학생은 22 이상이면 비만으로 판정한다.

$$BMI(kg/cm^2) = 체중(kg) / 신장(cm^2)$$

② 브로카지수(broca index)

신장을 고려하여 표준이 되는 체중을 계산하는 것으로 실제 체중이 표준체중의 몇 %인지에 따라 비만도를 판정한다. 이 방법은 계산이 간편하여 많이 이용된다.

$$비만도(\%) = (실제\ 체중 - 표준체중) / 표준체중 \times 100$$

$$표준체중 = [신장(cm)-100] \times 0.9kg$$

■ 비만도 판정

저체중	정상	과체중	경도비만	중등도비만	고도비만
~10% 미만	~10% 이상 ~10% 미만	10% 이상 ~20% 미만	20% 이상 ~30% 미만	30% 이상 ~50% 미만	50% 이상

3) 영양관리

탄수화물, 단백질, 지방, 비타민, 무기질, 물을 6대 영양소로 꼽는다. 탄수화물, 단백질, 지방은 인체에 에너지를 공급함으로써 각 기관의 활동과 일상생활을 가능하게 하며, 비타민과 무기질은 이들 물질이 에너지를 생성하는 화학반응에 필요하다. 이러한 여러 가지 대사활동을 통해 체온을 유지시키고, 효소를 유지하며 인체의 성장을 돕고 신체조직을 재배치시킨다. 물은 물이나 신선한 야채, 과일에서 조달되며 호흡, 땀, 배설 등으로 균형이 맞춰진다. 대사를 위해서는 충분한 양의 수분이 필요하며, 수분요구량은 질병에 따라 달라진다. 성장기 어린이 및 청소년에게 기본적으로 중요하게 요구되는 영양소의 함유식품, 기능, 결핍증 및 과잉증은 **표 5.4**와 같다.

표 5.4 중요 영양소와 기능

<table>
<tr><th colspan="2">영양소</th><th>필요량</th><th>함유식품</th><th>기능</th><th>결핍증</th><th>과잉증</th></tr>
<tr><td colspan="2">탄수화물</td><td rowspan="2">초: 1,800
중: 2,200~2,400
고: 2,600
(단위: kcal)</td><td>밥, 국수, 감자류,
빵, 설탕, 과일,
꿀, 잼</td><td>에너지원
남은 양은
지방으로 전환</td><td>체력 저하
피로, 소화기능
저하</td><td>비만, 고혈압,
소화불량, 충치,
비타민 B군 결핍</td></tr>
<tr><td colspan="2">지방</td><td>기름, 땅콩,
마가린, 피자,
생크림</td><td>에너지원
피부건강</td><td>피부염</td><td>비만, 고지혈증,
고혈압
기타 심혈관질환</td></tr>
<tr><td colspan="2">단백질</td><td>초: 50
중: 60~70
고: 70~80
(단위: mg)</td><td>육류의 살코기,
생선, 콩, 치즈</td><td>신체구성(근육,
피부, 머리카락)</td><td>저항력 감소, 빈혈,
성장 부진</td><td>신장, 간 장해</td></tr>
<tr><td rowspan="5">무기질</td><td>칼슘</td><td>초: 700
중: 800~900
고: 800
(단위: mg)</td><td>동물성 식품과
곡류, 콩류, 감자,
야채류, 해조류</td><td>골격, 치아 형성,
근육의 이완과
수축, 신경전달</td><td>저칼슘증, 골다공증,
근육통, 뼈의 통증,
관절염 골격,
치아 형성, 근육의
이완과 수축,
신경 전달</td><td>피로, 체중감소,
식욕감퇴,
위장 내 가스 형성,
기억력 감퇴,
피부염, 신장손상,
요통, 빈혈</td></tr>
<tr><td>인</td><td>초: 700
중: 800~900
고: 800~900
(단위: mg)</td><td>우유, 유제품</td><td>골격과 치아 형성,
영양소 흡수와 운송
산, 염기 균형</td><td>저인산혈증
각종 효소 기능
억제</td><td>하악 침식
칼슘 침식</td></tr>
<tr><td>마그네슘</td><td></td><td>곡류, 생선,
땅콩, 견과류,
푸른 잎채소</td><td>비타민 B의 기능
지지, 신경과
근육의 전도 유지</td><td>근신경계 과민 자극,
지남력 상실, 혼란,
환각, 경련, 발작,
고혈압</td><td>기면, 호흡장애,
사망</td></tr>
<tr><td>나트륨</td><td></td><td>육류, 생선, 닭고기,
달걀</td><td>산, 염기의 균형조절</td><td>심한 구도 및 발한,
만성설사, 신장병,
부신장애, 갑상선기능
저하증</td><td>갈증, 피로, 기면</td></tr>
<tr><td>칼륨</td><td></td><td>콩, 곡류, 오렌지,
바나나</td><td>산, 염기 균형에
영향, 근육 섬유
수축, 신경 흥분과
자극 전달</td><td>피로, 허약,
근육경련, 부정맥</td><td>근육허약, 신경질,
마비, 저림, 무감각,
정신혼란, 부정맥</td></tr>
<tr><td>비타민</td><td>A</td><td>초: 500
중: 600~700
고: 700
(단위: mg)</td><td>전지유, 낙농제품,
푸른 잎채소,
녹황색 채소, 과일</td><td>상피세포 성장과
유지, 고환,
난소기능강화,
피부와 치아의
성장분화,
망막색조층 형성,
낮은 조도에서
시력 유지</td><td>야맹증, 피부박리,
점막건조, 저항력
감소, 치아 및 골격
달 장애</td><td>두통, 메스꺼움,
구토, 복통,
성장장애,
모발손상,
관절의 부종과 통증,
간 및 비장비대</td></tr>
</table>

표 5.4 중요 영양소와 기능(계속)

영양소		필요량	함유식품	기능	결핍증	과잉증
비타민	B_1 (티아민)	초: 0.9 중: 1.0~1.2 고: 1.0~1.4 (단위: mg)	돼지고기, 생선, 달걀, 가금류, 곡류, 마른콩	탄수화물 산화작용	다발성신경염, 의식혼란, 근육허약, 운동실조, 불면	빈맥, 두통, 허약, 심장마비
	B_2 (리보플라빈)	초: 1.1 중: 1.2~1.4 고: 1.2~1.6 (단위: mg)	우유, 간, 곡류, 푸른 채소, 달걀흰자	영양대사, 탄수화물, 단백질, 지방의 산화와 환원	구강 주위 갈라짐, 표피탈락, 설염, 안구과민증, 광선공포증, 구내염	궤양, 간기능장애, 혈당 증가, 혈중요산 증가, 설사, 메스꺼움, 안면홍조
	B_6 (피리독신)	초: 1.0 중: 1.2~1.4 고: 1.4~1.6 (단위: mg)	곡류, 간, 생선, 가금류, 감자, 땅콩류, 푸른 콩, 고기	영양대사, 불필수 아미노산의 합성, 적혈구 형성, 태아성장	피부염, 위장관 흥분, 허약, 신경과민, 경련, 빈혈	말초신경 손상, 감각소실, 우울, 보행장애
	C	초: 40 중: 50 고: 50~55 (단위: mg)	감귤류, 감자, 양배추, 토마토, 브로콜리, 풋고추, 시금치, 당근, 호박 등 녹황색 채소	교원질 생산, 모세혈관벽 보전, 적혈구 형성, 아미노산대사, 철분염 감소, 다른 비타민 산화방지	괴혈병, 상처치유 지연, 잇몸출혈, 치아손상, 타박상	신장결석, 비뇨기계 감염
	D	초: 10 중: 10 고: 10 (단위: mg)	태양광선, 강화우유, 강화마가린	뼈 및 치아 발달시 칼슘의 흡수 및 이용	구루병, 치아발달 지연, 골연화증	식욕부진, 구토, 설사, 피로, 성장장애, 혼미, 신장결석

(1) 바른 식사 실천을 위한 교육

식사는 기본적으로 일정한 시간에 하고, 다양한 식품을 골고루 먹어 영양소를 섭취하도록 하며, 개인의 체중과 활동량에 맞게 조정하여 즐거운 마음으로 먹는다.

① 규칙적인 식사

식사는 신체리듬에 맞춰 규칙적으로 하는 것이 좋다. 결식은 좋지 않으며, 특히 아침을 거르면 일해야 하는 일과시간에 혈당치가 저하되어 무기력하며 에너지가 공급되지 않아 집중력이 떨어진다. 또한 다음 식사 때 오히려 과식을 하게 되어 소화기질환과 비만의 원인이 된다. 식사 시 TV나 신문, 잡지 등을 보는 것도 소화에 지장을 준다. 포만감을 느끼고 천천히 오래 씹는 것은 소화를 돕고 비만을 예방하는 방법이다. 식사일지를 작성하여 매일의 식사량을 일정하게 관리하고, 표준체중을 유지하는 것이 비만과 생활습관병을 예방하는 기본이다.

② 균형 있는 섭취

영양소는 여러 종류의 식품에 골고루 포함되어 있으므로 다양한 식품을 골고루 섭취하는 것이 좋다. 6가지 식품군인 곡류군, 어 · 육류군, 채소군, 지방군, 우유군, 과일군 등을 골고루 먹는다. 산성체질은 쉽게 피로감을 느끼며 면역력 저하 및 노화가 촉진되므로 약알칼리성을 유지하는 것이 좋다. 섬유소 음식을 충분히 섭취하면 변비 예방과 혈중 지질 및 포도당 조절을 돕고, 콜레스테롤이 많은 식품과 염분을 제한하면 심혈관 질환을 예방할 수 있다.

③ 권장식품 섭취

- 약알칼리성 식품: 채소(김, 파래, 고춧잎, 다시마, 들깻잎, 무청, 갓, 쑥갓, 감귤, 시금치, 상추, 배추, 무, 쑥, 부추, 파, 호박, 오이, 연근, 감, 당근)
- 섬유소가 풍부한 식품: 생야채, 나물, 쌈
- 천연 양념(생강, 마늘, 고추, 파, 양파, 양조식초 등) 및 생과일을 섭취

④ 제한식품 지양

- 화학조미료 및 인스턴트식품, 가공식품 및 태우거나 훈연된 햄, 소시지
- 콜레스테롤 식품: 알류, 내장류, 오징어류, 육류 등
- 소금이 많이 함유된 식품
  - 절인 식품: 젓갈류, 장아찌, 자반고등어, 굴비
  - 훈연 · 어육식품(햄, 소시지, 베이컨, 훈연연어)
  - 인스턴트식품: 라면, 즉석식품류, 통조림식품
  - 가공식품: 치즈, 마가린, 버터, 토마토케첩
  - 조미료: 간장, 된장, 고추장, 바비큐소스
  - 스낵식품: 포테이토칩, 팝콘, 크래커 등

소금 섭취량

- 한국인 평균 일일 섭취량: 20mg
- 세계보건기구(WHO) 일일 권장량: 10mg 이하
- 생리적 일일 필요량: 5mg

⑤ 즐거운 식사 분위기

즐겁게 여럿이 함께 식사하면 신체에 영양을 공급하는 동시에 정서적 지지로 유대관계가 형성되며 식사예법을 자연스럽게 익히는 기회가 된다.

⑥ 신선하고 충분한 수분 공급

1일 1.5L 이상의 신선한 물을 소량씩 나누어 섭취하여 위의 부담을 줄이고 신체의 대사활동을 돕는다. 신선한 물의 섭취는 혈중 요산 농도의 희석 및 요산의 배설을 촉진시킨다. 신장의 기능이 정상이라면, 하루에 10~15잔 이상의 물을 마시는 것이 좋으며, 당도나 점도가 높은 음료수를 마시는 것은 오히려 갈증을 유발시킨다.

⑦ 식품 섭취 시 조화성

- 조화로운 식품: 불고기와 들깻잎, 두부와 미역, 굴과 레몬, 조개와 쑥갓, 닭고기와 인삼, 돼지고기와 버섯 혹은 양파, 감자, 무, 쌀과 쑥 등
- 조화롭지 못한 식품: 김과 기름, 토마토와 설탕, 커피와 프림, 맥주와 땅콩, 미역과 파, 햄버거와 콜라, 소고기와 버터, 오이와 무, 당근과 오이, 홍차와 꿀 등

(2) 영양 프로그램

비만도 감소를 위해서는 다양한 접근방법이 필요한데, 우선 식품의 준비와 공급이 적절하게 이루어져야 한다. 식품섭취를 위한 준비, 금기식품 및 허용식품을 소개하고 실무에서 적용할 수 있는 일 소도시 초등학생 대상 비만감소 간호중재 프로그램을 제시해보면 **표 5.5**와 같다.

4) 운동관리

운동은 생리적 · 심리적 · 사회적 가치 측면에서 그 필요성이 높다. 첫 번째, 생리적인 면에서 적당한 운동은 골격과 근육에 알맞은 자극을 줌으로써 신체의 성장 · 발달을 더욱 촉진시킨다. 반복적인 운동은 폐의 용적을 증대시키고, 산소의 섭취량을 증대시킨다. 또한 신경기능과 신체동작의 협동능력을 향상시켜 동작을 정확하고 빠르게 해준다. 두 번째, 심리적인 면에서 적당한 운동은 욕구불만이나 정신적 긴장을 해소시킨다. 세 번째, 사회적 측면에서 적당한 운동은 여가시간을 건전하고 유익하게 활용하는 효과적인 방법이 된다. 비만관리의 다양한 접근방법 중 운동관리는 청소년이 성인비만으로 이어지지 않도록 하는

표 5.5 어린이 몸짱교실 프로그램-예시

기간			내용		강사	준비물	장소
1주	7.13 목	09:00~11:00	〈입교식〉 • 체성분검사 • 혈액검사 • 설문지작성			• 빔 프로젝트 • 노트북	보건소 회의실
	7.18 화	10:00~10:50	영양	〈영양소의 역할〉 • 5대 영양소 • 식품구성탑	영양사	• 식품교환표 • 식품모형	보건소 회의실
		11:00~11:50	운동	• 스트레칭 • 필라테스	운동처방사	• 요가매트	건강 관리실
	7.20 목	10:00~10:50	영양	〈비만이란?〉 • 비만이란 무엇일까요? • 비만의 문제점 • 뚱뚱이 생활습관	영양사	• 빔 프로젝트 • 노트북	보건소 회의실
		11:00~11:50	운동	• 스트레칭 • 짝체조 • 필라테스	운동처방사	• 요가매트	건강 관리실
2주	7.25 화	10:00~10:50	영양	〈비만탈출 I〉 소아비만을 부르는 것	영양사	• 빔 프로젝트 • 노트북 • DVD	보건소 회의실
		11:00~11:50	운동	• 요가메트 • 세라밴드	운동처방사	• 요가매트 • 짐볼	건강 관리실
	7.27 목	10:00~10:50	영양	〈비만탈출 II〉 멀어질수록 날씬해진다	영양사	• 빔 프로젝트 • 노트북 • DVD	보건소 회의실
		11:00~11:50	운동	• 스트레칭 • 필라테스	운동처방사	• 요가매트 • 짐볼	건강 관리실
3주	8.1 화	10:00~10:50	영양	〈칼로리 교육〉 • 식품 및 간식의 열량 • 나의 날씬한 식단 만들기	영양사	• 빔 프로젝트 • 노트북 • DVD	보건소 회의실
		11:00~11:50	운동	• 파워워킹 • 서킷트레이닝	운동처방사 영양사	–	둔치 공원
	8.3 목	10:00~10:50	영양	〈비만탈출 III〉 포만감을 높여라	영양사	• 빔 프로젝트 • 노트북 • DVD	보건소 회의실
		11:00~11:50	운동	• 스트레칭 • 짐볼트레이	운동처방사	• 요가매트 • 짐볼	건강 관리실

표 5.5 어린이 몸짱교실 프로그램-예시(계속)

<table>
<tr><th colspan="3">기간</th><th colspan="2">내용</th><th>강사</th><th>준비물</th><th>장소</th></tr>
<tr><td rowspan="4">4주</td><td rowspan="2">8.8
화</td><td>10:00~10:50</td><td>영양</td><td>〈몸짱 유지하기〉
• 저칼로리 음식 구별하기
• 몸짱이어가는 식이요법</td><td>영양사</td><td>• 빔 프로젝트
• 노트북</td><td>보건소
회의실</td></tr>
<tr><td>11:00~11:50</td><td>운동</td><td>• 스트레칭
• 짐볼트레이닝</td><td>운동처방사</td><td>• 요가매트
• 짐볼</td><td>건강
관리실</td></tr>
<tr><td>8.10
목</td><td>09:00~18:00</td><td colspan="4">비만캠프</td><td>유스
호스텔</td></tr>
<tr><td>8.11
금</td><td>09:00~11:00</td><td colspan="2">〈수료식〉
• 체성분검사
• 혈액검사
• 설문지작성</td><td colspan="3">〈평가지표〉
• 고른영양섭취 실천율: 영양분석프로그램 개인별 식사일지
• 영양지식 및 만족도: 설문지조사
• 규칙적 운동실천율: 주 5일 이상, 30분 이상, 중등도
• 운동프로그램만족도: 설문지조사
• BMI감소율: 체성분검사, 체중측정</td></tr>
</table>

데 매우 중요한 중재방법이라고 할 수 있다.

(1) 규칙적인 운동의 효과

규칙적인 운동은 질병예방에 도움이 될 뿐만 아니라 부상의 치료를 도와주기도 하며, 편안한 수면을 돕고 이상적인 체성분 구성과 골밀도를 유지시킨다. 또한 순환계와 폐기능을 강화시켜 자신감과 긍정적인 가치관 형성에 도움이 된다.

- 가정과 학교에서 생활하는 데 활력을 준다.
- 스트레스와 불안감, 우울감을 감소시키고 숙면을 취할 수 있게 한다.
- 머리를 맑게 해 주어 집중도가 높아져 학습능률이 향상된다.
- 체력, 외모, 유연성 균형감각이 증가하여 자신감이 생긴다.
- 비만인 경우 체중을 감소시키고 감소된 체중을 유지하는 데 도움을 준다.
- 심장질환의 위험을 감소시키고 심장의 기능을 향상시켜 준다.
- 혈관 내 좋은 콜레스테롤을 높이고, 나쁜 콜레스테롤과 중성지방을 낮춰준다.
- 혈압을 낮춰주고 뇌졸중의 위험을 감소시킨다.
- 뼈를 튼튼하게 해 주어 골다공증 및 골절의 발생을 줄여준다.

(2) 올바른 운동방법

① 유산소운동이 효과적이다.

유산소운동이란 몸속의 지방을 산화시켜 체중조절에 효과가 있는 운동을 말한다. 체지방감량에 효과적인 유산소운동은 빠르게 걷기, 조깅, 사이클링처럼 대근육을 사용한다. 많은 집단이 참여하는 운동으로 동작이 율동적이고 지속적이어야 하며, 즐기면서 운동시간과 운동빈도, 특히 운동강도가 적절히 계획되어야 한다.

② 운동강도가 낮고 운동시간이 길수록 지방소모율이 높다.

운동강도가 높을수록 소비열량은 많아진다. 그러나 운동에너지는 강도가 높을수록 무산소성 에너지 대사체계에 대한 의존도가 커지면서 피하지방보다는 근육당질(글리코겐)의 이용률이 높고, 강도가 낮아질수록 유산소성 대사체계의 이용이 많아지면서 보다 많은 양의 지방을 에너지 연료로 활용하게 된다. 따라서 운동시간이 길어야 지방소모가 많아진다.

적정 운동시간은 체중감량 목표량, 운동의 종류, 운동강도 및 운동빈도에 따라 달라지는데 일반적으로 1회 운동시간은 30~90분 정도가 적당하다.

구체적으로 격일제로 1주일에 3일 운동하는 사람은 1회 운동 시 80~90분, 4일 운동할 경우 60~80분, 5일 이상 운동할 경우 30~60분 동안 지속해야 가시적인 효과를 볼 수 있다.

③ 다양한 유형의 운동이 운동 효과를 높여 준다.

한 가지 형태의 운동만을 지속할 경우 머지않아 운동에 대해 싫증을 느끼게 된다. 초기 단계에는 1~2종류의 운동유형[사이클링+걷기, 수영+웨이트 트레이닝(사이클링)]을, 감량(발전/향상) 단계에서는 3~4종류의 운동유형(속보+웨이트 트레이닝+사이클링+조깅 등)을 설정하고 요일에 따라 운동강도와 운동시간에 변화를 주는 것이 바람직하다.

운동을 규칙적으로 하기 어려운 사람은 걷는 운동이 가장 좋다. 매일 20분 정도의 가벼운 산책은 몸의 신진대사율을 증가시키고, 칼로리 소모율을 높여 주어 건강한 체중감량에도 도움이 된다.

(3) 연령별 운동의 종류

운동을 통해 체중을 관리하기 위해서는 운동별 정확한 열량소모량을 이해하여 활용하도록 하며 연령에 따라 적합한 운동의 종류를 파악해서 성장발달을 감안한 운동종목을 선택하는 것이 필요하다(**표 5.6**, **표 5.7**).

표 5.6 100kcal 소모에 필요한 활동 및 운동량

운동종류	시간	운동종류	시간	운동종류	시간
피아노치기	96분	축구	19분	등산	21분
계단오르기(2단씩)	15분	계단오르기(1단씩)	21분	공받기	43분
테니스	21분	배드민턴	21분	농구	19분
럭비	19분	피구	49분	수영	17분
제자리높이뛰기	17분	맨손체조	15분	윗몸일으키기	15분
앉았다허리펴기	15분	산책	49분	제자리뛰기	12분
탁구	25분	나무심기	51분	무용(가볍게)	38분
제기차기	34분	자전거(기구)	42분	줄넘기	17분
스케이트	19분	야구	43분	토끼뜀	12분
뒤꿈치들기	15분	주먹쥐었다펴기	120분	배구	49분
훌라후프	26분	달리기	12분	팔굽혀펴기	15분
빨래	47분	방망이휘두르기	43분	턱걸이	15분
자전거타기	38분	빨리걷기	34분		

출처: http://www.kwwje.go.kr

표 5.7 연령에 따라 적합한 운동종목

연령(세)	운동종목
3	수영, 리듬체조, 스키, 스케이트(안전을 위해 날이 2개 달린 스케이트 사용)
4	자전거
5	롤러스케이트
6	승마(조랑말), 고전 발레
7	체조
8	테니스, 하키, 조정, 검술, 축구, 삼단뛰기
9	핸드볼, 유도, 궁도, 잠수
10	카누, 등산, 육상경기(장대 높이뛰기, 창던지기), 다이빙
11	스피드 스케이트, 교육용 권투(글러브 사용 안함)
12	교육용 럭비, 잠수(호흡용 호스 사용)
13	배구, 달리기(장거리), 농구, 승마, 수구
14	무술

출처: http://www.kwwje.go.kr

5) 구강보건관리

(1) 필요성

학령기에는 유치가 영구치로 교환되고 치아우식증이 빈발하며 치주병, 치은염으로 발생되므로 구강건강증진을 위한 아주 중요한 시기이다. 구강건강증진을 위해서는 학생, 교직원, 학부모를 대상으로 잇솔질, 구강검진 등의 구강보건교육을 실시해야 한다.

치아의 가장 중요한 기능은 저작으로 치아와 잇몸, 아래턱, 혀, 입술, 뺨, 타액선 등이 관여하는 복잡한 과정이며, 치아와 잇몸이 중추적인 역할을 담당한다. 또 치열은 얼굴 모양에 많은 영향을 주기 때문에 웃을 때의 자신감 등 정서적인 면에서도 매우 중요하다. 치아는 약 3분의 1 정도가 잇몸 밖으로 나와 있고, 나머지 3분의 2는 잇몸과 치조골에 묻혀 있다. 잇몸 밖으로 나와 있는 부분은 수정보다 강도가 강하고 우리 몸 중에서도 가장 단단한 에나멜질(범랑질)로 덮여 있으며, 그 안쪽에는 상아질이 있어 더 안쪽에 있는 치수강에서 영양을 공급받는다. 잇몸 아래에는 백악질(시멘트질)로 구성되어 있다. 치아를 치조에 고정시키는 치근악성유질이 묻혀져 있고, 잇몸은 치조골을 덮고 있으면서 이런 조직을 보호하고 치열을 유지시키는 작용을 한다. 이렇게 이를 지탱해 주는 치조골, 치근막, 잇몸 등을 치주조직이라고 한다.

구강검진은 6개월마다 받는 것이 바람직하며, 구강검진에서는 치료할 치아, 빼야 할 치아, 치료된 치아, 빠진 치아 개수 및 치아질환 유무, 잇몸상태, 구강위생상태, 부정교합 유무 등 구강보건 상태를 평가한다.

(2) 올바른 잇솔질

올바른 잇솔질을 위해서는 칫솔 선택 기준과 잇솔질 방법에 대해 잘 알아야 한다(**그림 5.5**).

① 칫솔 선택 기준

- 칫솔머리가 입안에 잘 들어갈 수 있는 크기여야 한다.
- 칫솔머리부터 손잡이까지 칫솔대가 곧은 것을 고른다.
- 칫솔모의 면이 직선이어야 한다.
- 칫솔모의 세기는 약간 탄력이 있으며 견고하면서 부드러운 것이 좋다.
- 칫솔은 일반적으로 2~3개월마다 교환해야 한다.

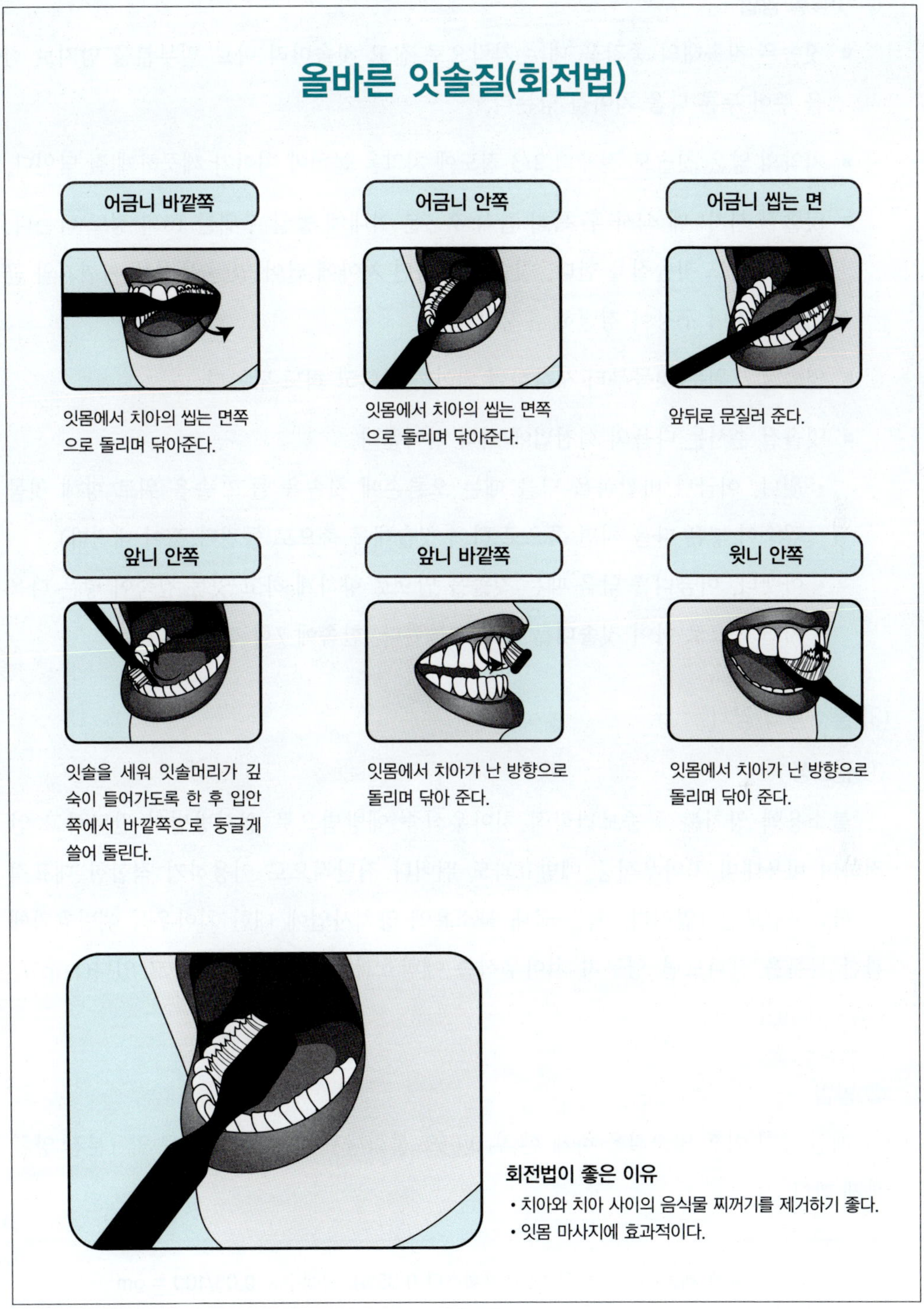

그림 5.5 **올바른 잇솔질 방법.** 출처: http://www.dental.or.kr

② 잇솔질 방법

- 칫솔은 칫솔대의 중간을 네 손가락으로 잡고 칫솔머리 바로 밑부분을 엄지로 힘을 주어 누른 다음 치아를 닦는다.
- 치약의 양은 칫솔모 전체의 2/3 정도에 치약을 묻혀야 치아가 깨끗하게 잘 닦인다.
- 잇솔질 시기: 매 식사 후 특히 간식 후 3분 이내에 동일 부위를 10회 정도 닦는다. 취침 전에도 칫솔질을 한다. 칫솔질을 하면 치아에 남아 있는 음식물 찌꺼기와 균이 없어지며 구강이 청결히 유지된다.
- 잇솔질 부위는 잇몸부터 시작하여 치아까지 닦고 혀도 닦는다.
- 잇솔질 순서는 다음의 회전법에 따라 닦아준다.
  - 윗니, 어금니 바깥쪽을 닦을 때는 오른손에 칫솔을 들고 솔을 위로 향해 잇몸 깊숙이 넣은 다음 치면 쪽으로 하여 칫솔대를 축으로 돌린다(훑어 내린다).
  - 아랫니, 어금니를 닦을 때는 칫솔을 밑으로 향하게 하고 잇몸 깊숙이 넣은 다음 치면 쪽으로 하여 칫솔대를 축으로 돌린다. 한쪽에 7회 정도 한다.

(3) 불소용액 양치

① 필요성

불소용액 양치는 공중보건학적 치아우식증 예방법으로 실시방법이 간단하고 안전하며 비용대비 치아우식증 예방효과도 뛰어나 집단적으로 이용하기 적합한 대표적인 학교구강보건사업이다. 최근 국내 불소용액 양치사업에 대한 치아우식 예방효과에 관한 논문을 살펴보면 영구치 치아우식증 예방효과가 뚜렷이 나타나고 있다(http://www.dental.or.kr).

② 방법

매일 중식 이후 잇솔질을 하게 한 후 0.05% 불화나트륨 용액 10mL로 약 1분간 양치하게 한다.

불소용액 제조 방법: 1인당 10cc(불화소다 0.05%): 학생수× 0.05/100 = gm

③ 목적

- 불소화합물을 이용한 치아우식증의 예방
- 잇솔질을 통한 치아우식증 및 치주질환 예방
- 올바른 잇솔질 방법의 교육으로 학동기부터 올바른 구강위생습관을 유도
- 구강보건에 대한 학생과 교사의 관심과 인식 증대

④ 장점

- 단시간 내 불화물 도포가 가능하다.
- 학업에 지장을 주지 않는다.
- 전문적 기술이 필요하지 않다.
- 학생이 쉽게 할 수 있다.
- 학생의 책임감을 불러일으킬 수 있다.
- 비용이 저렴하고 교사 감독 하에 교육이 쉽게 이루어질 수 있다.

6) 시력관리

(1) 필요성

신체에서 눈은 가장 섬세하고 예민한 부분이다. 요즘 청소년은 TV, 컴퓨터, 휴대폰 등을 많이 접하는 환경적인 영향으로 인해 시력이 나빠지고 있다. 또한 학령기에는 학교 내에서 실험 · 실습시간에 약물이나 기자재가 눈에 들어갈 수도 있고, 놀이시간에 부주의로 학용품이나 각종 기구로 인해 다치는 경우가 많아 외상을 입기 쉽다.

눈의 기능은 어릴 때 완성되므로 어린이의 시력저하는 신체발달에 균형을 깨뜨릴 수 있고, 학습활동에 큰 영향을 주며, 성장 후에는 회복이 어렵기 때문에 몸의 균형적인 발달을 위해서도 어릴 때부터 주의 깊은 시력관리가 필요하다.

(2) 시력과 건강

학생의 시력장애는 행동, 외양, 호소내용 등을 통해 의심해볼 수 있다.

① 행동

- 눈을 찌푸리거나 가늘게 뜬다.
- 머리를 기웃거리거나 앞으로 내민다.

- 눈을 심하게 비빈다.
- 책을 눈에 가까이 가져간다.
- 독서나 학업에 곤란을 느낀다.

② 외양

- 눈 주위가 붉거나 부종이 있다.
- 눈에 염증, 충혈, 눈물을 많이 흘린다.
- 내사시를 보인다.

③ 호소내용

- 복시, 잘 안보인다거나 잘 볼 수 없다고 한다.
- 수업이 끝나면 두통, 어지럼증을 호소한다.

(3) 시력관리 환경

시력관리에 적절한 환경 및 컴퓨터 이용과 모바일 게임 시, TV시청 및 독서 시 유의사항은 다음과 같다.

① 시력관리에 적절한 환경

- 책상과 의자는 신체에 적합한 것을 사용한다.
- 눈과 글자와의 거리는 30cm 이상을 유지한다.
- 방의 조명은 균등한 밝기로 유지한다.
- 조명은 그늘이 생겨서 어두워지지 않도록 왼쪽에 둔다.
- 조명은 300~1,000Lux(형광등 스텐드로 15W나 20W)가 필요하다.
- 독서는 30분~1시간 후 5~10분간 휴식을 취하고 멀리 보면서 눈의 피로를 푼다.
- 책을 읽고 쓰는 등 눈을 사용하는 공부와 암기 등과 같이 눈을 사용하지 않는 공부를 번갈아 한다.

② 눈과 영양

- 비타민 A 결핍: 야맹증, 각결막 건조증 유발
  → 섭취해야 할 식품: 계란, 우유, 당근, 열무, 시금치, 뱀장어

- 비타민 B_1 결핍: 수정체와 모양체의 주성분으로, 결핍 시 가성근시나 조절력 약화 유발
  → 섭취해야 할 식품: 삶은 콩, 연어, 돼지간, 두부, 치즈, 돼지고기, 계란
- 비타민 B_2 결핍: 각막 내의 신경혈관, 시력의 둔화, 백내장, 광선공포증 유발
  → 섭취해야 할 식품: 참깨, 소간, 계란, 콩, 녹색 채소, 곡물의 씨눈, 청어, 고등어

③ TV시청 시 유의사항

- 화면을 깨끗이 해서 본다.
- 화면에 다른 빛이 반사되지 않도록 한다.
- 화면의 주위는 30Lux 이상으로 한다.
- TV와의 거리는 2m 이상을 유지한다.
- 30분간 시청 후 5분간 휴식한다.
- 조명이 어두운 방에서 보지 않도록 한다.

④ 컴퓨터, 모바일 게임 시 유의사항

- 글자의 색깔이 너무 현란하지 않도록 한다.
- 점멸, 등불이 깜박거리지 않는 것을 사용한다.
- 실내 조명은 300Lux로 한다.
- 눈과 화면의 거리는 40cm 이상으로 유지한다.
- 30분 동안 계속하면 10분은 반드시 멀리 보면서 눈의 피로를 푼다.

⑤ 독서 시 유의사항

- 근시 예방과 진행 악화를 막기 위해 책과의 거리를 30cm 이상으로 유지한다.
- 엎드리거나 누워서 독서하지 않는다. 안구는 끊임없이 수평으로 되돌아오려고 하는데, 엎드리거나 누운 채 장시간 독서를 계속하면 두 눈이 상하로 스쳐 초점을 맺는 곳이 어긋나게 된다.

7) 정신건강관리

청소년은 성장발달상 또는 주변 환경에 따라 적지 않은 고민이나 여러 갈등상황을 경험하며, 자아존중감이 크게 떨어지고 자포자기하며 예상치 못한 행동을 하는 등 많은 정서적

문제를 갖고 있다. 정신과 신체의 불균형, 성적인 공상과 현실과의 차이에서 생기는 갈등, 내면에서 솟아오르는 성적인 욕구는 새로운 스트레스 상태를 야기하고 행동으로 나타나기 쉽다. 청소년기에 겪는 어려움은 인생에 있어서 아주 중요한 과업수행에 속하므로 이를 현실에서 잘 관리하면 자아성장에 큰 도움이 될 수 있다.

(1) 물질 오 · 남용 관리

청소년기는 아동기에서 성인기로 변화하는 과도기로서, 독립성을 찾고 주체성을 확립하기 위해 투쟁하는 동시에 외로움과 고달픔을 많이 느껴 물질 오 · 남용이나 의존에 상당히 취약한 시기이다. 최근 청소년 흡연 등 물질 오 · 남용이 저 연령화, 다양화, 확산화되는 추세에 있고 이로 인한 비행도 증가하여 물질 오 · 남용이 심각한 사회문제로 대두되고 있으며 향후 더욱 악화될 것으로 전망하고 있다.

청소년이 주로 사용하는 것은 술이나 담배이며 일부는 본드, 부탄가스, 시너 등의 유해물질과 진해거담제와 같은 일반의약품이다. 성장기의 물질 오 · 남용은 치명적인 건강장애를 일으켜 치료불가능 상태가 되기 때문에 더 이상 확대되기 전에 학교교육을 통한 체계적인 예방교육을 하여 청소년 흡연 등 물질 오 · 남용 접근을 차단하는 대책을 세워야 한다.

① 청소년 물질 오 · 남용의 고위험군

청소년 물질 오 · 남용에 있어서 특별히 빈번히 나타나는 취약한 집단, 즉 고위험군이 있다. 보건교사는 학교에서 고위험군을 발견하여 집중적으로 간호중재를 해야 한다. 물질 오 · 남용의 고위험군은 다음과 같다.

- 부모가 매일 술을 마실 경우(특히 아버지의 음주)
- 결손가정일 경우(구조적 결손가정)
- 시장, 상가, 공장지역 등 위해환경이 많은 경우
- 학교생활이 무미건조하고, 재미가 없을 경우
- 술 · 담배가 쉽게 허용되는 경우
- 가정 내의 분위기가 전반적으로 좋지 않은 경우
- 일상생활에 불만이 많은 경우
- 비행이 잦고 정도가 심한 경우

② 오 · 남용 물질의 종류와 신체의 영향

오 · 남용 대상 물질은 우리 신체에 예측불허의 영향을 입힐 수 있는 아주 막강한 화학약물이다. 물질은 사람의 기분을 바꿔줄 수 있지만 거기서 그치지 않고 목숨을 빼앗아 갈 수도 있다.

물질의 세계에는 안전기준도, 예측능력도 없는 법이다. 물질이 신체에 미치는 영향도 매우 다양한데 오남용 물질의 종류, 신체의 영향은 **표 5.8**과 같다.

③ 물질 오 · 남용 청소년을 위한 지역사회 프로그램

청소년 물질 오 · 남용 문제를 효과적으로 해결하기 위해서는 예방전략도 다양하고 포괄적이어야 한다. 지금까지의 예방전략은 개인을 변화시키는 데만 관심을 기울여 왔고 환경적인 영향에 대해서는 소홀하게 취급해 왔다. 이러한 제한된 접근으로는 장기적

표 5.8 오 · 남용 물질의 종류와 신체의 영향

구분	유형(약물의 이름)	신체적 증상 및 장애	복용의 증거	위험신호
알코올	• 일반술 • 포도주 • 맥주	• 자기통제기능 경감 • 근육협응 장애 • 말이 흐려짐 • 몸의 균형상실 • 비틀거림	• 숙취 • 술냄새 • 취기 • 엉뚱한 행동	• 사고 • 판단장애 • 의학적 손상(특히 간) • 금단시 뇌졸중
대마초	• 포도주그라스 (grass) • 위드(weed) • 해시(hash) • 조인트(joint) • 포트(pot)	• 도취감(웃음) • 배고픔 • 입이 마름 • 눈 충혈 • 집중력 감소 • 근육 협응장애	• 담배 말은 종이 • 파이프 • 향이나 대마 타는 냄새 • 마른 식물	• 중독 • 공포반응, 편집증 • 동기저하 • 생식계 영향 • 우울
코카인	• 크랙(crack) • 스노(snow) • 코크(coke) • 베이스(base)	• 심박동수 증가, 혈압 상승 • 기분 급상승 우울 수반 • 안절부절못함	• 흰 파우더 • 유리파이프 • 면도날 • 주사기	• 심장마비 • 발작 • 뇌졸중 • 편집증 • 심리적 금단증상
환각제	• 애시드(acid) • LSD • PCP • 엑스타시 • 페이오티	• 혼동 • 방향감각상실 • 환각(백일몽) • 공포 • 극한 흥분 • 메스꺼움	• 캡슐, 알약 • 위에 PCP를 뿌린 대마초 담배 • 압지대	• 자신이나 타인에 대한 폭력상해 • 정서불안 • 환각재현

표 5.8 오 · 남용 물질의 종류와 신체의 영향(계속)

구분	유형(약물의 이름)	신체적 증상 및 장애	복용의 증거	위험신호
마취제	• 도프(dope) • 헤로인, 호스(horse) • 정크(junk) • 모르핀 • 딜로디드(dilaudid) • 데메롤(demerol) • 코데인(codein)	• 졸음 • 도취감 • 무기력 • 금단 시 구토, 콧물, '소름끼치는 눈'	• 주사기, 숟가락, 바늘자국 • 지혈대 • 불법 약병 • 약물구입 자금 마련을 위한 범죄행위	• 중독 • 과용으로 인한 사망 • 주삿바늘 오염으로 인한 간염 또는 AIDS
암페타민	• 크랭크(crank) • 스피드(speed) • 크리스탈(crystal) • 어퍼(upper)	• 사고가 빨라짐 • 극도로 예민해짐 • 말이 많아짐 • 식욕상실 • 혈압상승 • 심박동수 증가	• 알약, 캡슐 • 잠이 없어짐 • 식욕장애 • 흥분과 과잉행동 • 짜증	• 중독 • 과도한 활동과 그로 인한 피로 • 장기복용 후의 우울증 • 편집증, 혼동
흡입제	• 접착제(본드) • 용해제 • 에어로졸(페인트) • 휘발유 • 글씨 수정액 • 아(亞)질산염	• 현기증, 두통, 메스꺼움 • 근육 협응저하 • 도취감 • 혼동	• 집중력 상실 • 근육통제 저하 • 용해제나 스프레이 냄새	• 질식 • 뇌손상 • 메스꺼움, 구토 • 의식상실
진정제	• 바르비투르산염 • 신경안정제 • 수면제 • 다우너(downer) • 루드(lode) • 세코날(seconal) • 바륨(valium)	• 진정작용 • 심박동수 저하 • 졸음 • 호흡장애 • 근육 협응상실	• 심한 졸음 • 알약, 처방약 • 말이 흐려짐 • 혼동 • 다음 복용 시까지 불안	• 중독 • 과용으로 인한 사망, 특히 술과 병용할 경우 • 금단 시 졸도 또는 사망

인 행동변화를 기대하기 어려우므로 물질 오 · 남용과 관련된 주요 환경요소에 대한 체계적인 접근을 시도하여 장기적인 예방전략을 마련해야 한다.

■ 개인에게 초점을 둔 전략

가장 일반적인 유형으로, 개인을 변화시키는 지식, 태도, 행동에 초점을 둔 예방전략이다. 학교중심으로 물질에 대한 위험정보를 제공하면서 청소년이 책임 있는 결정을 하게 하는 전략, 자존감, 의사결정, 대화기술, 가치 명료화 등 정서 및 대인관계에 대한 교육전략, 알코올이나 물질과 똑같은 기능을 제공하는 대안적 활동참여 및 기회제공 전략 등이다.

■ 또래집단에 초점을 둔 전략

알코올이나 물질 사용에 있어 또래친구의 영향은 매우 중요하다. 학생들은 물질과 알코올을 남용해서는 안 된다는 것과 사회적으로 바람직하지 않다는 것을 또래친구로부터 배운다. 물질이나 알코올을 사용하지 않는 또래친구가 바람직한 역할모델이 되어야 하며, 따라서 학생들에게 관심을 가질 수 있게 하는 매력적인 역할모델의 선택이 중요하다. 학생집단 중 지도자로 지명된 학생이 역할모델이 되는 것은 매우 도움이 된다. 최근에 알코올, 담배, 물질의 사용에 있어 친구의 압력을 거절하는 기법을 가르치는 많은 프로그램이 개발되었는데 청소년이 주장훈련, 의사소통기술, 긴장해소 훈련 등의 예방프로그램을 폭넓게 활용할 수 있는 방안 마련이 필요하다.

■ 부모를 대상으로 하는 전략

부모에게 알코올 및 물질 예방교육을 실시하는 것은 매우 효과적인 전략이다. 부모가 알코올이나 물질남용에 대해 필요한 모든 것을 알고 있는 것은 아니나 부모가 알코올이나 물질에 대한 정보를 정확하게 알고 있어 자녀에게 예방법을 가르친다면 자녀는 물질이나 알코올 남용으로부터 보호받을 수 있을 것이다.

■ 학교를 기반으로 한 전략

학교 행정가, 교사, 학생, 부모, 기업인, 법률 제정가, 청소년 서비스 직원 등으로 구성된 예방 및 자문의원을 중심으로 광범위한 지역사회 예방프로그램을 기획하여 학부모의 적극적인 참여를 유도해야 한다.

학교에서는 알코올, 담배, 물질 오 · 남용과 관련된 보건교육을 실시함과 더불어 새로운 정책을 반영하여 적극적으로 실천하도록 한다. 또한 예방프로그램 실행에 중요한 역할을 담당해야 할 교사는 정기적으로 교육 및 훈련을 이수하도록 한다.

■ 대중매체를 통한 전략

대중매체는 알코올과 물질 오 · 남용을 야기하는 행동 및 사회적 규범을 강화시키고 변화시키는 중요한 메시지를 제공한다. 특히 TV는 가장 폭넓은 영향을 주는 대중매체이므로 대중매체를 통한 효과적 예방프로그램 개발의 필요성이 높아지고 있다.

■ **법적조치를 통한 전략**

법적인 제재가 알코올과 물질남용에 중요한 영향을 준다. 보건교사는 알코올과 관련된 문제의 심각성에 관해 교육하고, 알코올 중독 예방을 위한 적극적인 지역사회의 공동노력을 도모할 뿐만 아니라, 알코올 관련정책에 대한 지역사회 대상자의 관심을 고취시키고 법률 위반 시 법적 행사를 실시하도록 지지해야 한다.

④ 물질 오 · 남용 대상자에 대한 간호중재

보건교사는 물질 오 · 남용 문제를 갖고 있는 개인, 가족, 집단에 대해 다음과 같은 간호중재를 해야 한다.

- 물질의 중독성 질병과 중독효과에 대한 교육프로그램 제공
- 물질 오 · 남용과 의존으로 인한 건강문제에 대해 직접간호 제공
- 물질 오 · 남용과 관련된 문제를 가진 대상자와 가족에 대한 상담
- 대상자의 생활 내 스트레스원 확인과 대응전략 개발
- 치료 지속을 위한 학제 간 협력
- 물질 오 · 남용 예방프로그램의 운영
- 전인적 대상자 간호를 위한 간호관리 체계 확립
- 비의료전문가와 자원봉사자의 자문역할
- 회복 촉진을 위한 적절한 자원연계, 의뢰 및 추후관리

(2) 스트레스관리

일상생활이나 모든 정상적인 활동은 스트레스를 유발한다. 청소년은 주로 성적, 친구관계, 부모님이나 선생님의 간섭, 열등감 등이 스트레스로 작용한다. 내적 또는 외적 스트레스원이 개인의 적응능력을 초과할 때 또는 스트레스원에 적응할 수 있는 개인의 인격구조가 약할 때에는 자신도 모르게 여러 가지 정신적 · 신체적 증상이 나타나게 되므로 이를 인식하여 적절히 대처해야 한다.

일반적으로 스트레스관리는 음악 · 이완 · 명상 · 운동요법 등을 다양하게 이용하고 있지만, 여기서는 청소년이 자신의 정서를 잘 관리함으로써 자아를 성장시켜 이후의 삶을 적극적으로 밝게 열어갈 수 있는 마음공부 방법을 소개하고자 한다.

① 스트레스와 건강

질병관리본부 자료에 의하면 심장병의 75%가 스트레스와 관련이 있다고 한다. 일반적으로 당뇨병, 고혈압, 천식, 소화성 궤양, 과민성대장증후군, 비만, 우울증, 수면장애, 공포증, 신경성피부염, 암 등이 스트레스와 관련이 높은 질병으로 불린다.

과도한 스트레스로 인해 단백질, 칼륨, 인 등의 배설이 증가하고 칼슘 저장이 감소하며, 비타민 C는 부신에서 소모되어 결핍을 초래한다. 또한 스트레스로 인한 내분비계통의 호르몬 분비는 세포나 면역기능의 이상을 유발할 가능성이 높다.

정신이나 마음의 변화 즉 불쾌감, 불안, 불만, 걱정, 분노, 슬픔, 적대감, 상실감 등이 밖으로 표현되지 않고 마음속에 누적되면 대뇌피질, 시상하부의 자율신경중추를 자극하게 되어 전신의 교감신경이 과도한 긴장을 일으키게 된다. 이는 추위와 소음 등의 환경변화에도 자율신경의 조절능력이 변화되어 말초혈관 장애로 이어질 수 있다.

■ **정서반응**

- 항상 초조해 한다.
- 매사에 의심이 많고 망설인다.
- 우울하고 기분이 침울해지기 쉽다.
- 집중력이 저하되고 건망증이 심하다.
- 무엇인가를 하지 않으면 안정할 수 없다.
- 인내심, 자신감이 없고 쉽게 포기한다.
- 쉽게 흥분하거나 화를 잘 내고, 판단을 성급하게 내린다.

■ **신체반응**

- 심혈관계: 빈맥, 부정맥, 고혈압, 협심증, 심근경색증
- 소화기계: 식욕부진, 신경성 구토, 위경련, 가슴앓이, 딸꾹질, 위궤양, 십이지장궤양, 변비, 설사, 과민성증후군
- 호흡기계: 신경성 기침, 건초열, 기관지천식, 과호흡증후군
- 내분비계: 당뇨병, 비만증, 갑상샘질환
- 비뇨생식기계: 빈뇨, 발기부전, 불감증, 조루증, 월경불순, 불임증
- 신경계: 긴장성 두통, 편두통, 틱, 수전증, 뇌졸중
- 근육계: 근육통, 만성적 요통, 류마티스관절염
- 면역계: 저항력 감소, 자가면역성질환

- 피부계: 여드름, 두드러기, 습진, 원형탈모증, 가려움증, 신경성피부염
- 정신계: 불면증, 우울증, 불안증, 물질남용, 알코올중독, 신경증, 조현병, 자살
- 기타: 피로, 무기력, 각종 암, 손상, 돌연사

■ **행동반응**

- 말수가 적어지고 자주 깊은 생각에 잠기며, 움직이기를 싫어한다.
- 말이 많고 이치에 맞지 않는 주장을 할 때가 있다.
- 복장에 관심이 없고 사소한 일에도 화를 잘 낸다.
- 반론이나 불평, 말 대립이 많다.
- 화장실 가는 횟수가 늘어난다.
- 결석, 지각, 조퇴가 늘어난다.

② 스트레스 예방관리

■ 스트레스 정도를 확인하여 대처한다.
■ 긍정적인 생활태도를 기른다.
■ 균형 잡힌 음식, 야채, 과일을 섭취한다.
■ 알코올 및 카페인이 들어간 음식은 피한다.
■ 규칙적으로 적당히 식사하며 운동한다.
■ 계획성 있는 생활실천으로 공부의 부담을 줄인다.
■ 거절과 포기의 대처기전을 활용한다.
■ 자신의 감정을 표현하는 법을 갖추며, 유머 감각을 익힌다.

③ 스트레스 해결방법

■ 잘못된 대처방법

지금까지 사용한 방법 중 잘못된 대처방법은 주로 다음의 5가지 정도에 포함된다.

- 회피한다: 상황이나 만남을 피하지만 근본적인 방법이 아니다.
- 참는다: 상대를 무시하거나 자신의 감정을 억누르지만 마음속에 누적되어 증폭된다.
- 가르쳐 주고 뜯어고치려 한다: 자신의 의견을 주장하고 가르치려고 한다.
- 이해한다: "잘 몰라서 그렇겠지"하고 내가 이해해준다.
- 용서한다: "이번에는 봐줄게", "내가 용서해 줄게"라고 생각하지만, 사실은 상대를 무시하는 것이다.

이 방법은 그럴듯하게 보이지만 사실은 상대나 여건에 잘못이 있고, 문제가 된다는 생각을 하고 있다. 상대나 상황여건이 변화되지 않는 한 해결책이 없다. 다시 비슷한 상황이 벌어지게 되고, 반복되면 이전보다 더 강한 감정과 생각이 일어나고 모든 책임을 남의 탓, 부모 탓, 조상 탓으로 돌린다. 심지어는 자신은 재수가 없다고 생각하며 피해의식을 가지고 인생에 대한 책임의식과 자신감을 상실하게 된다.

▪ 문제와 직면하여 해결하는 법

자신이 직면한 문제를 자신에게서 원인을 찾아내어 해결하는 방법이며, 발생된 사건을 과정에 따라 기록하고 성찰하면 효과적으로 해결할 수 있다.

④ 이완요법 활용하기

이완반응을 일으킬 수 있는 이완요법에는 호흡기법, 명상, 근육이완기법, 생체되먹이기법, 시각화기법 등이 있으며, 이완반응을 유발하는 목적은 직접적이고 실제적으로 변화를 유발하는 것이다. 이완반응을 규칙적으로 유발시킴으로써 스트레스와 관련된 신체증상이 감소되고, 수면개선, 불안감소, 자기수용의 증가, 부정적 사고의 감소, 수행능력과 능률의 증강, 집중력과 인지능력 증가 등의 심리적 변화를 나타내게 된다.

이완훈련의 단계는 다음과 같다.

1단계: 정신을 집중할 대상을 설정한다(단어, 글귀, 영상, 기도문, 호흡 등).

2단계: 조용한 장소에서 편안한 자세로 앉는다.

3단계: 눈을 감는다.

4단계: 근육을 이완한다.

5단계: 천천히 자연스럽게 숨을 쉰다. 숨을 내쉴 때마다 단어나 글귀를 반복한다.

6단계: 수용적인 태도를 유지한다.

7단계: 잘될지에 대해 걱정하지 말고, 다른 생각이 끼어들면 단순히 자신에게 "응, 그래"라고 말한다. 그리고 다시 반복한다.

8단계: 10~20분 정도 지속한다.

9단계: 하루에 1~2회 반복한다.

이와 같은 과정을 기재하면서 반복해서 꼼꼼히 챙기다 보면 자신이나 타인 및 여건에 대한 온전한 생각으로 마음이 따뜻하게 차오르고 스스로 훈훈한 삶을 살아갈 수 있는 힘을 갖게 된다.

일기 기재법

일기 1)은 친구와의 관계에서 오는 어두운 감정을 처리하는 예이다. 이 문제는 대인관계로 말미암아 발생되었기 때문에 비교적 쉽게 문제로 인식하고 또 타인을 탓하기도 쉽다. 친구와의 갈등으로 나타났지만 사실은 자신과의 문제이다. 스스로 진정한 문제가 무엇인가를, 자신의 마음에서 찾아내어야 한다. 일기 2)는 순전히 자신과 관련된 문제이다. 때문에 많은 경우에 문제로 인식하지도 못하며, 쉽게 노출되지도 않는다. 그러나 이 문제는 남을 탓하기도 힘들기 때문에 문제를 제대로 해결하지 못하면 오히려 우울증과 열등감으로 정서적 · 신체적 문제뿐만 아니라 자신감의 상실 때문에 더 큰 어려움을 경험하게 된다. 따라서 이를 해결하기 위해서는 통찰력을 가지고 자신의 마음을 점검하여 제시된 양식에 맞추어 마음의 일기를 기재하는 것이 필요하다.

1) 친구의 약속 어김

① 상황: 친구가 약속시간에 늦었다.

② 일어나는 감정: 화남

③ 자기학대, 부정, 신념발견과 나에 대한 어두운 마음 찾기

- 내가 나를 무시한다.
- 약속은 꼭 지켜야 한다.
- 나는 무시당하지 않아야 한다.
- 친구가 나를 무시하는구나.
- 친구는 늦는 게 습관이다.
- 친구는 성의가 없다.

④ 나에 대한 밝은 마음 찾기

- 그는 늦을 수 있다.
- 나도 늦을 수 있고, 사정이 있어서 약속을 어길 수 있다.
- 그가 약속을 어긴 것은 나를 무시한 것이 아니다.
- 나는 무시당할 수도 있고, 무시당할 수도 없다.
- 무시당하건 아니건 나의 존재는 변함이 없다.

⑤ 나에 대한 훈훈한 마음 가꾸기

- 나는 능히 무시당하지도 않고 무시당하기도 한다.
- 나는 성의가 있기도 하고 없기도 하다.

2) 성적 부담

① 상황: 밤늦게까지 공부하는 데 성적이 오르지 않는다.

② 일어나는 감정: 짜증

③ 자기학대, 부정, 신념발견과 나에 대한 어두운 마음 찾기

- 나는 머리가 좋지 않다.
- 나는 대학에 못갈 것이다.
- 부모님이나 선생님께 잔소리를 들을 것이다.

일기 기재법(계속)

- 공부를 못하면 무시당할 것이다.
- 부모님과 선생님은 내가 공부를 못해서 미워한다.
- 공부를 못하면 훌륭한 사람이 되지 못한다.

④ 나에 대한 밝은 마음 찾기

- 성적부진은 나의 열등감을 보여 주는 거울이다.
- 나는 공부를 못해도 잘해도 괜찮다.
- 공부를 못해도 나의 가치는 변함이 없다.
- 성적은 나의 가치를 변화시키지 않는다.

⑤ 훈훈한 마음 가꾸기

- 나는 능히 공부를 잘하기도 하고 못하기도 한다.
- 나는 능력이 있기도 하고 없기도 하다.
- 나는 유능하기도 하고 무능하기도 하다.
- 나는 능히 유능하고 무능하다.
- 나는 이미 유능하다.

2절 학교보건교육

1. 학교보건교육의 개요

학교보건은 학생, 교직원, 학부모, 나아가 지역사회를 대상으로 보건봉사와 환경관리 및 보건교육을 제공하여 대상자 스스로 자기건강관리능력을 향상시킴으로써 건강을 유지 · 증진하며, 질병을 예방하여 신체적 · 정신적 · 사회적 안녕 상태에 이르게 하는 건강사업이다.

학교에서 실시하는 보건교육은 대상자의 성장발달과 요구에 맞는 차별화된 교육으로 그들이 질병을 예방하고 건강을 유지 · 증진하도록 하는 데 있다. 따라서 초등학교 때부터 체계적인 보건교육을 실시하여 학생의 건강관련 지식 · 태도 · 실천에 변화를 유도하며, 그들 스스로 건강관리능력을 최대한 발휘할 수 있도록 해야 한다.

학교보건교육 과정은 전 교과 과정에 속해 있는 보건단원을 선별해서 학생 개개인이 자기건강관리능력을 향상하여 개인의 건강을 유지 · 증진할 수 있도록 교육하는 과정이다.

특히 제7차 교육과정에서는 사회 · 문화의 영향을 받아 건강에 대한 관심이 낮은 연령부터 중요시되고 있는 추세에 맞게 보건단원이 다양하게 구성되었다.

2. 학교보건교육의 목적과 목표

1) 목적

학교보건교육은 학생으로 하여금 건강에 대한 지식을 습득하고 긍정적 태도를 형성하여 건강행위를 실천할 수 있도록 함으로써 자기건강관리능력을 길러 개인, 가족, 지역사회의 삶의 질을 유지 · 증진시키고자 하는 데 목적이 있다.

또한, 학교보건교육의 궁극적인 목적은 학생 및 교직원이 자신의 건강을 스스로 관리할 수 있는 능력을 갖추도록 하는 데 있다. 여기에서는 학교보건교육을 통해 달성할 수 있는 일반적 목표와 발달시기에 따른 단계적 목표로 나누어 살펴보고자 한다.

2) 목표

(1) 일반적 목표

학생은 보건교육을 통한 일반적 교육목표를 갖게 되며 그 목표는 다음과 같다.

① 건강의 의미를 파악한다.

학교보건은 학생에게 건강의 본질을 이해시키고 그것을 건강행동으로 실천하도록 한다. 개인의 건강은 그를 둘러싼 환경이나 집단에 의해 크게 영향을 받으며 집단의 건강에도 영향을 준다. 오타와헌장(1986)에서는 '건강이란 삶의 목적이 아니라 일상생활을 위한 자원'으로 제시하고 있다. 학교보건교육을 뒷받침하고 있는 건강개념은 질병보다는 건강에 초점을 두고 개인이 가지고 있는 신체적 · 정신적 · 사회적 · 정서적 · 영적 차원의 능력을 인정하고 강화하는 전인적인 개념이다.

② 건강에 관한 지식을 습득한다.

보건교육은 체계적으로 구성된 건강지식을 일정한 순서에 따라 학생에게 학습시키는 것으로써 지식을 이해하고 습득하는 데 매우 합리적이고 효과적인 수단이다. 따라서 보건교육은 이론적 지식만이 아니라 건강생활의 실천과 직접 연결될 수 있도록 문제해결중심으로 학생을 지도해 나가야 한다.

③ 건강생활을 계획하는 능력을 갖춘다.

학교에서 보건교육을 통해 습득한 건강지식은 학생이 성인이 된 후에도 크게 영향을 미치며, 삶의 많은 부분에서 건강행동을 결정짓기도 한다. 또한 보건교육을 통해 자신의 건강생활을 스스로 계획하는 능력을 갖추어 앞으로의 건강생활을 실천하고 유지하는 데 능동적으로 참여할 수 있게 된다.

④ 건강생활을 실천한다.

학생의 실제 생활은 학교 안전문제, 교통문제, 환경오염, 학교폭력, 학업 스트레스 등 건강을 위협하는 다양한 상황으로 인해 신체적 · 정신적 · 심리적 · 사회적 건강문제로 나타나고 있다. 건강에 관련된 정보나 건강교육은 이러한 생활환경에서 안정화, 습관화되어 실천해 나갈 수 있게 된다.

(2) 발달시기에 따른 단계적 목표

발달시기에 따른 단계적 목표는 첫 번째, 최상의 안녕수준을 성취하도록 동기부여를 하고, 두 번째, 건강증진을 위한 지식을 습득하고, 세 번째, 건강에 좋은 습관 형성과 기본목적에 부합하도록 교육하고 지도해야 한다.

학생의 발달시기에 따른 보건교육의 단계적 목표를 살펴보면 다음과 같다.

① 초등학교 시기

초등학생 시기의 보건교육은 건강습관을 인식시키고 바람직한 건강태도를 형성하는 데 목적이 있다. 이 시기의 목표는 개인위생을 지키고 실행할 수 있는 능력을 키우는 것이다. 자신의 몸과 주변을 청결하게 하는 것이 얼마나 중요한지를 이해시킨다. 건강지식은 건강습관과 태도를 증진시키는 방안으로 이용될 수 있으며, 즐거운 경험을 통해 습득할 수 있도록 하고 건강지식보다는 건강태도나 생활습관 교육에 더욱 비중을 둔다.

② 중학교 시기

중학생 시기의 보건교육은 건강에 대한 올바른 인식을 갖고 적극적으로 행동할 수 있는 능력을 갖추도록 하는 데 목적이 있다. 중학생에게는 건강생활에 있어서의 도덕성을 잘 알고 지킬 수 있도록 한다. 개인적인 것뿐만 아니라 공중위생 분야에도 관심을 가지고 준수사항을 잘 지키도록 지도하고 지역사회의 건강과 관련된 이웃의 건강 및 복지에도 관심을 갖게 한다. 이 시기는 보건교육을 통해 건강습관과 건강태도가 한층 강화되는 시기이다.

③ 고등학교 시기

고등학생 시기의 보건교육은 자신의 생활을 반성하고 계획하는 능력을 키우는 동시에 사회문제에도 관심을 갖는 능력을 기르도록 한다. 자신과 관련된 사회의 건강문제를 생각하며, 나아가 사회의 건강과 안전문제에 대해 관심과 이해를 가지고 대응하는 능력을 기른다. 이전의 교육에 의해 습득된 건강태도와 건강습관은 과학적인 지식에 의해 강화된다. 보건교육은 건강문제가 발생했을 때 스스로 처리할 수 있도록 준비시켜 주며 건강지식, 보건서비스, 흡연 및 약물 등에 대한 정보를 제공하는 것이 중요하다.

3. 학교보건교육의 과정

1) 우리나라의 제7차 교육과정

우리나라의 교육과정은 시대적 상황을 반영하며 7차에 걸친 개정을 거듭하였다. 2000년부터 적용한 제7차 교육과정은 초 · 중 · 고등학교의 교육목표를 심신의 조화로운 발달에 두고 있다. 초등학교의 경우 통합적인 범교과학습으로 재량활동시간에 보건교육, 성교육, 안전교육 등을 실시하고 있고, 중학교의 경우 초등학교와 마찬가지로 재량활동시간에 성교육과 안전교육을 실시하고 있으며, 고등학교의 경우는 전문교과 중 가사와 실업에 관한 교과에서 공중보건이 선택과목으로 편성되어 있다. 제7차 교육과정의 보건교육 단원 학년별, 단원별 교육주제 구성은 **표 5.9**와 같다.

2) 우리나라와 외국의 보건교육과정

중학교 1학년 학생이 배우고 있는 보건교육 내용을 크게 건강과 건강행위로 나누어 우리나라와 일본, 미국의 보건교육과정 내용을 비교해 보면 **표 5.10**과 같다.

성장과 발달 영역에서 우리나라는 사춘기와 청소년의 특징을 다루고 있는 데 반해 일본과 미국은 신체체계의 발달까지 다루고 있는 것을 알 수 있다. 정신건강 영역에서 미국은 우리나라나 일본보다 상세한 보건교육내용을 담고 있는데, 그 내용은 자신에 대한 좋은 감정, 자신의 감정 이해하기, 스트레스 조절하기, 의사결정과 성격 형성이라는 주제이다.

반면, 성과 건강영역의 보건교육 내용은 우리나라와 일본이 비슷한 것을 알 수 있다. 미국의 학교보건 교육내용은 우리나라 보건교육내용과는 다소 다르다. 미국에서는 청소년의 질병과 사망의 주요요인이며, 사회적 문제를 야기시키는 청소년 건강위험 행위를 다음의 6가지로 제시하였다. 비의도적 · 의도적 상해(안전벨트의 미착용, 무기소지 등), 흡연, 알코올과 기타 약물의 사용, HIV감염을 일으킬 수 있는 성행위와 성전파성 질환 혹은 원치

표 5.9 제7차 교육과정의 보건교육 단원 학년별, 단원별 교육주제 구성

학년		보건교육 단원	교육주제
초등학교	3학년	신체의 성장과 발달	건강한 생활습관, 운동과 건강
		질병예방	이를 튼튼히, 감각기관의 질병예방
		안전한 생활	안전한 학교생활, 안전한 놀이활동, 안전한 등굣길, 응급처치와 구조
		여가생활	여가의 의미와 중요성, 여가활동의 종류, 사랑받는 나, 약의 이용
	4학년	신체의 성장과 발달	우리의 몸, 뼈와 근육, 남녀의 신체, 체력과 건강
		질병예방	호흡기의 질병과 예방, 순환기의 질병과 예방, 환경과 건강
		안전한 생활	집안에서의 안전, 집밖에서의 안전, 응급처치법
		여가와 정신건강	여가활용 방법, 피로의 원인과 회복방법, 건전한 생활, 물질의 오 · 남용, 흡연
	5학년	균형 있는 우리 몸	영양과 몸의 성장, 음식물 섭취와 체중
		우리가 지키는 건강	식품위생과 건강, 감염병의 종류와 예방, 흡연과 음주의 피해
		신나는 여가생활	여가활동의 올바른 선택
	6학년	성장하는 우리 몸	청소년기의 신체변화, 생식기관의 발달과 생리현상, 성폭력의 의미와 대책
		우리가 가꾸는 환경	환경오염과 건강, 공중보건
		활기차고 즐거운 생활	현대생활과 스트레스, 약물의 사용과 건강, 흡연
중학교	1학년	과학	소화와 순환, 호흡과 배설
		가정	나와 가족의 이해(청소년기의 특징, 성과 이성교제, 나와 가족)
		체육(보건)	건강한 생활(건강의 뜻, 건강의 유지와 증진), 공중보건(공중보건활동, 국민보건현황, 질병과 건강, 환경과 보건), 성의 이해(사춘기의 특징, 올바른 성의식)
	2학년	과학	자극과 반응(눈이 하는 일)
		체육(보건)	소비자 보건(소비자 보건의 이해, 식품과 건강, 약물 사용과 건강), 건강과 영양(영양소와 영양, 영양과 운동, 영양관리와 건강)
	3학년	체육(보건)	안전한 생활(안전사고의 발생, 생활과 안전, 운동과 안전, 응급처치)
고등학교	1학년	보건	환경보건, 정신건강, 올바른 성의식
	2, 3학년	건강과 운동처방	체력진단과 평가, 유산소운동과 무산소운동의 이론과 실제, 체중조절 및 성인병과 운동 처방, 흡연과 음주의 피해, 물질 오 · 남용

표 5.10 우리나라와 외국의 보건교육과정 내용 비교

영역	구분	한국	일본	미국
건강	성장발달과 건강	• 사춘기 특징 • 청소년 특징	• 신체의 발육 발달 • 호흡기 순환기 발달 • 정신의 발달과 자기형성 • 지적기능, 정서기능의 발달	• 세포에서 기관까지 • 신경계와 소화기계 • 유전과 성장
	성과 건강	• 청소년과 성 • 청소년의 성과 우정 • 건전한 성/올바른 성의식	• 생식기능의 발달 • 남녀 신체의 변화 • 수정과 생명의 탄생	• 청소년기: 변화기의 시기
	환경과 건강	• 환경과 건강 (환경보험/환경오염)	• 신체의 환경에 대한 적응 • 공기와 물의 건강 • 생활에서 생기는 폐기물의 위생적 관리 • 환경오염과 건강	• 안전과 환경 • 개인안전 • 가정에서의 안전 • 실외안전 • 응급처치 • 환경보호
	정신건강	• 나의 발견(자아개념) • 청소년기의 심리적 사회적 발달 • 개성신장과 인격도야 • 인간다운 삶의 자세	• 욕구나 스트레스에의 대처와 정신건강 • 정신과 신체의 조화와 건강	• 자신에 대한 좋은 감정 • 자신의 감정 이해하기 • 스트레스 조절하기 • 의사결정과 성격 형성
	사회생활과 건강	• 나와 가족관계 • 가족관계와 의사소통		• 가족 및 친구와 동료 • 의사소통, 갈등해결
건강행위	질병예방	• 질병과 건강 • 소화와 순환 • 호흡과 배설	• 상해방지(교통사고나 자연재해에 의한 상해 방지) • 응급처치의 판단과 수준 • 건강한 생활과 질병예방	• 질병의 원인 • 전염성 질환 • 성전파성 질환에 대한 이해 • 비전염성 질환
	건강유지 증진	• 건강의 뜻/건강의 이해 • 건강의 유지와 증진 (운동, 영양, 휴식) • 건강과 공중보건/공중보건의 이해 • 청소년의 영양/식사	• 생활행동 • 생활습관과 건강	• 개인건강 • 영양과 신체활동 • 건강과 안녕 • 건강습관 형성 • 건강에 대한 목표 설정 • 알코올과 흡연, 기타 약물

않는 임신, 무분별한 식습관 사용, 부적절한 신체활동 등이다. 이러한 청소년 건강위험 행위에 대한 내용을 중심으로 보건교육과정을 개발하였으며, 각 주마다 약간의 차이는 있으나 미국 대부분의 보건교육내용은 다음 10가지 영역을 공통적으로 포함하여 다루고 있다.

- 영양(nutrition)
- 성장 및 발달(growth & development)
- 가족보건(family health)
- 정신보건(mental health)
- 소비자 보건(consumer health)
- 물질 오 · 남용(substance use & abuse)
- 안전 및 구급처치(safety & first aid)
- 질병예방 및 통제(disease prevention & control)
- 지역사회 보건(community health)
- 환경보건(environmental health)

4. 학교보건교육의 운영

학교보건교육은 1990년도부터 그 중요성이 점차 대두되면서 1998년에는 서울특별시교육청의 승인을 받은 '보건교과 교육과정안'에 따라 1999년 3월부터 수도여고에서 보건교사가 주당 2시간씩 정규수업을 하기 시작하였다.

2000년도부터는 서울특별시교육청 인정도서로 '보건'이 채택되면서 보건교과서를 이용해 보건교육을 실시하게 되었다.

2006년 부산광역시교육청에서는 초 · 중 · 고등학교 보건교육과정개발연구를 하여 건강에 대한 지식, 태도, 실천을 통해 질병을 예방하고 자기건강관리능력을 향상시켜 평생건강관리로 이어지도록 구성한 교과내용을 제시하기도 하였다.

초등학교에서는 보건교사의 57% 이상이 주당 4~5시간 이상의 보건수업을 하고 있으며, 정규수업을 시행하지 못하는 경우는 가정통신문, 게시물, 학교 홈페이지 등의 다양한 방법을 통해 보건교육을 실시하고 있다.

학교보건교육의 운영은 두 가지로 나누어 볼 수 있는데, 하나는 학교교육과정 속에 포함되어 교실에서 보건수업이 이루어지는 정규적인 교육 형태와 교실수업이 아닌 방송교육이나 학부모 교육, 건강캠페인, 개별 학생면담 등을 통해 수시로 이루어지는 비정규적인 교육 형태이다. 학교교육과정 속에 포함된 정규적인 보건수업은 초등학교의 경우 보건교사나 담임교사가 체육교과시간 혹은 범교과 학습으로서 재량활동시간에 실시하고 있다. 중 · 고등학교의 경우에는 담당교과목 교사나 보건교사가 창의적 재량활동시간을 이용하여 성교육과 보건교육을 실시하고 있다. 학교보건교육을 담당하는 인력측면에서 보면, 보건을 단독교과로 보건교사가 정기적인 수업을 실시하거나 체육, 가정, 생물 등 건강관련 교과시간에 담당교사 혹은 보건교사가 일정시간 교육을 실시하고 있다.

보건교사는 학생의 질병예방, 건강관리, 건강증진을 향상시킬 수 있도록 교육할 수 있는 최적의 전문가로, 학교보건 연구에 대한 건강관련 지식과 기술을 갖추고 보건교육전문가로서 학생 건강문제와 관련된 보건교육프로그램을 단계별로 개발하여 교육에 직접 참여할 수 있다. 따라서 현행 보건교육이 단독교과로 교육전문인력인 보건교사에 의해 교육이 이루어지지 않고, 운영주체의 형태가 조직적이고 체계화되지 않은 현재의 운영방식을 통해서는 학생의 건강문제와 건강위험행위를 효과적으로 대처할 수 없으므로 보건교육 운영은 반드시 정규교과로 교과목화하여 보건교사에 의해 보건교육과정 표준에 맞는 교육으로 이루어질 수 있도록 하는 것이 바람직하다.

5. 학교보건교육의 방법

1) 교수–학습 과정

학습자를 가르치는 방법은 교육목표를 달성하기 위한 수단이다. 과거에는 교육자가 주도하는 교육방법이 많았으나 최근에는 학습자의 흥미를 유발하여 대상자 스스로 사용할 수 있는 다양한 매체를 활용한 교육방법이 많다. 학교보건교육을 실시할 때 일반적인 수업과정은 다음과 같다.

(1) 도입

① 흥미와 학습동기 유발

교수와 학습을 이끄는 중요한 열쇠이며, 우화, 이야기, 사례, 그림자극 등의 다양한 방법이 적용될 수 있다.

② 학습문제 찾기

학습자가 해당 학습문제에 능동적으로 도전하며 학습문제에 대해 흥미와 관심을 보이고 학습문제를 찾게 한다.

③ 학습목표 제시

학습목표는 학습이 이루어진 후에 습득된 능력이나 기능을 분명하게 진술한다. 학습자가 수업을 받은 후에 습득하는 지식이나 기능을 결정하여 수업목표를 제시한다.

(2) 학습활동 전개

학습자와 학습내용 등을 고려하여 적절한 학습활동을 전개하도록 수업방식을 선정하고 활용한다. 학습활동 전개 시 학습자의 수준, 특성을 고려한 예제 사용과 다양한 학습방법을 사용하여 학습자의 이해를 돕고 토론 및 다양한 표현을 하도록 유도함으로써 학습자의 참여를 이끌어내는 것이 필요하다.

① **수업모델**: 총체적 언어학습, 팀교육, 직소우(Jigsaw), 신문활용교육(NIE), 마인드맵, 극화학습, 역할극, GAME, 토픽학습, 프로젝트 학습 등

② **학습형태**: 소집단 토의학습, 전체토의, 발표학습, 역할놀이 학습, 조사 · 발표학습, 조별학습, 개별학습 등

③ **활동형태**: 개인활동, 모둠활동, 전체활동 등

④ **자료활용**: 시청각자료, 실물, 인터넷자료 등

(3) 정리

학습한 내용을 요약, 정리하고 강화시키므로 건강에 대한 긍정적인 태도 변화를 일으키도록 해야 한다. 또한, 현재 건강문제를 이해하고 해결함으로써 성취감을 경험하게 하며 새로운 문제를 발견하거나 문제에 접해봄으로써 일반화할 수 있게 한다.

(4) 평가

① 개별적인 학습자의 능력을 평가한다.

② 협동을 통해 배울 수 있는 기회를 제공받은 후 개인의 수행능력이 얼마나 형성되었는가를 평가한다.

③ 보건교육 지식 및 실천을 위한 태도를 평가한다.

④ 다른 학습자와 상호작용하고 협동하여 함께 일할 수 있는 능력과 팀의 구성원으로써 효과적으로 역할을 다하는가를 평가한다.

⑤ 학습자 개개인의 학습 만족도를 다양한 방법이나 도구를 활용하여 평가한다. 수행평가 문제, 논술형 문제, 선택형 문제, 체크리스트, 포트폴리오법, 관찰 · 면접법, 자가평가, 동료평가 등 다양한 방법으로 평가할 수 있다.

2) 학습지도안

학습지도안에는 교육주제, 교육대상자, 교육일시와 교육시간, 교육장소, 학습목표, 교육내용, 교육진행단계, 교육방법 및 매체, 평가 등을 포함해서 작성한다(**표 5.11**, **표 5.12**, **표 5.13**).

① 교육주제

교육주제는 제목식(예: 비만관리)으로 하기도 하지만 서술문(예: 비만관리방법을 알아둡시다)이나 의문문(예: 비만관리방법을 알고 계십니까?)의 형태로 기술하기도 한다. 이 중에서 대상자가 잘 수용할 수 있는 방식으로 사용하도록 한다.

② 교육대상자

교육대상자를 한정함으로써 꼭 학습이 필요한 대상자의 참여를 유도할 수 있다.

③ 교육장소

교육장소는 학습자가 참여하기 좋은 여건(거리 접근성, 알려진 장소, 시설 및 기구)을 갖춘 곳으로 한다.

④ 교육시간

교육을 받을 날짜와 시간을 상세히 기록한다. 일반적으로 초등학생 과정은 40분, 중 · 고등학생 과정은 50분 정도가 적당하다.

⑤ 학습목표

교육을 받은 학습자가 궁극적으로 성취해야 할 목표가 무엇인지를 기록한다. 목표에는 일반적인 목표와 구체적인 목표가 있는데, 일반적인 목표는 구체적인 목표를 포

표 5.11 학습지도안(기본 양식)

<table>
<tr><td colspan="3">대상자:</td><td colspan="3">교육자:</td></tr>
<tr><td colspan="3">일시: 년 월 일</td><td colspan="2">시간: 시부터 시까지</td><td>장소:</td></tr>
<tr><td>교육주제</td><td colspan="5"></td></tr>
<tr><td>학습목표</td><td colspan="5">일반적 목표:
구체적 목표:</td></tr>
<tr><td rowspan="2">학습단계</td><td colspan="2">교수–학습활동</td><td>교육방법</td><td>자료</td><td rowspan="2">평가</td></tr>
<tr><td>교육내용</td><td>학습활동</td><td>매체</td><td>소요시간</td></tr>
<tr><td>도입(분)
동기부여
목표제시
선수학습 점검</td><td></td><td></td><td></td><td></td><td></td></tr>
<tr><td>전개(분)
학습내용 전개
학습자의 참여유도</td><td></td><td></td><td></td><td></td><td></td></tr>
<tr><td>정리(분)
학습내용 요약 정리
강화
일반화
차시 예고</td><td></td><td></td><td></td><td></td><td></td></tr>
</table>

표 5.12 학습지도안(초등학교용)

<table>
<tr><td>단원</td><td colspan="3">1. 신체의 성장과 발달(우리의 몸)</td><td colspan="2">학년 · 학기</td><td colspan="2">4–2</td></tr>
<tr><td>학습주제</td><td colspan="3">몸의 생김새와 하는 일</td><td>교과서</td><td>113~114쪽</td><td>차시</td><td>1/1</td></tr>
<tr><td>학습목표</td><td colspan="7">1. 우리 몸의 구조와 소중함을 이해할 수 있다.
2. 건강을 유지 · 증진하는 태도를 함양할 수 있다.</td></tr>
<tr><td rowspan="3">수업전략</td><td>학습모형</td><td colspan="6">토의 학습모형</td></tr>
<tr><td rowspan="2">학습자료</td><td>문제찾기</td><td colspan="4">자기탐색, 자기학습, 자기발전</td><td>자기확인</td></tr>
<tr><td>교육매체</td><td colspan="4">인체모형, 사진자료, 학습지</td><td></td></tr>
<tr><td>과정</td><td>단계</td><td colspan="4">교수 · 학습활동</td><td>분</td><td>매체 및
참고사항</td></tr>
<tr><td>문제 찾기</td><td>준비하기
문제인식
학습문제 파악</td><td colspan="4">■ 학습 분위기 조성
· 자신의 신체 부위 중 다른 사람보다 특히 건강하다고 생각되는 기관 발표하기
· 심장, 간, 폐, 신장 등의 정확한 위치 확인하기
■ 공부할 문제 안내
학습문제
· 우리 몸의 생김새와 기능 및 소중함에 대해 알아본다.
· 자신의 건강을 유지 · 증진하는 태도를 갖는다.</td><td>5분</td><td>인체 모형</td></tr>
<tr><td>자기 탐색
자기 학습
자기 발전</td><td>탐색
문제해결
적용</td><td colspan="4">■ 학습활동 목표
〈활동1〉 신체 각 기관의 명칭과 위치 알아보기
〈활동2〉 신체 각 기관별 기능과 역할 알아보기
〈활동3〉 신체 각 기관의 발달 방법 알아보기
■ 학습활동 내용
〈활동 1〉
· 인체 모형으로 각 기관의 명칭과 위치 알아보기
· 학습지를 활용하여 자신의 신체기관 그리기
〈활동 2〉
· 모둠별로 토의하고 발표하도록 한다.
· 1모둠 순환기관 · 4모둠 배설기관
· 2모둠 호흡기관 · 5모둠 감각기관
· 3모둠 소화기관 · 6모둠 뇌와 신경기관
〈활동 3〉
· 건강습관 열거하기
· 건강습관 실천방법 발표하기</td><td>30분</td><td>사진자료
학습지
과제물을 미리 제시하여 토론수업의 효율성을 높인다.</td></tr>
<tr><td>자기 확인</td><td>차시예고
정리하기</td><td colspan="4">■ 학습내용 정리(학습지 완성)
· 우리 몸의 각 기관을 그려 보기
· 우리 몸의 각 균형과 발전을 위한 생활수칙 발표하기
■ 우리 몸의 뼈와 근육에 대해 알아오기</td><td>5분</td><td></td></tr>
<tr><td>평가
계획</td><td colspan="3">· 신체 각 기관의 기능 위치 및 역할을 알고 있는가?
· 건강행위실천을 위한 태도가 형성되는가?</td><td>판서
계획</td><td colspan="3">· 모든 기관의 건강을 위한 생활수칙
– 손 씻기 – 골고루 먹기 – 운동하기</td></tr>
</table>

표 5.13 학습지도안(중학교용)

<table>
<tr><td>단원명</td><td colspan="2">질병예방과 건강증진</td><td>수업일시</td><td>2017. 06. 07</td></tr>
<tr><td>주제</td><td colspan="2">소화기와 호흡기 건강관리</td><td>시 2/3</td><td>대상 중학생</td></tr>
<tr><td>학습목표</td><td colspan="4">1. 소화기의 건강관리법을 쓰시오.
2. 호흡기의 건강관리법을 쓰시오.</td></tr>
<tr><th>단계</th><th>교수활동</th><th>학습활동</th><th>학습형태</th><th>매체 및
참고사항</th></tr>
<tr><td rowspan="2">도입
(5분)</td><td>■ 상호인사 나누기
■ 전 시간 학습내용 확인하기
• 감염병 예방에 대해 질문하기
■ 동기유발
• 아침결식 시의 느낌이나 증상 질문하기
■ 학습문제 안내하기</td><td>■ 발표 내용(배고픔, 속쓰림, 어지러움, 기운 없음, 졸림, 두통 등의 증상)</td><td rowspan="2">모둠식</td><td rowspan="2">• 출석확인
• 구체적 발표 유도</td></tr>
<tr><td colspan="2">■ 소화기계 및 호흡기계의 건강관리법을 알고 실생활에 적용하여 실천해 보자.</td></tr>
<tr><td>전개
(30분)</td><td>■ 활동 1
• 소화기의 구조와 기능 알아보기
• 흔한 소화기 질병 알아보기
• 소화기 관리방법 알아보기
■ 활동 2
• 호흡기 구조와 기능 알아보기
• 흔한 호흡기 질병 알아보기
• 호흡기 관리방법 알아보기</td><td>■ 모둠별 조사 내용을 정리, 토의한다.
■ 정리된 내용을 모둠별로 발표한다.</td><td>모둠식</td><td>• 학습지
• 대표자 발표 유도</td></tr>
<tr><td>정리
(10분)</td><td>■ 본 학습정리
• 소화기와 호흡기 건강관리법 다시 요약 정리하기
■ 형성평가
■ 차시 예고
• 근골격계와 순환기 건강관리
• 근골격계와 순환기 질병예방을 할 수 있는 건강관리 생활방법 알아오기</td><td>■ 소화기와 호흡기 건강관리의 중요성을 실천하기로 다짐한다.
■ 실천 가능한 항목을 노트에 정리한다.</td><td>전체</td><td></td></tr>
<tr><th colspan="5">평가계획</th></tr>
<tr><td>평가 내용</td><td colspan="2">1. 소화기의 건강관리법을 실천할 수 있다.
2. 호흡기의 건강관리법을 실천할 수 있다.</td><td>평가 기준</td><td>상: 5가지 이상
중: 3가지 이상
하: 3가지 미만</td></tr>
</table>

함할 수 있도록 포괄적 · 통합적으로 작성하며, 구체적인 목표는 일반적 목표 성취를 위한 구체적인 성취 목표를 기술한다. 구체적인 목표를 기술할 때는 지식, 기술, 태도, 행동 등 4가지 영역을 고려하여 측정 가능한 동사를 이용하여 6하 원칙에 의거하여 작성한다.

⑥ 교육방법 및 매체

어떤 교육방법과 매체를 이용하는 것이 가장 효과적인지를 고려하여 학습목표 달성에 적합한 방법 및 매체를 사용한다.

⑦ 평가

평가는 보건교육 후 목표 달성 여부를 확인하고 다음 보건교육 학습계획에 참조할 수 있는 활동이다. 평가는 진단평가, 형성평가, 총괄평가로 나누며 평가도구나 질문을 기록한다.

3) 보건교육의 교육방법

교육주제, 교육목표, 교육내용의 준비가 잘된 교육이라 하더라도 가르치는 방법에 따라 보건교육의 효과성이 달라지기 때문에 교육방법의 선정이 교육효과에 미치는 영향은 매우 중요하다.

보건교육은 개인, 가족, 지역사회를 대상으로 개인건강에 대한 관심 정도, 성장과 발달 상태, 건강에 대한 지식, 대상자의 성별, 연령, 관심 및 흥미 분야, 건강에 대한 태도와 관련된 분야를 교육하므로, 보건교육 시 대상자의 특성과 요구 및 흥미에 적합한 교육방법을 선정하여 실시한다.

(1) 상담

상담(counseling)은 전문 훈련을 받은 전문 상담자가 내담자와 서로 얼굴을 마주보고 보건교육을 하는 방법으로, 내담자는 전문 상담자와 상담을 하면서 자신이 가진 문제의 원인을 깨닫고 문제해결 실마리를 인식하여 문제해결 방안을 모색할 수 있는 교육방법이다.

이 교육방법은 전문가가 대상자의 문제를 보다 더 정확하게 파악하고 과학적인 건강에 관한 지식 제공과 조언을 할 수 있어 대상자의 행동변화를 유도하는 데 효과적이다. 내담자 중심으로 교육하므로 대상자에 대한 이해가 용이하고 어디서나 적용 가능한 방법이어서 집단교육보다 효과가 높은 반면, 시간과 비용면에서는 비경제적이다. 상담방법은 개인적인 습관과 관련된 만성적 질병, 대상자의 행위변화를 원할 때, 대상자의 사고행동 및 감정적 측면의 인간적인 성장을 꾀하고자 할 때 사용하는 것이 좋다.

(2) 강의

강의(lecture)는 가장 오래된 교육방법으로 교육자가 학습자에게 언어를 통해 지식과 정보를 전달하여 사고를 유도하며 비판력을 갖게 하는 것으로서 많이 사용되는 방법이다.

학습자가 기존지식이 없을 때 짧은 시간 안에 많은 양의 지식을 전달할 수 있고, 정보전달 및 의견에 영향을 주고 생각을 자극하는 장점이 있다. 반면, 교육자 위주의 주입식 수업 및 학습자의 수동적 자세와 피교육자의 개인차를 고려하기 어렵다는 단점이 있으므로 이러한 단점을 보완할 수 있도록 교육자는 사전에 강의내용을 철저히 계획하고 준비해야 하며 교육매체를 적극 활용하여 강의방법의 언어적 한계를 보완하도록 한다.

또한, 강의 도중 질문을 하여 학습자의 주의를 환기시키며 너무 긴 설명은 피하고, 학습자가 적극적으로 사고하며 학습에 능동적으로 참여하도록 유도해야 한다.

(3) 토의

토의(disscussion)는 공동학습의 한 형태로 민주주의 원칙에 기반을 둔 방법이다. 심포지움(symposium), 배심토의(panel disscussion), 분단토의(buzz session), 집단토론(group disscussion), 세미나(seminar), 브레인스토밍(brain storming) 등의 방법이 있다.

토의는 실제적이고 구체적인 사실에 근거한 사회적으로 의미 있는 문제나 과제를 토의안건으로 올리며, 모든 학습자가 참여할 수 있도록 인원수를 조정하고 누구나 참여할 수 있도록 기회를 균등하게 배려한다. 참여자는 상호 간의 의견을 존중하며 토론하고 모든 사람이 납득할 수 있는 결론에 대해 수용할 줄 아는 자세를 가지고 반성적 사고와 상호 의견 교환을 통해 의사소통 기술이 향상될 수 있다는 장점이 있다. 이들 토의방법은 형태별로 차이는 있지만 대체적인 특징은 토의를 위한 소규모 그룹을 만들고 사회자와 서기를 정하며 토의목적과 주제, 방식을 분명히 알고 단기토의를 하며, 모든 구성원이 참여할 수 있도록 개방적인 분위기를 조성해야 한다는 것이다. 또한, 토의하고자 하는 목적이 뚜렷해야 하고 구성원은 그 목적을 명확히 알고 있어야 하며, 자유스러운 토의분위기 조성, 타인의 의견을 존중하는 태도, 교수자의 적절한 참여와 지도가 요구된다.

심포지움과 배심토의는 전문적인 지식을 가진 전문가를 초청하여 의견을 발표하도록 한 후 토의시간을 주고 문제를 고민할 수 있도록 진행하는 방법으로, 배심토의는 청중이 전문가일 필요는 없지만 심포지움은 발표자나 진행자, 청중 모두가 전문가라는 점에서 차이가 있다.

(4) 시범

시범(demonstration)은 시각적으로 볼 수 있는 모든 실물을 사용하거나 실제 장면을 연출하여 학습자가 배워야 할 기술이나 절차를 실제 또는 실제에 근접하게 관찰하게 하는 학습방법이다. 장점은 학습자의 흥미와 동기유발이 쉽고 학습자의 교육수준이 낮거나 학습경험이 없어도 관찰력에 의해 학습목표에의 도달이 가능하다는 것이다. 반면, 다수의 학습자보다는 소수의 학습자에게 적용할 수 있고 학습자의 준비성에 따라 학습효과가 달라질 수 있으므로 교육자는 먼저 시범을 보인 후 학습자가 충분히 실습을 할 수 있는 기회를 준 후 잘못된 점을 수정하도록 즉시 지도하도록 한다. 시범수업의 효과를 높이기 위해 시범장면을 비디오나 필름으로 녹화해서 학습자가 반복 실습하게 하는 것도 도움이 된다.

(5) 역할극

역할극(role playing)은 학습자가 직접 실제 상황 중의 한 인물로 역할을 분담하여 연기를 하면서 그 상황에 처한 실제 인물의 입장을 이해하고, 상황분석을 통해 문제해결 방안을 모색하는 방법이다.

역할극은 학습자가 직접 참여함으로써 흥미와 동기유발이 용이하고 실제 상황을 극화하여 현장견학과 동일한 효과를 나타낼 수 있다. 또한, 사람들 간의 인식차이 등 자신들의 문제 원인과 행동의 결과를 보다 확실하게 깨닫게 하며 타인과의 관계를 개선하는 방법을 학습자 스스로 모색하게 할 수 있다. 반면에, 역할극을 준비하는 데 많은 시간이 소요되며, 시간 제약으로 깊이 있는 내용을 연출하기 어렵다는 단점이 있으므로 참여인원수를 제한하고 극의 초점이 흐려지지 않도록 계획을 잘해야 한다.

(6) 문제중심학습법

문제중심학습법(program–based learning)은 교수자가 학습자에게 실질적인 과제를 제시하고 학습자가 제시된 문제를 해결하고자 하는 것으로, 학습자 상호 간에 개별학습과 협동학습을 통해 공통의 문제해결방안을 마련하는 일련의 과정으로 이루어지는 자기주도적 교육방법이다. 이 방법은 팀 학습(team learning)과 자기주도적 학습(self–directed learning)으로 이루어진다. 이 방법을 사용하려면 학습자가 주도적 · 적극적 · 자율적으로 이끌어 나갈 수 있는 학습환경 조건을 조성해야 하며, 교수자는 실제 사례와 같은 시나리오를 체계적으로 구성하여 단계적으로 제시하고 올바른 학습방향으로 나가도록 유도함으로써 학습자가 문제해결능력을 함양하고, 스스로 학습하는 방법을 배우는 협동학습능력을 쌓을 수 있도록 해야 한다.

장점은 대상자 스스로 자발적인 학습이 이루어질 수 있고 문제해결을 통한 유사 사례에 대해 통합적인 문제해결능력을 함양할 수 있으며 광범위한 영역의 종합적인 지식, 기술, 태도를 기를 수 있고, 협동학습으로 민주적 생활태도를 배우고 사고력, 창의력, 문제해결능력 등을 배양할 수 있다는 점이다. 단점은 체계적인 교육이 불가능하고 배워야 할 지식이나 기술을 빠뜨리거나 불필요한 내용을 학습할 수 있으며 노력에 비해 성취 효율이 낮을 수 있다는 점이다. 따라서 이런 단점을 보완하기 위해 교육자는 풍부한 경험과 열정, 철저한 사전준비가 필요하며 학습자가 올바른 과정으로 나아갈 수 있도록 적절히 지도해 주어야 한다. 또한 소집단 토의를 위한 장소와 인원수 배정이 필요하고, 교재, 모형, 서적 등의 충분한 자원과 다양한 학습매체가 준비되어 있어야 한다.

(7) 시뮬레이션

시뮬레이션(simulation)은 학습자에게 실제와 유사한 상황을 만들어 위험부담 없이 실제에서 중요한 부분을 집중학습할 수 있는 교육방법이다. 이 방법은 학습자에게 실제 현장과 같은 조건에서 안전하고 빠르게 현실을 경험하게 하고 학습자의 참여를 조장하며 즉각적인 피드백 함으로써 교육분위기를 활기 있게 만든다. 반면, 스스로 발견학습을 하는 방법이므로 학습진행에 시간과 비용이 많이 들며 학습자가 교육목적을 인지하지 못할 경우 흥밋거리로 끝날 수 있다는 단점이 있다. 이 방법은 역할극과 같은 방법을 통해 대인관계나 상호작용을 익히기 쉽고 실제와 유사한 기계적 장치를 통해 어려운 기술을 습득할 수 있다.

(8) 견학

견학(field trip)은 시설이나 기관이 있는 장소를 방문하여 관찰함으로써 이루어지는 교육방법이다. 이 방법은 실물이나 실제 상황을 직접 관찰하므로 학습에 대한 흥미와 동기유발이 가능하며 사물 관찰능력을 배양할 수 있어 다양한 경험 습득 및 적용 능력 함양이 가능하다. 반면, 시간적 · 경제적인 비용이 많이 들며, 사전계획이 부진하면 학습자는 어느 한 부분에 치우친 학습목표에 도달하거나 효과를 얻을 수 없다. 따라서 견학 전에 반드시 견학의 목적을 학습자에게 설명해야 하며 견학인원을 조정하고, 견학장소에 일정을 미리 연락하고 교육자가 사전답사를 한 후 시행한다. 견학 후에는 평가를 통해 미흡한 부분은 교육자가 보충해 주거나 개선점을 찾는다. 이 교육방법이 적용 가능한 견학시설은 병원, 보건소, 요양시설, 식품공장, 수영장, 발전소, 하수종말처리장, 자원봉사센터, 박물관 등이 있다.

(9) 캠페인

캠페인(campaign)은 지식, 태도나 실천의 유도를 목적으로 단기간에 집중적으로 반복 또는 강조하여 많은 사람들에게 홍보하는 교육방법이다. 캠페인 기간은 대개 1주에서 1개월 정도가 많다. 기간이 너무 짧으면 기억하는 시간이 짧아 효과를 보기 어렵고 기간이 너무 길면 지루해져서 효과를 보기 어렵다. 보조자료로 라디오, TV, 인터넷, 팸플릿, 표어, 포스터 등을 활용하며, 가정방문이나 지역사회 모임, 우편물, 집단토의, 정기적인 교육을 통해 주기적으로 대상자에게 캠페인 내용을 인식시켜 주는 것이 중요하다.

6. 학교보건교육의 매체

보건교육 현장에서 학습내용 전달에 도움을 주는 모든 보조자료를 교육매체라고 할 수 있다. 적절한 교육매체의 활용은 교육내용이 잘 전달될 수 있도록 도와주기 때문에 학습목표에 보다 효과적으로 도달하기 위해서는 교육매체의 활용이 중요하다. 교육매체는 시 · 공간을 초월해 교육목적을 달성하기 위한 사건이나 사물을 제시해 줄 수 있고, 구체적인 것에서 추상적인 것에 이르는 경험을 통합시켜 준다. 기존의 자료를 활용할 수도 있으나, 학습목표에 맞게 자료를 재구성하거나 개발하려는 노력이 필요하다.

1) 교육매체의 종류

(1) 실물

생활의 실제 구체적인 사물이나 장면을 활용하는 것도 보건교육 현장에서 좋은 교육자료가 될 수 있다. 실물은 학습자의 흥미를 유발하고 실생활에 활용할 수 있으며 모든 감각기관을 동원하여 직접적이고 입체적인 학습을 할 수 있어 학습목표에 쉽게 도달할 수 있다. 반면, 소그룹에게만 적용이 가능하고 계절적 · 시간적인 제한이 있고 비용과 보관문제가 생길 수 있다.

(2) 모형, 표본, 시뮬레이션

실물이나 실제 상황을 그대로 활용할 수 없는 경우 실제 상황과 비슷한 학습현장을 재현함으로써 실물을 대체할 수 있는 효과가 있다. 또한, 여러 번 반복하여 사용하므로 실물 활용과 거의 비슷한 효과를 얻을 수 있고, 실물을 단면화 혹은 축소함으로써 시각과 촉각을 자극하여 세부적인 부분까지 학습할 수 있어 학습자의 관심 유발과 학습개념 및 기술 습득에 효과적이다. 반면, 한 번에 많은 양의 정보를 제공할 수 없고, 잦은 사용으로 인한 손상 우려가 있으며 실생활에 적용할 수 있는 완전한 기술습득이 불가능하고, 비용과 보관문제가 제기된다.

(3) 그림과 사진

그림이나 사진은 주변의 신문, 잡지, 책, 포스터 등에서 쉽게 구할 수 있어 비용이 저렴하고 휴대가 간편하며 그림이나 사진만으로도 의미 전달이 되고 현장감을 느낄 수 있다. 반면, 학습자와 시선을 마주치기 어려워 주의집중력이 약화될 수 있으며 평면적이기 때문에 크기와 거리가 왜곡될 수 있다는 단점이 있다.

(4) 융판

휴대가 간편하고 활용하기가 용이하며 반복 사용할 수 있고 그림 등을 단계적으로 제시하므로 학습자가 쉽게 이해할 수 있고, 학습자의 흥미와 동기유발이 용이하다는 장점이 있다. 반면, 소수에게만 사용 가능하며 제작시간과 기술이 요구된다는 단점이 있다.

(5) 영화, 비디오테이프

실물이나 모형으로는 보여주기 어려운 상황이나 진행과정 등을 많은 학습자에게 보여주어야 할 경우 학습내용에 맞게 편집해 사용할 수 있으며, 반복 사용이 가능하다. 시 · 공간을 초월해 움직이는 전 과정을 보여주고 동시에 시청각자료를 제공하므로 학습자의 주의집중이 용이하고 전 과정을 이해하기 좋다. 반면, 영사기와 같은 기구가 있어야 볼 수 있어 시설에 제한이 있고 준비 · 유지 · 구입비용이 비싸며, 좋은 영상을 제작하기 위한 전문지식과 기술이 요구된다. 학습 전 비디오테이프를 보여주고 학습활동의 초기에 어떤 일을 할 계획인가를 말해줌으로써, 학습자가 구체적이고 명확한 목적을 가지고 학습해야 할 내용을 인식하게 하면 좋다.

(6) 빔 프로젝트

다양한 소리, 영상 등 멀티미디어 기능으로 손쉽게 원하는 학습내용을 전달 가능하며, 애니메이션 효과 사용으로 학습자의 흥미유발이 가능하고 학습효과를 높일 수 있다. 스크린을 설치하고 기구 · 시설을 준비하는 데 많은 비용이 소요되며 조작능력을 갖추어야 한다.

(7) 컴퓨터 보조학습

컴퓨터 보조학습은 다양한 교육형태로 개별지도를 실시하므로 흥미유지와 반복교육이 가능하며, 개별적인 교육지도에 전념하게 한다. 컴퓨터 보조수업(Computer Assisted Instruction, CAI)은 컴퓨터를 활용하여 정보를 제시하거나 학습자의 반응에 의한 피드백을 제어하는 시스템을 말하며, 개인교수, 반복 연습, 시뮬레이션, 게임 등 다양하다. 컴퓨터 운영수업(Computer Managed Instruction, CMI)은 교사가 컴퓨터를 이용하여 필요한 정보를 얻은 후 학습자에게 제공하는 수동적 의미의 컴퓨터 이용 학습관리 시스템으로 학습활동을 평가하고 관리하는 것을 말한다. CMI를 이용한 교수방법은 학습교재와 교육방법의 효율적 관리, 학습진도 조절, 교육의 효과 판단 및 교육평가에 활용한다.

컴퓨터 보조학습은 대상자의 반응에 개별적으로 반응함으로써 즉각적인 강화가 이루어지며 학습자의 흥미와 수업의 현실성을 높여준다. 대상자 스스로 학습속도를 조절할 수 있고 학습에 능동적인 참여가 가능하다. 반면, 기구 및 시설을 준비하는 데 많은 비용이 들고 자료준비 및 조작이 어려우며, 잘못된 인지과정을 교정해 줄 수 있는 조치가 결여될 수 있다는 단점이 있다.

(8) 투시환등기

투시환등기(Over Head Projector, OHP)는 투시될 수 있는 자료를 확대시켜 영사할 수 있는 기기로 다수의 학습자가 화면에 투사된 이미지를 보고 그룹토의를 할 수 있다. 암막장치가 필요 없고 투명지(Trans Parence, TP)를 칠판대용으로 활용할 수 있으며 조작이 간단하고 부분 제시, 겹치기 제시 등 여러 가지 방법을 이용할 수 있다. 반면, 자료가 평면적이어서 지루할 수 있고 학습자의 시야를 가릴 수 있으며 자료를 준비하는 데 시간과 기술이 요구된다.

(9) 실물화상기

실물화상기는 어떤 실물의 모습도 영상으로 보여줄 수 있고 책이나 영상물 등을 그대로 확대해 보여주며 기존의 투시환등기 등의 기능을 함께 가지고 있다. 장점은 투시환등기, 스캐너의 통합적 기능을 가지고 있다는 것이며, 어떤 물체나 문서도 스크린에 투사하여 선명한 화질로 손쉽게 영상화 할 수 있고 보관과 관리가 용이하다는 점이다. 반면, 단점은 투영하고자 하는 자료가 자료대 안에 들어갈 정도의 크기만 투사할 수 있고 단면만 제시할 수 있다는 점이다.

2) 교육매체 선정 시 고려사항

- 학습자의 시각, 청각, 경험 정도
- 학습목적과 보건교육 내용에의 적합성: 목표도달에 적합한 조건, 효과성
- 학습자의 발달수준 적합성: 지적 및 신체적 발달수준, 학습경험, 흥미와 부합 여부
- 활용 가능성과 용이성: 조작 간편, 경제성, 활용의 유용성, 보관 및 운반 용이
- 학습상황에의 적합성: 최신 모델 여부, 특별시설의 필요성, 학습 분위기 조성에 도움
- 기타: 적절한 시간 배정, 사용 매뉴얼, 친근성

7. 학교보건교육 평가

보건교육은 보건교육의 효과를 향상시키기 위해 교육실시 전에 보건수업에 대한 학습자의 학업성취도와 교육과정을 평가하여 평가의 기준, 내용, 방법 등을 마련해야 한다. 평가

방법은 평가의 목적, 내용, 시기, 대상의 특성, 학급인원, 학교의 방침, 교육내용 등에 따라 달라질 수 있으며, 평가방법과 절차를 학년 초에 수립하여 학생에게 알려주도록 한다.

1) 평가목적

① 학습자의 학업성취도를 파악하기 위함이다.

② 학습자의 학습수준과 문제를 파악하기 위함이다.

③ 교육과정 및 내용의 타당도를 파악하기 위함이다.

④ 교육자의 교육방법이나 기술의 적절성을 파악하기 위함이다.

⑤ 투입된 노력의 적정도를 확인하기 위함이다.

⑥ 기대목표에 어느 정도 도달했는지 도달수준을 파악하기 위함이다.

⑦ 교육효과 증진에 영향을 주는 요인을 파악하기 위함이다.

⑧ 학습방법, 학습환경의 개선점을 발견하기 위함이다.

2) 평가절차

보건교육의 평가는 교육내용과 행동영역을 모두 반영하여 평가해야 한다.

(1) 학습목표의 확인

평가하고자 하는 주요 목표를 확인하고, 목표가 명확히 진술되었는지, 기대 목표와 일치되는지 확인한다.

(2) 평가도구의 선정

효과적 교육 여부의 판단을 위해 합리적인 평가도구의 선정은 필수적이다.

(3) 평가상황의 결정

학습목표 달성도에 관한 타당한 준거를 얼마나 잘 수립했는지를 통해 결정한다.

(4) 평가의 실시

계획되고 준비된 평가도구에 의해 교육 전 · 후에 단계별로 실시한다.

(5) 평가결과의 활용

평가결과를 분석하여 다음 보건교육 수행의 계획단계에 반영하도록 한다.

3) 평가의 유형

(1) 평가기준에 따른 유형

- 절대평가(준거지향적 평가): 주어진 학습목표를 달성하는 정도를 기준으로 학습자의 성취도를 평가하는 방법이다.
- 상대평가(규준지향적 평가): 학습결과 기준에 맞추어 기준보다 높은지, 낮은지, 집단 내에서 상대적으로 어느 위치에 있는지, 기준과 비교하여 상대적으로 얼마나 성취했는지를 평가하는 방법이다.

(2) 평가기능에 따른 유형

- 진단평가: 교육시행 전 시행하는 평가로 학습자의 교육에 대한 이해도를 측정할 수 있다.
- 형성평가: 교육이 진행되는 동안 시행하는 평가로 학습 중간에 평가를 시행함으로써 학습자에게 시행한 교육의 결과 및 개인차를 알 수 있고 학습의 장애요인을 찾아 개선할 수 있다.
- 총괄평가: 교육이 끝난 후 시행하는 평가로 학습자가 교육목표에 도달했는지, 학습자의 학업성취도를 파악할 수 있다.

4) 평가 시 고려사항

① 학습목표의 도달 유무를 확인한다.

② 평가도구의 신뢰도와 타당도를 유지한다.

③ 교육준비부터 종료 후까지 평가항목을 단계적으로 구성한다.

④ 투입된 노력에 대한 효율성을 확인한다.

⑤ 보건교육의 경제성을 고려한다.

⑥ 학습자에게 평가결과를 피드백한다.

⑦ 평가결과를 다음 교육에 반드시 반영한다.

chapter

6

학교환경관리

1절 교사 내 · 외 환경관리

2절 안전관리

학습목표

1. 교사 내 환경관리 요소를 설명할 수 있다.
2. 교사 외 환경관리의 필요성을 설명할 수 있다.
3. 학교안전관리를 설명할 수 있다.
4. 학생안전관리를 설명할 수 있다.
5. 학교재난관리를 설명할 수 있다.

학습개요

학교환경은 학교인구의 건강을 보호 · 유지 · 증진하고 학습능률을 향상시키는 중요한 요인으로 학교 내 · 외의 대기오염, 수질오염, 진동, 악취 등 유해환경 요소가 늘어가는 상황과 학생의 환경에 대한 적응력과 병원성균에 대한 저항력이 낮아지고 있는 점은 학교환경관리의 중요성을 더욱 강하게 인식시키고 있다.

학교환경관리의 목표는 학생과 교직원의 건강유지 · 향상, 심신안정, 학습능률화, 청결하고 아름다운 환경의 유지, 편안하고 유쾌한 생활을 영위할 수 있도록 물리적 환경과 사회적 환경, 정신적 환경까지 포함하며, 현재 영향을 주는 문제뿐만 아니라 미래에 영향을 미칠 가능성이 있는 요소까지 고려해야 한다.

최근 개정된 학교환경관리 영역은 보건교사의 직접적인 업무는 아니지만, 각 학교의 지정된 환경위생관리자가 업무를 원활히 할 수 있도록 관리자로서의 보건교사 역할을 강조하고 있다. 특히 학교안전관리는 사고요인이 되는 학교환경을 정비하고, 학생 개개인의 건강과 행동의 위험을 조기에 발견하며 그 위험요소를 신속하게 제거하여 학생의 안전을 도모하는 데 있다. 적절한 학교환경관리를 통해 학생이 건전한 학교생활을 할 수 있는 충분한 시설과 청결하고 안전한 학교환경을 갖춤으로써 학교교육 효과를 극대화할 수 있을 것이다.

1절

교사 내 · 외 환경관리

1. 교사 내 환경관리

교사 내 환경위생관리는 대부분의 시간을 학교생활과 학습활동 등으로 보내는 학생의 효과적인 학습활동에 직 · 간접으로 미치는 영향이 매우 크므로 특히 중요한 부분이라고 할 수 있다.

교사 내 환경관리의 목적은 학생 및 교직원이 건강하고 쾌적한 환경에서 교육활동을 할 수 있도록 실내환경, 공기 질, 채광, 온도, 습도, 분진 및 소음 등 환경위생을 적정기준으로 유지 · 관리함으로써 성장기 학생과 교직원의 건강보호 · 증진 및 학습의 능률화에 기여하기 위함이다.

1) 교지

교지(school site)는 고등학교 이하 각급 학교 설립 · 운영 규정에 의한 교사용 대지와 체육장의 면적을 합한 용지로서 교사(school building)의 안전, 방음, 환기, 채광, 배수 및 학생의 통학에 지장이 없는 곳에 위치해야 한다.

교지 선정의 이상적인 조건은 다음과 같다.

- 소음, 매연, 진동, 유해가스 등이 없는 곳
- 통풍이 잘되고 햇빛이 잘 드는 곳
- 학습활동에 지장이 없고 경사가 심하지 않은 곳

- 음용수나 생활용수를 구하기 용이한 곳
- 도서관, 공원 등 쾌적한 학습환경을 고려한 곳
- 공장, 번화가, 철도, 교통량 등의 공해로부터 되도록 멀리 떨어진 곳
- 영화관, 술집, 사창가, 오락시설, 유흥가, 혐오시설이 근접되지 않은 곳
- 교사의 배치 및 활용도를 고려하여 가급적 남북으로 긴 직사각형 모양인 곳
- 부식토, 점토, 쓰레기 매몰지는 피하고 유기물에 오염되지 않은, 물이 잘 빠지는 모래가 섞인 곳
- 초등학생의 경우 학생의 통학거리가 도보로 30분 이내이며, 중·고등학생의 경우 대중교통 이용 시 통학거리가 30분 정도인 곳
- 토지의 과거 이용력을 고려한 곳
  - 유해화학물질 취급 공장, 정유공장, 석면 취급 공장 및 제련소, 폐기물 처리장, 폐기물 매립장, 광산 등의 용도로 사용되지 않았을 것
  - 오염물질이나 독성물질이 배출되어 토양이나 지하수를 오염시켰던 지역이 아닐 것

2) 교사

교사는 가장 기본적인 학교시설로서 학습활동에 지장이 없도록 충분한 조건을 갖추어야 한다. 교사는 선정된 교지 중에서 높은 대지에 위치하도록 하며, 햇빛이 운동장으로부터 드는 남향이 좋으며, 운동장과는 상당한 거리를 두어 소음이 잘 들리지 않아 효과적인 학업이 이루어져야 한다.

각 교실의 배치는 일반교실은 남향 또는 동향, 동남향을 향하게 한다. 과학실험실은 남향이나 동향, 미술실과 제도실은 서북향, 보건실은 남향이 이상적이다. 체육관은 남향 또는 동향, 가스나 소음이 발생할 가능성이 있는 교실 또는 위험물 창고는 별관을 사용하도록 배치한다. 특히 강당은 단시간 내에 많은 학생이 출입할 수 있도록 충분한 수의 출입문을 설치해야 한다.

복도의 폭은 360cm 정도가 적당하고, 안전사고 예방 및 청소를 위해 문턱은 없어야 하며, 층계의 경사는 40° 이내로 하고, 학생들의 추락사고를 방지하기 위해 난간을 높게 한다.

교사는 가능한 한 고층보다는 단층이 좋으며, 화재 및 기타 재해를 예방할 수 있도록 안

전하게 설계되어야 하고, 소음, 악취를 막고 자연채광, 환기, 방한, 방서가 잘 되어야 한다.

3) 교실

학교생활의 대부분이 이루어지는 교실의 환경관리는 학생의 효과적인 학습활동에 매우 중요하다. 교실은 남향이나 동향이 좋으며, 동남향이 가장 이상적이다. 교실 수는 학급 수에 일치하는 수를 두되, 면적은 66m^2 이상이 되게 한다. 단, 학생 수가 학급당 25인 이하인 경우에는 45m^2 이상으로 한다.

(1) 환기

환기는 교실 내 오염된 공기에서 주는 불쾌감을 해소하기 위해 실내공기를 신선한 공기와 교환하는 것이며, 실내공기의 성상은 호흡 시 배출되는 탄산가스 및 몸에서 나는 냄새, 온도, 습도, 먼지에 의한 것으로 교실 내의 학생 수와 공기오염 물질의 양에 따라 환기량과 환기횟수가 정해진다.

일반적으로 환기는 이산화탄소의 농도를 기준으로 하며, 교실 내 이산화탄소의 농도는 1,000ppm/시간 이하여야 하며, 미세먼지는 24시간 평균 1m^3당 100㎍ 이하로 유지해야 한다. 이 이상인 경우 실내공기 환기가 나쁜 상태임을 알 수 있다.

1인당 필요한 공기용적은 초등학생의 경우 1인당 9m^3/시간, 중학생 14.49m^3/시간, 고등학생 26.69m^3/시간이다. 「학교보건법 시행규칙」(별표 2)에 의하면, 환기의 조절기준은 환기용 창문 등을 수시로 개방하거나 기계식 환기설비를 수시로 가동하여 1인당 환기량이 시간당 21.6m^3 이상이 되도록 할 것, 환기설비는 교사 안에서의 공기 질 유지기준을 충족할 수 있도록 충분한 외부공기를 유입할 수 있고 내부공기를 배출할 수 있는 용량으로 설치할 것, 교사의 환기설비에 대한 용량기준은 환기의 조절기준에 적합한 용량으로 할 것, 교사 안으로 들어오는 공기의 분포를 균등하게 하여 실내공기의 순환이 골고루 이루어지도록 할 것, 중앙관리방식의 환기설비를 계획할 경우 환기닥트는 공기를 오염시키지 않는 재료로 만들 것 등을 규정하고 있다.

필요한 환기량의 산정공식은 이산화탄소 농도를 기준으로 다음과 같다.

$$V = \frac{M_{100}}{C_S - C_O}$$

V: 필요환기량(m^3/hr)
M: 오염물질의 발생량(m^3/hr)
C_S: 기준허용농도(%)
C_O: 외기 중 오염물질의 농도(%)

환기 횟수 산정공식은 실내의 공기용적에 따라 다르며 다음과 같다.

$$N = \frac{\chi V}{\upsilon}$$

N: 환기 횟수
χ: 실내 사람 수
V: 1인당 필요 공기용적
υ: 실내 공기용적

(2) 채광과 조도

채광(자연조명)은 가능한 한 가장 효과적이고, 충분한 범위로 이루어지는 것이 바람직하다. 최대한의 자연광의 효과를 위해서는 창문 면적이 교실 전체 면적의 20~25% 이상이 바람직하며, 창의 색깔은 무색투명하고, 채광은 좌측 또는 좌후방이 이상적이다.

채광은 직사광선을 포함하지 않는 천공광에 의한 옥외 수평조도와 실내조도의 비가 평균 5% 이상으로 하되 최소 2% 미만이 되지 않고, 최대조도와 최소조도의 비율이 10:1을 넘지 않도록 하고, 교실 바깥의 반사물로부터 눈부심이 발생되지 않도록 하며, 직사광선이 직접 비치는 곳은 비치지 않는 유리나 커튼으로 막아준다.

교실 내의 조도(인공조명)는 책상면을 기준으로 300Lux 이상이 되도록 하고, 최대조도와 최소조도의 비율이 3:1을 넘지 않아야 하며, 인공조명에 의한 눈부심이 발생되지 않아야 한다.

조도의 측정방법

- 조도는 원칙적으로 오전 10시~오후 2시 사이에 측정하며, 조명기구를 켜고 검사한다.
- 야간학교는 일몰 후 조명기구를 점등하고 시행한다.
- 교실의 조도는 전후좌우 벽에서 1m 거리의 선과 전후좌우 중앙선이 교차하는 9개의 지점에서 책상 위 75cm의 수평면 조도를 측정한다(**그림 6.1**).

※ 측정장소는 해당 학교에서 채광과 조명시설이 가장 잘 되어 있는 교실과 일반 교실, 채광과 조명시설이 제일 불량하다고 인정되는 교실 각각 2곳을 선정하여 조도를 측정한다.

조도의 관리

- 조도 측정 후 조도가 불량하면, 조명기구를 설치한다.
- 직사광선이 비치는 곳에는 커튼으로 막는다.
- 흑판면과 책상면에 시야를 방해하는 광택이 없도록 한다.

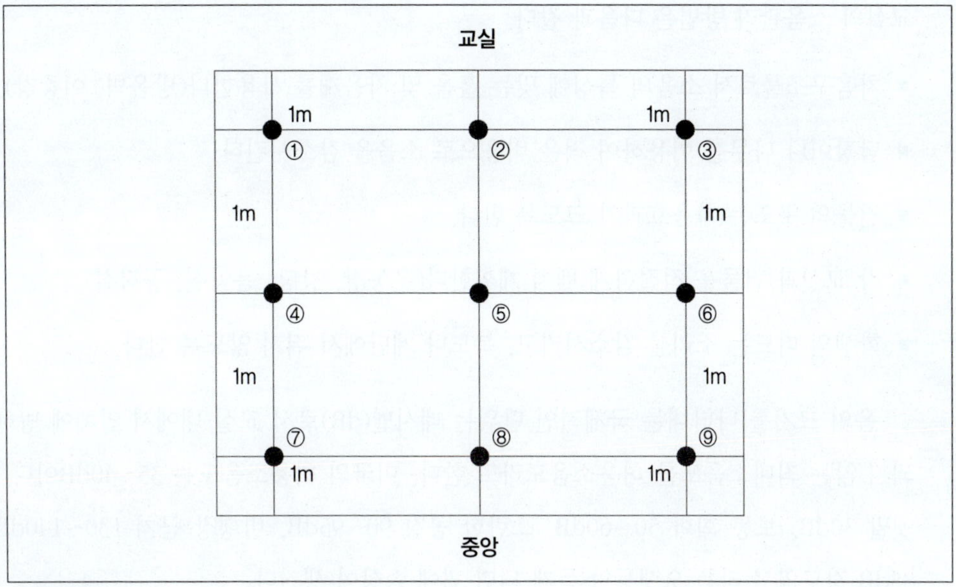

그림 6.1 교실의 조도 측정점

조명도가 50Lux 이하일 때는 인공조명이 필요하며, 교실조도가 150W에 미치지 못하거나 의심이 되는 학교에서는 교육청 학교보건 담당부서로 조도 측정을 의뢰한다.

(3) 실내온도와 습도

교실 내의 온도는 학생의 호흡과 발한, 활동량, 교실 외부 기온, 냉난방 장치 등의 영향을 받는다. 통상적인 실내온도 기준은 여름에는 25~26°C, 겨울에는 18~20°C, 인체에 쾌적한 습도는 40~70%가 이상적이다. 「학교보건법 시행규칙」(별표 2)에 의하면 실내온도는 18℃ 이상 28℃ 이하로 하되, 난방온도는 18℃ 이상 20℃ 이하, 냉방온도는 26℃ 이상 28℃ 이하로 할 것, 비교습도는 30% 이상 80% 이하로 하도록 규정되어 있다. 난방 시 습도는 40~60%를 유지하고, 냉방 시 실내 · 외의 온도 차이는 5~7°C 이내가 적당하다.

(4) 소음과 진동

실내 · 외의 소음은 학생의 정신집중을 방해하여 학습능률을 저하시키고, 학생과 교사간의 원활한 의사소통에 지장을 주며, 피로, 두통, 식욕감퇴 등을 유발할 수 있다. 「학교보건법 시행규칙」(별표 4)에서는 교사 내의 소음기준을 55dB 이하로 유지하도록 규정하고 있다.

교실의 소음관리 방법은 다음과 같다.

- 차음구조물로서 소음의 특성에 맞는 흡음 및 차음재를 사용한다(방음벽, 이중창).
- 담장이나 나무를 이용하여 적은 비용으로 소음을 감소시킨다.
- 건물의 구조는 차음효과가 크도록 한다.
- 각 교실과 건물을 적절하게 배치 계획한다(운동장, 강당, 음악실, 공작실).
- 학생의 떠드는 소리를 감소시키고, 복도나 계단에서 뛰지 않도록 한다.

음의 크기를 나타내는 국제적인 단위는 데시벨(dB)로서 교실 내에서 인체에 방해가 되지 않는 최대소음도를 허용소음도라고 한다. 미국의 허용소음도는 35~40dB이다. 귀엣말 30dB, 보통 회화 50~60dB, 소란한 공장 90~95dB, 비행장 근처 130~140dB로 85dB 정도의 소리를 오랫동안 듣게 되면 귀에 손상이 생긴다.

「소음 · 진동관리법」상 허용한도 초과학교는 소음피해방지의 근본적 대책을 수립하고 민간 및 군 공항을 포함한 공항 주변지역 소음피해학교는 냉방시설 설치 및 유지관리비 지원요청을 강구하며, 기존의 방음시설에 대한 사후관리를 철저히 한다.

(5) 교구관리

학생은 많은 시간을 학교에서 보내므로 책상과 의자의 관리는 중요하다. 특히 부적합한 책상과 의자의 사용은 학생의 자세불량, 체격불균형, 요통, 피로, 주의산만, 척추장애, 시력장애, 근육긴장 등의 건강문제를 유발할 수 있으므로 그 중요성이 매우 크며, 학생의 신체지수에 근거한 인체공학적 측면을 고려하는 배려와 관리가 필요하다.

책상과 의자는 학생에게 알맞은 표준규격으로 정하고, 앉은키와 대퇴, 하퇴의 길이를 기준으로 정하며, 책상과 의자는 분리되는 것이 좋으며, 1인용이 적합하다. 또한 학생의 신장에 따라 알맞은 규격으로 조절해 주어야 하며, 비용이 경제적이며 사용이 편리한 것을 선택해야 한다.

① 의자

의자 좌면의 높이는 하퇴길이 1.5cm, 전후경(폭)은 상퇴(둔부에서 무릎관절)의 길이이며, 좌우경은 1인용인 경우 45cm, 2인용 79~87cm가 적절하다.

② 책상

책상의 높이는 앉은키 1/3 + 의자 높이, 전후경(폭)은 앉은키의 2/3, 좌우경은 1인용인 경우 60cm, 2인용은 104~120cm, 책상면의 경사는 수평 또는 1/6 경사(15° 정도)가 적절하며 책상과 책상의 거리는 1인용은 50cm, 2인용은 60cm가 적당하다.

③ 칠판

칠판은 학생의 시력에 영향을 줄 뿐만 아니라 백묵으로 인해 호흡기에도 영향을 주는 교구이다. 칠판은 색채의 명도와 채도, 마멸 정도를 검사한다. 백묵분을 잘 지운 다음 칠판의 9개 분할지점을 칠판검사용 색표를 이용하여 검사하고, 마멸 정도는 가까운 창을 커튼으로 가리고 맨 앞의 양쪽 좌석으로부터 칠판면이 양끝을 보이면서 판면의 번쩍이는 곳이 있는가를 확인한다.

칠판의 높이는 학생의 하퇴길이에 앉은키를 더한 높이를 칠판의 하단으로 한다(바닥에서 70~90cm 지점, 때로는 10cm 낮게 하여 수평시선을 취함). 칠판의 상단은 학생의 손이 닿는 범위로 한다.

최근에는 화이트보드나 마커보드라고 부르는 다목적 칠판, 여러 개의 화면과 앞뒤로 이동할 수 있는 프레임이 있는 전자칠판 등이 개발되어 활용되고 있다.

4) 음용수

학교 먹는 물 위생관리의 목적은 물의 안전성을 확보하고 위생적인 물의 공급을 통해 학생 및 교직원의 건강보호 및 유지 · 증진에 기여하기 위함이다.

학교에서 공급되는 음용수는 학생 1인당 2L의 물을 확보해야 하며, 수도전은 학생 25명당 1개는 두어야 하고, 가뭄 등으로 급수가 곤란한 경우를 대비해 급수저장시설을 확보하고 관리해야 한다.

학교에서 제공되는 먹는 물의 형태는 상수도, 간이상수도, 지하수로 구분될 수 있는데 상수도는 정수장에서 음용이 가능하도록 정수과정을 거친 물로서 그대로 음용 가능하다. 단, 학교에 상수를 저장하는 별도의 물탱크를 둘 때는 외부로부터의 오염에 주의해야 하며, 노후한 상수도관에 의한 오염에도 주의해야 한다.

수돗물에 대한 불신으로 인해 많은 학교가 정수기 또는 냉 · 온수기를 설치하여 먹는 물을 공급하고 있으나 정수기의 필터 교환, 청소 등 유지 · 관리의 소홀로 오히려 식수의 수질을 저하시키고 있는 실정이다.

지하수의 경우 대부분이 음용수 수질검사에서 불합격 판정이 나오므로 필히 정기적인 전문기관의 검사를 받아 음용가능 판정을 받은 경우에만 사용해야 하며, 이화학적 오염이 심각하거나 미심쩍을 때는 반드시 100℃ 이상 15분간 끓여서 사용하거나 별도의 정수과정을 거친 물을 사용해야 한다.

(1) 관리기준

상수도 또는 간이상수도에 의해 먹는 물을 공급하는 경우에는 저수지를 경유하지 않고 직접 수도꼭지에 연결하여 공급해야 하며(직접 수도꼭지에 연결하기 곤란한 경우는 제외), 지하수 등으로 먹는 물을 공급하는 경우에는 저수조 등의 시설을 경유해야 한다. 급수시설 · 설비는 항상 위생적으로 관리해야 하며, 급수시설에서 사용중인 저수조는 「수도법 시행규칙」 제22조의3에 따른 청소 및 위생상태 점검을 실시하고, 외부인이 출입할 수 없도록 잠금장치 등의 조치를 해야 하며, 지하수 등을 먹는 물로 사용하는 경우에는 원수의 수질 안전성 확보를 위해 필요 시 정수 또는 소독 등의 조치를 해야 한다.

학생과 교직원에게 공급하는 먹는 물은 「먹는 물 관리법」 제5조의 규정에 따른 수질기준에 적합한 물을 제공해야 한다.

학교의 수도시설 중 저수조를 사용하는 학교의 경우 「수도법 시행규칙」 제22조의3 제4항에 따라 수질검사를 실시해야 하며, 지하수 수질검사는 「먹는 물 수질기준 및 검사 등에 관한 규칙」 제4조제2항에 따라 수질검사를 실시해야 한다.

학교장은 학교의 규모 및 급수시설의 노후도 등을 고려하여 급수시설의 청소 및 위생상태 점검주기와 수질검사(수질검사 대상이 아닌 학교에서 실시하는 수질검사를 포함한다)주기를 단축할 수 있다.

(2) 정수기 관리

정수기 또는 냉 · 온수기는 부득이한 경우에만 사용하도록 하되, 렌탈 및 기기 구입 시 설치업체에 소독, 정기적인 필터교환 등 사후관리를 의무화하여 전문가에 의한 주기적인 위생관리를 유도한다. 또한 학교장은 냉 · 온수 정수기별 관리 담당자를 지정하여 주 1회 이상 주기적 청소, 소독 실시 및 필터교환 등 관리실태를 점검 및 기록 · 유지하도록 하며, 정수기 청소 시 형식적인 외관 청소뿐만 아니라 수도꼭지, 물탱크 등의 소독을 실시한다. 또한 학생들을 대상으로 냉 · 온수 정수기 사용교육을 실시하여 사용자 부주의로 인한 오염을 예방한다.

수질검사는 분기당 1회로 의무화하고 수질검사 시료 채수는 학교담당자가 직접 채수 · 봉인(전문가 채수 · 검사시 입회)한 후 수질검사기관에 의뢰하며, 정수기 조사항목은 환경부가 제시하는 2개 항목(일반세균, 대장균)에 대해 검사를 실시한다.

5) 공기의 질

교사 내 공기 질 유지와 관리 체계 구축을 위해 각급 학교장은 「학교보건법 시행규칙」 제3조에 의거하여 일상점검, 정기점검, 특별점검을 실시하며, 학교생활과 학습 등으로 대부분의 시간을 보내는 교실 내 공기 질을 쾌적하게 유지 · 관리함으로써 성장기 학생과 교직원의 건강보호 · 증진 및 학습의 능률화에 기여하도록 하고 있다. 교사 안에서 공기의 질에 대한 유지 · 관리기준은 **표 6.1**, **표 6.2**와 같다.

표 6.1 교사 내 공기의 질 유지기준

오염물질 항목	기준	적용시설	비고
미세먼지(㎍/m^3)	100	모든 교실	10마이크로미터 이하
이산화탄소(ppm)	1,000	모든 교실	기계환기시설은 1,500ppm
폼알데하이드(㎍/m^3)	100	모든 교실	
총부유세균(CFU/m^3)	800	모든 교실	
낙하세균(CFU/실당)	10	보건실 · 식당	
일산화탄소(ppm)	10	개별난방 및 도로변 교실	직접연소에 의한 난방의 경우
이산화질소(ppm)	0.05	개별난방 및 도로변 교실	직접연소에 의한 난방의 경우
라돈(Bq/m^3)	148	1층 이하 교실	
총휘발성유기화합물(㎍/m^3)	400	건축한 때로부터 3년이 경과되지 아니한 학교	증축 및 개축 포함
석면(개/cc)	0.01	「석면안전관리법」 제22조 제1항 후단에 따른 석면건축물에 해당하는 학교	
오존(ppm)	0.06	교무실 및 행정실	오존을 발생시키는 사무기기(복사기 등)가 있는 경우
진드기(마리/m^3)	100	보건실	

출처: 「학교보건법 시행규칙」 제3조제1항제3호의2관련. 별표 4의2(2016.9.1 일부개정).

표 6.2 교사 내 공기의 질 관리기준

대상시설	중점관리기준
신축학교	• 「다중이용시설 등의 실내공기질관리법」 제11조의 규정에 의한 오염물질방출건축자재의 사용을 제한할 것 • 교사 안에서의 원활한 환기를 위하여 환기시설을 설치할 것 • 책상 · 의자 · 상판 등 학교의 비품은 「산업표준화법」 제12조에 따른 한국산업표준에 적합하다는 인증을 받은 제품을 사용할 것 • 교사 안에서의 폼알데하이드 및 휘발성유기화합물이 유지기준에 적합하도록 필요한 조치를 강구하고 사용할 것
개교 후 3년 이내의 학교	• 폼알데하이드 및 휘발성유기화합물 등이 유지기준에 적합하도록 중점적으로 관리할 것
노후화된 학교 (10년 이상이 된 학교)	• 미세먼지 및 부유세균이 유지기준에 적합하도록 중점 관리할 것 • 기존시설을 개수 및 보수를 하는 때에는 친환경 건축자재를 사용할 것 • 책상 · 의자 · 상판 등 학교의 비품은 「산업표준화법」 제12조에 따른 한국산업표준에 적합하다는 인증을 받은 제품을 사용할 것
도로변 학교 등	• 차량의 통행이 많은 도로변의 학교와 겨울철에 개별난방(직접연소에 의한 난방의 경우에 한한다)을 하는 교실은 일산화탄소 및 이산화질소가 유지기준에 적합하도록 중점적으로 관리할 것 • 식당 및 보건실 등은 낙하세균과 진드기(보건실에 한한다)가 유지기준에 적합하도록 중점적으로 관리할 것 • 석면을 단열재로 사용한 학교는 석면이 유지기준에 적합하도록 중점적으로 관리할 것

출처: 「학교보건법 시행규칙」 제3조제1항제3호의2관련, 별표 4의2(2016.9.1 일부개정).

교사 안에서의 공기의 질에 대한 유지기준으로 미세먼지 100㎍/m^3, 이산화탄소 1,000ppm, 폼알데하이드 100㎍/m^3, 총부유세균 800CFU/m^3, 낙하세균 10CFU/실당, 일산화탄소 10ppm, 이산화질소 0.05ppm, 라돈 148Bq/m^3, 총휘발성유기화합물 400㎍/m^3, 석면 0.01개/cc, 오존 0.06ppm, 진드기 100마리/m^3 등을 규정하였다.

쾌적한 교실 내의 공기를 유지하기 위해서는 수시로 창문을 열어 자연환기를 시키거나, 미세먼지 저감(低減)을 위하여 교실 출입구에 먼지깔개 설치, 실내화 착용, 교실별 진공청소기 비치 및 사용 등의 개선방안과 교실 내 정숙 유지로 오염물질 저감 및 확산방지, 운동장 먼지 저감 및 칠판 등 교실시설의 개선, 특별실과 복지시설의 확충, 냉난방기, 전등갓, 교실창틀, 특별실 등의 정기적인 청소 실시 등으로 교실 내의 청결상태를 유지할 수 있는 조치가 필요하다.

6) 화장실

화장실은 남자용과 여자용으로 구분하여 설치하되, 학생 및 교직원이 쉽게 이용할 수 있는 효율적인 측면에서 충분한 면적과 변기 수를 확보해야 한다. 최근에는 양성평등의 시각에서도 화장실의 면적과 변기수가 이슈화되기도 한다. 화장실은 쉬는 시간에 학생이 사용 가능한 거리에 설치되어 있으며, 교실과 같은 층의 근거리가 바람직하다. 대변기와 소변기는 상·하수도 시설의 미비 또는 수질오염의 이유로 수세식 화장실을 설치하기 어려운 경우를 제외하고는 수세식으로 해야 한다.

출입구는 남자용과 여자용이 구분되어야 하며 대변기 칸막이 안에는 소지품을 올려 두거나 옷을 걸 수 있도록 설비하고, 화장실 안에는 손 씻는 시설과 소독시설을 갖추어야 한다.

화장실은 항상 청결이 유지되도록 위생적으로 관리해야 하며, 악취의 발산과 쥐 및 파리, 모기 등 해로운 벌레의 발생과 번식을 방지하도록 화장실의 내부 및 외부를 4~9월까지는 주 3회 이상, 10월부터 다음 해 3월까지는 주 1회 이상 소독을 실시해야 한다.

화장실에는 환기시설, 채광과 조명, 방충시설, 안전시설 상태가 양호하도록 주의를 기울여야 하며, 남녀공학인 경우 성폭력 등으로부터의 안전성도 고려해야 한다.

최근 학교 화장실은 친환경적이고 쾌적한 공간으로 개선 및 유지관리를 위한 방법을 모색하고 있으며, 아름다운 화장실 가꾸기 운동을 전개하고 있다.

7) 폐기물

폐기물관리의 목적은 학교 내에서 배출하는 음식물쓰레기, 일반쓰레기 및 재활용품 등을 적정하게 처리함으로써 쾌적한 교내 환경을 유지하는 데 있다. 쓰레기 수거용기는 내수성이 있는 재료로 만드는 것이 좋고, 악취방지 및 해충에 의한 감염병 예방을 위해 뚜껑이 있어야 한다. 또한 교내의 필요한 장소에 충분한 수가 비치되어야 하며 주변을 깨끗이 청소하여 악취가 발생하지 않도록 하며, 쥐, 해충의 서식 및 발생이 확인된 경우 소독을 실시한다.

학교에서 발생되는 폐기물은 교육을 통해 근원적으로 줄일 수 있도록 하고 철저한 분리배출 및 종량제를 준수하며, 재활용이 가능한 폐기물은 따로 모아서 매각하거나 적극적으로 재활용하도록 하고, 재활용이 불가능한 폐기물은 지방자치단체와 협의하여 안전하고 위생적인 방법으로 처리한다. 학교의 일반폐기물은 지방자치단체 등에 위탁처리함을 원칙으로 하며, 외부 운반 위탁처리 등 대행조치가 곤란한 지역의 경우 「대기환경보전법」, 「폐기물관리법」에 의한 적법한 소각시설이 아니면 교내 소각을 금지한다. 실험실에서 발생되는 폐수는 「수질환경보전법」, 「폐기물관리법」에 따라 처리한다.

2. 교사 외 환경관리

학생이 학습에 전념할 수 있고 보호될 수 있는 제도적 뒷받침의 필요성에 따라 1967년 「학교보건법」 제정과 함께 학생들의 활동장소인 학교주변의 일정지역을 학교환경위생정화구역으로 설정하고, 학생들에게 바람직하지 못한 유해요인을 제거하여 학교교육의 능률화를 기하였다.

「학교보건법」 및 「학교보건법 시행령」에 정화구역 내의 금지행위, 정화구역 안에서의 기타 금지시설, 환경위생정화구역관리, 정화구역의 점검, 정비구역 학습환경 보호위원회, 학교환경위생정화위원회, 학교보건위원회 등 구체적인 법적기준을 마련하였다. 그러나 2016년 2월 3일, 안전한 교육환경 조성에 필요한 교육환경보호구역의 설정 및 보호구역 내의 금지행위 등을 주요내용으로 하는 「교육환경 보호에 관한 법률」의 제정에 맞추어, 학교환경위생 정화구역의 설정 등 학교의 환경위생 정화에 관한 사항을 삭제하는 등 「학교보건법」이 정비되었다.

「교육환경 보호에 관한 법률」에서는 「유아교육법」 제2조제2호에 따른 유치원, 「초 · 중등교육법」 제2조 및 「고등교육법」 제2조에 따른 학교, 그 밖의 다른 법률에 따라 설치된 각급 학교(국방 · 치안 등의 사유로 정보공시가 어렵다고 대통령령으로 정하는 학교는 제외한다)의 교육환경 보호에 필요한 사항을 규정하여 학생이 건강하고 쾌적한 환경에서 교육받을 수 있게 하는 것을 목적으로 학생의 보건 · 위생, 안전, 학습 등에 지장이 없도록 하기 위한 학교 및 학교 주변의 모든 요소가 규정되어 있다.

국가와 지방자치단체는 교육환경을 보호하기 위해 필요한 시책을 마련해야 하며, 교육부장관은 5년마다 교육환경보호기본계획을 수립하도록 규정되어 있다. 또한 교육감은 교육환경보호구역을 설정하도록 되어있고, 교육환경보호구역에서의 금지행위 등도 규정되어 있다.

2절

안전관리

1. 학교안전관리

1) 필요성

최근에 우리 사회에서 잇달아 발생한 각종 사고는 개인에게는 물론 사회에도 커다란 충격과 손실을 주었다. 우리의 생활을 위협하는 각종 사고를 예방하고, 궁극적으로 우리 사회에 안전문화를 정착시키기 위해서는 모든 국민이 안전에 대한 지식과 태도를 갖추어야 한다. 청소년은 성장발달상 활동량이 많고 안전사고에 대한 인식이나 사전지식이 결여되어 있으며, 주의력, 판단력이 떨어지고 신체적 미성숙으로 인해 많은 예기치 않은 안전사고에 노출되어 있다. 학령기의 안전사고관리는 이 시기의 사망원인 1위인 사고예방을 위해서도 매우 중요한 영역이라고 할 수 있다. 학생의 안전사고관리에서는 무엇보다도 학생들에게 사고가 발생하지 않도록 미리 예방하는 방법과 사고발생 후 사고로 인한 건강문제가 최소화될 수 있도록 관리하는 것이 필요하다. 특히 아동 및 청소년 시기부터 안전에 대한 기초적인 지식과 기능을 전수시켜줌은 물론, 학교의 안전관리체제를 중심으로 형성되는 학교 안전문화 속에서 생활하면서 안전에 대한 올바른 가치관이나 태도를 길러주는 일이 중요하다.

2) 학교안전과 안전교육

학교안전이란 학생 스스로가 일상생활에서 발생할 수 있는 여러 가지 위험을 미리 깨닫고, 사고가 발생했을 때 정확한 판단에 의해 적절하게 행동할 수 있는 태도와 능력을 가르치는 안전교육과 학교차원에서 학생의 안전을 지키기 위해 수행하는 안전관리 활동을 포함하는 개념이다.

안전교육은 교육과정을 중심으로 학생이 스스로 안전한 생활을 하는 데 필요한 기초적인 지식을 습득시키는 안전학습과 일상생활 속에서 안전유지의 원칙하에 올바르게 판단하고 적절하게 행동할 수 있는 태도와 능력을 가르치는 안전지도로 이루어진다. 또한 학교안전관리는 학생의 신변 안전을 유지시키기 위해 교내 혹은 교외에서 학생의 행동을 지도하는 활동과 학교의 시설 및 설비의 안전 여부를 주기적으로 점검하는 활동으로 추진하기 위해 학교에서 안전전담조직을 구성 · 운영하고 가정 및 지역사회와의 협력체제를 구축해 나가는 것이 필요하다.

(1) 학교안전사고

학생이 교내에서 불의의 사고로 장애인이 되는 일이 증가하고 있다. 학교안전사고는 교육활동 중에 발생한 사고로서 학생 · 교직원 또는 교육활동 참여자의 생명 또는 신체에 피해를 주는 모든 사고, 교내 및 수련활동 또는 체육대회 등 학교장이 인정하는 각종 행사 또는 대회 등에 참가하여 행하는 활동, 학교급식 등 학교장이 관리 · 감독에 속하는 업무가 직접적인 원인이 되어 발생하는 질병 등이 포함된다.

2009년 서울학교안전공제회 자료에 의하면 시간대별 사고발생은 체육시간, 휴식시간, 과외활동 순이었으며, 사고발생 장소는 운동장, 교실, 체육관 순이었다. 부상부위별 사고발생 종류는 골절, 열상, 관절염좌 순이었고, 사고발생 원인은 학생 부주의가 절대적으로 많았다.

「학교보건법」 제12조에는 "학교의 장은 학생의 안전사고를 예방하기 위하여 학교의 시설 · 장비의 점검 및 개선, 학생에 대한 안전교육, 그 밖에 필요한 조치를 하여야 한다."고 되어 있으며, 정부에서는 2007년 「학교 안전사고 예방 및 보상에 관한 법률」을 제정, 공포하여 시 · 도별로 학교안전공제회를 설립하고, 학교 내 안전사고 피해학생 및 교직원에게 요양급여와 장애급여를 지급하도록 하는 등 학교안전사고 예방에 노력하고 있으나, 학생의 생활환경 주변에는 항상 위험이 잠재되어 있어 학교안전사고가 계속 증가하고 있다.

학교안전사고는 사고장소, 사고원인, 사고 후 응급처치와 후속조치 등에 따라 피해 정도도 경증에서 중증까지 다양하며, 사고의 형태별 분류를 보면 **표 6.3**과 같다.

(2) 안전사고 예방의 원리

미국의 안전전문가인 하인리히(H. W. Heinrich)는 안전의 원칙을 다음의 4가지로 제시하였다.

① 원인연계의 원칙

사고는 여러 가지 원인이 연속적으로 연계되어 일어난다. 사고와 손실과의 관계는 우연적이나, 사고 발생과 원인 사이에는 반드시 필연적인 인과관계가 있다.

학교 사고의 발생을 최대한 방지하기 위해서는 일련의 체계적인 절차와 활동을 전개해야 한다.

② 손실우연의 원칙

사고의 결과 생긴 손실(상해)의 크기는 우연에 의해 정해진다. 즉, 사고와 상해의

표 6.3 사고의 형태별 분류

사고형태	내용
추락	사람이 건축물, 사다리, 경사면, 나무 등에서 떨어지는 것
전도	사람이 평면상으로 넘어졌을 때를 말함(과속, 미끄러짐 포함)
충돌	사람이 정지된 물체에 부딪친 경우
낙하	물건이 주제가 되어 사람이 맞는 경우
붕괴	적재물, 비계, 건축물이 무너진 경우
협착	물건에 끼워진 상태, 말려든 상태
감전	전기 접촉이나 방전에 의해 사람이 충격을 받은 경우
폭발	압력의 급격한 발생으로 폭음을 수반한 팽창이 일어난 경우
파열	용기 또는 장치가 물리적인 압력에 의해 파열된 경우
화재	물체의 연소로 인한 피해를 당한 경우
무리한 동작	무거운 물건을 들다 허리를 삐거나 상해를 입은 경우
이상온도 접촉	고온이나 저온에 접촉한 경우
유해물 접촉	유해물 접촉으로 중독이나 질식된 경우

정도 사이에는 언제나 우연적인 확률이 존재한다.

③ 예방 가능의 원칙

사고는 예방이 가능하다. 중대한 사고가 발생하기 전에는 충분히 예방 가능한 징조들이 있다.

④ 대책선정의 원칙

안전사고에 대한 예방책으로는 교육적(Education), 기술적(Engineering), 관리적(Enforcement)의 3E 대책이 중요하다.

- 제1단계: 사고가 일단 발생하게 되면 사고 조사 및 검토를 통해 사고의 정도를 확인한다.
- 제2단계: 사고의 정도가 파악되면, 사고의 원인이 무엇인가를 밝힌다.
- 제3단계: 사고의 원인이 밝혀지면, 이를 예방하기 위한 효과적인 방법을 찾아보고 예방책을 수립한다.
- 제4단계: 수립된 예방책을 적용해 본다.
- 제5단계: 적용된 예방책이 효과적인가를 검토 분석한다.
- 제6단계: 검토 분석 결과에 따라 불합리한 것은 재조정한다.
- 제7단계: 조정된 예방책을 다시 적용하고 이를 최종적으로 평가한다.
- 제8단계: 최종적으로 평가된 예방책을 지속적으로 점검해 나간다.
- 제9단계: 점검 결과에 따라 예방책을 조정해 나간다.

(3) 안전사고 처리절차

① 신속한 구호활동

- 사고 발생 후 신속한 사고 현장 도착
- 상황이 급박할 경우 119 구급대에 구조 요청
- 현장 응급처치 및 학교 인근병원으로 후송
- 담임교사는 반드시 병원까지 동행하여 진단(검사)

② 학교장 보고 및 학부모 연락

- 사고경위 파악 및 일지 기록

- 사고일시, 관련자, 사고원인 및 목격자 진술
- 교사 직무 수행 및 사후 조치 내용

③ 사고발생 통지기간 및 절차

- 통지기간: 지체 없이 통지
- 통지절차: 학교 아이디로 로그인 – 사고발생 통지서 접수

④ 공제급여청구

- 학교안전공제회 공제급여관리시스템(http://www.schoolsafe.or.kr) 접속
- 아이디: 학교마다 주어짐
- 공제급여청구 증거자료(영수증 원본 등)는 공제회로 발송
- 공제회에서 14일 이내 공제급여 지급 여부 결정 후 학부모 계좌로 지급

2. 학생안전관리

1) 활동 중의 안전지도

학생의 활동영역을 중심으로 교사가 수행해야 할 안전관리 및 지도 내용은 다음과 같다.

(1) 교과활동 중의 안전지도

각 교과활동 중 담당교사가 숙지하고 있어야 할 사항은 다음과 같다.

① 과학 교과의 안전지도

- 긴급 대피 절차를 준수한다.
- 학생 행동에 대한 규정을 지킨다.
- 안전복 착용에 관한 사항을 숙지한다.
- 화학물질의 저장에 대한 지침을 따른다.
- 화학물질 잔여분과 쓰레기를 처리하는 규정에 따라 실시한다.
- 실험 실습에 있어서 교사의 일정한 지시에 따르도록 지도한다.

- 수업시간에 위험을 유발시킬 가능성이 있는 활동이 무엇인가를 확인한다.
- 이용 가능한 소화기의 위치를 포함하는 안전 및 응급장비의 위치에 대한 세부사항을 준수한다.
- 약품을 사용할 때 그 특성을 미리 설명하고, 위험성의 실제사례를 들어 경각심을 갖게 한다.
- 날카롭거나 예리한 도구를 이용하는 경우 사전에 사용방법과 취급방법을 자세히 설명해준다.
- 화기를 다루는 실험일 경우 학생에게 부주의나 장난에 의해 화상을 입거나 화재가 발생할 수 있음을 유의시켜야 한다.

② 체육 교과의 안전지도

- 체육기구의 안전점검을 실시한다.
- 높이뛰기 시 관절 부상에 유의한다.
- 야구, 소프트볼 등의 구기종목 활동 시 상대방의 움직임에 유의한다.

(2) 교과활동 외의 안전지도

① 단체활동의 안전지도

- 사전 안전점검 및 지도

단체활동이란 학교 주도의 조직 활동으로서 교육적인 목적으로 학교의 시설 범위를 떠나는 활동(캠프, 모험, 운동경기 등)을 의미한다. 학교가 주관하는 단체활동은 교육목적에 따라 실무자가 개발한 프로그램에 따라 수행하되, 사전에 철저한 준비가 필요하며, 안전에 관한 지침을 준수해야 한다. 교장이나 교사는 단체활동 중에 일어날 수 있는 사고와 관련하여 주의의무를 충실히 수행해야 한다.

- 사후처리

단체여행 시 학생이 사고나 상해를 당하는 긴급한 상황이 발생했을 경우 인솔교사는 이에 대응하는 적절한 행동을 한 후 즉시 학교장에게 연락해야 한다. 연락을 받은 학교장은 긴급 사태를 관리하기 위해 관계 기관에 연락하여 조치를 취하며, 사고 학생의 부모나 보호자에게 통보해 주어야 한다.

단체활동 행사 전에 점검해야 할 일반사항

- 단체활동 시 발생할 수 있는 긴급 사태를 신속하게 해결하기 위해 적절한 조직을 구성하고 역할을 분담한다.
- 단체여행의 전반적인 책임을 지고 있는 학교장은 사고나 상해가 발생했을 때, 즉각적으로 보고서를 작성할 수 있도록 관련 서류를 준비해야 한다. 교장, 교사, 관계자는 사고나 상해의 발생 가능성을 예상할 수 있어야 한다.
- 학교장은 교사와 학생이 여행에 대한 적절한 사전계획이 수립되어 있고, 이에 대한 준비가 이루어졌는가를 확인해야 한다. 모든 교사와 학생이 의복이나 보호장비를 적절하게 갖추었는지도 확인해야 한다.
- 교사는 단체여행에 따른 제반 안전관리 및 질서유지를 위해 자신에게 부여된 의무를 최대한 수행해야 한다.
- 교사는 학생이 단체에서 이탈하지 않도록 주의를 주어야 하며, 위험한 곳에 접근하지 않도록 지도해야 한다.
- 교사는 학생이 안전수칙을 철저히 이행하도록 해야 하며, 장소 이동 시 인원점검을 철저히 하여 학생이 무단이탈하거나 낙오되지 않도록 주의한다.
- 화재발생 가능성이 높은 시기나 화기사용이 금지된 장소에 대해서는 교외활동을 제한하는 것이 좋다. 부득이하게 단체활동이 추진되는 경우에는 각별히 화재안전예방책을 수립해야 한다.
- 여행 시 학생이 숙박하게 될 장소를 사전에 방문하여 학생의 안전에 최대한 유의한다.
- 나이가 어린 학생은 단체여행 시 반드시 명찰을 달아주는 것이 바람직하다.
- 학교는 최소한 2~3주 전에 단체여행 계획을 학부모 및 보호자에게 통지하고, 사전 승인을 받아 둔다.
- 각 여행지마다 가까운 의료기관을 사전에 알아두고, 사고 발생 시 신속하게 조치할 수 있도록 한다.

교장과 교사는 학생의 안전을 보호해야 하며, 학생이 부상을 당한 경우에는 적절한 조치를 취해 학생을 돌보아야 할 법적인 책임을 갖는다.

② 통학 중의 사고와 안전

가. 통학로 안전지도

■ 등 · 하교 보행 안전

- 옆으로 걷지 않는다.
- 장난치면서 걷지 않는다.
- 골목길에서는 뛰지 않도록 한다.

- 통학로에서는 반드시 인도로 걷는다.
- 인도와 차도의 구별이 없는 곳은 우측으로 걷는다.
- 세워져 있는 차 뒤에서 걷거나 서 있지 않도록 한다.
- 비좁은 도로에서 자동차가 접근하면 재빨리 피한다.
- 차도로 나갈 때는 반드시 멈추고 주변 안전을 확인한다.

■ 신호등이 없는 곳에서의 도로 횡단 안전

- 반드시 손을 들고 걷는다.
- 서둘러서 건너거나 달리지 않는다.
- 횡단 중에는 양쪽 자동차 주행 방향을 살핀다.
- 차량의 흐름을 파악한 후에 손으로 신호한다.
- 보행속도나 방향을 급하게 바꾸지 않는다.
- 왼쪽 → 오른쪽 → 왼쪽을 살펴서 안전을 확인한다.
- 우천 시에는 밝은 색의 우산이나 의복을 걸치며, 야간 보행 시에는 더욱 주의한다.

나. 통학로 안전관리

학교는 평소에 학생에게 교통안전에 대한 교육을 실시하고 안전한 통학이 이루어질 수 있도록 철저히 관리할 필요가 있다. 학생이 안전하게 통학할 수 있도록 학교에서 배려해야 할 사항을 제시하면 다음과 같다.

■ 통학로의 설정

- 가능한 한 인도와 차도의 구별이 있는 도로를 통학로로 설정한다. 만약 구별이 없는 경우에는 차량의 통행이 적은 곳과 도로의 폭이 학생이 보행하기에 적절한 곳을 선정한다.
- 통학로는 위험하지 않은 곳으로 설정한다.
- 횡단할 도로에 횡단보도나 신호기가 설치되어 있는 곳과 경찰 등에 의한 수신호가 행해지고 있는 곳을 통학로로 정한다.

■ 통학로의 안전 확보

- 도로관리자 등과의 협의를 통해 '통학로'의 경계 표시를 적절한 장소에 설치하도록 한다.
- 인도 및 차도의 구별이 없는 도로에서 상황에 따라 교통규제[주차금지, 통학 시

간대에 차량 통행금지 제한속도 표지판(10km 이내)] 조치가 이루어지도록 행정기관에 요청한다.

- 가장 위험하다고 생각되는 장소에서는 교사가 직접 학생을 유도하거나 지도하도록 한다. 또는 학교 자체적으로 교통안전대를 활용하거나 어머니회 등의 협조를 요청한다.
- 횡단보도나 신호기 설치가 되지 않은 도로로 학생이 무단횡단할 경우, 위험성을 관계 행정기관에 건의하여 육교나 구름다리식의 안전도로를 확보한다.
- 통학로 상의 유해물 방치나 공사 여부 등을 수시로 점검하며, 도로 사정의 변화에 적절하게 대응한다.
- 자전거로 통학하는 학생은 의무적으로 헬멧을 착용하도록 한다. 학교는 자전거와 헬멧을 보관할 수 있는 장소와 자전거 통학로를 마련해 준다.

2) 학교생활 중의 안전지도

학교에서의 생활 중에 학생에게 빈번하게 발생하는 사고의 유형 및 사고 위험발생 가능성이 높은 영역을 중심으로 예방대책을 제시하면 다음과 같다.

(1) 학생 간의 충돌

- 학교 내의 각종 출입구 공간을 최대한 확보한다.
- 학년마다 현관 출입구를 지정하여 이용할 수 있도록 한다.
- 가능한 한 학교 운동장을 활동적인 놀이공간과 비활동적인 놀이공간으로 구분한다.
- 학교 행사 후에 학생이 해산할 때, 질서 정연하게 이동하도록 유도한다.

(2) 학생과 물체의 충돌

- 복도나 통로에는 각종 설비를 보관(설치)하지 않도록 한다.
- 설비나 가구 등을 가능하면 모나지 않게 정돈하여 배치한다.
- 건물 내의 공간 구분용 문은 학생이 충돌하지 않도록 열어 놓는다.
- 보행로에 있는 기둥은 밝은 색 페인트칠을 하여 학생의 눈에 잘 띄게 한다.
- 학생이 건물 내에서 뛰어 다니지 않도록 엄격한 규칙을 정하고, '뛸 수 없는 지역'

으로 표시한다.

(3) 계단의 이용

- 계단에서는 뛰지 못하도록 한다.
- 우측통행을 습관화시켜 충돌 사고를 예방한다.
- 계단을 올라갈 때보다는 내려갈 때에 더욱 주의하도록 한다.
- 야광 테이프로 계단의 중앙선을 표시하고 통행 방향을 화살표로 표시한다.
- 학교의 큰 행사가 끝나는 시점에서는 계단에 안전관리자를 배치하여 사고를 예방한다.

(4) 시설물에서의 추락

- 시설물의 사용방법을 교육한다.
- 비오는 날에는 시설물을 사용하지 않도록 한다.
- 장비나 사용수칙을 엄격하게 지키도록 한다.
- 시설물 사용시 학생들이 발 크기에 맞는 신을 착용하도록 지도한다.
- 시설물을 안전하게 이용할 수 있도록 높이를 조정해 둔다.
- 시설물 주위에 추락에 따른 신체적 충격을 완화시키기 위한 보완장치를 설치한다.

(5) 운동장 놀이 중의 사고

- 반드시 준비운동을 하도록 지도한다.
- 운동규칙을 철저히 준수하도록 한다.
- 사고는 어디서나 발생할 수 있으므로 공간 확보에 유념한다.
- 당일 신체적 상황이 안 좋은 학생은 사전에 확인하여 활동에서 제외시킨다.
- 비오는 날에는 미끄러질 염려가 높으므로 운동장 시설 이용을 금하도록 한다.
- 야구 등 구기종목 활동 시에는 보호장구를 필수적으로 착용하도록 한다.
- 학생이 많이 이동하는 쉬는 시간, 점심시간에는 운동장 근처에 차량 통행을 제한한다.

(6) 지면관리

- 학교 내 공간지면의 재질은 학생이 넘어져도 충격을 흡수할 수 있는 것으로 선택해야 한다. 특히 화장실 근처나 수돗가에서는 물기에 의해 사고가 발생할 수 있으므로 이를 방지할 수 있는 재질을 사용한다.
- 운동장의 지면을 항상 편평하고 고르게 해 놓는다.
- 운동장에 깨진 유리조각이나 기타 유해 물질이 있는지를 주기적으로 점검하여 제거한다.

(7) 기타 지도 사항

- 평상시에 학생이 운동장에서 놀 때, 사고에 대해 주의하는 자세를 지니도록 하기 위해 경고 표지를 부착하는 것이 좋다. 예를 들어, '우천 시 미끄러짐 주의', '시설물의 안전한 사용' 등이 있을 수 있다.
- 지역사회의 안전 관련 기관의 담당자를 초빙하여 강연을 열고, 학생과 대화하는 기회를 갖도록 한다.
- 평소 교실 내에서 긴급상황이나 대피절차를 훈련시킨다.
- 교사는 클럽활동과 재량활동시간을 이용하거나, 교과 수업 중에 안전을 강조하여 가르침으로써 안전의 필요성과 중요성을 일깨워준다.
- 월말에 사고가 가장 적은 학급 또는 질서를 잘 지킨 학생을 선정하여 표창한다.
- 사고 발생 가능성이 높은 사례를 포스터로 제작하여 학생의 눈에 잘 띄는 곳에 전시한다.
- 학생 스스로가 제작한 안전교육용 표어나 그림을 사고 발생 가능성이 높은 장소에 부착한다.

3) 학교폭력 예방

최근 들어 언론을 통해 학교폭력 및 성폭력 관련 내용이 연일 보도되고 있어 학교폭력 예방을 위한 대책이 필요하다. 학교폭력의 지속성과 지속 가능성으로 인한 심리적 · 정서적인 피해는 사회폭력과는 비교할 수 없을 만큼 심각하다. 이에 따라 정부는 관계기관과 함께 범정부 차원의 '학교폭력 예방 및 근절대책'을 수립 · 발표하여 추진하고 있다.

(1) 집단따돌림

친구 간 사소한 다툼으로 오해가 생겨 따돌림을 당하거나 성격적 결함, 전학 등의 이유로 친구들과 잘 어울리지 못하는 것을 쉽게 볼 수 있다. 사소한 다툼으로 인한 오해에서 시작된 경우 가해학생과 오해를 풀 수 있는 방안을 모색한다. 아이가 지나치게 소극적이거나 내성적인 성격일 때는 앞으로도 따돌림을 받을 수 있는 가능성이 있기 때문에 주위의 자원을 동원하여 아이의 자기주장 훈련을 돕거나 사회성을 개발해 나갈 수 있도록 한다. 집단따돌림의 경우 가해학생이 다수라서 누구를 대상으로 교정을 해야 할지 문제가 될 수 있는데, 우선 따돌림을 주도하는 아이를 알아내어 집중 교정하도록 한다.

(2) 폭력

① 폭력피해의 징후

- 비싼 옷, 운동화, 안경, 휴대폰 등을 자주 잃어버리거나 망가뜨린다.
- 몸에 다친 상처나 멍 자국이 자주 발견된다. 물어보면 그냥 넘어졌다거나 운동하다가 다쳤다고 대답하는 경우가 많다.
- 교과서나 가방, 공책 등에 '죽어라', '죽고싶다'와 같은 낙서가 쓰여있다.
- 용돈이 모자란다고 하거나 말도 없이 돈을 집어가며 풀이 죽어서 돌아와 맥없이 풀썩 주저앉거나 자기 방에 틀어박혀 나오지 않고 입맛이 없다며 평소에 잘 먹던 음식에도 손을 대지 않는다.
- 두통이나 복통 등 몸이 좋지 않다고 호소하며 학교가기를 싫어한다. 따라서 지각이 잦아지고 이것이 등교 거부로 발전한다.
- 친구에게 전화 오는 것조차 싫어하고 갑자기 전학을 보내달라고 한다.
- 갑자기 성적이 떨어지며 잘 때 식은땀을 흘리고 잠꼬대하거나 앓는 소리를 낸다.
- 체육시간이나 점심시간, 야외활동 시간에 집단에서 떨어져 따로 행동한다.
- 주변 학생한테 험담을 들어도 반발하지 않는다.
- 얼굴표정이 평소보다 어둡고 수심이 있어 보이며 수업에 열중하지 못한다.
- 상담실을 서성거리거나 보건실을 찾아오는 횟수가 많아진다.

② 폭력피해의 유형별 대처

- 일회적 폭력

가해학생의 학교 교무실로 찾아가서 학생명단을 확인하고, 일단 확인이 되면 어떤 행동을 취하기 이전에 가해학생의 반복 가해 위험성 여부를 확인해 본다. 익명의 가해학생일 경우 또 다시 학교폭력이 일어날 가능성은 그리 높지 않지만 가해자가 피해자를 알고 있을 경우에는 반복될 가능성이 높다.

■ 가해학생이 1명인 경우

대응할 능력이 있음에도 폭력에 시달리는 경우가 있는데, 주로 가해학생의 주변에 돌봐주는 패거리나 선배가 있다는 말을 들었을 때 이러한 폭력이 발생한다. 이런 경우에는 폭력사실을 확인한 후 가해학생의 비행 정도가 심하지 않고 학교에서도 별 문제가 없었다면 피해학생 부모가 그 아이를 직접 만나거나 타일러 볼 수 있다. 이는 학교폭력 사실이 일단 어른에게 알려졌다는 사실만으로도 큰 효과가 있기 때문이다. 가해학생의 피해 정도가 심각할 경우에는 담임교사에게 알려 어떤 조치를 취해줄 것을 요청하는 방법과 담임교사와 같이 가해학생을 만나는 방법, 담임교사를 통해 가해학생의 부모를 만나 지도를 부탁하는 방법 등이 있다.

■ 가해학생이 여러 명인 경우

여러 명의 가해학생이 상습적인 신체폭력뿐만 아니라 금품갈취와 심리적인 괴롭힘까지 일삼아 피해학생이 학교생활을 지속해 나가기가 힘든 상태인 경우, 문제는 피해학생의 이런 상황을 알고 있는 다른 친구도 자신에게 끼칠 보복이나 기타 영향력 때문에 전혀 개입하지 않는다는 점이다. 또한 다수의 가해학생이 같이 한 피해학생을 괴롭히는 경우 가해학생의 주도적 · 비주도적 정도 차이를 학교에서는 파악하는 것이 어렵다는 것이다.

■ 가해학생이 서클 소속인 경우

서클에 가입된 학생으로부터에게서 피해를 당하는 경우와 서클에 가입하라는 협박 또는 탈퇴하려는 노력과정에서의 폭력이 대부분이다. 서클 학생에게 피해를 당하는 경우의 문제점은 직접적인 가해학생 외에도 여러 학생이 문제에 관여하는 경우가 많아 다각적인 접근이 필요하다는 것이다. 이때 학교에서는 처벌보다는 선도위주로 가해학생를 선도하고 계속 관심을 가지고 지켜보아야 한다. 물론 이때 가장 중요한 것은 피해학생의 인권과 보호이다.

■ 협박과 위협을 하는 경우

협박의 유형은 조직적인 폭력서클 가입 권유나 금품강요, 절도 등의 비행행위 강요가 많다. 또한 기존에 폭력서클에 가입되어 있다가 탈퇴한 경우 배신자라고 하여 보복의 위협을 가하는 경우가 있다. 이러한 경우 협박과 위협의 정도가 정말로 심각한 것인지, 어느 정도의 과장이 있는 것인지 파악하는 것이 쉽지 않다. 일반적인 해결책은 협박이나 위협의 통로가 무엇인지(가령 전화상으로만 그러는지, 집 주소를 알고 있는지, 학교에서 계속 마주치는지 등)를 파악하여 적절한 대책을 강구하는 것이다. 특히 폭력서클 가입에 대한 협박과 위협일 경우 그 조직이 어느 정도의 규모인지, 학교에서 파악하고 있는 조직인지 등을 알아야 한다. 대책방법으로는 전화번호를 변경하고 혼자 다니지 않도록 주의하며, 더 큰 위험성이 있다면 당분간 부모가 등·하교길에 함께하는 방법 등이 있다.

학교폭력에 대한 보다 자세한 내용은 4장 3절의 학생 건강문제관리 부분을 참고하기 바란다.

(3) 성폭력

성폭력은 강간뿐만 아니라 성추행, 성희롱, 성기 노출, 음란전화, 윤간 등 신체적·언어적·정신적 폭력을 포괄하는 것으로, 모르는 사람에 의한 성폭력, 혼인을 빙자한 성폭력, 데이트 성폭력, 직장에서의 성폭력, 어린이 성폭력, 집단 성폭력, 강도 강간, 근친 간 성폭력 등이 있다.

미성년자의 가해학생, 피해자는 불량 청소년이 되거나 가출하기도 하는데 미국의 경우 10대 매춘 여성의 7%는 성폭력 경험으로 인한 결과라고 한다. 가해 청소년은 상습적인 성폭력으로 성에 탐닉하게 되어 성숙한 성인으로 성장하지 못하거나 범법자가 되기 쉽고 성인이 된 후에도 정상적인 성생활을 하기가 어렵다. 이런 의미에서 가해학생도 성적 피해학생, 심리적 피해학생이 되므로 증가하고 있는 성폭력에 보다 적극적인 대처가 필요하다.

4) 화재 예방

(1) 화재 예방 수칙

- 한 개의 콘센트에 여러 개의 플러그를 꽂지 않는다.
- 과학실, 실험실 등의 화학약품을 안전하게 사용한다.
- 최종 퇴실자는 반드시 보안점검을 하고 전원을 차단한다.
- 휴대용 가스렌지, 개인용 전열기구를 사용하지 않는다.

■ 플러그를 뽑을 때에는 선을 잡아당기지 말고 플러그 몸체를 잡고 뽑는다.

■ 전기기구를 사용하지 않을 때에는 스위치를 끄고 플러그를 반드시 뽑아둔다.

(2) 화재발생 시 행동요령

■ 화재발생 시 가장 먼저 해야 할 일은 안전한 곳으로 대피하는 것이다.

■ 화재를 소화할 자신이 없을 때에는 소화를 시도하지 말고 우선 대피부터 한다.

- 화재 시 가장 위험한 것은 불꽃이 아니라 유독 연기이므로, 가능한 한 낮은 자세로 젖은 손수건 등으로 코와 입을 막고 불길의 반대편 쪽으로 대피한다.
- 책, 가방, 귀중품을 챙기느라 대피시간을 놓쳐서 안 되며, 대피 후 다시 건물 안으로 들어가는 것은 위험하다.
- 옷에 불이 붙었을 때에 당황하여 뛰게 되면 불이 더 빨리 타게 되므로 가슴 앞으로 팔을 모으고 바닥에 엎드려서 천천히 몸을 구르도록 한다. 이불, 카펫 등을 몸에 감아 불을 끌 수도 있다.

■ 신속히 119로 신고한다.

- 전화를 걸 때에는 불이 난 장소와 화재원인, 대피하지 못한 사람의 수 등 알고 있는 사항에 관해 침착하고 정확하게 말해 주어야 한다.

■ 엘리베이터를 이용해서는 안 된다.

- 화재 시 엘리베이터를 이용하는 것은 매우 위험하며, 높은 층수의 건물이라도 걸어서 대피해야 한다.

■ 화재 시 건물 안에 고립되었을 경우

- 소리를 치거나 물건을 창밖으로 던져 갇혀 있음을 알린다.
- 문을 닫고 연기가 새어 들어 오는 곳과 문틈을 담요, 시트, 옷, 양말 등으로 막는다.
- 손수건 등을 물에 적셔 마스크로 사용하고 최대한 자세를 낮춘다.

■ 대피하기 전에 소화할 수 있는 경우

- 소화에 실패하더라도 충분히 대피할 수 있다고 판단될 때
- 모든 사람이 대피하고 여유가 있을 때
- 불이 작아 위험이 덜할 때(쓰레기통, 방석 등에서의 화재발생)
- 출입문 쪽에서 소화기를 작동할 수 있을 때(위급 시 탈출이 가능하기 때문)

3. 학교재난관리

1) 재난의 정의

재난은 국민의 생명 · 신체 · 재산과 국가에 피해를 주거나 줄 수 있는 것으로서 과거에는 홍수, 지진과 같은 대규모의 자연재해(천재)를 지칭하였으나, 현대사회에 들어와서는 대규모의 인위적 사고(인재)가 자연재해를 능가함에 따라 자연재해와 인위재해를 포괄하는 개념으로 사용되고 있다. 재난은 원인이나 규모와 상관없이 생활환경이 불리한 방향으로 급작스럽게 변화하거나 막대한 인명피해와 재산피해로 기존의 질서와 기능이 상실되고, 사회적 파급효과가 큰 현상이다.

2) 재난의 종류

(1) 자연재난

태풍, 홍수, 호우(豪雨), 강풍, 풍랑, 해일(海溢), 대설, 낙뢰, 가뭄, 지진, 황사(黃砂), 조류(藻類) 대발생, 조수(潮水), 그 밖에 이에 준하는 자연현상으로 인해 발생하는 재해

(2) 사회재난

화재, 붕괴, 폭발, 교통사고, 화생방사고, 환경오염사고 등으로 인해 발생하는 대통령령으로 정하는 규모 이상의 피해와 에너지, 통신, 교통, 금융, 의료, 수도 등 국가기반체계의 마비, 「감염병의 예방 및 관리에 관한 법률」에 따른 감염병 또는 「가축전염병 예방법」에 따른 가축전염병의 확산 등으로 인한 피해

3) 재난의 관리

재난의 예방 · 대비 · 대응 및 복구를 위하여 하는 모든 활동을 말한다. 페탁(Petak)은 재난관리과정을 다음과 같이 4단계로 구분하였다.

① 1단계: 재해의 완화와 예방

② 2단계: 재해의 대비와 계획

③ 3단계: 재해의 대응

④ 4단계: 재해 복구

각 단계는 상호작용을 하며 어떤 경우에는 시간적으로 동시에 진행되기도 하며, 순환적으로 각 단계에 영향을 미치기도 한다.

4) 재난상황별 행동요령

(1) 지진발생 시 행동요령

- 지진으로 흔들리는 동안은 책상 아래로 들어가 몸을 웅크리고 책상다리를 잡고 몸을 보호한다.
- 흔들림이 멈추면 교사의 안내에 따라 질서를 지켜 운동장으로 대피한다.
- 창문유리가 깨질 우려가 있으므로 복도에서는 창문과 거리를 두고 계단을 이용하여 신속하게 이동한다.
- 건물 밖에서는 가방이나 손으로 머리를 보호하며, 건물과 거리를 두고 주위를 살피면서 이동한다.

(2) 황사발생 시 행동요령

- 황사가 발생하려고 할 때
  - 기상청에서 발표한 기상예보를 분석하여 지역실정에 맞게 휴업 또는 단축수업 실시 여부를 신중히 검토한다.
  - 학생 비상연락망을 점검하고, 연락체계를 유지한다.
  - 휴업 조치 시 맞벌이 부부 자녀는 학교에서 자율학습을 하도록 조치한다.
  - 학생과 학부모를 대상으로 황사 피해예방 행동요령을 지도 · 홍보한다.
- 황사가 발생했을 때
  - 유치원생과 초등학생의 실외활동을 금지하고 단축수업 또는 휴업한다.
  - 실외학습, 운동경기 등을 중지하거나 연기한다.
- 황사가 지나갔을 때
  - 학교의 실내 · 외를 청소하여 먼지를 제거한다.
  - 학생의 건강을 살펴 감기 환자, 안질환자 등은 쉬게 하거나 일찍 귀가시킨다.
  - 황사 후 발생할 수 있는 감염병에 대한 예방접종을 실시하거나 식당 등에 대한 소독을 실시한다.

chapter
7

보건실운영

1절 보건실관리

2절 예산관리

3절 물품관리

4절 약품관리

5절 문서관리

학습목표

1. 보건실을 운영할 수 있다.
2. 보건실 예산관리를 수행할 수 있다.
3. 보건실 물품관리를 수행할 수 있다.
4. 보건실 약품관리를 수행할 수 있다.
5. 학교보건 관련 문서관리를 수행할 수 있다.

학습개요

학교인구의 건강 보호 · 유지 · 증진을 도모하는 학교보건사업을 효율적으로 운영하기 위해 학교보건조직 운영, 보건실관리, 예산관리, 물품관리, 약품관리, 문서관리 등에 대해 이해할 필요가 있다. 보건실의 시설과 설비는 「학교보건법 시행령」(제2조 보건실의 설치기준)과 「학교보건법 시행규칙」(제2조 보건실의 시설 및 기구)에 규정되어 있다.

보건교사는 학교보건사업의 중심적이고 핵심적인 인물이므로 학교보건사업을 수행하는 구심점으로서의 역할과 기능을 수행해야 한다. 그 대표적인 업무로서 학교보건실의 시설과 설비를 관리하는 보건실관리가 철저히 수행되어야 하며, 학교보건사업을 수행하기 위해 필요한 예산의 확보와 관리가 중요하다. 이는 매우 복잡한 일이지만 예산의 선행조건과 과정을 충분히 이해하고 적용하여 적합한 예산관리를 할 수 있어야 한다.

또한 보건실운영, 업무에 필요한 비품과 소모품 등의 공급과 순환이 원활하도록 물품을 적재적소에 보관, 유지, 점검하여 만족할 만한 업무성과를 기대할 수 있도록 철저한 이루어져야 한다. 특히 보건실에서의 약품관리는 학생과 교직원에게 필요할 때 신속하고 적절한 조치를 취할 수 있도록 준비되어 있어야 하며 약품의 오 · 남용을 예방할 수 있도록 해야 한다.

학교보건 관련 문서관리는 보건실의 업무활동 과정과 결과를 정확하게 전달하고 보존하기 위한 사무활동 수단의 중심이다. 여기에서는 보건교사의 원활한 업무활동을 위한 학교 보건실운영과 관리에 따른 기록과 보관, 보고서 작성, 전자문서와 행정정보 시스템 관리 등에 관해 기술하였다.

1절

보건실관리

1. 보건실의 설치기준

보건교사는 학생과 교직원의 건강을 보호하고 유지 · 증진하기 위한 학교보건사업의 중대한 기능을 효율적으로 유지하기 위해 학교보건실의 시설 및 설비를 가장 기본적인 것으로 인식하도록 한다. 보건실이 절대로 다른 용도와 병행하여 사용되는 일이 없도록 잘 관리하고 운영되어야 한다.

일반적으로 보건실 내부는 처치실, 요양실, 상담실, 보건교육실 등의 업무공간으로 구분하여 설치하는 것이 바람직하다.

첫 번째, 처치실은 보건봉사를 위한 처치 공간으로서 학생과 교직원의 응급처치와 간호 제공이 원활하게 이루어질 수 있도록 한다. 또한 각종 약품, 설비 및 기구의 변질과 변색을 막기 위해 직사광선이 들지 않아야 한다.

두 번째, 요양실은 휴식과 안정을 위한 공간으로서 몸이 불편한 환자가 임시로 편안하고 안락하게 쉴 수 있고 보건교사가 환자를 가까이에서 관찰하고 보살필 수 있는 장소로 제공되어야 한다.

세 번째, 상담실은 건강상담을 위한 공간으로서 모든 대상자가 건강에 관해 개인적으로 만족할 만한 결과를 얻을 수 있어야 한다. 따라서 소음이 없고, 조명이 편안하고, 낮고 편한 의자가 갖추어져 있으며, 차 한잔 나눌 수 있는 여건 등 방문자를 충분히 배려할 수 있는 환경이 제공되어야 한다.

네 번째, 행정업무 공간이 확보되어 있어 여러 가지 보건자료의 관리가 이루어지는 동시에 행정, 사무관리 등의 업무를 차질 없이 수행할 수 있어야 한다. 더불어 보건실 옆(부근)에 보건교육을 효율적으로 실시하기 위한 보건교육실을 확보하는 것이 바람직하다.

「학교보건법 시행령」 제2조에 따른 보건실의 설치기준은 다음과 같다.

- 위치: 학생과 교직원의 응급처치 등이 신속히 이루어질 수 있도록 이용하기 쉽고 통풍과 채광이 잘 되는 장소이어야 한다.
- 면적: 66m^2 이상 다만, 교육부장관 또는 특별시 · 광역시 · 특별자치시 · 도 또는 특별자치도의 교육감은 학생 수 등을 고려하여 학생과 교직원의 건강관리에 지장이 없는 범위에서 그 면적을 완화할 수 있다.

위의 설치기준에 따른 보건실에는 학교보건에 필요한 다음의 시설과 기구를 갖추도록 한다.

- 학생과 교직원의 건강관리와 응급처치 등에 필요한 시설과 기구
- 학교환경위생과 식품위생검사에 필요한 기구

2. 보건실의 시설과 기구

「학교보건법 시행규칙」 제2조 별표1에서 제시한, 학교보건실에 갖추어야 할 시설 및 기구에 관한 내용은 **표 7.1**과 같다. 시 · 도 교육감은 학교의 실정에 따라 제5호의 규정에 의한 기준을 조정할 수 있다. 또한 사용학교급에 따른 학교보건실의 학교교구 · 설비기준은 **표 7.2**와 같다.

표 7.1 학교보건실에 갖추어야 하는 시설 및 기구

구분	기준
1. 일반 시설 및 기구 등	사무용 책상 · 의자, 건강기록부 및 서류 보관장, 약장 · 기기보관함, 소독(멸균)기, 냉 · 온장고, 물 끓이는 기구, 손전등, 가습기, 수도시설 및 세면대, 냉 · 난방시설, 통신시설, 컴퓨터 · 프린터기, 칠판 · 교육용 기자재 등
2. 환자안정용 기구	침대 · 침구류 및 보관장, 칸막이(가리개), 보온기구 등
3. 건강진단 및 상담용 기구	신장계 · 체중계 · 줄자 · 좌고계, 비만측정기, 시력표 · 조명장치 · 눈가리개 · 시력검사용 지시봉, 색각검사표, 청력계, 혈압계 · 청진기, 혈당측정기, 스톱워치(stopwatch), 검안경 · 검이경 · 비경, 펜라이트(penlight), 치과용 거울, 탐침 · 핀셋, 상담용 의자 · 탁자 및 진찰용 의자 등
4. 응급처치용 기구	체온계, 핀셋 · 핀셋통, 가위 · 농반 · 가제통 · 소독접시 · 드레싱카, 부목 · 휴대용 구급기구 · 구급낭 · 들것 · 목발, 세안수수기 · 찜질기 · 켈리(지혈감자), 휴대용 산소기 및 구급처치용 침대 등
5. 환경위생 및 식품위생검사용 기구	통풍건습계, 흑구온도계, 조도계, 가스검지기, 먼지측정기, 소음계 및 수질검사용 기구 등
6. 기타	학생 및 교직원의 보건관리에 필요한 시설 · 기구 등

비고: 교육감은 학교의 실정에 따라 제5호의 규정에 의한 기준을 조정할 수 있다.
출처: 「학교보건법 시행규칙」 제2조 별표1.

표 7.2 학교보건실 학교교구 · 설비기준

영역	설비종목	규격	사용학교급	소요기준	비고
1. 일반시설 및 기구	1. 사무용 책상 · 의자	적정규격	초 · 중 · 고 · 특수	학교당 1조	필수
	2. 건강기록부 및 서류보관장		초 · 중 · 고 · 특수	학교당 2	필수
	3. 약품 및 의료기구보관장		초 · 중 · 고 · 특수	학교당 2	필수
	4. 소독(멸균)기		초 · 중 · 고 · 특수	학교당 1	필수
	5. (냉동)냉장고		초 · 중 · 고 · 특수	학교당 1	필수
	6. 가습기		초 · 중 · 고 · 특수	학교당 1	필수
	7. 수도시설 및 세면대(씽크대)		초 · 중 · 고 · 특수	학교당 1	필수
	8. 냉 · 난방시설		초 · 중 · 고 · 특수	학교당 1	필수
	9. 전화기(착발신)		초 · 중 · 고 · 특수	학교당 1	필수
	10. 컴퓨터 · 프린터기		초 · 중 · 고 · 특수	학교당 1	필수
	11. 화이트보드(게시판)		초 · 중 · 고 · 특수	학교당 1	필수
	12. TV, VCR(DVD)		초 · 중 · 고 · 특수	학교당 1	필수
	13. 온 · 습도계		초 · 중 · 고 · 특수	학교당 1	필수
	14. 순간온수기(온수설비)		초 · 중 · 고 · 특수	학교당 1	필수
	15. 핸드타월(드라이기)		초 · 중 · 고 · 특수	학교당 1	필수
	16. 물 끓이는 기구		초 · 중 · 고 · 특수	적정소요량	권장
	17. 스탠드라이트		초 · 중 · 고 · 특수		권장
	18. 세족기(샤워기 부착)		초 · 중 · 고 · 특수		권장

표 7.2 학교보건실 학교교구 · 설비기준(계속)

영역	설비종목	규격	사용학교급	소요기준	비고
1. 일반시설 및 기구	19. 적외선 램프		초·중·고·특수		권장
	20. 진공청소기		초·중·고·특수		권장
	21. 온장고(레인지)		초·중·고·특수		권장
	22. 조도계, 가스검지기, 먼지측정기, 소음계		초·중·고·특수		권장
	23. 통풍건습계, 흑구온도계		초·중·고·특수		권장
	24. 불소용액 양치기자재		초·중·고·특수		권장
2. 환자 안정용 기구	1. 침대		초·중·고·특수	초 · 특수 2조 이상, 중 · 고 4조 이상	필수
	2. 침구류(침대커버, 이불, 베개)		초·중·고·특수	초 · 특수 4조 이상, 중 · 고 8조 이상	필수
	3. 침구보관장		초·중·고·특수	학교당 1	필수
	4. 칸막이(파티션)		초·중·고·특수	학교당 2	필수
	5. 보온기구(전기요 등)		초·중·고·특수	학교당 1	권장
3. 건강진단 및 상담용 기구	1. 신장계, 체중계, 줄자, 좌고계	적정규격	초·중·고·특수	12학급당 1	필수
	2. 비만측정기(신장, 체중 자동측정)		초·중·고·특수	학교당 1	필수
	3. 전기시력표, 눈가리개, 시력검사용 지시봉		초·중·고·특수	6학급당 1	필수
	4. 색각검사표		초·중·고·특수	12학급당 1	필수
	5. 청력계	헤드폰 사용	초·중·고·특수	12학급당 1	필수
	6. 혈압계, 청진기		초·중·고·특수	학교당 1조	필수
	7. 펜라이트(인후 후레쉬)		초·중·고·특수	학교당 1	필수
	8. 상담용 의자 · 탁자		초·중·고·특수	학교당 1조	필수
	9. 진찰용 의자		초·중·고·특수	학교당 1	필수
	10. 체온계(디지털 고막체온계)		초·중·고·특수	학교당 1	필수
	11. 혈당측정기		초·중·고·특수	적정소요량	필수
	12. 스톱워치		초·중·고·특수		권장
	13. 검안경, 검이경, 비경		초·중·고·특수		권장
	14. 치과용 거울, 탐침		초·중·고·특수		권장
	15. 척추측만증 측정자(각도기)		초·중·고·특수		권장
	16. 소아용 혈압계		초·중·고·특수		권장

표 7.2 학교보건실 학교교구 · 설비기준(계속)

영역	설비종목	규격	사용학교급	소요기준	비고
4. 응급처치용 기구	1. 핀셋, 핀셋통		초 · 중 · 고 · 특수	학교당 2조	필수
	2. 의료용 가위		초 · 중 · 고 · 특수	학교당 2	필수
	3. 농반		초 · 중 · 고 · 특수	학교당 1	필수
	4. 가제통(드레싱캔, 스폰지캔)		초 · 중 · 고 · 특수	학교당 2	필수
	5. 드레싱카		초 · 중 · 고 · 특수	학교당 1	필수
	6. 부목		초 · 중 · 고 · 특수	학교당 대중소 4조 이상	필수
	7. 구급낭(휴대용 구급기)		초 · 중 · 고 · 특수	학년당 1 이상	필수
	8. 들것		초 · 중 · 고 · 특수	학교당 1 이상	필수
	9. (냉 · 온) 찜질기(팩)		초 · 중 · 고 · 특수	학교당 2	필수
	10. 구급처치용 침대(진찰대)		초 · 중 · 고 · 특수	학교당 1	필수
	11. 소독접시		초 · 중 · 고 · 특수	적정소요량	권장
	12. 목발		초 · 중 · 고 · 특수		권장
	13. 세안수수기		초 · 중 · 고 · 특수		권장
	14. 켈리(지혈감자)		초 · 중 · 고 · 특수		권장
	15. 휴대용산소기		초 · 중 · 고 · 특수		권장
	16. 경추보호대		초 · 중 · 고 · 특수		권장
	17. 비염세정기		초 · 중 · 고 · 특수		권장
	18. 휠체어		초 · 중 · 고 · 특수		권장
5. 환경위생용 기구	1. 성교육용 도구		초 · 중 · 고 · 특수	학교당 2가지 이상	필수
	2. 흡연예방교육용 도구		초 · 중 · 고 · 특수	학교당 1	필수
	3. 교육기자재 보관장		초 · 중 · 고 · 특수	적정소요량	권장
	4. 안전교육용 도구		초 · 중 · 고 · 특수		권장
	5. 구강(치아) 모형		초 · 중 · 고 · 특수		권장
	6. 심폐소생술 실습용 인형		초 · 중 · 고 · 특수		권장
	7. 기타 태아모형 등 보건교육 교구		초 · 중 · 고 · 특수		권장
6. 기타	학생과 교직원의 보건관리에 필요한 시설 · 기구 등		초 · 중 · 고 · 특수		권장

출처: 서울특별시교육청. 학교보건 기본방향(2017).

「학교보건법 시행규칙」 제2조(별표 1) 및 서울특별시교육청고시 제788호.

2절 예산관리

1. 예산관리의 원칙

1) 예산관리의 이점

학교보건사업을 실시함에 있어 필요한 경비인 예산 확보와 관리는 매우 중요한 업무이며 필요한 예산을 확보하는 일은 복합적인 요인들이 많이 있다. 보건교사는 학교보건 예산을 확보하고 관리하는 역할과 기능이 매우 중요한 업무로 인식하여 반드시 잘 수행해야 한다.

예산의 원칙과 과정을 이해하고 적용할 수 있도록 해야 한다. 원칙에 준하여 집행하는 예산관리의 이점은 다음과 같다.

- 전반적인 보건실운영을 이해하며 그에 따른 맥락에서 구체적인 보건실운영활동을 계획할 수 있다.
- 자원의 적절한 사용을 위한 효과적인 판단 기준을 제시해 준다.
- 업무분석을 가능하게 함으로써 업무과정 평가에 도움이 된다.
- 보건사업의 질 평가에 중요한 자료가 된다.

2) 예산관리의 원칙

예산을 요구하거나 책정하기 위해서는 다음과 같은 예산의 선행조건과 과정을 잘 숙지하여 적절한 예산관리가 수행될 수 있도록 해야 한다.

- **예산 공개의 원칙**: 예산의 편성, 결산의 결과가 공개되어야 한다.
- **예산 명료의 원칙**: 예산과 결산이 일치되어야 하고 지출의 누계, 용도, 유래가 확실해야 한다.
- **사전 의결의 원칙**: 예산집행에 앞서 책임자의 의결을 거쳐야 한다.
- **예산 통일의 원칙**: 모든 예산은 모든 항목에 맞게 지출되어야 한다. 즉, 어느 한정된 목적에만 지출해서는 안 된다.
- **한정성의 원칙**: 예산의 각 항목은 상호 한계가 분명해야 한다(예산이 정한 목적 외의 이용 또는 전용의 금지, 초과 지출의 금지, 회계연도의 경과 금지 등).
- **완전성의 원칙**: 예산에는 모든 수입과 지출이 계상되어 기록되어야 한다.
- **단일성의 원칙**: 한 기관이나 조직의 예산은 단 하나이어야 한다.

2. 예산수립과 집행

예산을 수립하고 집행하기 위해서는 항목 구분이 명확하게 설정되어야 효율성을 높일 수 있으며 예산의 항목으로는 다음과 같은 내용이 있다.

- **간접비**: 총사용 지출액 중에서 전기료, 난방비, 월급, 감가상각비 등으로 계산된 비용이 전체 사용액 중에서 차지하는 비중이 얼마나 되는가를 계산하는데, 이를 기준으로 비용절감 측면에서 기초자료로 활용이 가능하다.
- **자본경비**: 장비구입 또는 유지비가 따로 지출되어야 한다. 기계 구입시에는 담당 부서 상급관리자의 승인을 받아야 한다.
- **경상비**: 클리닉 운영, 관리자에게 경상비의 사용 여하는 중요한 문제이다. 특히, 경상비는 연말결산 때 계산된 사용내역을 보고 파악하게 되는 경우가 흔하므로 평소에 사용범위를 알고 계획수립을 하는 것이 편리하다.
- **예비비**: 형식상으로는 세입 · 세출 예산에 계상되어 있지만 그 자체로서 지출되는 것이 아니라 필요시에 예산으로 활용할 수 있는 용도 미정의 재원이다.

그 밖에 직접비, 수용비, 교통비, 관리비, 소모품비 및 재료비 등의 항목으로 업무내용과 상황에 맞게 예산을 수립할 수 있다.

예산수립과 집행의 과정은 다음과 같다.

1) 예산편성

각 부서에서 예상되는 차기 연도의 장비구입 계획 및 예상가격, 예상 시설투자비 등에 관한 내용을 체계적으로 기획하는 것으로써 일종의 화폐가치로 표현되는 계획서이다.

예산편성 시의 주의점은 다음과 같다.

- 각 기관의 장기 목표, 최고 경영자의 방침 등을 숙지한 뒤에 계획한다.
- 기관의 목적과 내외적 환경을 조사 및 분석하여 차기 연도의 변화를 파악한 후 과학적 근거를 통해 작성해야 한다.

2) 예산심의

일반적으로 예산관리를 전담하는 부서가 예산안을 제출하게 되는 시점을 위주로 그 기관의 목적과 운영방향을 고려하여 심의한다.

3) 예산확정

다각적인 심의 절차 후 확정된 예산안을 각 부서에 통보하게 되는 과정이다. 일단 확정된 예산은 기관 전체의 경영활동을 달성하는 목표로써 구속력을 갖게 되므로 정당한 사유 없이 함부로 수정해서는 안 된다. 그러나 예산편성 당시 예기치 못한 새로운 사안이 발생되면 상급자의 결정을 얻어 추경예산에 반영되기도 한다. 즉, 예산은 탄력적으로 쓰일 수 있도록 하여 효율적으로 운영 · 관리될 수 있도록 한다.

4) 예산집행

조직, 제도, 규정, 절차가 내부 규정으로 확정되어 있는 것이 통례이며, 이러한 절차에 따라 확정된 예산을 계획한 기간에 집행한다.

5) 예산집행의 평가와 피드백

예산확정안과 예산집행금액 사이에 차이가 있는 경우가 생길 수 있다. 이러한 차이는 과학적인 분석과 검토를 거쳐 발생원인과 책임 소재를 분명히 밝히고 그 결과를 책임자에게 보고해야 한다. 이후 가능한 빨리 개선조치가 이루어져야 한다.

3절

물품관리

1. 물품관리방법

학교보건사업을 효과적으로 성취하려면 보건실운영, 업무에 필요한 비품과 소모품이 필요하다. 따라서 이에 관한 공급과 순환이 원활하게 이루어져야 하며 적재적소에 물품들을 보관하고, 유지, 점검하고 관리함으로써 만족할 만한 업무 성과를 기대할 수 있게 된다.

또한 자원의 낭비를 방지하기 위한 물품의 파손, 오 · 남용 등이 없도록 효율적인 운영과 관리에 힘써야 한다. 따라서 물품구입과 배치, 사용, 유지, 수선 등이 원활하게 이루어질 수 있도록 해야 한다.

1) 표준 물품 목록화

학생 수, 연령, 성별, 질병 상태, 서비스의 유형, 물품가격, 견고성(파손 가능성), 물품 청구기간의 간격 등을 참고하여, 각 물품에 따라 필요한 수량을 기준으로 표준량을 정하고 물품 대장을 목록화하여 정확하게 기재한다.

2) 교환체계 이용

비품인 경우, 표준량의 범위 내에서 파손된 물품과 신품을 교환하는 방법을 이용한다. 이때에 파손 또는 분실보고서를 작성하게 되면 이후에 그 원인 분석에 유용한 자료로 활용할 수 있게 된다.

3) 재고조사

재고 목록과 물품명에 따라 물품의 소유량과 물품 상태를 확인한다. 이로써 표준량의 확보 여부에 대한 파악이 가능하고 불필요한 물품의 반환 기회가 되며 수선, 교환 등의 필요한 물품을 확인할 수 있게 된다. 공급품이나 비품에 따라 정기적으로 재고조사를 실시해야 한다.

4) 물품결함

물품결함 시 관련 부서에 보고하고 정비와 보수가 이루어지도록 한다. 외부에서의 보수는 시간이 걸리므로 해당 물품의 사용시기를 고려하여 충분한 시간적 여유를 갖고 의뢰하도록 한다.

5) 물품청구

물품을 청구할 때에는 다음 사항을 고려해야 한다.

- 부패성을 고려하여 청구 간격을 조정한다.
- 물품청구의 접수, 운반, 편의성 및 지정일자 배달을 고려한다.
- 물품청구 수량은 소유량에 여유분을 포함한다.
- 소모품인 경우에는 필요시에 물품을 주문한다.
- 물품의 종류와 유형에 따라 적합한 보관장소를 고려한다.

6) 물품구입 절차

- 물품의 재고량, 소요량 등을 점검한 결과에 의해 구입하거나 수리가 필요한 내역을 파악한다.
- 해당 연도 학교 교육계획서에 따라 편성된 일상경비 집행계획서에 편성된 예산을 확인한다.
- 관계되는 책임자와 사전에 협의하여 예산을 확보한다.
- 물품구입 요구서에 구입 또는 수리할 물품의 명세서를 작성한다.

- 물품구입에 관계된 책임자의 협조를 받아 결재를 받은 후 행정과에 제출한다.
- 청구한 물품의 규격, 수량, 품질에 관한 사항은 반드시 담당자와 함께 검수해야 한다.
- 검수가 완료된 후에는 물품검수조서 또는 구입과 지출결의서의 검수란에 확인 날인을 확인한 후에 물품을 인수한다.

7) 보건교사의 전근 또는 이동 시

정확한 점검과 인수인계를 위해 체크리스트(check list)화하며 매뉴얼을 인수자와 인계자가 함께 확인하고 서명한다.

2. 물품사용

가급적이면 학생에게 물품을 깨끗이 사용하고, 사용 후에는 반드시 제자리에 두는 등의 물품사용에 관한 전반적 사항에 대한 교육을 실시함으로써, 물품사용에 있어 낭비가 없도록 한다.

4절

약품관리

1. 약품관리 업무

학교보건실에서의 철저한 약품관리 업무는 학교인구에게 필요할 때 적절한 조치를 신속하게 취할 수 있게 되며 약품의 오 · 남용 방지를 가능하게 한다. 따라서 학교보건 관리 지침에 근거하여 보건실에 비치되는 약품과 치료용 재료의 종류와 기준에 따라 학생 수를 고려하여 산출하여 구입하도록 한다. 또한 약품 종류와 수량을 목록화하여 약품수불대장에 정확히 기록해야 한다.

1) 약품의 준비

- 전년도의 소비 내용을 통계적으로 검토함으로써, 약품의 과다 구입으로 인해 유효기간이 지나 낭비하는 일이 없도록 한다.
- 약효가 떨어지지 않도록 약품의 특성에 따라 냉장보관을 하는 등 적절한 방법으로 관리하도록 한다.
- 독성이 강한 위험한 약품 등은 별도로 잠금장치 등을 이용하고 '주의'표시를 하여 관리하도록 한다.

- 대상자의 약물 오 · 남용을 예방하기 위해 노력한다.
- 동일 성분의 약품이라도 정제, 액체제, 연고, 스프레이 등 각종 형태로 다양하게 준비해두도록 한다.
- 약품을 사용한 후에는 반드시 제자리에 두도록 한다.
- 약품을 넣은 병이나 통에는 약품명을 정확하게 기재해둔다.

2) 약품의 보존

- 건조하고 서늘한 곳에 보관한다.
- 햇빛이 들지 않고 통풍이 잘 되는 곳에 보관한다.
- 유효기간이 지나거나 용법과 용량을 모르는 약품은 폐기한다.
- 특수관리가 필요한 약품은 반드시 잠금장치를 갖춘 곳에 보관한다.
- 약전 규정에 따른 용기의 종류와 저장방법은 다음과 같다.
  - 밀봉용기: 바이알, 앰플
  - 차광용기: 갈색 · 청색 · 유리병, 기타 차광용 유리병
  - 밀폐용기: 나무상자, 종이상자, 종이봉지
  - 기밀용기: 나사식 마개로 된 병, 유리병

2. 비치약품

1) 내복약품

소화제, 제산제, 지사제, 진통제, 해열제, 항히스타민제, 종합감기약, 영양제 등을 비치하도록 한다. 학교의 일지와 월별 및 연도별 건강문제 통계를 활용하여 비치약품의 양을 적절하게 조절한다.

2) 외용약품

- 75% 알코올: 개방성 상처인 경우에는 점막을 심하게 자극하므로 사용이 곤란하다.
- 3% 과산화수소: 이물질로 더럽혀진 상처를 소독할 때 사용한다.

- 포타딘: 열상, 화상, 창상의 살균 소독에 사용한다.
- 3~5% 크레졸: 오염물질 및 화장실 소독에 사용한다.
- 2% 붕산수: 구강 내, 눈세척에 사용한다.
- 암모니아수: 벌레에 물렸을 때 사용한다.
- 피부완화제, 소염진통제, 항생 연고, 항히스타민 연고, 글리세린, 구강용 연고, 안연고 등

3) 외상 처치용 제품

붕대(대, 중, 소), 탄력붕대, 삼각대, 솜, 반창고(종이, 면, 비닐), 거즈(2"×4"), 생리식염수, 파스(스프레이, 접착용), 안대, 더운물 주머니(hot bag), 얼음 주머니(ice bag), 부목(크기별), 들것 등이다. 가능하면 편리하고 간소하며 효율적인 최소의 제품을 사용하도록 하며 사용 유효기간을 잘 확인하도록 한다.

4) 기타

생리대, 타월, 휴지, 물휴지 등을 구비하여 둔다.

3. 투약 시 유의점

투약 시 투약에 관한 일반적 원칙(5R: Five Right)을 준수하는 것이 중요하다.

- 지시된 정확한 약(right drug)을 준비하여 투약하는지 확인한다.
- 반드시 지시된 약물의 정확한 용량(right dose)을 지킨다.
- 개방적 질문을 통해 정확한 대상자(right client)에게 투약하고 있는지 확인한다.
- 모든 약물은 정확한 시간(right time)에 투여해야 부작용을 줄이고 최대의 효과를 얻을 수 있다.
- 약물의 정확한 투여경로(right route)를 확인한다.

5절

문서관리

1. 문서의 종류

문서란 종이에 기호를 사용하여 사람의 생각이나 사물의 상태, 관계 등을 기록한 것이다. 따라서 정부기관이나 각 조직체에서 업무상 작성한 모든 기록은 문서라 할 수 있다. 즉, 모든 사무활동은 문서에 의해 이루어지고 있으며, 문서는 조직체의 업무활동 과정과 결과를 정확히 전달하고 보존하기 위한 사무활동 수단의 중심이 된다.

1) 공문서의 종류

① 법규문서

헌법, 법률, 대통령령, 총리령, 부령, 조례 및 규칙 등에 관한 문서이다. 효력 발생 시기는 공포한 날로부터 20일 경과 후이며, 서식은 조문 형식에 따른다.

② 지시문서

행정기관이 하급기관 또는 소속 공무원에게 일정한 사항을 지시하는 문서(훈령, 지시, 예규, 일일명령)이다.

- 훈령: 상급기관이 하급기관에 장기간에 그 권한의 행사를 일반적으로 지시하기 위해 작성한 문서이며 조문, 시행문 형식으로 작성한다.
- 지시: 상급기관이 직권 또는 문의에 대해 개별적 구체적으로 발하는 명령으로써

조문, 시행문 형식으로 작성한다.

- 예규: 행정사무의 통일을 기하기 위해 반복적으로 행정사무의 기준을 제시하는 법규문서 외의 문서이며 조문, 시행문 형식으로 작성한다.
- 일일명령: 당직, 출장, 시간외 근무, 휴가 등 일일업무에 관한 명령이며 회보, 시행문 형식으로 작성한다.

③ 공고문서

고시, 공고 등 행정기관이 일정한 사항을 일반인에게 알리기 위한 문서이다. 고시 또는 공고가 있은 후 5일이 경과한 날로부터 효력이 발생한다.

- 고시: 법령 규정에 따라 일정 사항을 일반인에게 알리기 위한 문서로 계속 효력이 발생한다. 공고문에 비해 그 효력이 장기간인 서식이다.
- 공고: 일정 사항을 일반인에게 알리는 문서로 그 효력이 단기적이거나 일시적인 서식이다.

④ 비치문서

비치대장, 비치카드 등 행정기관이 일정한 사항을 기록하여 행정기관 내부에 비치해두고 업무에 활용하는 문서이다.

⑤ 민원문서

민원이 행정기관에 대해 허가, 인가, 기타 처분 등 특정한 행위를 요구하는 문서 및 그에 대한 처리문서이다.

⑥ 일반문서

위의 문서에 속하지 않는 모든 문서(기안문서, 시행문서)이다. 수신자에게 문서가 도달함으로써 효력이 발생한다(도달주의).

2. 문서의 기록과 보관

1) 필요성

학교보건간호사업을 위한 학교보건실 운영상의 기록 및 보관 업무는 학교인구의 건강

요구에 지속적으로 적합하고 정확한 서비스를 제공하며, 이를 평가함에 있어서 필수불가결한 요소이다.

2) 목적

① 학교보건사업 업무활동에 관한 확실한 근거자료가 된다.

② 서비스 대상자의 건강상태에 관한 계속적인 정보를 제공한다.

③ 학교보건사업의 평가도구로 사용될 수 있다.

④ 학교인구의 질병 및 재해발생에 관한 증감을 살펴볼 수 있으므로 문제의 심각성을 인식할 수 있다.

⑤ 학교보건사업에 관한 통계는 보건사업의 계획수립과 방침결정에 근거자료가 된다.

⑥ 학교와 보건의료전문인 사이의 정확한 의사소통수단으로 활용이 가능하다.

⑦ 학교보건사업에 관한 통계자료는 연구활동에 활용할 수 있다.

⑧ 간호학생의 실습을 위한 교육적 도구로 활용될 수 있다.

3) 원칙

① 정확하고 완전하게 기록한다.

② 간단명료하게 기록한다.

③ 통일성 있게 기록한다.

④ 약어를 가능한 한 사용하지 않는다.

⑤ 간호활동이 끝난 직후에 기록한다.

⑥ 자신이 기록한 내용에 관해서는 책임이 부여된다.

⑦ 기록의 마지막 부분에 반드시 서명을 한다.

4) 기록체계 요소

① 기록이 용이해야 한다.

② 다른 기관의 기록과 대조가 가능해야 한다.

③ 문제에 대한 타당성과 합리성이 있어야 한다.

④ 업무활동의 효율적인 시간 내에 기록이 가능해야 한다.

⑤ 필요 시 열람이 가능해야 한다.

⑥ 상황에 따라 비밀보장이 되어야 한다.

⑦ 사업단위별(보건봉사, 환경관리, 보건교육 및 상담, 기타 등)로 도표화될 수 있도록 한다.

5) 기록물의 종류

주요 기록물의 예를 들면 다음과 같다.

① 학생 건강기록부

② 개인 건강기록 카드

③ 요양호 아동 및 특수 아동관리 기록부

④ 건강이상 학생 상담일지

⑤ 각종 병리검사 실시자 명단

⑥ 각종 예방접종자 명단

⑦ 약품수불대장

⑧ 비품대장

⑨ 학교환경상태 점검일지

⑩ 학교급식 점검일지

⑪ 보건실 일일 업무일지

⑫ 보건실 월별 업무일지

⑬ 연구수업 참관일지

⑭ 학생 · 교직원 신체검사 통계표

⑮ 기타 업무상 필요한 기록양식 등

6) 기록물의 보관

각종 기록물 보관상의 유의점은 다음과 같다.

① 기록물의 보관기간은 기록의 종류와 기관의 규정에 따라 상이하므로, 그 기관의 규정에 준하며 보통 5년 이내이다. 특히 학생건강기록부는 고등학교 졸업시까지 보관하도록 한다.

② 개인건강기록부는 비밀보장이 될 수 있도록 보관한다.

③ 보건실에 기록을 보관할 공간을 마련하여 비치해 둠으로써, 필요시에 사용이 가능하도록 한다.

7) 각종 기록물의 예시

표 7.3 학교보건일지(예시)

학교보건일지 2017년 6월 7일 수요일 날씨: 맑음	결재	계	교감

1. 학교행사 및 보건업무 현황

학교행사	
보건업무 추진현황	비만상담

2. 아동처치 현황

남자					여자				
번호	학년반	이름	증상	처치내용	번호	학년반	이름	증상	처치내용
1	유	김○○	복통	까스베베 3.5cc 복용	1	3	김○○	코피	솜으로 지혈
2	3	이○○	손등외상	드레싱, 이지덤 사용	2	1	안○○	감기	하벤 1정
3	3	김○○	손가락절상	드레싱, 후시딘연고	3	6	정○○	두통	부르펜 1정
4	2	박○○	손가락외상	드레싱, 후시딘연고	4	4	김○○	손가락외상	거즈대줌
5					5	4	김○○	손가락외상	거즈대줌
6					6				

3. 보건실 이용 현황

구분	소화계	호흡계	피부계	신경계	이비인후계	근골격계	구강계	안과계	비뇨계	생식계	계	침대안정	병원의뢰
남	2	2	0	0	1	0	0	0	0	0	5		
여	0	0	3	0	2	0	0	0	0	0	5		
일계	2	2	3	0	1	2	0	0	0	0	10		

4. 보건수업 현황

교시	학년반	학습주제
4	6	술의 피해

5. 교직원 건강관리

성명	성별	증상	관리내용

6. 약품수불 현황(같은 종류의 약품은 대표의 약품으로 분류하여 관리한다.)

약품명	구입	지출	잔고	약품명	구입	지출	잔고	약품명	구입	지출	잔고	약품명	구입	지출	잔고
정로환			100	아즈렌연고			1	리페인			27	보타렉신			9
정로환			100	아즈렌연고			1	리페인			27	보타렉신			9
훼스탈			13	아시클로버			1	카미스타드			1개	레모신에프			0
게보린			34	쎄레스톤지			1	알마겔			24	단젠			18
감기약			15	리카에이			2	탄력붕대			5	에어파스			4
액상소화제			13	물파스			2	부르펜시럽			107	알러콘점안액			1
까스베베		3.5	0	멘토파스			1	휴대용산소			1	후시딘			2
부르펜정			9	대일밴드			0	생리대			22	이지덤			1
백초			0	케펜텍			0	진광탕			10	드레싱류			

7. 병원의뢰 및 건강이상자관리

학년반	이름	증상 및 의뢰상황	학년반	이름	증상 및 의뢰상황

표 7.4 건강검사 결과 기록지(예시)

소변검사표

ㅇㅇ초등학교 학년 반

번호	성명	단백	당	잠혈	PH	번호	성명	단백	당	잠혈	PH
1											
2											
3											
계	남					계	여				

표 7.5 요양호자 상담일지(예시)

요양호자 상담일지

학년 반		이름		성별	
주소				전화번호	
질환명				의료기관	
주요증상					
상담일자					
상담내용					

표 7.6 약품수불부(예시)

약품수불부	결재	보건교사	교감	교장
			전결	

순서	약품명	구입	사용량						잔고
			이월	9월	10월	11월	12월	이월	
1	타코나(정)								
2	폴리믹신(정)								
3	인브로폭센(정)								
4	알지렉스(정)								
5	낙센(정)								
6	액티페린(정)								
7	미놀트로키(정)								
8	에코프(정)								
9	타이레놀(정)500mg								
10	타이레놀(정)50mg								

표 7.7 일상점검사항 기록지(예시)

학교환경위생 및 식품위생 일상점검사항

(좋음: ○, 보통: △, 나쁨: × 로 표기 바람)

점검일자 / 항목													
환기의 적정성													
밝기의 적정성													
온·습도의 적정성													
소음													
공기질의 적정성													
음용시설 등 청결성													
청소													
기타													

3. 보고서의 작성과 종류

학교보건사업 활동에서 주로 사용되는 실제적인 보고서에는 학교의 해당 상위기관인 교육청에 보고하는 여러 종류의 보고서가 있다.

1) 보고서 작성 시 유의점

- 보고 받는 측에서 내용을 잘 이해할 수 있도록, 보고서의 내용을 명료하게 정리, 종합하여 보고한다.
- 보고하는 목적에 맞게 보고서를 작성해야 한다.
- 보고 건마다 보고기한이 정해져 있으므로(행사 후 즉시, 발생 즉시, 분기말 며칠 이전 등) 보고기한 내에 도착할 수 있도록 사전에 충분한 기간을 두고 작성하는 것이 바람직하다.
- 목적에 따라 정해진 보고서식을 참조하여 보고해야 한다.

2) 보고서의 종류

실제 학교보건사업에서 쓰이는 보고서의 종류는 다음과 같다.

(1) 학교보건관리에 관한 보고서

- 학생신체발달 상황
- 학생건강검진 통계표
- 초등학생(2, 3, 5, 6학년) 구강 건강검진 추진 실적
- 별도 검사: 소변, 시력, 결핵 등
- 학교 감염병 발생 보고
- 표본 학교 학생건강검사 결과 기초자료

(2) 보건교육 및 건강증진에 관한 보고서

- 학기별 보건교육 실시현황
- 학생 비만예방 추진실적

- 불소용액 양치사업 결과
- 학교와 보건소 연계 학생 건강관리사업 전개

(3) 학교환경위생 및 식품위생관리에 관한 보고서

- 교사 내 환경위생 및 식품위생 점검실적
- 교사 내 환경위생 및 식품위생 점검결과 분석
- 학교 먹는 물 관리 현황
- 학교 먹는 물 표본검사 결과분석
- 대기오염 발생 시 상황보고

(4) 학교환경정화관리에 관한 보고서

- 학교환경위생정화 관련 소송현황
- 학교주변 유해환경 정비추진 현황
- 이전 대상, 폐쇄 대상 업소별 정비계획
- 학교설립 예정지 학교환경위생 정화구역 설정현황 및 고시현황
- 학교환경위생정화구역 내 각종 업소 현황
- 학교환경위생정화위원 및 담당공무원 교육실시 결과
- 학교환경위생정화구역 내 금지행위 및 시설점검 결과

3) 각종 보고서 서식

서울특별시교육청에서 발행한 「2017학년도 학교보건 기본방향」에 다양한 종류의 보고서 서식이 제시되어 있다. 학생건강검진 통계표, 초등학생 구강검진 추진실적, 학생 별도 검사 추진실적(학생 소변검사, 시력검사, 결핵검사 현황), 학교 감염병환자 발생 보고, 표본 학교 학생건강검사 결과 기초자료, 보건교육 실시현황, 학생 비만예방 추진 실적(1, 2, 3, 4분기), 학교와 보건소 연계 학생 건강관리사업 전개실적, 불소용액 양치사업 결과, 학교환경위생 및 식품위생 점검결과 보고, 교사 내 환경위생 및 식품위생 점검실적, 교사 내 환경위생 및 식품위생 점검결과 분석, 학교 먹는 물 관리 현황, 대기오염 발생 시 상황 보고, 학교환경위생정화 관련 소송현황, 학교주변 유해환경정비 추진현황, 이전, 폐쇄대상

업소별 정비계획, 학교설립예정지 학교환경위생정화구역 설정 고시 현황, 학교환경위생정화구역 내 각종 업소 현황 등에 관한 서식이 제시되어 있다.

4. 전자문서 · 행정정보시스템

우리 사회는 방대한 양의 자료를 축적할 수 있는 컴퓨터의 사용률이 높아지면서 자료를 처리하는 능력이 정보관리의 성패 여부가 되고 있다. 따라서 이러한 정보시스템에 의한 문서관리 능력은 조직의 생존에 큰 영향을 미치고 있다.

2004년 이래 우리나라 행정자치부에 의한 사무관리는 행정활동을 촉진하고 정보를 처리하는 기능으로 개념이 바뀌었다. 따라서 전자문서시스템과 행정정보시스템 간의 연계를 통해 전자문서와 행정정보를 공유하고 활용함으로써, 이에 맞게 사무관리 규정의 목적으로 사무의 간소화, 표준화, 과학화 및 정보화를 기하는 행정의 능률 향상을 꾀하고 있다.

따라서 행정자치부의 「사무관리 규정」 제3조에 '전자문서시스템'의 도입을 다음과 같이 명시하였다. 즉, '전자문서시스템'이라 함은 문서의 기안, 검토, 결재, 등록, 시행, 분류, 편철, 보관, 보존, 이관, 접수, 배부, 공람, 검색, 활용 등 문서의 모든 처리절차가 전자적으로 처리되는 시스템을 뜻한다.

또한 '행정정보시스템'이라 함은 행정기관이 행정정보를 생산, 수집, 가공, 저장, 검색, 제공, 송신, 수신 및 활용하기 위한 하드웨어, 소프트웨어, 데이터베이스와 처리절차 등을 통합한 시스템을 말한다.

공문서란 행정기관 내부 또는 상호 간이나 대외적으로 공무상 작성 또는 시행되는 문서 및 행정기관이 접수한 모든 문서를 의미한다. 공문서는 행정기관마다 그 특성에 적합한 형태를 선택하여 사용하게 된다. 또한 모든 공문서는 정부의 공문서 규정과 형식에 맞게 작성해야 한다.

일반적으로 사무처리 활동에 있어서의 문서작성이 요구되는 경우는 다음과 같다.

- 업무의 내용을 정확하고 분명하게 나타내어야 할 때
- 사무처리의 형식을 영구 보존할 필요가 있을 때
- 사무처리의 증빙 또는 증거자료로써 문서가 필요할 때
- 업무량이 많고 복잡하여 문서 없이는 사무처리가 어려울 때

- 대화로는 사무처리가 불충분할 때
- 기록을 일정 기간 또는 영구 보존할 필요가 있을 때

사무관리 규정에 의하면, 문서는 다른 법령에 특별한 규정이 있는 경우를 제외하고는 당해 문서에 대한 결재가 있음으로써 성립되며, 문서의 효력 발생시기는 다른 법령에 특별 규정이 없는 한 일반문서인 경우에는 수신자에게 도달됨으로써 그 효력이 발생되며 공고 문서인 경우에는 공고 후 5일이 경과한 날부터 효력이 발생된다.

1) 공문서 작성원칙

① 신속성

내용은 되도록 짧게 작성하며 내용이 복잡할 경우에는 앞부분에 결론을 먼저 작성하고 결론에 대한 이유를 설명한다.

② 정확성

6하 원칙(누가, 언제, 어디서, 무엇을, 어떻게, 왜)에 의해 정확한 문법과 구성으로 내용을 정확하게 표현한다.

③ 경제성

문서의 양식과 용지의 크기를 A4 용지로 통일하며 경제성을 고려하여 1건의 내용을 1매에 끝내도록 한다.

④ 간결성

수신자가 이해하기 쉬운 말을 사용하며 서식은 통일시키도록 한다.

2) 공문서의 작성방법

공문서는 두문, 본문, 결문의 3가지 요소로 구성한다. 이에 따른 상세한 내용과 작성방법은 다음과 같다.

① 두문

행정기관명(경유) 및 수신자로 한다.

② 본문

제목, 내용 및 붙임으로 한다. 다만, 전자문서인 경우에는 제목 및 내용으로 할 수 있다.

③ 결문

발신명의, 기안자, 검토자, 협조자, 결재권자의 직위 또는 직급 및 서명(전자문자 서명, 전자이미지 서명 및 향정 전자 서명을 포함한다), 생산등록번호와 시행일자, 접수 등록번호와 접수일자, 행정기관의 우편번호, 주소, 홈페이지 주소, 전화번호, 모사 전송번호, 공무원의 공식 전자우편주소 및 공개구분으로 한다.

3) 공문서의 성립과 효력 발생

공문서의 성립에서부터 실제로 효력이 발생되기까지의 과정은 다음과 같다.

① 공문서의 성립

당해 문서에 대한 서명(전자문서 서명: 전자이미지 서명, 행정전자 서명 포함)에 의한 결재가 있음으로써 성립한다.

'서명'이라 함은 기안자, 검토자, 협조자, 결재권자 또는 발신명의인이 공문서(전자문서를 제외한다)상에 자필로 자신의 성명을 타인이 알아 볼 수 있도록 한글로 표시하는 것을 뜻한다. 이는 기안자, 검토자, 협조자, 결재권자 또는 발신명의인의 실명을 똑바로 알아볼 수 있도록 하여 행정업무 실명제의 정착 및 강화를 위해 '다른 사람이 알아볼 수 있도록'을 추가한 것이다. 따라서 타인이 알아볼 수 없는 것은 서명이 아니다.

또한 '전자문자 서명'이라 함은 기안자, 검토자, 협조자, 결재권자 또는 발신명의인이 전자문서상에 전자적 결합으로 자동 생성된 자신의 성명을 전자적인 문자 형태로 표시하는 것을 의미한다.

'결재'라 함은 보조기관을 단계적으로 거쳐서 검토를 받으며 부분적으로 수정하는 과정을 거친 후, 최고 책임자가 최종적으로 문서의 내용을 승인하고 허락함으로써 문서의 내용이 결정되는 것을 의미한다. 결재는 다음의 세 가지 종류가 있다.

- 전결: 조직체의 장이 업무의 능률을 기하기 위해 일부분을 보조기관의 장에게 위임하여 결재하도록 하는 방법이다. 이러한 경우는 일반적으로 위임전결규정을 제정하여 위임의 한계를 명확히 정하여 놓는다.

- **대결**: 최종 결재권자가 출장, 휴가, 병가 등으로 장기간에 걸쳐 부재중일 때, 최종 결정권자의 직무를 대행할 수 있는 사람이 일시적으로 결재권자를 대신하여 결재하는 방법이다. 따라서 중요한 안건일 경우는 후에 반드시 최종 결재권자의 후결을 받아야 한다.
- **후결**: 기안문서의 내용이 급하게 시행되어야 할 경우이지만 최종 결재권자가 일시적으로 자리를 비움으로써 결재를 받지 못하게 될 때, 최종 결재권자를 대행할 수 있는 사람이 우선 결재하여 시행한 후, 결재권자가 돌아오면 결재를 받는 방법이다. 단, 권리와 의무에 관계되는 중대한 사안은 후결할 수 없다.

② 공문서의 효력 발생

수신자에게 도달(전자문서는 수신자의 컴퓨터 파일에 기록되는 것을 말함)한 날부터 효력이 발생된다. 다만, 공고문서의 경우에는 특별한 규정이 있는 경우를 제외하고는 그 고시 또는 공고가 있은 후 5일이 경과한 날부터 효력이 발생된다.

4) 공문서의 시행

실제로 공문서가 시행되는 것은 기안문서나 외부로부터 접수한 문서에서 최종 결재권자의 결재(전결, 대결 및 후결) 과정을 거친 후 확정된 시행문이나 보고 서식에 따라 성문화하여 발송함으로써 효력이 발생되게 된다. 단, 기안문서 중에서 내부결재인 경우에는 결재 즉시 문서의 내용대로 집행할 수 있다.

5) 공문서 처리의 원칙

공문서를 처리함에 있어서 이해해야 할 구체적인 원칙은 다음과 같다.

① 즉일 처리의 원칙

문서의 내용 또는 성질에 따라 그 처리기간이나 방법이 다를 수 있으나, 효율적 업무수행을 위해 당일 즉시 처리하는 것이 바람직하다.

② 책임 처리의 원칙

정해진 사무 분장에 따라 각자가 직무의 범위 내에서 책임을 가지고 관계 규정에 따라 신속 · 정확하게 처리해야 한다.

③ 적법성의 원칙

법령의 규정에 따라 일정한 형식 및 요건을 갖추어야 함은 물론 권한 있는 자에 의해 작성 · 처리되어야 한다.

6) 공문서의 처리와 보관방법

공문서 처리와 보관에 있어서 유의해야 할 내용은 다음과 같다.

① 공문접수 후 공문의 내용을 자세히 파악하여 처리방향을 판단한다.

② 보고공문인 경우 날짜에 늦지 않도록 내용을 정확히 파악하여 보고한다.

③ 공문서를 정리하여 관리할 때, 일정한 기준에 의해 분류하고 분류된 문서를 기호화함으로써 누구든지 쉽게 찾아볼 수 있도록 한다.

④ 공문서의 보관은 공문수신대장과 발송대장을 구분하여 색인목록과 함께 연도별로 철해 보관한다.

⑤ 공문서는 개인적으로 보관할 수 없으며 반드시 지정된 장소에 놓는다.

⑥ 법적 보관기간에 따라 관리한다.

⑦ 보존 연한이 경과된 이후에는 폐기 처분한다.

7) 문서유형별 구성요소

사무관리 규정에 따른 문서유형별 구성요소를 구체적으로 설명하면 다음과 같다.

① 일반기안문(시행문 겸용) (별지 제1호의2 서식): 종이문서 + 전자문서

일반기안문(시행문 겸용)은 두문 · 본문 및 결문으로 구성한다. 다만, 전자문서는 두문 · 본문 및 결문 또는 두문 · 본문 · 결문 및 붙임으로 구성할 수 있다.

※ 이 경우 본문은 제목 · 내용 및 붙임으로 하는 것을 원칙으로 하며, 전자문서인 경우에는 본문은 제목 · 내용 및 붙임으로 하거나 제목 및 내용으로 할 수 있음

② 전자기안문(시행문 겸용) (별지 제3호의2 서식): 전자문서만

문서를 일반기안문(시행문 겸용)의 형식으로 구성하지 않고, 전자문서로서 전자기안문(시행문 겸용)으로 구성할 수 있으며, 전자기안문(시행문 겸용)은 표제부와 본문부로 나눌 수 있다. 이 경우에는 서로 다른 파일 또는 같은 파일로 구성하되, 표제부는 두문, 본문의 제목 및 결문으로, 본문부는 제목 · 내용 및 붙임으로 구성할 수 있다.

③ 간이기안문(별지 제3호의3 서식): 종이문서 + 전자문서

왼쪽 상단에 위치한 문서등록의 표시(등록번호, 보존기간, 결재일자, 공개구분), 오른쪽 상단에 위치한 결재란(기안자, 검토자, 협조자, 결재권자), 제목, 요약설명문, 작성일자, 작성기관(아래 중앙)의 표시를 할 수 있다.

8) 문서작성 시의 일반적 유의사항

문서작성 시의 일반적 유의사항은 다음과 같다.

① 문서는 쉽고 간단명료하게 한글로 작성하되, 특별한 사유가 있는 경우를 제외하고는 한글맞춤법에 따라 가로로 쓴다. 올바른 뜻의 전달을 위해 필요한 경우에는 괄호 안에 한자나 기타 외국어를 써넣을 수 있다.

② 숫자 표기는 아라비아 숫자를 사용한다.

③ 문서에 쓰는 날짜의 표기는 숫자로 하되, 년 · 월 · 일의 글자는 생략하고 그 자리에 온점(.)을 찍어 표시하며(예: 2016. 11. 2), 시 · 분의 표기는 24시각제에 따라 숫자로 하되, 시 · 분의 글자를 생략하고 그 사이에 콜론(:)을 찍어 구분한다(예: 오후 1시 30분 → 13:30). 다만, 특별한 사유로 인해 다른 방법으로 표시할 필요가 있는 경우에는 그렇지 않다.

④ 문서의 작성에 쓰이는 용지는 특별한 사유가 있는 경우를 제외하고는 가로 210mm, 세로 297mm(A4 용지)로 한다.

⑤ 금액 표기는 숫자로 하되 변조 방지를 위해 괄호 안에 반드시 한글로 기재해야 한다. 예: 금 95,790원(금구만오천칠백구십원정)

⑥ 항목의 구분문서의 내용을 2개 이상의 항목으로 구분할 필요가 있을 때에는 다음 구분에 의하여 표시한다.

- 첫 번째 항목 1, 2, 3, 4, ……………………………………………………
  - 두 번째 항목 가, 나, 다, 라, ………………………………………………
    - 세 번째 항목 1), 2), 3), 4), ……………………………………………
      - 네 번째 항목 가), 나), 다), 라), ………………………………………
        - 다섯 번째 항목 (1), (2), (3), (4), ……………………………………
          - 여섯 번째 항목 (가), (나), (다), (라), …………………………
            - 일곱 번째 항목 ①, ②, ③, ④, ………………………………
              - 여덟 번째 항목 ㉮, ㉯, ㉰, ㉱, ……………………………

9) 문서의 삭제와 수정

문서의 내용을 삭제하거나 수정하는 구체적인 방법은 다음과 같다.

① 문서 일부의 삭제 또는 수정

원래의 글자를 알 수 있도록 글자 중앙에 가로로 두 선을 그어 삭제 또는 수정하고, 삭제 또는 수정한 자가 서명 또는 날인한다.

② 중요한 내용의 삭제 또는 수정

문서의 여백에 삭제 또는 수정한 글자 수를 표시한 다음 서명 또는 날인한다.

③ 시행문의 정정

문서의 여백에 정정한 글자 수를 표기하고 관인을 찍는다.

④ 전자문서를 본문 규정에 따라 수정할 수 없을 때

수정한 내용대로 재작성하여 결재를 받아 시행한다.

⑤ 전자문서 수정

수정한 내용대로 재작성하여 결재를 받아 시행하되, 수정 전의 전자문서는 처리하는 부서의 장이 필요가 있다고 인정하는 경우에 보존한다.

[통합서식]

행 정 기 관 명

수신자 (   )
(경유)

제목

발 신 명 의

기안자(직위/직급) 서명　　　　검토자(직위/직급) 서명　　　　결재권자(직위/직급) 서명
협조자(직위/직급) 서명
시행 처리과명-일련번호(시행일자)　　　　접수 처리과명-일련번호(접수일자)
우 □□□ - □□□　　주소/행정기관 홈페이지 주소
전화 (□□□) □□□ - □□□　　　　전송 (□□□) □□□ - □□□
/공무원의 공식 전자우편주소/공개구분

[통합서식] 견본 1(일반문서, 전결문서) 〈생산된 기안문〉

□□□ 도 교육청

수신자 교육부장관(지방교육기획과장)
제 목 지방공무원 정원관리 현황 보고

---

1. 지교 81413-806(2016. 12. 23)와 관련됩니다.
2. 지방교육행정기관의 기구와 정원기준 등에 관한 규정 시행규칙 제3조 제2항에 의하여 2016.12.30 일 우리도교육청의 지방공무원 정원관리 현황을 덧붙임과 같이 보고합니다.

붙임 지방공무원 정원관리 현황 1부. 끝.

□□□ 도 교육감

지방교육행정주사보 홍길동 지방교육행정사무관 자명종 행정과장 전결 일지매
협조자
시행 행정과-1964(2016.12.30) 접수( )
우 □□□ - □□□시 □□ 구 □□ 로 (□□동 301-26)/www.jbe.go.kr
전화(□□□) □□□ - □□□ 전송(□□□) □□□ - □□□/hong40@cein.or.kr/공개

참고문헌

김혜경, 고승덕(2007). 우리나라 학교보건교육의 현황과 과제. 한국보건교육 · 건강증진학회. 보건교육 · 건강증진학회지. 24(4). 217−228.

강말순(2001). 학교건강증진사업 평가도구 개발 및 적용. 박사학위논문 계명대학교.

강영미 외(2001). 실무중심 학교보건. 계축문화사.

강위영, 정대영(2001). 학습장애아동교육. 형설출판사.

강익화 외(2005). 간호학개론. 수문사.

건강사회를 위한 보건교육연구회(2004). 학교보건교육 내실화를 위한 대토론회.

경상남도교육청(2008). 초 · 중 · 고등학교 보건교사 성교육 전문연수.

경상대학교 교육대학원(2006). 1급 전문상담교사 양성과정.

교육부(2009). 학교건강검사가이드라인.

교육부(2009). 학교건강검사 표본조사 운영매뉴얼(2009~2011).

교육부(2009). 학생건강체력평가 매뉴얼. 서울대학교 스포츠과학연구소.

교육부(2010). 학교감염병 예방관리 매뉴얼(호흡기 감염병).

교육부(2010). 학교건강검진결과 판정 및 기재방법 등에 관한 기준. 교육부 고시 제2010−7호.

교육부(2010). 학생 정서 · 행동발달선별검사 및 추후관리 매뉴얼.

교육부(2011). 바른 인성을 키우는 즐거운 학교(2.17 보도자료).

교육부(2012). 보건교육프로그램(부모용). 이물질이 목에 걸린 경우.

교육부(2014). 2014년 1차 학교폭력실태조사 분석결과 발표(7.11 보도자료).

교육부(2015). 건강안전관리길라잡이.

교육부(2016). 학교현장 재난유형별 교육 훈련 매뉴얼.

교육부(2016). 학생 감염병 예방 종합대책.

교육부(2017). 학생 감염병 매뉴얼 간편본(초중고).

교육환경 보호에 관한 법률(2016.2.3 제정).

국무총리실 보도자료(2012.2.6.) "학교폭력 이제 그만 ! " 국무총리실, 교육부.

권도갑(2004). 행복을 여는 마음공부. 도서출판 동남풍.

권석만(2006). 현대이상심리학. 학지사.

권수자, 김남희, 김윤희, 박남희, 양미경, 이경희, 이춘이, 조묘헌(2014). 학교보건. 수문사.

김모임 외(2002). 대상자 중심의 지역사회간호학. 현문사.

김문실 외(2006). 간호의 역사. 대한간호협회.

김상욱 외(2004). 학교보건사업의 역사적 고찰을 통한 정책방향에 관한 연구. 한국학교보건학회지 17권 2호.

김상욱(2003). 학교보건사업의 역사적 고찰을 통한 정책방향에 관한 연구.

김영미, 왕명자, 양순옥(2004). ICNP를 적용한 학교간호현상 및 특성과 초 · 중 · 고등학교의 학교간호현상 비교. 학교보건학회지. 17(1). 1-12.

김영임 외(2002). ICNP의 후향적 개발방법에 의한 한국의 학교간호현상. 지역사회간호학회지. 13(4). pp. 595-607.

김영임 외(2004). ICNP를 적용한 학교간호현상 및 특성과 초 · 중 · 고등학교의 학교간호현상 비교. 한국학교보건학회지. 17(1), pp. 1-12.

김정남 외(2008). 지역사회간호학. 수문사.

김정혜, 이수경(2001). 보건교육의 이론 및 실제. 정담미디어.

김진희, 소향숙(2016). 일 도시 초 · 중등 학생의 보건실 이용률과 건강문제 및 보건교사의 간호수행도. 한국콘텐츠학회논문지. 16(5). pp. 180-193.

김택천(2010). 청소년 건강 증진을 위한 국내 학교정책적 노력. 한국스포츠교육학회. 한국스포츠교육학회 학술발표논문집. 2010.12. pp. 55-81.

김화중 외(2008). 지역사회간호학 제4판. 수문사.

김화중, 윤순녕, 전경자(2002). 지역사회간호학. 수문사.

김화중, 윤순녕, 전경자(2002). 학교보건과 간호. 수문사.

문옥륜(2001). 학교보건조직의 강화방안. 한국학교보건학회지 14(1). pp. 5-13.

박영수, 이덕원(2007). 학교보건학. 신광출판사.

박인혜 외(2017). 지역사회간호학Ⅱ(수정판). 현문사

배상수(2016). 학교 보건사업 협력 네트워크 분석. 한국보건교육 · 건강증진학회. 보건교육 · 건강증진학회지 33(3). pp. 1-11.

변영계(2001). 교수학습이론의 이해. 학지사.

분성중학교(2014). 학교보건연간계획. 분성중학교 보건실.

서울특별시교육청(2010). 보건교사를 위한 건강관리 핸드북.

서울특별시교육청(2016). 학교보건 학생건강증진계획.

서울특별시교육청(2017). 학생건강증진 기본방향.

서울특별시학교보건진흥원(2016). 학교보건연보.

신유선 외(2007). 지역사회간호학. 수문사.

안양희 외(2008). 지역사회간호학. 정담미디어.

안옥희 외(2009). 보건교육학. 메디컬코리아.

안옥희 외(2016). 보건교육학. 니드엠케이.

안옥희 외(2010). 보건프로그램 개발 및 평가. 메디컬코리아.

안옥희, 정운숙, 강말순, 최희정, 최혜정, 심문숙, 이경란, 유장학, 백혜원(2011). 학교보건. 메디컬코리아.

안옥희 외(2009). 학교보건. 메디컬코리아.

양경희 외(2009). 학교보건. 현문사.

여광응 외(1999). 특수아동의 심리학적 이해. 학지사.

염영희 외(2005). 간호관리학. 수문사.

왕명자 외(2010). 분야별 지역사회간호학. 현문사.

우선혜 외(2008). 분야별 지역사회간호학. 현문사.

유광수 외(2016). 지역사회보건간호학. 정담미디어.

윤순녕(1999). 외국의 학교보건교육 동향. 한국학교보건학회지 12(1). pp. 7-16.

이병숙 외(2008). 간호관리학. 정담미디어.

이소현, 박은혜(1998). 특수아동교육. 학지사.

이현주, 정은희(2016). 생애과정의 사회경제적 지위와 노년기 건강: 초기 성인기 및 중년기 사회경제적 지위의 다중매개효과. 한국보건사회연구원. 보건사회연구 36(3). pp. 53-84.

임미영(1997). 학교건강진단모형 개발을 위한 연구. 한국보건간호학회. 11(2). pp. 131-140.

장창곡(2012). 우리나라의 학교보건제도와 학교보건사업의 발달. 한국학교보건학회지. 25(2). 143-146.

전라북도교육청(2017). 학생 건강검사 운영계획.

전라북도교육청(2017). 학생보건관리계획.

전미경, 김초강(1997). 학교보건 역사에 관한 소고. 이화여자대학교대학원 연구논집 32. pp. 231-278.

정귀순(2003). 초등학생과 보건교사가 인식하는 보건교사의 역할기대와 역할수행.

정문희 외(2006). 신개념 보건교육. 계축문화사.

정문희 외(2011). 새로운 학교보건. 계축문화사.

정운숙(2008). 보건소 및 학교보건과 보건교육학습 수기 및 실천지침. 메디컬코리아.

정운숙(2012). 지역사회간호학의 이론 및 실제적용. 니드엠케이.

정혜선, 김현숙, 추진아, 조정순, 장창곡, 안동현 외(2010). 학교보건 · 급식역사. 60년사. 서울특별시교육청

조유향 외(2014). 지역사회간호학. 현문사.

조한무(2002). 체육과 수행평가. 학문사.

지역사회간호학회 간담회자료집(2004). 보건교사 임용제도의 변화와 전망.

질병관리본부(2017). 2017 국가결핵관리지침.

질병관리본부(2016). 학교 보건교사 감염병관리 교육.

학교보건법(2017.7.26 타법개정).

학교보건법 시행규칙(2016.9.1 일부개정).

학교보건법 시행령(2017.2.3 일부개정).

한국건강증진개발원(2016). 제4차 국민건강증진종합계획(16-20).

한국교육개발원(2010). 교육통계 연구센터. 교육통계연보.

한국교육신문(2007.9). 2006년 학생신체발달상황 보고서 요약.

한국인성교육협회(2002). 성교육. 성상담 전문과정. 크레듀원격교육연수원.

황연자(2002). 학교보건교육 및 간호. 현문사.

황준현, 박순우(2013). 학교보건사업 발전을 위한 부문 간 협력 방안. 한국보건교육 · 건강증진학회. 보건교육 · 건강증진학회지 30(4). pp. 41-56.

Bouvette, M., Fothergil-Bourbonnais. F. & Perreault. A. (2002). Implementation of the pain and symptom assessment record (PSAR). Journal of Advanced Nursing. 40(6). pp. 685-700.

Christine A. Brosnan. Sandra L. Upchurch. Janet C. Meininger. Lynne E. Hester. Gwen Johnson and Mona A. Eissa (2005). Student Nurses Participate in Public Health Research and Practice Through a School-Based Screening Program. Public Health Nursing. 22(3). pp. 260-266.

Ina K. Borup (2002). The school health nurse's assessment of a successful health dialogue.

Health & Social Care in the Community. 10(1). pp. 10-19.

Meek, L., Heit. P.& Page. R. (2003). Comprehensive school health education: Totally Awesome Strategies For Teaching Health. 3th Edition. McGraw-Hill Higher Education: U.S.A.

Meek, L., Heit. P.& Page. R. (2011). Comprehensive school health education: Totally Awesome Strategies For Teaching Health. 7th Edition. McGraw-Hill Higher Education: U.S.A.

Stafford, T.(2007). Managing costs and budgets. In Patricia S.

Whitehead, D.(2006). The health-promoting school: what role for nursing?. Journal of Clinical Nursing. 15(3). pp. 264-271.

웹사이트

금연길라잡이 http://www.nosmokeguide.or.kr

금연나라 http://www.nosmoking.co.kr

다음넷 http://www.daum.net

대한간호협회 산하 보건교사회 http://www.shers.or.kr

대한구강보건협회 http://www.dental.or.kr

대한심폐소생술 http://www.kacpr.org/main.php

미국심장협회 http://www.americanheart.org

보건교사넷 http://www.1004bang.net

보건교육연구회 http://www.1004bang.net

보건복지부 http://www.mw.go.kr

서울대학교병원 http://www.snuh.org

서울특별시교육청 http://www.sen.go.kr

서울특별시학교안전공제회 http://ssia.or.kr

소방방재청 http://www.nema.go.kr

원주교육청 http://www.kwwje.go.kr

학교보건법 시행령 http://www.klaw.go.kr

한국금연운동협의회 http://www.kash.or.kr

한국학교보건협회 http://www.ksha.or.kr

국가교육과정정보센터. 2015개정교육과정. http://www.ncic.go.kr/mobile.revise.board.view.do

교육부 학생건강 정보센터 http://www.schoolhealth.kr/shnhome/intro/intro01001i.php

서울특별시 학교보건진흥원 www.bogun.seoul.kr

한국학교보건학회 http://www.kssch.or.kr/5s_1.html

한국교육개발원 교육통계연구센터 http://kess.kedi.re.kr/index

국민안전처 http://www.mpss.go.kr

APPENDIX

부록

서식

학교보건법

학교보건법 시행령

학교보건법 시행규칙

서식 1 문진표(초등학교용)

이 설문조사는 건강검사에 앞서 학생들의 건강상태를 미리 알아보고 진찰을 받을 때 참고하기 위한 것입니다. 비밀이 보장되므로 설문내용에 솔직하고 성실하게 답변해서 학생의 건강보호 및 향상에 도움이 되도록 합시다. 초등학교 1학년은 부모님(보호자)이, 초등학교 4학년은 본인 또는 부모님(보호자)과 상의하여 기재하기 바랍니다.

1. 학생이 지금까지 다음과 같은 질환을 치료받거나 진단받은 경우가 있으면 해당 질환에 "V" 표시를 하여 주십시오.

가족의 의학적 병력	있음	누가	질병명
고혈압이나 뇌졸중(중풍)			
협심증·심근경색·심부전 등 심장질환			
당뇨병			
암			
간질환			
결핵			
정신질환			

2. 학생이 최근 1년 동안 다음과 같은 질병을 앓은 적이 있으면 모두 "V" 표시를 하고 구체적인 질병명을 써 주십시오.

질병의 과거력		있음	질병명
소화기계	위염 또는 소화성궤양		
	변비		
	장염		
호흡기계	천식		
	축농증		
	알레르기성비염 또는 만성비염		
	편도선비대		
	만성기관지염, 폐기종		
눈·귀	눈병, 사시, 소아백내장 등		
	중이염		
	청력장애		
	그 밖의 귀 질환(이명 등)		
피부	아토피피부병		
	그 밖의 피부질환		
순환기계	선천성심장질환(어려서부터)		
	빈혈		
근골격계	척추측만증		
	디스크나 요통		
	사지 운동의 장애		
	외상이나 사고		
그 밖의 질환 등	소아정신과 질환		
	약물알레르기		
	소아당뇨병		
	결핵		
	경련이나 발작(경기)		
	언어장애나 발달장애		
	간염(어려서부터)		
	수술한 경험(어려서부터)		
	입원한 경험(어려서부터)		
	그 밖의 질환(중독, 백일해, 홍역, 수두 등 포함)		

문진표
(초등학생용)

3. 최근 한 달간 학생이 경험한 증상에 모두 "V" 표시를 하여 주십시오.

항목	나타나는 증상	예	아니오
전신상태	감기에 잘 걸린다.		
	온 몸에 힘이 없고 쉽게 피로하다.		
	건강하지 않다고 생각한다.		
호흡기	재채기와 함께 맑은 콧물이 흐를 때가 있다.		
	숨쉴 때 쌕쌕 소리가 난다.		
	기침과 함께 누런 가래가 올라온다.		
	열이 많이 나면서 목이 따가울 때가 자주 있다.		
	평소 코로 숨쉬기가 불편하고 코가 자주 막힌다.		
순환기	가만히 있어도 심장이 두근거린다.		
	운동을 할 때 몹시 숨이 차다.		
소화기	배가 자주 아프고 소화가 안 된다.		
	속이 답답하다.		
	배가 팽팽하거나 가스가 찬 듯한 느낌이 있다.		
	설사를 자주 한다.		
정신건강	전에 재미있던 공부나 놀이에 흥미가 없다.		
	항상 외롭다고 느낀다.		
	화가 나면 난폭한 행동을 한다.		
	차분하지 못하고 지나치게 활동적이다.		
	학교를 가고 싶지 않을 때가 자주 있다.		
혈색	코피가 자주 나고 다치면 피가 잘 멈추지 않는다.		
	몸에 멍이 잘 든다.		
그 밖의 증상	머리가 자주 아프다.		
	귓속이 아프거나 귀에서 진물이 난다.		
	귀에서 소리가 난다.		
	입이 잘 벌어지지 않는다.		
	목이나 허리가 아프다.		
	무릎이 쑤시거나 아프다.		
특별히 의사 선생님께 하고 싶은 말			

수검자 인적 사항	학 교 명	초등학교	
	학년/반/번호	학년 반 번	
	성 명		
	성 별	남 여	생년월일

4. 다음은 여러분의 건강생활활동에 대한 질문입니다. 자신에게 해당되는 질문에 "V"표시를 하여 주십시오.

건강생활행동		예	아니오
식생활	아침은 규칙적으로 먹는 편이다.		
	매일 우유나 떠먹는 요구르트를 먹는다.		
	매일 채소와 과일을 먹는다.		
	콜라·음료수 또는 과자를 하루에 두 번 이상 먹는다.		
	햄버거·피자 또는 라면을 일주일에 두 번 이상 먹는다.		
개인위생	밥을 먹기 전이나 밖에서 놀다 돌아와서 비누로 손을 씻는다.		
	하루에 두 번 이상 이를 닦는다.		
안전	자동차를 탈 때 안전벨트를 맨다.		
	인라인스케이트·롤러블레이드·스케이트보드 또는 자전거 등을 탈 때 헬멧을 쓰고 보호대를 착용한다.		
TV·인터넷	텔레비전을 하루에 2시간 이상 본다.		
	인터넷이나 게임을 하루에 2시간 이상 한다.		
가정 및 학교생활	지난 1년 동안 친구들에게 괴롭힘이나 따돌림을 당한 적이 있다.		
	돈을 빼앗는 친구가 있다.		
	내 몸을 자주 만지는 사람이 있다.		
	집을 나가고 싶을 때가 자주 있다.		
	우리 가족은 나의 이야기를 잘 들어주고 나의 감정을 존중해 준다.		
	자주 매를 맞는 편이다.		
약물	같이 사는 사람 중에 담배를 피우는 사람이 있다.		
	같이 사는 사람 중에 술을 너무 많이 마셔서 걱정되는 사람이 있다.		
정서	모든 것이 귀찮고 희망이 없는 것처럼 느껴진다.		
	공부시간에 선생님께 자주 혼난다.		
부모님란	귀하의 자녀가 만 5세 이후 가만히 앉아 있지 못하고 항상 뛰어다니거나 말을 많이 합니까? (1학년만)		
	귀하의 자녀는 주의력이 없고 주의가 산만합니까? (1학년만)		
※ 고민이나 괴로운 일로 상담을 받고 싶다.			

(학교 재량란)

서식 2 문진표(중 · 고등학교용)

을 때 참고하기 위한 것입니다. 비밀이 보장되므로 설문내용에 솔직하고 성실하게 답변해서 여러분 자신의 건강보호 및 향상에 도움이 되도록 합시다. 본인이 작성하되 잘 모르는 문항은 부모님(보호자)과 상의하여 기재하기 바랍니다.

1. 가족 중 다음과 같은 질환을 치료받거나 진단받은 사람이 있으면 해당질환에 "V" 표시를 하여 주십시오.

가족의 의학적 병력	있음	누가	질병명
고혈압이나 뇌졸중(중풍)			
협심증 · 심근경색 · 심부전 등 심장질환			
당뇨병			
암			
간질환			
결핵			
정신질환			

2. 최근 1년 동안 다음과 같은 질병을 앓은 적이 있으면 모두 "V" 표시를 하고 구체적인 질병명을 써 주십시오.

질병의 과거력		있음	질병명
소화기계	위염 또는 소화성궤양		
	변비		
	장염		
호흡기계	천식		
	축농증		
	알레르기성비염 또는 만성비염		
	편도선비대		
눈 · 귀	안질환 · 사시 등		
	중이염		
	청력장애		
	그 밖의 귀 질환(이명 등)		
피부	아토피피부병		
	그 밖의 피부질환		
순환기계	빈혈		
	고혈압		
근골격계	척추측만증		
	디스크나 요통		
	사지 운동의 장애		
	외상이나 사고		
그 밖의 질환 등	소아정신과 질환		
	결핵		
	약물알레르기		
	당뇨병		
	두통(편두통 제외)		
	경련이나 발작(경기)		
	언어장애(말더듬 포함)		
	간염(어려서부터)		
	수술한 경험(어려서부터)		
	입원한 경험(어려서부터)		
	그 밖의 질환(중독 · 자살기도 등)		

문진표
(중 · 고등학생용)

3. 최근 한 달간 학생이 경험한 증상에 모두 "V" 표시를 하여 주십시오.

항목	나타나는 증상	예	아니오
전신상태	감기에 잘 걸린다.		
	온 몸에 힘이 없고 쉽게 피로하다.		
	건강하지 않다고 생각한다.		
호흡기	재채기와 함께 코와 눈이 가렵고 맑은 콧물이 흐를 때가 있다.		
	숨쉴 때 숨이 가쁘면서 가슴에서 쌕쌕하는 소리나 휘파람 소리가 들릴 때가 많다.		
	기침과 함께 누런 가래가 올라온다.		
	평소 코로 숨쉬기가 불편하고 코가 자주 막힌다.		
	코를 심하게 곤다는 말을 듣는다.		
	열이 많이 나면서 목이 따가울 때가 자주 있다.		
	목에서 몽우리가 만져진다.		
순환기	운동을 조금만 해도 다른 사람보다 숨이 심하게 차다.		
	혈색이 안 좋고, 가만히 있어도 심장이 두근거린다.		
소화기	속이 쓰리거나 아플 때가 있다.		
	속이 답답하거나 가득 찬 듯한 느낌이 있다.		
	아랫배가 살살 아프거나 설사를 자주 한다.		
	배가 팽팽하거나 가스가 찬 것 같다.		
정신건강	기분이 처지거나 우울해서 희망이 없다는 느낌이 든다.		
	학교를 가고 싶지 않을 때가 자주 있다.		
	자살을 심각하게 생각하거나 자살을 시도한 적이 있다.		
	미칠 것 같은 불안을 자주 느낀다.		
	차분하지 않고 지나치게 활동적이라 다른 아이에게 방해가 되는 경우가 있다.		
혈색	코피가 자주 나고 다치면 피가 잘 멈추지 않는다.		
	몸에 멍이 잘 든다.		
그 밖의 증상	두통이나 편두통이 심하다.		
	귓속이 아프거나 귀에서 분비물이 나온다.		
	귀에서 매미 우는 소리나 윙하는 소리가 들린다.		
	턱관절이 아프거나 입이 잘 벌어지지 않는다.		
	목 · 허리 · 무릎 등이 쑤시거나 아프다.		
	(여학생) 생리통이 심하다.		
특별히 의사 선생님께 하고 싶은 말			

수검자 인적 사항	학년/반/번호	학년 반 번	
	성 명		
	성 별	남 여	생년월일

4. 다음은 여러분의 건강생활활동에 대한 질문입니다. 자신에게 해당되는 질문에 "V"표시를 하여 주십시오.

건강생활행동		예	아니오
식생활	아침은 규칙적으로 먹는 편이다.		
	매일 우유나 유제품을 먹는다.		
	매일 채소와 과일을 먹는다.		
	단 음식인 짠 음식을 거의 먹지 않는다.		
	청량음료 · 햄버거 · 피자 또는 과자를 거의 매일 먹는다.		
	체중을 줄이기 위해 굶거나 약을 먹는다.		
개인위생	식사하기 전이나 외출 후 돌아와서 비누로 손을 씻는다.		
	하루에 두 번 이상 이를 닦는다.		
운동	주 3회 이상 땀이 나거나 숨이 찰 정도로 운동을 하거나 일을 한다.		
	공부와 운동을 잘 안배하여 자고 나면 개운하다.		
안전	자동차를 탈 때 안전벨트를 맨다.		
	인라인스케이트, 롤러블레이드, 스케이트보드, 자전거 등을 탈 때 헬멧을 쓰고 보호구를 착용한다.		
인터넷	인터넷이나 게임을 하루에 2시간 이상 한다.		
	음란물을 보거나 성인사이트에서 채팅을 자주 한다.		
가정 및 학교생활	지난 1년 동안 친구들에게 괴롭힘이나 따돌림을 당한 적이 있다.		
	고민이 있거나 괴로울 때 의논할 수 있는 사람이 있다.		
	가정(가족)내의 문제에 대해 걱정이 된다.		
	지난 1년 동안 가출하는 것을 심각하게 생각해 본적이 있다.		
	가정이나 학교에서 폭력으로 인해 자신의 안전이 위협을 받고 있다.		
	무기로 사용할 목적으로 칼 · 몽둥이 · 쌍절곤 등을 가지고 다닌 적이 있다.		
약물	지난 1개월 동안 담배를 피운 적이 있다.		
	지난 1개월 동안 술을 마신 적이 있다.		
	환각을 목적으로 불법으로 대마초나 향정신성 약물을 사용한 적이 있다.		
성	성문제에 대해서 고민이 된다.		
	육체적 · 정신적 · 성적으로 학대를 당한 적이 있다.		
진로	진로에 대한 고민으로 스트레스가 많다.		
※ 고민이나 괴로운 일에 대해 상담을 받고 싶다.			
(학교 재량란)			

서식 3 표본학생 건강검사 결과 보고서식

시도별	표본학교 내역					표본학생 일반정보				신체의 발달상황				건강검진														기관능력					
												비만도			눈						귀												
															시력						청력												
															나안		교정																
	그룹명	학교급별	학교명	성별	학교유형 (고등학교만 해당)	학년	성별	학생식별 임시번호	생년월일	키 (cm)	몸무게 (kg)	체질량지수 (BMI)	상대체중 (%)	근골격 및 척추	좌	우	좌	우	색각	안질환	좌	우	귓병	콧병	목병	피부병	호흡기	순환기	비뇨기	소화기	신경계	기타
	서울대 4–1	초		남	일반계		남	1	yyyy mmdd			과체중	경도	정상					정상	없음	정상		없음	없음	없음	없음	없음					
	경기중 5–1	중		여	전문계		여	2				비만	중등도	질병명 기재					이상	질병명 기재	이상		질병명 기재	질병명 기재	질병명 기재	질병명 기재	질병명 기재					
		고		공학	종합고			3				저체중	고도																			
								4				정상	정상																			

서식 3 표본학생 건강검사 결과 보고서식(계속)

건강검진														구강검진									구강검진										
소변검사		혈액검사					혈액형검사	흉부방사선검사	간염검사	혈압		종합소견	검진일	우식치아			우식발생 위험치아			결손치아 (영구치아만)			구내염 및 연조직 질환	부정교합	구강위생상태	그 밖의 치아 상태	치주질환		악관절 이상	치아마모증	제3대구치	종합소견	검진일
															개수			개수			개수												
요단백	요잠혈	혈당(식전) (mg/dl)	총콜레스테롤 (mg/dl)	AST (U/L)	ALT (U/L)	혈색소 (g/dl)				수축기	이완기			유무	상	하	유무	상	하	유무	상	하					유무	종류					
음성								정상	양성			정상	yyyy mmdd	유			유			유			유	없음	우수	과잉치	유	치은 출혈/비대	유	유	정상	정상	yyyy mmdd
약양성(±)								경증	음성			질환의심		무			무			무			무	요교정	보통	유치잔존	무	치석	무	무	이상	질환의심	
양성(1+~4+)로 기재								중등증																교정중	개선요망	기타		치주낭					
								중증																				기타					
								심장대비																									
								척추측만																									
								기타																									

서식 3 표본학생 건강검사 결과 보고서식(계속)

건강조사																																									
식생활									수면 및 신체활동			개인위생		안전		초등학생만 해당															중·고학생만 해당										전체
일주일간 섭취 회수																tv/인터넷		가정 및 학교생활							약물		정서		부모님란		인터넷		가정 및 학교생활								
라면	탄산음료	패스트푸드	육류	유제품	과일	야채	아침식사	다이어트경험	주3회이상운동	하루수면량	자아신체상	손씻기	양치질	안전벨트착용	안전장비착용	하루시청시간	게임시간	괴롭힘따돌림	현금갈취	신체접촉	가출충동	가족관계	체벌경험	상담요청	가족흡연	무기력감	무기력감	수업태도교정	과잉행동	주의력산만	게임시간	성인사이트채팅	괴롭힘따돌림	상담대상	가정고민	가출고민	폭력위협	약물	성	진로	상담희망
1									1	1	1	1																													
2									2	2	2	2																													
3											3	3																													
4											4	4																													
												5																													

※ 작성방법 〈엑셀서식에 작성 제출〉

1. 교육부 장관이 정한 '건강검사 결과 판정기준 및 결과기록방법'에 따라 학생개별 검사결과의 실측자료를 기록한다.
2. 건강조사는 표본학생 문진표를 사용하고 그 결과를 코딩방법에 따라(초·중등 구분) 기록한다.

서식 4

( )학기 보건교육 실시현황(학교용)

학교 기호: 학교명:

<table>
<tr><td></td><td></td><td>1학년</td><td>( )</td><td>4학년</td><td>( )</td><td rowspan="3">정규수업편성
학교교육계획
및 결재</td><td>무( )</td><td>창의적
재량활동 ( )</td></tr>
<tr><td>총학급수</td><td>( )</td><td>2학년</td><td>( )</td><td>5학년</td><td>( )</td><td rowspan="2">유( )</td><td>관련 교과시간
( )</td></tr>
<tr><td></td><td>3학년</td><td>( )</td><td>( )</td><td>( )</td><td></td><td>특별활동 시간
( )</td></tr>
<tr><td>총학생수</td><td colspan="3">( )</td><td colspan="3">남학생 수
여학생 수</td><td colspan="2">( )
( )</td></tr>
<tr><td rowspan="2">구분</td><td colspan="3">직접수업(교실, 강사, 방송교육)</td><td colspan="5">다양한 방법의 수업</td></tr>
<tr><td>실시시간
(A)</td><td>실시학급
(B)</td><td>합계
(A×B)</td><td colspan="5">가정통신문, 유인물, 홈페이지 탑재 건수(횟수)</td></tr>
<tr><td>1. 건강의 이해</td><td></td><td></td><td></td><td colspan="5">학생건강검진안내 2건</td></tr>
<tr><td>2. 응급 처치</td><td></td><td></td><td></td><td colspan="5">안전, 응급 처치</td></tr>
<tr><td>3. 정신건강</td><td></td><td></td><td></td><td colspan="5">정신건강</td></tr>
<tr><td rowspan="3">4. 질병과 건강관리</td><td></td><td></td><td></td><td colspan="5">비만</td></tr>
<tr><td></td><td></td><td></td><td colspan="5">양치질 2건</td></tr>
<tr><td></td><td></td><td></td><td colspan="5">감염병</td></tr>
<tr><td>학생대상소계</td><td></td><td></td><td></td><td colspan="5"></td></tr>
<tr><td>5. 교직원 대상</td><td>횟수</td><td>인원수</td><td colspan="6" rowspan="2">※ 작성요령 참조</td></tr>
<tr><td>합계</td><td></td><td></td></tr>
</table>

※ 작성요령(초, 중, 고 · 특수학교)

- 정규수업편성: 재량활동, 기타 수업시간 확보 등 정규적인 시간표 작성을 통한 보건(전담)교사에 의하여 직접수업과 다양한 방법 실시
  - 차시별 수업시간 수: 〈건강의 이해〉를 1학년 2차시, 2학년 1차시 했으면 차시별 수업시간 수는 3시간
  - 직접수업: 교실수업, 강사에 의한 수업, 방송수업 포함
- 다양한 방법의 수업: 가정통신문, 유인물, 홈페이지 활용 탑재 횟수
- 교직원 대상 교육 성희롱 예방교육, 심폐소생술등 횟수와 인원수

▣ 보고일: 1학기: 06. 30, 2학기: 12. 05

서식 5

학생 비만예방 추진 실적(1, 2, 3, 4)분기

기관명: ○○학교

1. 비만예방 프로그램 운영실적

학교기호	프로그램 운영 여부(운영: 1, 미운영: 0)

2. 각종 비만 예방활동 전개실적

추진사항	운영 여부	학생수	비고
특별 예방교육			(운영: 1, 미운영: 0)
교육자료, 유인물 배부			
전시회 등 각종행사 개최			
교육자료 홈페이지 탑재			
지도자 교육			
건강교실 운영			
비만바우처 운영 실적			
비만예방 협의체 운영			
사범/연구 학교 운영			
기타 예방실적			
분기 합계			
누계			

3. 교원연수 실적

구분	실시일자	주관기관	교육대상	교육인원	주요교육내용
분기중					
	소계	개		실시인원(명)	
누계					

※ 제출마감: 매 분기(3/31, 6/30, 9/30, 12/31) 이전

• 교원연수 실적의 주관기관: 학교자체, 교육청, 외부강사 등 포함하여 개설횟수와 인원조사

서식 6

학생 안전사고 기록 양식

1. 발생일	
2. 사고장소	
3. 사고상황	
4. 환자상태	
5. 처치내역	
6. 추후관리	

서식 7

학생 감염병환자 발생 보고

'00.00.00. ○○ 교육청

(예시)

○○시 ○○학교에서 ○○환자 ○○명이 발생하여 ○○보건소에서 역학조사 중임

※ 보고자: 직/성명(전화번호)

1. 발생현황

감염병명	학교명	행정구별	전체 학생수	전화번호 (지역: 02)	금년 환자수(명)		입원 등 치료내역	인지/신고내역	
					금번	누계(%)		인지일	신고일
결핵	○○중	○구	856	000-0000	1	2(0.2)	입원(0)명 통원(1)명	3.5	3.5

• 주요증세 및 추정원인:

2. 조치상황

□ 학교

• 학교장 주재 긴급대책 회의(○월 ○일 00:00)

– 학생 보건교육 실시, 가정통신문 발송(○/○일)

□ 보건소

• 역학조사 실시(○월 ○일 00:00) ※조사결과: ○/○일

– 환자가검물 　명, 환경가검물 　건 채취

□ 교육청

• 관내 학교 공문시달, 유관기관 대책회의

3. 조치 계획

• 교내 특별 방역소독, 특별 보건교육 실시, 가정통신문 발송

• 환자 치료 및 추가발생 추세 파악

※ 언론취재:

※ 법정 감염병은 인원수에 관계없이 보고하되, 비 법정감염병은 10인 이상 환자 발생 시 보고

학교보건법

[시행 2017.7.26.] [법률 제14839호, 2017.7.26., 타법개정]

제1조(목적) 이 법은 학교의 보건관리에 환경위생 정화에 필요한 사항을 규정하여 학생과 교직원의 건강을 보호·증진함을 목적으로 한다. 〈개정 2016.2.3.〉[전문개정 2007.12.14.]

제2조(정의) 이 법에서 사용하는 용어의 뜻은 다음과 같다. 〈개정 2008.3.21., 2012.1.26., 2012.3.21.〉

1. "건강검사"란 신체의 발달상황 및 능력, 생활습관, 질병의 유무 등에 대하여 조사하거나 검사하는 것을 말한다.
2. "학교"란 「유아교육법」 제2조제2호, 「초·중등교육법」 제2조 및 「고등교육법」 제2조에 따른 각 학교를 말한다.
3. 삭제 〈2016.2.3.〉

[전문개정 2007.12.14.]

제2조의2(국가와 지방자치단체의 의무) 국가와 지방자치단체는 학생과 교직원의 건강을 보호·증진하기 위한 기본계획을 수립·시행하고, 이에 필요한 시책을 마련하여야 한다.

[전문개정 2007.12.14.]

제3조(보건시설) 학교의 설립자·경영자는 대통령령으로 정하는 바에 따라 보건실을 설치하고 학교보건에 필요한 시설과 기구(器具)를 갖추어야 한다.

[전문개정 2007.12.14.]

제4조(학교의 환경위생 및 식품위생) ① 학교의 장은 교육부령으로 정하는 바에 따라 교사(校舍) 안에서의 환기·채광·조명·온도·습도의 조절, 상하수도·화장실의 설치 및 관리, 오염공기·석면·폐기물·소음·휘발성유기화합물·세균·먼지 등의 예방 및 처리

등 환경위생과 식기 · 식품 · 먹는 물의 관리 등 식품위생을 적절히 유지 · 관리하여야 한다. 〈개정 2008.2.29., 2013.3.23.〉

② 학교의 장은 제1항에 따라 교사 안에서의 환경위생 및 식품위생을 적절히 유지 · 관리하기 위하여 교육부령으로 정하는 바에 따라 점검하고, 그 결과를 기록 · 보존 및 보고하여야 한다. 〈개정 2008.2.29., 2013.3.23.〉

③ 학교의 장은 제2항에 따른 점검에 관한 업무를 교육부령으로 정하는 바에 따라 「환경분야 시험 · 검사 등에 관한 법률」 제16조에 따른 측정대행업자에게 위탁하거나 교육감에게 전문인력 등의 지원을 요청하여 수행할 수 있다. 〈개정 2008.2.29., 2013.3.23.〉

④ 학교의 장은 제2항과 제3항에 따른 점검 결과가 교육부령으로 정하는 기준에 맞지 아니한 경우에는 시설의 보완 등 필요한 조치를 하고 이를 교육부장관 및 교육감에게 보고하여야 한다. 〈개정 2008.2.29., 2013.3.23., 2016.3.2.〉

⑤ 교육부장관이나 교육감은 제1항에 따른 환경위생과 식품위생을 적절히 유지 · 관리하기 위하여 필요하다고 인정하면 관계 공무원에게 학교에 출입하여 제2항에 따른 점검을 하거나 점검 결과의 기록 등을 확인하게 할 수 있으며, 개선이 필요한 경우에는 행정적 · 재정적 지원을 할 수 있다. 〈개정 2008.2.29., 2013.3.23.〉

⑥ 학교의 장은 제2항 및 제4항에 따른 환경위생 및 식품위생 점검 결과 및 보완 조치를 교육부령으로 정하는 바에 따라 공개하여야 한다. 〈신설 2016.3.2.〉

[전문개정 2007.12.14.]

제5조 삭제 〈2016.2.3.〉

제6조 삭제 〈2016.2.3.〉

제6조의2 삭제 〈2016.2.3.〉

제6조의3 삭제 〈2016.2.3.〉

제7조(건강검사 등) ① 학교의 장은 학생과 교직원에 대하여 건강검사를 하여야 한다. 다만, 교직원에 대한 건강검사는 「국민건강보험법」 제52에 따른 건강검진으로 갈음할 수 있다. 〈개정 2011.12.31.〉

② 학교의 장은 제1항에 따라 건강검사를 할 때에 질병의 유무 등을 조사하거나 검사하기 위하여 다음 각 호의 어느 하나에 해당하는 학생에 대하여는 「국민건강보험법」 제52에 따른 건강검진 실시 기관에 의뢰하여 교육부령으로 정하는 사항에 대한 건강검사를 한다. 〈개정 2008.2.29., 2011.12.31., 2012.3.21., 2013.3.23.〉

1. 「초 · 중등교육법」 제2조제1호의 학교와 이에 준하는 특수학교 · 각종학교의 1학년 및 4학년 학생. 다만, 구강검진은 전 학년에 대하여 실시하되, 그 방법과 비용 등에 관한 사항은 지역실정에 따라 교육감이 정한다.
2. 「초 · 중등교육법」 제2조제2호 · 제3호의 학교와 이에 준하는 특수학교 · 각종학교의 1학년 학생
3. 그 밖에 건강을 보호 · 증진하기 위하여 교육부령으로 정하는 학생

③ 학교의 장은 제2항에 따른 건강검사 외에 학생의 건강을 보호 · 증진하기 위하여 필요하다고 인정하면 교육부령으로 정하는 바에 따라 그 학생을 별도로 검사할 수 있다. 〈개정 2008.2.29., 2013.3.23.〉

④ 학교의 장은 제1항과 제2항에도 불구하고 천재지변 등 부득이한 사유로 관할 교육감 또는 교육장의 승인을 받은 경우에는 교육부령으로 정하는 바에 따라 건강검사를 연기하거나 건강검사의 전부 또는 일부를 생략할 수 있다. 〈개정 2008.2.29., 2013.3.23.〉

⑤ 제2항에 따라 건강검사를 한 검진기관은 교육부령으로 정하는 바에 따라 그 검사결과를 해당 학생 또는 학부모와 해당 학교의 장에게 알려야 한다. 〈개정 2008.2.29., 2013.3.23.〉

⑥ 학교의 장은 제2조제1호의 정신건강 상태 검사를 실시함에 있어 필요한 경우에는 학부모의 동의 없이 실시할 수 있다. 이 경우 학교의 장은 지체 없이 해당 학부모에게 검사사실을 통보하여야 한다. 〈신설 2012.3.21., 2016.3.2.〉

⑦ 제1항과 제2항에 따른 건강검사의 시기, 방법, 검사항목 및 절차 등에 관하여 필요한 사항은 교육부령으로 정한다. 〈개정 2008.2.29., 2012.3.21., 2013.3.23.〉

[전문개정 2007.12.14.]

제7조의2(학생건강증진계획의 수립 · 시행) ① 교육감은 학생의 신체 및 정신 건강증진을 위한 학생건강증진계획을 수립 · 시행하여야 한다. 〈신설 2013.12.30.〉

② 제1항에 따른 계획에는 제11조에 따른 학교의 장의 조치를 행정적 또는 재정적으로 지원하는 방안을 포함하여야 한다. 〈신설 2013.12.30.〉

③ 학교의 장은 제7조에 따른 건강검사의 결과를 평가하여 이를 바탕으로 학생건강증진계획을 수립 · 시행하여야 한다. 〈개정 2013.12.30.〉

④ 학교의 장은 제3항에 따라 건강검사의 결과를 평가하고, 학생정신건강증진계획을 수립하기 위하여 제15조제1항에 따른 학교의사 또는 학교약사에게 자문을 할 수 있다. 〈개정 2013.12.30.〉

[전문개정 2007.12.14.]

[제목개정 2013.12.30.]

제7조의3(건강검사기록) ① 학교의 장은 제7조에 따라 건강검사를 하였을 때에는 그 결과를 교육부령으로 정하는 기준에 따라 작성 · 관리하여야 한다. 〈개정 2008.2.29., 2013.3.23.〉

② 학교의 장이 제1항에 따라 건강검사 결과를 작성 · 관리할 때에 「초 · 중등교육법」 제30조의4에 따른 교육정보시스템을 이용하여 처리하여야 하는 자료는 다음과 같다. 〈개정 2008.2.29., 2013.3.23.〉

1. 인적사항
2. 신체의 발달상황 및 능력
3. 그 밖에 교육목적을 이루기 위하여 필요한 범위에서 교육부령으로 정하는 사항

③ 학교의 장은 소속 학교의 학생이 전출하거나 고등학교까지의 상급학교에 진학할 때에는 그 학교의 장에게 제1항에 따른 자료를 넘겨 주어야 한다.

[전문개정 2007.12.14.]

제8조(등교 중지) 학교의 장은 제7조에 따른 건강검사의 결과나 의사의 진단 결과 감염병에 감염되었거나 감염된 것으로 의심되거나 감염될 우려가 있는 학생 및 교직원에 대하여 대통령령으로 정하는 바에 따라 등교를 중지시킬 수 있다. 〈개정 2009.12.29.〉

[전문개정 2007.12.14.]

제9조(학생의 보건관리) 학교의 장은 학생의 신체발달 및 체력증진, 질병의 치료와 예방, 음주 · 흡연과 약물 오용(誤用) · 남용(濫用)의 예방, 성교육, 정신건강 증진 등을 위하여 보건교육을 실시하고 필요한 조치를 하여야 한다. 〈개정 2008.3.21., 2012.1.26.〉

[전문개정 2007.12.14.]

제9조의2(보건교육 등) ① 교육부장관은 「유아교육법」 제2조제2호에 따른 유치원 및 「초 · 중등교육법」 제2조에 따른 학교에서 모든 학생들을 대상으로 심폐소생술 등 응급처치에 관한 교육을 포함한 보건교육을 체계적으로 실시하여야 한다. 이 경우 보건교육의 실시 시간, 도서 등 그 운영에 필요한 사항은 교육부장관이 정한다. 〈개정 2008.2.29., 2013.3.23., 2013.12.30., 2016.12.20.〉

② 「유아교육법」 제2조제2호에 따른 유치원의 장 및 「초 · 중등교육법」 제2조에 따른 학교의 장은 교육부령으로 정하는 바에 따라 매년 교직원을 대상으로 심폐소생술 등 응급처치에 관한 교육을 실시하여야 한다. 〈신설 2013.12.30., 2016.12.20.〉

③ 「유아교육법」 제2조제2호에 따른 유치원의 장 및 「초 · 중등교육법」 제2조에 따른 학교의 장은 제2항에 따른 응급처치에 관한 교육과 연관된 프로그램의 운영 등을 관련 전문

기관 · 단체 또는 전문가에게 위탁할 수 있다. 〈신설 2016.12.20.〉
[본조신설 2007.12.14.]
[제목개정 2013.12.30.]

제10조(예방접종 완료 여부의 검사) ① 초등학교와 중학교의 장은 학생이 새로 입학한 날부터 90일 이내에 시장 · 군수 또는 구청장(자치구의 구청장을 말한다. 이하 같다)에게 「감염병의 예방 및 관리에 관한 법률」 제27조에 따른 예방접종증명서를 발급받아 같은 법 제24조 및 제25조에 따른 예방접종을 모두 받았는지를 검사한 후 이를 교육정보시스템에 기록하여야 한다. 〈개정 2009.12.29., 2016.2.3.〉
② 초등학교와 중학교의 장은 제1항에 따른 검사결과 예방접종을 모두 받지 못한 입학생에게는 필요한 예방접종을 받도록 지도하여야 하며, 필요하면 관할 보건소장에게 예방접종 지원 등의 협조를 요청할 수 있다.
[전문개정 2007.12.14.]

제11조(치료 및 예방조치 등) ① 학교의 장은 제7조에 따른 건강검사의 결과 질병에 감염되었거나 감염될 우려가 있는 학생에 대하여 질병의 치료 및 예방에 필요한 조치를 하여야 한다.
② 학교의 장은 제7조제1항에 따라 학생에 대하여 제2조제1호의 정신건강 상태를 검사한 결과 필요하면 학생 정신건강 증진을 위한 다음 각 호의 조치를 하여야 한다. 〈신설 2013.12.30.〉
1. 학생 · 학부모 · 교직원에 대한 정신건강 증진 및 이해 교육
2. 해당 학생에 대한 상담 및 관리
3. 해당 학생에 대한 전문상담기관 또는 의료기관 연계
4. 그 밖에 학생 정신건강 증진을 위하여 필요한 조치
③ 교육감은 검사비, 치료비 등 제2항 각 호의 조치에 필요한 비용을 지원할 수 있다. 〈신설 2013.12.30.〉
④ 학교의 장은 제1항 및 제2항의 조치를 위하여 필요하면 보건소장에게 협조를 요청할 수 있으며 보건소장은 정당한 이유 없이 이를 거부할 수 없다. 〈개정 2013.12.30.〉
[전문개정 2007.12.14.]
[제목개정 2013.12.30.]

제12조(학생의 안전관리) 학교의 장은 학생의 안전사고를 예방하기 위하여 학교의 시설 · 장비의 점검 및 개선, 학생에 대한 안전교육, 그 밖에 필요한 조치를 하여야 한다.
[전문개정 2007.12.14.]

제13조(교직원의 보건관리) 학교의 장은 제7조제1항에 따른 건강검사 결과 필요하거나 건강검사를 갈음하는 건강검진의 결과 필요하면 교직원에 대하여 질병 치료와 근무여건 개선 등 필요한 조치를 하여야 한다.

[전문개정 2007.12.14.]

제14조(질병의 예방) 감독청의 장은 감염병 예방과 학교의 보건에 필요하면 해당 학교의 휴업 또는 휴교(휴원을 포함한다. 이하 같다)를 명할 수 있으며, 학교의 장은 필요할 때에 휴업할 수 있다. 〈개정 2009.12.29., 2016.3.2.〉

[전문개정 2007.12.14.]

제14조의2(감염병 예방접종의 시행) 시장 · 군수 또는 구청장이 「감염병의 예방 및 관리에 관한 법률」 제24조 및 제25조에 따라 학교의 학생 또는 교직원에게 감염병의 정기 또는 임시 예방접종을 할 때에는 그 학교의 학교의사 또는 보건교사(간호사 면허를 가진 보건교사로 한정한다. 이하 이 조에서 같다)를 접종요원으로 위촉하여 그들로 하여금 접종하게 할 수 있다. 이 경우 보건교사에 대하여는 「의료법」 제27조제1항을 적용하지 아니한다. 〈개정 2009.12.29.〉

[전문개정 2007.12.14.]

[제목개정 2009.12.29.]

제14조의3(감염병예방대책의 마련 등) ① 교육부장관은 감염병으로부터 학생과 교직원을 보호하기 위하여 다음 각 호의 사항이 포함된 대책(이하 "감염병예방대책"이라 한다)을 마련하여야 한다. 이 경우 보건복지부장관 및 국민안전처장관과 협의하여야 한다.

1. 감염병의 예방 · 관리 및 후속조치에 관한 사항
2. 감염병 대응 관련 매뉴얼에 관한 사항
3. 감염병과 관련한 학교의 보건 · 위생에 관한 사항
4. 그 밖에 감염병과 관련하여 대통령령으로 정하는 사항

② 교육부장관은 제1항에 따라 감염병예방대책을 마련한 때에는 특별시장 · 광역시장 · 특별자치시장 · 도지사 · 특별자치도지사, 교육감 및 학교에 알려야 한다.

③ 교육감은 교육부장관의 감염병예방대책을 토대로 지역 실정에 맞는 감염병 예방 세부대책을 마련하여야 한다.

④ 교육부장관과 보건복지부장관은 학교에서 감염병을 예방하기 위하여 긴밀한 협력 체계를 구축하고 감염병 발생 현황에 관한 정보 등 대통령령으로 정하는 정보(이하 "감염병 정보"라 한다)를 공유하여야 한다.

⑤ 학교의 장은 해당 학교에 감염병에 걸렸거나 의심이 되는 학생 및 교직원이 있는 경우 즉시 교육감을 경유하여 교육부장관에게 보고하여야 한다.

⑥ 교육부장관은 제4항에 따른 공유를 하였거나 제5항에 따른 보고를 받은 경우 감염병의 확산을 방지하기 위하여 감염병정보를 신속히 공개하여야 한다.

⑦ 제4항부터 제6항까지에 따른 공유, 보고 및 공개의 방법과 절차는 교육부령으로 정한다.

[본조신설 2016.3.2.]

제14조의4(감염병대응매뉴얼의 작성 등) ① 교육부장관은 학교에서 감염병에 효과적으로 대응하기 위하여 보건복지부장관과의 협의를 거쳐 감염병 유형에 따른 대응 매뉴얼(이하 "감염병대응매뉴얼"이라 한다)을 작성 · 배포하여야 한다.

② 감염병대응매뉴얼의 작성 · 배포 등에 필요한 사항은 대통령령으로 정한다.

[본조신설 2016.3.2.]

제15조(학교에 두는 의료인 · 약사 및 보건교사) ① 학교에는 대통령령으로 정하는 바에 따라 학생과 교직원의 건강관리를 지원하는 「의료법」 제2조제1항에 따른 의료인과 「약사법」 제2조제2호에 따른 약사를 둘 수 있다. 〈개정 2012.1.26.〉

② 모든 학교에 제9조의2에 따른 보건교육과 학생들의 건강관리를 담당하는 보건교사를 둔다. 다만, 대통령령으로 정하는 일정 규모 이하의 학교에는 순회 보건교사를 둘 수 있다.

[전문개정 2007.12.14.]

[제목개정 2012.1.26.]

제16조(보건기구의 설치 등) 교육감 및 교육장 소속으로 대통령령으로 정하는 바에 따라 학교의 보건 관리에 필요한 기구(機構)와 공무원을 둘 수 있다.

[전문개정 2007.12.14.]

제17조(학교보건위원회) ① 제2조의2에 따른 기본계획 및 학교보건의 중요시책을 심의하기 위하여 교육감 소속으로 시 · 도학교보건위원회를 둔다. 〈개정 2008.2.29., 2012.1.26.〉

② 시 · 도학교보건위원회는 학교의 보건에 경험이 있는 15명 이내의 위원으로 구성한다. 〈개정 2012.1.26.〉

③ 시 · 도학교보건위원회의 기능 · 운영과 그 밖에 필요한 사항은 대통령령으로 정한다. 〈개정 2012.1.26.〉

[전문개정 2007.12.14.]

제18조(경비 보조) 국가나 지방자치단체는 제7조제1항에 따른 건강검사에 드는 경비의 전부 또는 일부를 보조한다.
[전문개정 2007.12.14.]

제18조의2(비밀누설금지 등) 이 법에 따라 교직원 및 학생에 대한 건강검사와 관련된 업무를 수행하거나 수행하였던 자는 그 직무상 알게 된 비밀을 다른 사람에게 누설하거나 직무상 목적 외의 용도로 이용하여서는 아니 된다.
[본조신설 2013.12.30.]

제19조(벌칙) ① 제18조의2를 위반하여 직무상 알게 된 비밀을 다른 사람에게 누설하거나 직무상 목적 외의 용도로 이용한 자는 3년 이하의 징역 또는 3천만원 이하의 벌금에 처한다. 〈신설 2013.12.30.〉
② 삭제 〈2016.2.3.〉
[전문개정 2007.12.14.]

제20조 삭제 〈1998.12.31.〉

부칙 〈법률 제1928호, 1967.3.30.〉
이 법은 공포후 90일이 경과한 날로부터 시행한다.

부칙 〈법률 제3006호, 1977.7.23.〉
이 법은 공포한 날로부터 시행한다.

부칙 〈법률 제3374호, 1981.2.28.〉
이 법은 공포한 날로부터 시행한다.

부칙(정부조직법) 〈법률 제4268호, 1990.12.27.〉

제1조(시행일) 이 법은 공포한 날부터 시행한다. 〈단서 생략〉

제2조 및 제3조 생략

제4조(문교부의 명칭변경에 따른 다른 법률의 개정) ① 내지 〈30〉생략
〈31〉 학교보건법중 다음과 같이 개정한다.
제17조제1항중 "문교부"를 "교육부"로 한다.
제4조 및 제7조제2항중 "문교부령"을 각각 "교육부령"로 한다.
〈32〉 내지 〈50〉생략

제5조 내지 제10조 생략

부칙 〈법률 제4349호, 1991.3.8.〉

이 법은 공포한 날부터 시행한다.

부칙(교육법) 〈법률 제5069호, 1995.12.29.〉 (교육법)

제1조(시행일) 이 법은 1996년 3월 1일부터 시행한다.

제2조 생략

제3조(다른 법률의 개정 등) ① 내지 〈6〉생략

〈7〉 학교보건법중 다음과 같이 개정한다.

제10조중 "국민학교"를 "초등학교"로 한다.

〈8〉 내지 〈15〉생략

제4조 생략

부칙 〈법률 제5454호, 1997.12.13.〉

(정부부처명칭등의변경에따른건축법등의정비에관한법률)

이 법은 1998년 1월 1일부터 시행한다. 〈단서 생략〉

부칙 〈법률 제5618호, 1998.12.31.〉

이 법은 공포한 날부터 시행한다.

부칙 〈법률 제6218호, 2000.1.28.〉

이 법은 2005년 3월 1일부터 시행한다.

부칙 〈법률 제6400호, 2001.1.29.〉 (정부조직법)

제1조(시행일) 이 법은 공포한 날부터 시행한다. 〈단서 생략〉

제2조 생략

제3조(다른 법률의 개정) ① 내지 〈32〉생략

〈33〉 학교보건법중 다음과 같이 개정한다.

제4조 및 제7조제2항중 "교육부령"을 각각 "교육인적자원부령"으로 한다.

제17조제1항중 "교육부"를 "교육인적자원부"로 한다.

〈34〉 내지 〈79〉생략

제4조 생략

부칙 〈법률 제6716호, 2002.8.26.〉

①(시행일) 이 법은 공포한 날부터 시행한다.

②(유효기간) 제6조제1항제5호의 개정규정은 2004년 12월 31일까지 효력을 가진다.

③(정화구역 설정에 관한 특례) 종전의 출입국관리법(법률 제5755호로 개정되기 전의 것) 제39조제1항의 규정에 의하여 교육인적자원부에 등록한 외국인단체가 2002년 12월 31일까지 초·중등교육법 제60조의2의 규정에 의한 외국인학교로 설립인가를 받은 경우에는 제5조제1항의 규정을 적용하지 아니한다.

부칙 〈법률 제7120호, 2004.1.29.〉 (유아교육법)

제1조(시행일) 이 법은 공포후 1년이 경과한 날부터 시행한다.

제2조 내지 제7조 생략

제8조(다른 법률의 개정) ① 내지 〈6〉생략

〈7〉 학교보건법중 다음과 같이 개정한다.

제6조제12호중 "초·중등교육법 제2조제1호"를 "유아교육법 제2조제2호"로 한다.

〈8〉 내지 〈11〉생략

제9조 생략

부칙 〈법률 제7170호, 2004.2.9.〉 (악취방지법)

제1조(시행일) 이 법은 공포후 1년이 경과한 날부터 시행한다.

제2조 생략

제3조(다른 법률의 개정) ① 및 〈2〉생략

〈3〉 학교보건법중 다음과 같이 개정한다.

제6조제1항제1호중 "대기환경보전법 및 수질환경보전법"을 "대기환경보전법·악취방지법 및 수질환경보전법"으로 한다.

〈4〉 내지 〈6〉생략

제4조 생략

부칙 〈법률 제7396호, 2005.3.24.〉

①(시행일) 이 법은 공포한 날부터 시행한다. 다만, 제2조제1호·제2조의2·제4조·제7조·제7조의2·제7조의3·제8조·제11조제1항·제13조 및 제17조의 개정규정과 제18

조의 개정규정 중 "건강검사"부분은 2006년 1월 1일부터 시행한다.

②(경륜장 등에 관한 경과조치) 이 법 시행당시 학교환경위생정화구역안에 설치된 시설로서 제6조제1항제13호의 개정규정에 해당하는 시설은 2009년 12월 31일까지 이전 또는 폐쇄하여야 한다. 다만, 2005년 12월 31일까지 제6조제1항 단서의 규정에 따라 교육감 또는 교육감이 위임한 자의 인정을 받은 경우에는 그러하지 아니하다.

③(신체검사에 관한 경과조치) 이 법 시행당시 종전의 규정에 따른 신체검사는 제7조의 개정규정에 따른 건강검사로 본다.

부칙 〈법률 제7700호, 2005.12.7.〉

①(시행일) 이 법은 공포한 날부터 시행한다.

②(납골시설에 관한 경과조치) 이 법 시행 당시 학교환경위생정화구역안에 이미 설치된 납골시설에 대하여는 제6조제1항제3호의 개정규정을 적용하지 아니한다.

부칙 〈법률 제7799호, 2005.12.29.〉 (청소년기본법)

제1조(시행일) 이 법은 공포 후 3월이 경과한 날부터 시행한다.

제2조 생략

제3조(다른 법률의 개정) ① 내지 〈8〉생략

〈9〉 학교보건법 일부를 다음과 같이 개정한다.

제6조제1항제14호 중 "청소년위원회"를 "국가청소년위원회"로 한다.

〈10〉 내지 〈11〉생략

제4조 생략

부칙 〈법률 제8366호, 2007.4.11.〉 (의료법)

제1조(시행일) 이 법은 공포한 날부터 시행한다. 〈단서 생략〉

제2조 내지 제19조 생략

제20조(다른 법률의 개정) ① 내지 〈15〉생략

〈16〉 학교보건법 일부를 다음과 같이 개정한다.

제14조의2 후단 중 "의료법 제25조제1항"을 "「의료법」 제27조제1항"으로 한다.

〈17〉 생략

제21조 생략

부칙 〈법률 제8391호, 2007.4.27.〉

①(시행일) 이 법은 공포 후 1년이 경과한 날부터 시행한다.

②(기존 학교설립예정지에 대한 정화구역의 설정에 관한 경과조치) 이 법 시행 당시 「국토의 계획 및 이용에 관한 법률」 제30조에 따라 도시관리계획으로 결정되어 고시된 학교용지와 「유아교육법」 제8조 및 「초 · 중등교육법」 제4조에 따라 유치원 및 특수학교를 설립하기 위하여 확보된 용지(사립의 경우에는 설립인가를 받은 용지를 말한다)에 대하여는 이 법 시행 후 30일 이내에 제5조제1항의 개정규정에 따른 학교환경위생정화구역을 설정 · 고시하여야 한다.

③(기존 시설 등에 관한 경과조치) 이 법 시행 당시 학교설립예정지의 학교환경위생정화구역 안에 설치된 시설로서 제6조제1항제1호부터 제15호까지의 규정에 해당하는 시설은 해당 학교의 개교일 전까지 이전하거나 폐쇄하여야 한다. 다만, 제6조제1항 단서에 따라 교육감 또는 교육감이 위임한 자의 인정을 받은 경우에는 그러하지 아니하며, 학교의 개교일 전까지 이전하거나 폐쇄하기가 현저히 곤란하다고 인정되는 시설이 있을 때에는 그 학교의 개교일부터 5년의 범위 내에서 교육감이 별도의 계획을 수립하여 이전 또는 폐쇄하게 할 수 있다.

부칙 〈법률 제8466호, 2007.5.17.〉 (수질 및 수생태계 보전에 관한 법률)

제1조(시행일) 이 법은 공포 후 6개월이 경과한 날부터 시행한다.

제2조 및 제3조 생략

제4조(다른 법률의 개정) ①부터 〈45〉까지 생략

〈46〉 학교보건법 일부를 다음과 같이 개정한다.

제6조제1항제1호 중 "수질환경보전법"을 "「수질 및 수생태계 보전에 관한 법률」"로 한다.

〈47〉부터 〈55〉까지 생략

제5조 생략

부칙 〈법률 제8578호, 2007.8.3.〉

①(시행일) 이 법은 공포 후 1년이 경과한 날부터 시행한다.

②(기존 시설 등에 관한 경과조치) 이 법 시행 당시 학교환경위생정화구역안에 설치된 시설로서 제6조제1항제13호의3에 해당하는 게임물 시설은 이 법 시행 전에 이전하거나 폐쇄하여야 한다. 다만, 제6조제1항 단서에 따라 교육감 또는 교육감이 위임한 자의 인정을 받은 경우에는 그러하지 아니한다.

부칙 〈법률 제8678호, 2007.12.14.〉

이 법은 공포한 날부터 시행한다. 다만, 제2조, 제4조, 제5조, 제6조제3항, 제6조의2 및 제19조의 개정규정은 2008년 4월 28일부터, 제6조제1항 및 제6조의3의 개정규정은 2008년 8월 4일부터, 제9조의2 및 제15조제2항의 개정규정은 2009년 3월 1일부터 각각 시행한다.

부칙 〈법률 제8852호, 2008.2.29.〉 (정부조직법)

제1조(시행일) 이 법은 공포한 날부터 시행한다. 다만, ···〈생략〉···, 부칙 제6조에 따라 개정되는 법률 중 이 법의 시행 전에 공포되었으나 시행일이 도래하지 아니한 법률을 개정한 부분은 각각 해당 법률의 시행일부터 시행한다.

제2조부터 제5조까지 생략

제6조(다른 법률의 개정) ①부터 〈104〉까지 생략

〈105〉 학교보건법 일부를 다음과 같이 개정한다.

제4조제1항부터 제4항까지 중 "교육인적자원부령"을 각각 "교육과학기술부령"으로 하고, 같은 조 제5항 중 "교육인적자원부장관"을 "교육과학기술부장관"으로 한다.

제7조제2항 각 호 외의 부분 · 같은 항 제3호, 제7조제3항부터 제6항까지, 제7조의3제1항 · 제2항제3호 중 "교육인적자원부령"을 각각 "교육과학기술부령"으로 한다.

제9조의2 전단 및 후단, 제17조제1항 중 "교육인적자원부장관"을 각각 "교육과학기술부장관"으로 한다.

〈106〉부터 〈760〉까지 생략

제7조 생략

부칙 〈법률 제8912호, 2008.3.21.〉

이 법은 공포한 날부터 시행한다. 다만, 제2조제3호나목의 개정규정은 2008년 4월 28일부터 시행한다.

부칙 〈법률 제9770호, 2009.6.9.〉 (소음 · 진동관리법)

제1조(시행일) 이 법은 2010년 7월 1일부터 시행한다. 〈단서 생략〉

제2조부터 제5조까지 생략

제6조(다른 법률의 개정) ①부터 〈35〉까지 생략

〈36〉 학교보건법 일부를 다음과 같이 개정한다.

제6조제1항제1호 중 "「소음 · 진동규제법」"을 "「소음 · 진동관리법」"으로 한다.

〈37〉 및 〈38〉 생략

제7조 생략

부칙 〈법률 제9847호, 2009.12.29.〉

(감염병의 예방 및 관리에 관한 법률)

제1조(시행일) 이 법은 공포 후 1년이 경과한 날부터 시행한다.

제2조부터 제20조까지 생략

제21조(다른 법률의 개정) ①부터 〈25〉까지 생략

〈26〉 학교보건법 일부를 다음과 같이 개정한다.

제6조제1항제9호 및 제10호를 각각 다음과 같이 한다.

9. 감염병원, 감염병격리병사, 격리소

10. 감염병요양소, 진료소

제8조 중 "감염병"을 "감염병"으로 한다.

제10조제1항 중 "「감염병예방법」 제20조에 따른 예방접종증명서를 발급받아 같은 법 제11조 및 제12조"를 "「감염병의 예방 및 관리에 관한 법률」 제27조에 따른 예방접종증명서를 발급받아 같은 법 제24조 및 제25조"로 한다.

제14조 중 "감염병"을 "감염병"으로 한다.

제14조의2의 제목 중 "감염병"을 "감염병"으로 하고, 같은 조 전단 중 "「감염병예방법」 제11조 및 제12조"를 "「감염병의 예방 및 관리에 관한 법률」 제24조 및 제25조"로, "감염병의"를 "감염병의"로 한다.

〈27〉부터 〈30〉까지 생략

제22조 생략

부칙 〈법률 제9932호, 2010.1.18.〉 (정부조직법)

제1조(시행일) 이 법은 공포 후 2개월이 경과한 날부터 시행한다. 〈단서 생략〉

제2조 및 제3조 생략

제4조(다른 법률의 개정) ①부터 〈124〉까지 생략

〈125〉 학교보건법 일부를 다음과 같이 개정한다.

제6조제1항제19호 중 "국가청소년위원회가"를 "여성가족부장관이"로 한다.
〈126〉부터 〈137〉까지 생략

제5조 생략

부칙 〈법률 제11048호, 2011.9.15.〉 (청소년 보호법)

제1조(시행일) 이 법은 공포 후 1년이 경과한 날부터 시행한다. 〈단서 생략〉

제2조 및 제3조 생략

제4조(다른 법률의 개정) ①부터 〈16〉까지 생략
〈17〉 학교보건법 일부를 다음과 같이 개정한다.
제6조제1항제19호 중 "「청소년보호법」 제2조제5호가목(5)"를 "「청소년 보호법」 제2조제5호가목7)"으로, "같은 호 가목(6) 및 같은 호 나목(7)"을 "같은 호 가목8) 또는 9) 및 같은 호 나목7)"으로 한다.

제5조 생략

부칙 〈법률 제11141호, 2011.12.31.〉 (국민건강보험법)

제1조(시행일) 이 법은 2012년 9월 1일부터 시행한다. 〈단서 생략〉

제2조부터 제20조까지 생략

제21조(다른 법률의 개정) ①부터 〈26〉까지 생략
〈27〉 학교보건법 일부를 다음과 같이 개정한다.
제7조제1항 단서 및 같은 조 제2항 각 호 외의 부분 중 "「국민건강보험법」 제47조"를 각각 "「국민건강보험법」 제52조"로 한다.
〈28〉생략

제22조 생략

부칙 〈법률 제11220호, 2012.1.26.〉

이 법은 2012년 4월 1일부터 시행한다. 다만, 제2조제3호나목, 제6조제3항 및 제6조의3제2항의 개정규정은 2012년 7월 1일부터 시행한다. 〈개정 2012.3.21.〉

부칙 〈법률 제11384호, 2012.3.21.〉 (초·중등교육법)

제1조(시행일) 이 법은 공포한 날부터 시행한다. 〈단서 생략〉

제2조(다른 법률의 개정) ①부터 〈4〉까지 생략

〈5〉 학교보건법 일부를 다음과 같이 개정한다.

제2조제3호다목 중 "「초 · 중등교육법」 제2조제5호"를 "「초 · 중등교육법」 제2조제4호"로 한다.

제7조제2항제1호 본문 중 "「초 · 중등교육법」 제2조제2호"를 "「초 · 중등교육법」 제2조제1호"로 한다.

제7조제2항제2호 중 "「초 · 중등교육법」 제2조제3호 · 제4호"를 "「초 · 중등교육법」 제2조제2호 · 제3호"로 한다.

부칙 〈법률 제11386호, 2012.3.21.〉

이 법은 2012년 4월 1일부터 시행한다.

부칙 〈법률 제11690호, 2013.3.23.〉 (정부조직법)

제1조(시행일) ① 이 법은 공포한 날부터 시행한다.

〈2〉 생략

제2조부터 제5조까지 생략

제6조(다른 법률의 개정) ①부터 〈73〉까지 생략

〈74〉 학교보건법 일부를 다음과 같이 개정한다.

제4조제1항부터 제4항까지, 제7조제2항 각 호 외의 부분, 같은 항 제3호, 같은 조 제3항 · 제4항 · 제5항 · 제7항 및 제7조의3제1항, 같은 조 제2항제3호 중 "교육과학기술부령"을 각각 "교육부령"으로 한다.

제4조제5항 및 제9조의2 전단 · 후단 중 "교육과학기술부장관"을 각각 "교육부장관"으로 한다.

〈75〉부터 〈710〉까지 생략

제7조 생략

부칙 〈법률 제12131호, 2013.12.30.〉

이 법은 공포한 날부터 시행한다. 다만, 제9조의2, 제18조의2 및 제19조제1항의 개정규정은 공포 후 6개월이 경과한 날부터 시행한다.

부칙 〈법률 제13879호, 2016.1.27.〉 (수질 및 수생태계 보전에 관한 법률)

제1조(시행일) 이 법은 공포 후 1년이 경과한 날부터 시행한다. 〈단서 생략〉

제2조부터 제11조까지 생략

제12조(다른 법률의 개정) ①부터 〈14〉까지 생략

〈15〉 학교보건법 일부를 다음과 같이 개정한다.

제6조제1항제7호 중 "폐수종말처리시설"을 "공공폐수처리시설"로 한다.

〈16〉부터 〈20〉까지 생략

부칙 〈법률 제13946호, 2016.2.3.〉

제1조(시행일) 이 법은 공포 후 1년이 경과한 날부터 시행한다.

제2조(벌칙에 관한 경과조치) 이 법 시행 전의 행위에 대하여 벌칙을 적용할 때에는 종전의 규정에 따른다.

부칙 〈법률 제14055호, 2016.3.2.〉

이 법은 공포 후 6개월이 경과한 날부터 시행한다. 다만, 제7조제6항의 개정규정은 공포한 날부터 시행한다.

부칙 〈법률 제14402호, 2016.12.20.〉

이 법은 공포 후 3개월이 경과한 날부터 시행한다.

부칙 〈법률 제14839호, 2017.7.26.〉 (정부조직법)

제1조(시행일) ① 이 법은 공포한 날부터 시행한다. 다만, 부칙 제5조에 따라 개정되는 법률 중 이 법 시행 전에 공포되었으나 시행일이 도래하지 아니한 법률을 개정한 부분은 각각 해당 법률의 시행일부터 시행한다.

제2조부터 제4조까지 생략

제5조(다른 법률의 개정) ①부터 ⑱까지 생략

⑲ 학교보건법 일부를 다음과 같이 개정한다.

제14조의3제1항 각 호 외의 부분 후단 중 "보건복지부장관 및 국민안전처장관"을 "행정안전부장관 및 보건복지부장관"으로 한다.

⑳부터 〈382〉까지 생략

제6조 생략

학교보건법 시행령

[시행 2017.2.4.] [대통령령 제27831호, 2017.2.3., 일부개정]

제1장 총칙

제1조(목적) 이 영은 「학교보건법」에서 위임된 사항과 그 시행에 필요한 사항을 규정함을 목적으로 한다.

제2조(보건실의 설치기준) ① 「학교보건법」(이하 "법"이라 한다) 제3조에 따른 보건실의 설치기준은 다음 각 호와 같다. 〈개정 2012.8.13., 2013.3.23.〉

1. 위치: 학생과 교직원의 응급처치 등이 신속히 이루어질 수 있도록 이용하기 쉽고 통풍과 채광이 잘 되는 장소일 것
2. 면적: 66제곱미터 이상. 다만, 교육부장관(「대학설립 · 운영 규정」 제1조에 따른 대학만 해당된다) 또는 특별시 · 광역시 · 특별자치시 · 도 또는 특별자치도(이하 "시 · 도"라 한다)의 교육감(「고등학교 이하 각급 학교 설립 · 운영 규정」 제2조에 따른 각급 학교만 해당된다)은 학생수 등을 고려하여 학생과 교직원의 건강관리에 지장이 없는 범위에서 그 면적을 완화할 수 있다.

② 제1항에 따른 보건실에는 학교보건에 필요한 다음 각 호의 시설 및 기구를 갖추어야 한다.

1. 학생과 교직원의 건강관리와 응급처치 등에 필요한 시설 및 기구
2. 학교환경위생 및 식품위생검사에 필요한 기구

③ 제2항에 따라 보건실에 갖추어야 하는 시설 및 기구의 구체적인 기준은 「초 · 중등교육법」 제3조에 따른 국립학교와 「고등교육법」 제2조 각 호에 따른 학교의 경우에는 교육부령으로 정하고, 「초 · 중등교육법」 제3조에 따른 공립학교 및 사립학교의 경우에는 시 · 도 교육규칙으로 정한다. 〈개정 2012.8.13., 2013.3.23.〉

제2장 삭제 〈2017.2.3.〉

제3조 삭제 〈2017.2.3.〉

제4조 삭제 〈2017.2.3.〉

제5조 삭제 〈2017.2.3.〉

제6조 삭제 〈2017.2.3.〉

제7조 삭제 〈2017.2.3.〉

제7조의2 삭제 〈2017.2.3.〉

제7조의3 삭제 〈2017.2.3.〉

제7조의4 삭제 〈2017.2.3.〉

제8조 삭제 〈2017.2.3.〉

제3장 삭제 〈2017.2.3.〉

제9조 삭제 〈2017.2.3.〉

제10조 삭제 〈2017.2.3.〉

제11조 삭제 〈2017.2.3.〉

제12조 삭제 〈2017.2.3.〉

제4장 삭제 〈2017.2.3.〉

제13조 삭제 〈2017.2.3.〉

제14조 삭제 〈2017.2.3.〉

제15조 삭제 〈2017.2.3.〉

제16조 삭제 〈2017.2.3.〉

제17조 삭제 〈2017.2.3.〉

제18조 삭제 〈2017.2.3.〉

제19조 삭제 〈2017.2.3.〉

제5장 삭제 〈2017.2.3.〉

제20조 삭제 〈2017.2.3.〉

제21조 삭제 〈2017.2.3.〉

제6장 학교의사의 배치 등 및 학교보건위원회

제22조(등교 등의 중지) ① 학교의 장은 법 제8조에 따라 학생과 교직원 중 다음 각 호의 어느 하나에 해당하는 사람에 대하여 등교중지를 명할 수 있다. 〈개정 2010.12.29., 2016.8.29.〉

1. 「감염병의 예방 및 관리에 관한 법률」 제2조에 따른 감염병환자, 감염병의사환자 및 병원체보유자(이하 "감염병환자등"이라 한다). 다만, 의사가 다른 사람에게 감염될 우려가 없다고 진단한 사람은 제외한다.
2. 제1호 외의 환자로서 의사가 감염성이 강한 질환에 감염되었다고 진단한 사람

② 학교의 장이 제1항에 따라 등교중지를 명할 때에는 그 사유와 기간을 구체적으로 밝혀야 한다. 다만, 질환증세 또는 질병유행의 양상에 따라 필요한 경우에는 그 기간을 단축하거나 연장할 수 있다.

제22조의2(감염병예방대책의 마련 등) ① 법 제14조의3제1항제4호에서 "대통령령으로 정하는 사항"이란 다음 각 호의 사항을 말한다.

1. 감염병 예방 · 관리에 필요한 교육에 관한 사항
2. 감염병 대응 능력 강화를 위한 도상연습 등 실제 상황 대비 훈련에 관한 사항
3. 감염병 방역에 필요한 물품의 비축 및 시설의 구비에 관한 사항
4. 그 밖에 감염병의 예방 · 관리를 위하여 교육부장관이 필요하다고 인정하는 사항

② 법 제14조의3제4항에서 "감염병 발생 현황에 관한 정보 등 대통령령으로 정하는 정보"란 「감염병의 예방 및 관리에 관한 법률」 제2조제5호에 따른 제4군감염병이 국내에서 새롭게 발생하였거나 국내에 유입된 경우 또는 같은 법 제41조제1항에 따라 보건복지부장관이 고시한 감염병에 대하여 「재난 및 안전관리 기본법」 제38조제2항에 따른 주의 이상의 예보 또는 경보가 발령된 경우 해당 감염병에 관한 다음 각 호의 정보를 말한다.

1. 감염병명
2. 감염병의 발생 현황 또는 유입 경로
3. 감염병환자등(학생 및 교직원에 한정한다)의 발병일 · 진단일 · 이동경로 · 이동수단 및 접촉자 현황
4. 그 밖에 교육부장관 또는 보건복지부장관이 감염병의 예방 및 확산을 방지하기 위하여 필요하다고 인정하는 정보

[본조신설 2016.8.29.]

제22조의3(감염병대응매뉴얼의 작성 및 배포 등) ① 법 제14조의4제1항에 따라 작성 · 배포하

여야 하는 감염병 유형에 따른 대응 매뉴얼(이하 "감염병대응매뉴얼"이라 한다)에는 다음 각 호의 사항이 포함되어야 한다.

1. 감염병 유형에 따른 학생 및 교직원의 행동 요령에 관한 사항
2. 감염병 유형에 따른 예방 · 대비 · 대응 및 복구 단계별 조치에 관한 사항

② 교육부장관은 감염병대응매뉴얼을 배포하는 경우에는 전자적 파일이나 인쇄물의 형태로 배포할 수 있다.

③ 특별시 · 광역시 · 특별자치시 · 도 또는 특별자치도 교육감(이하 "교육감"이라 한다) 및 학교의 장은 감염병의 예방 · 대비 · 대응 및 복구 조치에 관한 업무를 추진할 때 감염병대응매뉴얼을 활용하여야 한다. 〈개정 2017.2.3.〉

④ 교육감 및 학교의 장은 각 지역 또는 학교의 특성을 반영한 내용을 감염병대응매뉴얼에 추가 · 보완할 수 있다.

[본조신설 2016.8.29.]

제23조(학교의사, 학교약사 및 보건교사) ① 법 제15조에 따라 학교에 다음과 같이 학교의사(치과의사 및 한의사를 포함한다. 이하 같다), 학교약사와 보건교사를 둔다.

1. 18학급 이상의 초등학교에는 학교의사 1명, 학교약사 1명 및 보건교사 1명을 두고, 18학급 미만의 초등학교에는 학교의사 또는 학교약사 중 1명을 두고, 보건교사 1명을 둘 수 있다.
2. 9학급 이상인 중학교와 고등학교에는 학교의사 1명, 학교약사 1명 및 보건교사 1명을 두고, 9학급 미만인 중학교와 고등학교에는 학교의사 또는 학교약사 중 1명과 보건교사 1명을 둔다.
3. 대학(3개 이상의 단과대학을 두는 대학에서는 단과대학), 사범대학, 교육대학, 전문대학에는 학교의사 1명 및 학교약사 1명을 둔다.
4. 고등기술학교, 공민학교, 고등공민학교, 특수학교, 유치원 및 각종학교에는 제1호부터 제3호까지에 규정된 해당 학교에 준하여 학교의사, 학교약사 및 보건교사를 둔다.

② 제1항에 따른 학교의사, 학교약사는 각각 그 면허가 있는 사람 중에서 학교장이 위촉한다.

③ 제1항에 따른 보건교사, 학교의사 및 학교약사의 직무는 다음과 같다.

1. 보건교사의 직무
   가. 학교보건계획의 수립
   나. 학교 환경위생의 유지 · 관리 및 개선에 관한 사항
   다. 학생과 교직원에 대한 건강진단의 준비와 실시에 관한 협조

라. 각종 질병의 예방처치 및 보건지도
마. 학생과 교직원의 건강관찰과 학교의사의 건강상담, 건강평가 등의 실시에 관한 협조
바. 신체가 허약한 학생에 대한 보건지도
사. 보건지도를 위한 학생가정 방문
아. 교사의 보건교육 협조와 필요시의 보건교육
자. 보건실의 시설 · 설비 및 약품 등의 관리
차. 보건교육자료의 수집 · 관리
카. 학생건강기록부의 관리
타. 다음의 의료행위(간호사 면허를 가진 사람만 해당한다)
  1) 외상 등 흔히 볼 수 있는 환자의 치료
  2) 응급을 요하는 자에 대한 응급처치
  3) 부상과 질병의 악화를 방지하기 위한 처치
  4) 건강진단결과 발견된 질병자의 요양지도 및 관리
  5) 1)부터 4)까지의 의료행위에 따르는 의약품 투여
파. 그 밖에 학교의 보건관리

2. 학교의사의 직무
가. 학교보건계획의 수립에 관한 자문
나. 학교 환경위생의 유지 · 관리 및 개선에 관한 자문
다. 학생과 교직원의 건강진단과 건강평가
라. 각종 질병의 예방처치 및 보건지도
마. 학생과 교직원의 건강상담
바. 그 밖에 학교보건관리에 관한 지도

3. 학교약사의 직무
가. 학교보건계획의 수립에 관한 자문
나. 학교환경위생의 유지관리 및 개선에 관한 자문
다. 학교에서 사용하는 의약품과 독극물의 관리에 관한 자문
라. 학교에서 사용하는 의약품 및 독극물의 실험 · 검사
마. 그 밖에 학교보건관리에 관한 지도

제24조(보건위원회의 기능) ① 삭제 〈2012.8.13.〉

② 법 제17조제1항에 따른 시 · 도학교보건위원회(이하 “보건위원회”라 한다)는 다음 각 호의 사항을 심의한다. 〈개정 2012.8.13.〉

1. 학생과 교직원의 건강증진에 관한 시 · 도의 중 · 장기 기본계획
2. 학교보건과 관련되는 시 · 도의 조례 또는 교육규칙의 제정 · 개정안
3. 교육감이 회의에 부치는 학교보건정책 등에 관한 사항
4. 삭제 〈2017.2.3.〉

[제목개정 2012.8.13.]

제25조(보건위원회의 구성) ① 보건위원회에는 위원장과 부위원장 각 1명을 두되, 위원장과 부위원장은 위원 중에서 호선한다. 〈개정 2012.8.13.〉

② 삭제 〈2012.8.13.〉

③ 보건위원회 위원은 해당 교육청의 국장급 공무원 및 학교보건에 관하여 학식이 있거나 경험이 있는 사람 중에서 교육감이 임명하거나 위촉한다. 〈개정 2012.8.13.〉

④ 제3항에 따라 위촉한 위원의 임기는 2년으로 하되, 연임할 수 있다. 다만, 보궐위원의 임기는 전임자 임기의 남은 기간으로 한다. 〈개정 2012.8.13.〉

[제목개정 2012.8.13.]

제26조(위원장 등의 직무) ① 보건위원회의 위원장은 보건위원회를 대표하고, 회의에 관한 사무를 총괄한다.

② 보건위원회의 위원장이 부득이한 사유로 직무를 수행할 수 없을 때에는 부위원장이 그 직무를 대행한다.

제27조(회의) ① 보건위원회의 위원장은 다음 각 호의 어느 하나에 해당하는 경우에 회의를 소집하고, 그 의장이 된다. 〈개정 2012.8.13.〉

1. 교육감이 요청하는 경우
2. 재적위원 3분의 1 이상이 요구하는 경우
3. 그 밖에 학생과 교직원의 건강을 보호 · 증진하기 위한 사항을 심의하기 위하여 위원장이 필요하다고 인정하는 경우

② 회의는 재적위원 과반수의 출석으로 개의하고, 출석위원 과반수의 찬성으로 의결한다.

제28조(분과위원회) ① 보건위원회에 전문분야별로 분과위원회를 둘 수 있다.

② 분과위원회는 보건위원회의 심의사항 중 보건위원회에서 위임한 사항을 심의한다.

③ 보건위원회 위원의 분과위원회 배속은 교육감이 정한다. 〈개정 2012.8.13.〉

④ 분과위원회에 분과위원장 1명을 두되, 분과위원장은 분과위원회 위원 중에서 호선한다.

⑤ 분과위원회의 회의에 관하여는 제27조를 준용한다.

제29조(간사와 서기) ① 보건위원회에 간사 1명과 서기 약간 명을 둔다.

② 보건위원회의 간사와 서기는 교육감이 소속 공무원 중에서 임명한다. 〈개정 2012.8.13.〉

③ 간사는 위원장의 명을 받아 위원회의 사무를 처리하고, 서기는 간사를 보조한다.

제30조(협조 요청) 교육부장관 또는 교육감은 학교보건위생에 관한 비영리법인, 비영리의료기관이나 국공립 보건의료기관에 대하여 학생과 교직원의 건강의 보호 · 증진을 위하여 필요한 협조를 요청할 수 있다. 〈개정 2013.3.23.〉

제31조(전문가 등의 의견청취 등) ① 보건위원회와 분과위원회는 필요하면 관계 전문가의 의견을 들을 수 있다.

② 보건위원회와 분과위원회는 필요하면 관계 공무원에게 관련 자료를 제출하거나 출석하여 답변할 것을 요청할 수 있으며, 그 관계 공무원은 특별한 사유가 없으면 보호위원회 또는 분과위원회의 요청에 따라야 한다.

[전문개정 2017.2.3.]

제31조의2(수당과 여비) 보건위원회에 출석하는 위원회의 위원 또는 관계 전문가 등에게는 예산의 범위에서 수당과 여비, 그 밖에 필요한 경비를 지급할 수 있다. 다만, 공무원이 그 소관 업무와 직접적으로 관련되어 위원회에 출석하는 경우에는 그러하지 아니하다.

[본조신설 2017.2.3.]

제31조의3(운영세칙) 이 영에서 규정한 사항 외에 보건위원회와 분과위원회의 운영에 필요한 사항은 보건위원회의 의결을 거쳐 위원장이 정한다.

[본조신설 2017.2.3.]

제7장 보칙

제32조 삭제 〈2017.2.3.〉

제32조의2(민감정보 및 고유식별정보의 처리) ① 학교의 장은 법 제7조에 따른 건강검사에 관한 사무를 수행하기 위하여 불가피한 경우 「개인정보 보호법」 제23조에 따른 건강에 관한 정보, 같은 법 시행령 제19조제1호 또는 제4호에 따른 주민등록번호 또는 외국인등록번호가 포함된 자료를 처리할 수 있다. 〈개정 2016.8.29.〉

② 초등학교와 중학교의 장은 법 제10조에 따른 예방접종 완료 여부의 검사에 관한 사무를 수행하기 위하여 불가피한 경우 「개인정보 보호법」 제23조에 따른 건강에 관한 정보, 같은 법 시행령 제19조제1호 또는 제4호에 따른 주민등록번호 또는 외국인등록번호가 포

함된 자료를 처리할 수 있다. 〈개정 2016.8.29.〉

③ 시장 · 군수 또는 구청장(자치구의 구청장을 말하며, 시장 · 군수 또는 구청장의 해당 권한이 위임 · 위탁된 경우에는 그 권한을 위임 · 위탁받은 자를 포함한다)은 법 제14조의2에 따른 감염병 예방접종의 시행에 관한 사무를 수행하기 위하여 불가피한 경우 「개인정보 보호법」 제23조에 따른 건강에 관한 정보, 같은 법 시행령 제19조제1호 또는 제4호에 따른 주민등록번호 또는 외국인등록번호가 포함된 자료를 처리할 수 있다. 〈개정 2016.8.29., 2017.2.3.〉

④ 교육부장관, 보건복지부장관, 교육감 또는 학교의 장은 다음 각 호의 사무를 수행하기 위하여 불가피한 경우 「개인정보 보호법」 제23조에 따른 건강에 관한 정보, 같은 법 시행령 제19조제1호 또는 제4호에 따른 주민등록번호 또는 외국인등록번호가 포함된 자료를 처리할 수 있다. 〈신설 2016.8.29.〉

1. 법 제14조의3제4항에 따른 감염병정보의 공유에 관한 사무
2. 법 제14조의3제5항에 따른 감염병정보의 보고에 관한 사무
3. 법 제14조의3제6항에 따른 감염병정보의 공개에 관한 사무

[본조신설 2014.8.6.]

제33조(규제의 재검토) 교육부장관은 다음 각 호의 사항에 대하여 다음 각 호의 기준일을 기준으로 3년마다(매 3년이 되는 해의 기준일과 같은 날 전까지를 말한다) 그 타당성을 검토하여 개선 등의 조치를 하여야 한다.

1. 제2조에 따른 보건실의 설치기준과 보건실에 갖추어야 하는 시설 및 기구의 기준: 2016년 1월 1일
2. 제23조에 따른 학교의사, 학교약사 및 보건교사의 배치기준, 자격 및 직무: 2014년 1월 1일

[전문개정 2017.2.3.]

부칙 〈대통령령 제20949호, 2008.8.4.〉

제1조(시행일) 이 영은 2008년 8월 4일부터 시행한다.

제2조(기존시설에 대한 경과조치) 이 영 시행 전에 다음 각 호에 따라 교육감 또는 교육감이 지정하는 자의 인정을 받은 시설은 이 영에 따른 정화위원회의 심의를 거쳐 법 제6조제1항 단서에 따른 교육감 또는 교육감이 지정하는 자의 인정을 받은 시설로 본다.

1. 대통령령 제10481호 학교보건법시행령중개정령 부칙 제3항
2. 대통령령 제13214호 학교보건법시행령중개정령 부칙 제2항

3. 대통령령 제13982호 학교보건법시행령중개정령 부칙 제2항
4. 대통령령 제15607호 학교보건법시행령중개정령 부칙 제2항

제3조(다른 법령과의 관계) 이 영 시행 당시 다른 법령에서 「학교보건법 시행령」의 규정을 인용하고 있는 경우 이 영 중 그에 해당하는 규정이 있으면 종전의 규정을 갈음하여 이 영의 해당 조항을 인용한 것으로 본다.

부칙 〈대통령령 제22075호, 2010.3.15.〉 (보건복지부와 그 소속기관 직제)

제1조(시행일) 이 영은 2010년 3월 19일부터 시행한다. 〈단서 생략〉

제2조(다른 법령의 개정) ①부터 〈169〉까지 생략

〈170〉 학교보건법 시행령 일부를 다음과 같이 개정한다.

제25조제2항제2호 중 "보건복지가족부장관"을 "보건복지부장관"으로 한다.

〈171〉부터 〈187〉까지 생략

부칙 〈대통령령 제22232호, 2010.6.29.〉

이 영은 2010년 9월 1일부터 시행한다.

부칙 〈대통령령 제22564호, 2010.12.29.〉
(감염병의 예방 및 관리에 관한 법률 시행령)

제1조(시행일) 이 영은 2010년 12월 30일부터 시행한다. 〈단서 생략〉

제2조부터 제6조까지 생략

제7조(다른 법령의 개정) ①부터 〈25〉까지 생략

〈26〉 학교보건법 시행령 일부를 다음과 같이 개정한다.

제22조제1항제1호 본문을 다음과 같이 하고, 같은 호 단서 중 "전염"을 "감염"으로 하며, 같은 항 제2호 중 "전염성"을 "감염성"으로 한다.

「감염병의 예방 및 관리에 관한 법률」 제2조에 따른 감염병환자, 감염병의사환자 및 감염병병원체보유자

〈27〉부터 〈29〉까지 생략

제8조 생략

부칙 〈대통령령 제23718호, 2012.4.10.〉
(국토의 계획 및 이용에 관한 법률 시행령)

제1조(시행일) 이 영은 2012년 4월 15일부터 시행한다. 〈단서 생략〉

제2조부터 제13조까지 생략

제14조(다른 법령의 개정) ①부터 〈79〉까지 생략

〈80〉 학교보건법 시행령 일부를 다음과 같이 개정한다.

제10조제5항 중 "도시관리계획"을 "도시 · 군관리계획"으로 한다.

제14조제2항제2호 및 제4호 중 "도시계획"을 "도시 · 군계획"으로 한다.

〈81〉부터 〈85〉까지 생략

제15조 생략

부칙 〈대통령령 제23928호, 2012.7.4.〉
(위원회 운영의 공정성 제고를 위한 경제자유구역 및 제주국제자유도시의
외국교육기관 설립 · 운영에 관한 특별법 시행령 등 일부개정령)

이 영은 공포한 날부터 시행한다. 〈단서 생략〉

부칙 〈대통령령 제24026호, 2012.8.13.〉

제1조(시행일) 이 영은 공포한 날부터 시행한다. 다만, 제7조 및 제7조의2의 개정규정은 공포 후 3개월이 경과한 날부터 시행한다.

제2조(정화위원회 위원의 임기에 관한 적용례) ① 제7조의2의 개정규정은 이 영 시행 후 정화위원회의 위원으로 위촉(연임을 포함한다)되는 사람부터 적용한다.

② 제1항에 따라 제7조의2의 개정규정을 적용하는 경우에 이 영 시행 전에 최초로 위촉되어 임기 중에 있는 위원은 그 임기 만료 후 한 차례 연임할 수 있고, 이 영 시행 전에 한 차례 이상 연임되어 임기 중에 있는 위원은 그 임기 만료 후에는 연임할 수 없다.

부칙 〈대통령령 제24423호, 2013.3.23.〉 (교육부와 그 소속기관 직제)

제1조(시행일) 이 영은 공포한 날부터 시행한다. 〈단서 생략〉

제2조부터 제6조까지 생략

제7조(다른 법령의 개정) ①부터 〈85〉까지 생략

〈86〉 학교보건법 시행령 일부를 다음과 같이 개정한다.

제2조제1항제2호 단서, 제9조제4항 및 제30조 중 "교육과학기술부장관"을 각각 "교육부장관"으로 한다.

제2조제3항, 제9조제2항 · 제3항, 제10조제4항 및 제20조제4항 중 "교육과학기술부령"을 각각 "교육부령"으로 한다.

〈87〉부터 〈105〉까지 생략

부칙 〈대통령령 제24666호, 2013.7.22.〉

제1조(시행일) 이 영은 공포한 날부터 시행한다.

제2조(평가서의 일부 생략 등에 관한 적용례) 제9조제2항 및 제10조제3항의 개정규정은 이 영 시행 후에 학교용지 선정자가 교육감에게 평가서를 제출하는 경우부터 적용한다.

부칙 〈대통령령 제25050호, 2013.12.30.〉

(행정규제기본법 개정에 따른 규제 재검토기한 설정을 위한 주택법 시행령 등 일부개정령)

이 영은 2014년 1월 1일부터 시행한다. 〈단서 생략〉

부칙 〈대통령령 제25255호, 2014.3.18.〉

제1조(시행일) 이 영은 공포한 날부터 시행한다.

제2조(기존 시설에 관한 경과조치) 이 영 시행 전에 학교환경위생 정화구역 안에 설치된 시설로서 제6조제6호의 개정규정에 따른 복합영상물제공업의 시설은 2019년 2월 28일까지 이전하거나 폐쇄하여야 한다. 다만, 법 제6조제1항 각 호 외의 부분 단서에 따라 교육감이나 교육감이 위임한 자의 인정을 받은 시설은 제외한다.

부칙 〈대통령령 제25532호, 2014.8.6.〉

(민감정보 및 고유식별정보 처리 근거 마련을 위한 공공기관의 운영에 관한 법률 시행령 등 일부개정령)

이 영은 2014년 8월 7일부터 시행한다.

부칙 〈대통령령 제25840호, 2014.12.9.〉

(규제 재검토기한 설정 등 규제정비를 위한 건축법 시행령 등 일부개정령)

제1조(시행일) 이 영은 2015년 1월 1일부터 시행한다.

제2조부터 제16조까지 생략

부칙 〈대통령령 제26571호, 2015.10.6.〉

제1조(시행일) 이 영은 공포한 날부터 시행한다.

제2조(평가서의 검토 절차 생략에 관한 적용례) 제10조제3항 단서의 개정규정은 이 영 시행 당시 법 제6조의2제2항에 따른 승인과 관련한 절차가 진행 중인 경우에 대해서도 적용한다.

부칙 〈대통령령 제26855호, 2015.12.31.〉

(규제 재검토기한 설정을 위한 고등교육법 시행령 등 일부개정령)

이 영은 공포한 날부터 시행한다.

부칙 〈대통령령 제27457호, 2016.8.29.〉

이 영은 2016년 9월 3일부터 시행한다.

부칙 〈대통령령 제27831호, 2017.2.3.〉

이 영은 2017년 2월 4일부터 시행한다.

학교보건법 시행규칙

[시행 2017.3.1.] [교육부령 제107호, 2016.9.1., 일부개정]

제1조(목적) 이 규칙은 「학교보건법」 및 동법 시행령에서 위임된 사항과 그 시행에 관하여 필요한 사항을 규정함을 목적으로 한다. 〈개정 2005.11.14.〉

제2조(보건실의 시설 및 기구) 「학교보건법 시행령」(이하 "영"이라 한다) 제2조에 따라 보건실에 갖추어야 하는 시설 및 기구의 구체적인 기준은 별표 1과 같다. 〈개정 2005.11.14., 2008.4.28., 2008.8.4.〉

제3조(환경위생 및 식품위생의 유지관리) ①「학교보건법」(이하 "법"이라 한다) 제4조에 따라 학교의 장이 유지 · 관리하여야 하는 교사안에서의 환경위생 및 식품위생에 관한 기준은 다음 각 호와 같다. 〈개정 2005.11.14., 2008.4.28.〉

1. 환기 · 채광 · 조명 · 온습도의 조절기준과 환기설비의 구조 및 설치기준은 별표 2와 같다.
2. 상하수도 · 화장실의 설치 및 관리기준은 별표 3과 같다.
3. 폐기물 및 소음의 예방 및 처리기준은 별표 4와 같다.

3의2. 교사 안에서의 공기의 질에 대한 유지 · 관리기준은 별표 4의2와 같다.

4. 식기 · 식품 · 먹는 물의 관리 등 식품위생에 관한 기준은 별표 5와 같다.

② 학교의 장은 교사안에서의 환경위생 및 식품위생상태가 제1항 규정에 따른 기준에 적합한지 여부를 확인하기 위하여 점검을 실시하여야 한다. 〈개정 2005.11.14., 2008.4.28.〉

③ 제2항에 따라 실시하는 점검의 종류 및 시기는 별표 6과 같이 하고, 점검방법 그 밖의 필요한 사항은 교육부장관이 정하여 이를 고시한다. 〈개정 2005.11.14., 2008.3.4., 2008.4.28., 2013.3.23.〉

④ 학교의 장은 제2항 및 제3항에 따라 점검을 실시한 때에는 그 결과를 기록 · 비치하여야 하고, 교사 안에서의 환경위생 및 식품위생의 상태가 제1항의 기준에 미달되는 경우에는 시설의 보완 등 필요한 조치를 강구하여야 한다. 〈개정 2005.11.14., 2008.4.28.〉

⑤ 학교의 장은 법 제4조제6항에 따라 환경위생 및 식품위생에 대한 점검 결과 및 보완 조치 내용을 학교의 홈페이지 또는 교육부장관이 운영하는 공시 관련 홈페이지를 통하여 공개하여야 한다. 〈신설 2016.9.1.〉

제3조의2(검사요청 등) ① 법 제4조에 따른 교사 안의 환경위생 및 식품위생을 유지 · 관리하기 위하여 학교의 장이 제3조제2항에 따른 점검을 실시하는 경우에는 교육감 또는 교육장에게 점검방법의 지도 및 전문인력 등의 지원을 요청하거나 환경위생 및 식품위생의 상태를 전문적으로 점검하는 기관에 의뢰하여 오염의 정도를 측정하게 할 수 있다. 〈개정 2008.4.28.〉

② 교육감 또는 교육장은 제1항에 따라 지원요청을 받은 경우에는 소속 공무원으로 하여금 관할학교에 대하여 오염물질을 직접 검사하게 하거나 환경위생 및 식품위생의 상태를 전문적으로 점검하는 기관에 의뢰하여 오염의 정도를 측정하게 할 수 있다. 〈개정 2008.4.28.〉

[본조신설 2005.11.14.]

제3조의3(환경위생관리자의 지정 및 교육) ① 학교의 장은 법 제4조에 따라 교사 안에서의 환경위생을 유지 · 관리하기 위하여 소속 교직원 중에서 환경위생에 관한 업무를 관리하는 자(이하 "환경위생관리자"라 한다)를 지정하여야 한다. 〈개정 2007.3.26., 2008.4.28.〉

② 교육감은 학교의 장이 지정한 환경위생관리자 및 환경위생의 유지 · 관리를 담당하는 소속 공무원의 전문성을 신장하기 위하여 필요한 교육을 실시하거나 환경위생의 유지 · 관리에 관한 교육을 전문적으로 실시하는 기관에 이들을 위탁하여 교육을 받을 수 있도록 하여야 한다.

[본조신설 2005.11.14.]

제4조 삭제 〈2017.2.3.〉

제5조 삭제 〈2017.2.3.〉

제6조(유치원 및 대학의 환경위생 기준 등) 「유아교육법」 제2조제2호에 따른 유치원 및 「고등교육법」 제2조 각 호에 따른 학교의 장은 제2조 및 제3조제1항의 기준에 준하는 별도의 기준을 정하여 보건실에 필요한 시설 및 기구를 갖추고, 교사안에서의 환경위생 및 식품위생을 유지 · 관리할 수 있다. 〈개정 2005.11.14., 2008.4.28.〉

제7조 삭제 〈2017.2.3.〉

제8조 삭제 〈2017.2.3.〉

제8조의2 삭제 〈2017.2.3.〉

제9조 삭제 〈2017.2.3.〉

제10조(응급처치교육 등) ① 학교의 장이 법 제9조의2제2항에 따라 교직원을 대상으로 심폐소생술 등 응급처치에 관한 교육(이하 "응급처치교육"이라 한다)을 실시하는 경우 응급처치교육의 계획 · 내용 및 시간 등은 별표 9와 같다.

② 학교의 장은 응급처치교육을 실시한 후 해당 학년도의 교육 결과를 다음 학년도가 시작되기 30일 전까지 교육감에게 제출하여야 한다. 〈개정 2016.9.1.〉

③ 학교의 장은 공공기관, 「고등교육법」 제2조에 따른 학교, 「교원 등의 연수에 관한 규정」 제2조제2항의 연수원 중 교육감이 설치한 연수원 또는 의료기관에서 교직원으로 하여금 응급처치교육을 받게 할 수 있다. 이 경우 예산의 범위에서 소정의 비용을 지원할 수 있다.

[본조신설 2014.7.7.]

제10조의2(감염병 정보의 공유 등) ① 교육부장관과 보건복지부장관은 법 제14조의3제4항에 따라 영 제22조의2제2항에 따른 감염병 정보를 지체 없이 구두, 전화(문자메시지 등을 포함한다), 팩스, 서면(전자문서를 포함한다) 등의 방법 중 가장 신속하고 적합한 방법으로 공유하여야 한다.

② 교육부장관은 학교에서 감염병을 예방하기 위하여 법 제14조의3제4항에 따라 보건복지부장관과 공유한 정보를 교육감 및 학교의 장에게 제공할 수 있다.

③ 제2항에 따라 정보를 제공받은 교육감 및 학교의 장은 법 제8조 및 제14조에 따른 감염병 관련 업무 이외의 목적으로 해당 정보를 활용할 수 없다.

④ 학교에 감염병에 걸렸거나 걸린 것으로 의심이 되는 학생 및 교직원이 있는 경우 법 제14조의3제5항에 따라 해당 학교의 장이 교육감을 경유하여 교육부장관에게 보고하여야 할 사항은 다음 각 호와 같다.

1. 해당 학생 및 교직원의 감염병명 및 감염병의 발병일 · 진단일
2. 해당 학생 및 교직원의 소속
3. 해당 학생 및 교직원에 대한 조치 사항

⑤ 제4항에 따른 보고는 서면(전자문서를 포함한다)으로 하되, 「초 · 중등교육법」 제2조에 따른 학교의 경우에는 같은 법 제30조의4에 따른 교육정보시스템을 통하여 할 수 있다.

⑥ 교육부장관은 법 제14조의3제6항에 따라 감염병 정보를 공개할 때에는 「정보통신망 이용촉진 및 정보보호 등에 관한 법률」 제2조제1항제1호에 따른 정보통신망에 게재하거나 보도자료를 배포하는 등의 방법으로 하여야 한다.

⑦ 제6항에 따른 정보의 당사자는 공개된 사항 중 사실과 다르거나 의견이 있는 경우 교육부장관에게 구두, 서면 등의 방법으로 이의신청을 할 수 있으며, 교육부장관은 이에 따

라 공개된 정보의 정정 등 필요한 조치를 하여야 한다.
[본조신설 2016.9.1.]

제11조 삭제 〈2017.2.17.〉

부칙 〈교육인적자원부령 제804호, 2002.4.18.〉

①(시행일) 이 규칙은 공포한 날부터 시행한다.
②(기존 학교에 관한 경과조치) 이 규칙 시행당시 보건실의 시설 및 기구설치 기준과 교사안에서의 환경위생 및 식품위생에 관한 기준에 미달되는 학교의 설립 · 경영자는 이 규칙 시행일부터 5년 이내에 이 규칙의 기준에 적합하도록 보완하여야 한다.

부칙 〈교육인적자원부령 제866호, 2005.11.14.〉

이 규칙은 2006년 1월 1일부터 시행한다.

부칙 〈교육인적자원부령 제905호, 2007.3.26.〉

이 규칙은 공포한 날부터 시행한다.

부칙 〈교육과학기술부령 제1호, 2008.3.4.〉
(교육과학기술부와 그 소속기관 직제 시행규칙)

제1조(시행일) 이 영은 공포한 날부터 시행한다.

제2조부터 제4조까지 생략

제5조(다른 법령의 개정) ①부터 〈42〉까지 생략
〈43〉 학교보건법 시행규칙 일부를 다음과 같이 개정한다.
제3조제3항 중 "교육인적자원부장관"을 "교육과학기술부장관"으로 한다.
〈44〉부터 〈63〉까지 생략

부칙 〈교육과학기술부령 제4호, 2008.4.28.〉

이 규칙은 2008년 4월 28일부터 시행한다.

부칙 〈교육과학기술부령 제12호, 2008.8.4.〉

이 규칙은 2008년 8월 4일부터 시행한다.

부칙 〈교육부령 제1호, 2013.3.23.〉 (교육부와 그 소속기관 직제 시행규칙)

제1조(시행일) 이 규칙은 공포한 날부터 시행한다. 〈단서 생략〉

제2조부터 제6조까지 생략

제7조(다른 법령의 개정) ①부터 〈54〉까지 생략

〈55〉 학교보건법 시행규칙 일부를 다음과 같이 개정한다.

제3조제3항 중 "교육과학기술부장관"을 "교육부장관"으로 한다.

〈56〉부터 〈61〉까지 생략

부칙 〈교육부령 제9호, 2013.12.31.〉

제1조(시행일) 이 규칙은 공포한 날부터 시행한다.

제2조(교육환경 평가 대상별 평가기준에 관한 경과조치) 이 규칙 시행 전에 영 제10조에 따라 교육감에게 제출된 평가서의 평가 대상별 평가기준에 관하여는 별표 7의 개정규정에도 불구하고 종전의 규정에 따른다.

부칙 〈교육부령 제39호, 2014.7.7.〉

이 규칙은 공포한 날부터 시행한다.

부칙 〈교육부령 제51호, 2014.12.31.〉

(행정규제기본법 개정에 따른 규제 재검토기한 설정을 위한
단기 산업교육시설 운영 규칙 등 일부개정령)

이 규칙은 2015년 1월 1일부터 시행한다.

부칙 〈교육부령 제107호, 2016.9.1.〉

이 규칙은 2016년 9월 3일부터 시행한다. 다만, 제10조제2항, 별표 4의2, 별표 6 및 별표 9의 개정규정은 2017년 3월 1일부터 시행한다.

부칙 〈교육부령 제120호, 2017.2.3.〉

이 규칙은 2017년 2월 4일부터 시행한다.

부칙 〈교육부령 제121호, 2017.2.17.〉

이 규칙은 공포한 날부터 시행한다.

찾아보기